超长隧洞

敞开式 TBM 安全高效施工技术

中国水利水电第三工程局有限公司

黄继敏　王鹏禹 等　编著

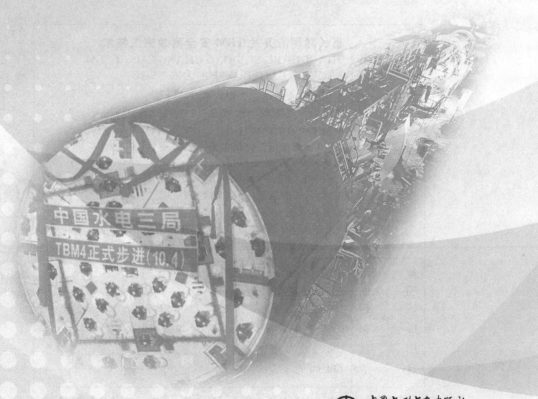

中国水利水电出版社

www.waterpub.com.cn

·北京·

内 容 提 要

本书结合编写单位的工程实践和科技创新成果，系统性地阐述了超长隧洞敞开式TBM安全高效施工技术，主要内容包括：我国水利水电TBM发展历程，新的TBM与盾构设备分类方法，我国TBM和盾构相关标准编制情况，编写单位承担的依托工程概况，TBM主机及其后配套设备，TBM运输、工地组装、步进与始发，TBM掘进作业，TBM转场与检修，卡机与不良地质处理技术，混凝土衬砌，TBM掘进理论与技术等。本书编写过程中，遵照实事求是的原则，通过对TBM施工技术的全面总结，提出了一些TBM施工和卡机与不良地质处理的新思路、新方法。

本书可供水利水电、铁路、公路、市政等行业的科研、设计、施工、监理及建设管理等单位的工程技术人员使用，也可作为大专院校相关专业的教学参考用书。

图书在版编目（CIP）数据

超长隧洞敞开式TBM安全高效施工技术 / 黄继敏等编
著. -- 北京 : 中国水利水电出版社，2020.10
ISBN 978-7-5170-8719-9

Ⅰ. ①超… Ⅱ. ①黄… Ⅲ. ①全断面开挖－隧道施工
Ⅳ. ①U455.41

中国版本图书馆CIP数据核字(2020)第134703号

书 名	超长隧洞敞开式 TBM 安全高效施工技术 CHAOCHANG SUIDONG CHANGKAISHI TBM ANQUAN GAOXIAO SHIGONG JISHU
作 者	中国水利水电第三工程局有限公司 黄继敏　王鹏禹　等 编著
出版发行	中国水利水电出版社 （北京市海淀区玉渊潭南路 1 号 D 座　100038） 网址：www.waterpub.com.cn E - mail：sales@waterpub.com.cn 电话：（010）68367658（营销中心）
经 售	北京科水图书销售中心（零售） 电话：（010）88383994、63202643、68545874 全国各地新华书店和相关出版物销售网点
排 版	中国水利水电出版社微机排版中心
印 刷	北京印匠彩色印刷有限公司
规 格	184mm×260mm　16 开本　23.75 印张　578 千字
版 次	2020 年 10 月第 1 版　2020 年 10 月第 1 次印刷
印 数	0001—1000 册
定 价	**130.00 元**

《超长隧洞敞开式 TBM 安全高效施工技术》
编　撰　人　员

主　　编　黄继敏

副 主 编　王鹏禹

编写人员

中国水利水电第三工程局有限公司

张育林	李东锋	王　永	左立富	周孝武
李光前	焦吉坤	郭　坤	郑继光	陈忠伟
李　刚	胡昌春	田　艳	王　琪	吕培鑫
何海鹏	王　刚	孔海峡	李兆宇	乔春光
毕　晨	魏明宝	高　雄	伍　伟	李伟伟
郑加星	李明明	韩小亮	陈桂萍	冯兴予
宋　卿	廖　勇	曹　琳	刘绪斌	郑亚飞
马少龙	张　磊	薛贵金	罗栓定	赵宝坤
许金林	周建峰	范志林	靳久宁	

石家庄铁道大学

杜立杰　齐志冲　纪珊珊

黄河勘测规划设计研究院有限公司

汪雪英

　　TBM 施工已逐渐成为国内外长大隧洞工程开挖的首选，但通常 TBM 施工中会遇到不良地质状况，造成掘进效率严重下降。对不同地质开展研究，采取有规律性且有效的处理措施，对 TBM 施工及今后类似工程将起到一定的指导和借鉴作用。在水利水电隧洞 TBM 施工技术发展的关键时期，中国水利水电第三工程局有限公司（以下简称水电三局）编著出版《超长隧洞敞开式 TBM 安全高效施工技术》，为 TBM 施工技术成果的推广、应用、创新提供了一个有效的载体，对丰富我国的 TBM 施工经验是非常及时的。

　　全书既阐述了理论创新成果，又注重实际施工技术，内容翔实，涵盖了编写单位近年来多个 TBM 工程的典型故障修复、TBM 可利用性评估、长距离隧洞混凝土衬砌等全过程的经验，总结了施工各阶段的创新成果，对核心技术进行了重点讲解，对复杂地质条件掘进和典型故障的排除进行了详细的剖析，特别是书中列举的突涌水处理方案是我国首创，岩爆及有害气体案例也是我国为数不多的特殊情况案例。

　　水电三局参加了新疆两大 TBM 隧洞施工，从 TBM 制造设计、施工组织设计、施工管理到卡机与不良地质处理，都表现出了很高的管理水平，受到了好评。他们围绕解决 TBM 安全高效施工中的关键问题，瞄准行业前沿技术，深入开展产学研用协同创新，系统地研究了 TBM 在不同围岩条件下的掘进参数优化匹配、TBM 穿越不良地质洞段施工等新技术，取得了多项科技成果。设立了科学合理的激励机制，强化复合型专业人才队伍的培养和使用，不断创造了掘进纪录，为推动我国 TBM 设计制造和施工技术的进步作出了积极贡献。

　　书中数据来源于工程实践，真实可信，可为 TBM 施工及研究提供借鉴和参考，今特荐于 TBM 设计、施工、制造人员，切磋共进，为我国建设大业发展添砖加瓦。

中国工程院院士　邓铭江

2020 年 5 月

收到中国水利水电第三工程局有限公司（以下简称水电三局）要出版本书的消息很是高兴。本书是我在水电三局完成的科研项目"敞开式 TBM 安全高效施工关键技术研究及应用"获得 2018 年度中国电建科学技术奖特等奖荣誉后，建议由水电三局编写的一部 TBM 施工专著。现在得以实现，深感欣慰。

在水电三局承担的"敞开式 TBM 安全高效施工关键技术研究及应用"科研项目验收会上，专家们对研究成果给予了很高的评价，中国工程院院士王浩和邓铭江等认为，研究成果达到了国际领先水平，建议水电三局进一步系统总结。

水电三局在进入 TBM 领域前就开始了缜密的超前规划，专业起点高，立志长远。水电三局承担了《水电水利工程敞开式全断面隧道掘进机施工组织设计规范》《水电水利工程双护盾全断面隧道掘进机施工组织设计规范》等 5 部电力行业标准编制工作，还参加了电力行业之外 21 部全断面掘进机有关标准编制工作，其中国家标准达 14 部，并且在各标准的编制过程发挥了重要作用，这在 TBM 领域内是鲜见的，他们实现了一流企业编标准的目标。水电三局在中国电力建设集团有限公司（以下简称中国电建）最早成立了"TBM 研究中心"，充分发挥了专家资源作用，引领企业 TBM 技术发展，为解决复杂工程技术问题提供了有力支持。成立了三个"TBM 创新工作室"，充分调动了项目技术人员的创新积极性。独立承担了中国电建"十三五"规划的"TBM 品牌塑造"研究工作，体现了该单位在中国电建的领先地位。水电三局积极参与川藏铁路 TBM 技术研究，为展现中国电建 TBM 技术水平作出了贡献。

水电三局承担的 TBM 项目，施工组织设计科学合理，应对 TBM 卡机和不良地质处理决策果断，方法实用可靠，掘进管理技术水平较高，不断创造了掘进纪录。

本书全面总结了该单位在长距离复杂隧洞 TBM 的安全高效掘进技术，有益同类工程借鉴。

中国电力建设集团有限公司总工程师

2020 年 5 月

TBM 是隧洞（道）施工的利器，超长隧洞（道）采用 TBM 施工是技术的发展方向。

中国水利水电第三工程局有限公司（以下简称水电三局）编著的《超长隧洞敞开式 TBM 安全高效施工技术》出版了。这本专著，源于实践，归于创新，成于责任，是水电三局乃至行业的一件大事、喜事。

水电三局于 2012 年开始进入 TBM 领域，这对于有着 150 多年 TBM 发展史来说，是很短暂的。然而，这本专著从理论到实践，从施工到优化，从科研到创新，虽是总结了水电三局在 TBM 领域的经验和案例，却引领并体现着当今 TBM 行业先进的技术水平。

2012 年，随着国家推进基础设施建设战略的实施，水电三局及时制定了转型发展的新目标，成功引进了两台 TBM。通过 7 年多的努力，水电三局从驾驭洋设备，到实现国产化；从设备使用者，到参与设备研制；从东北树立信誉，到西北开拓市场；从解决问题，到提供方案……，水电三局的 TBM 品牌业已形成，行业领先性得到了广泛的认可。

转型的道路，充满着艰辛，但也伴随着辉煌。截至目前，水电三局累计中标 5 个 TBM 施工项目，涵盖了 TBM 敞开式和双护盾两种机型。在辽宁，水电三局创造了敞开式 TBM 当期 8.5m 及以上洞径月进尺 1078m 的国内最高施工纪录。在甘肃，水电三局参与联合研制的国产首台双护盾 TBM，创造了月进尺 1251.82m 的国内施工纪录。在新疆，面对世界上地质最复杂、施工难度最大的 TBM 施工项目，施工人员成功挑战着"高埋深、高地温、高地应力、强岩爆、大变形、大坡度、突涌水"等七大难题。

实践出真知。水电三局专家团队在多次的 TBM 卡机与不良地质处理中，提出了先进可行的施工方案，为穿越和处理不良地质提供了强有力的技术支持。水电三局技术团队在与设备制造的设计对接中，提出了 300 余项改进和改良的建议，使 TBM 设计更加合理。水电三局技术团队受邀参加了川藏铁路等国内多个 TBM 项目咨询工作，为国家重大基础设施和引水工程的建设提供三局方案。

自 2014 年以来，水电三局参加了国内大量的 TBM 标准编制工作。公司编制 TBM 标准多达 26 部，其中，国家标准 14 部，行业标准 12 部。水电三局已成为国内编制 TBM 标准最多的企业。2018 年，水电三局负责完成的科研项目"敞开式 TBM 安全高效施工关键技术研究及应用"，荣获 2018 年度中国电建科学技术奖特等奖；荣获中国施工企业管理协会 2019 年工程建设"十项新技术"。研究成果推动了我国 TBM 设计、制造和施工领域的科技进步，达到国际领先水平。

久久为功，品牌始成。水电三局有着引领 TBM 发展的行业标准，有着丰富的 TBM 工程施工经验，有着科学完备的管理制度，有着老中青结合的专家和人才管理团队，有着能满足 7~8 台 TBM 施工的专业队伍。这些优势形成了水电三局的核心竞争力。7 年来，通过 TBM 施工、科研项目的实施、国家及行业 TBM 标准的编制等，水电三局促进了中国电力建设集团有限公司 TBM 品牌进入高端领域和领先地位，打造了"三局新名片、电建新品牌"。

辑之于书，传之于世，功莫大焉。本书的编撰、出版，为 TBM 设备的建造、施工，以及不良地质的处理提供了宝贵的参考资料。全书近 60 万字，9 章，内容不可谓不丰。全体编撰人员在水电三局首席技术专家黄继敏带领下，历时两年多，归纳总结，付出不可谓不多。力求实事，编撰人员多次深入施工一线，对书中的数据和图纸进行核实核对。力求质量，编撰人员查阅大量的资料，对字词进行斟酌和推敲。力求清晰，编撰人员对书中的插图进行精心绘制，体现真实和美观。在本书付梓之际，我代表水电三局，向黄继敏首席技术专家和所有编撰人员表示祝贺和衷心的感谢，向所有给予指导和帮助的院士、专家表示感谢。

穿越之路艰辛，使命之责在肩。开拓和持续推进我国 TBM 的创新发展，推动科技创新、行业创新，是水电三局和所有工程人的职责所在，前途漫漫，我们坚定前行。

中国水利水电第三工程局有限公司党委书记、董事长

2020 年 5 月

随着"一带一路"倡议的实施和我国发展步入"新常态"，基础设施建设持续开展，长距离及跨流域调水工程、铁路工程、地铁工程、城市管廊及公路工程项目越来越多。这些工程项目的隧洞（道）工程大多采用 TBM 施工。

中国电力建设集团有限公司（以下简称中国电建）很早就致力于 TBM 研究，并将其作为开拓市场的方向之一。中国水利水电第三工程局有限公司（以下简称水电三局）坚决贯彻中国电建的发展战略，把 TBM 的发展列入了长期规划，结合积累的经验，提前进行工程施工规划与科研部署。水电三局坚持"科研引路、技术支持"，依托东北某超级引水工程，进行了有益的实践。该工程输水线路总长约 600km，全线 TBM 施工段总长 110km，同时采用 8 台敞开式 TBM 进行施工，开挖直径分别为 8.03m 和 8.53m，是当期我国已建成工程投入 TBM 设备最多的项目。水电三局围绕工程所用 TBM 的设备制造、组装、步进和掘进各环节，系统性地进行了研究，得出了可掘性指数 FPI 与地质参数相关性规律、掘进参数预测及围岩分类方法、掘进速度与掘进参数相关性规律和最佳掘进参数匹配方法，形成了 TBM 洞内快速组装新技术，应用了 20in❶ 盘形滚刀新技术、钢筋排新技术、隧洞衬砌变径台车新技术等，解决了依托工程 TBM 安全、高效掘进的技术难题，缩短了工期，实现了快速掘进，达到了国际先进水平。水电三局主持或主要参加编制了 TBM 系列标准 26 部，获得专利 15 项，编制了省部级工法 4 部，成果丰硕。

本书梳理了我国水利水电 TBM 发展历程，提出了新的 TBM 与盾构设备分类方法，总结了我国 TBM 和盾构设备的相关标准编制情况，介绍了施工单位对工程设计和 TBM 设计制造的贡献，对施工设备和施工各环节进行了全方位的总结，分析了 TBM 施工的优缺点，提出了施工改进方向。本书共 9 章，主要包括编写单位承担的依托工程 TBM 工程设计、作业辅助设施、运输、工地组装、试掘进与性能验收、掘进、转场与检修、卡机与不良地质处理、设备典型故障修复、拆机与可利用性评估、隧洞混凝土衬砌与理论创新等。

本书编写过程中，遵照实事求是的原则，全面反映工程实际，同时通过对 TBM 施工技术的全面总结，提出了一些 TBM 施工和卡机与不良地质处理

---

❶ 1in（英寸）=2.54cm。

的新思路、新方法。

本书由黄继敏负责总体策划和全书统稿，由王鹏禹负责审查。第1章由张育林、李东锋、王永和左立富执笔；第2章由周孝武、李光前和焦吉坤执笔；第3章由郭坤、郑继光和陈忠伟执笔；第4章由李刚、胡昌春和田艳执笔；第5章由王琪、吕培鑫、何海鹏和王刚执笔；第6章由孔海峡、李兆宇和乔春光执笔；第7章的第1节由毕晨和魏明宝执笔，第2节由高雄和伍伟执笔，第3节由魏明宝和李伟伟执笔，第4节由郑加星和李明明执笔，第5节由韩小亮和陈桂萍执笔，第6节由冯兴予和汪雪英执笔，第7节由郑继光和宋卿执笔，第8节由廖勇和曹琳执笔，第9节由刘绪斌、郑亚飞和马少龙执笔，第10节由张磊和薛贵金执笔；第8章由李光前、罗栓定和赵宝坤执笔；第9章由杜立杰、许金林、齐志冲、纪珊珊、周建峰、范志林和靳久宁执笔。

编写过程中，中国工程院王浩、杜彦良和邓铭江三位院士，中国电建宗敦峰总工程师给予了科研和技术指导，在此一并表示谢意。

本书主要基于依托工程施工总结和科研成果整理编写，结合了水电三局TBM发展经历和施工经验，并参阅了大量的参考文献。

我国的TBM设备制造和施工技术正处于经验积累和高速发展时期，由于编者的水平有限，时间仓促，疏漏和不足之处敬请读者不吝赐教。

作者

2020年2月于西安

目录

序一

序二

序三

前言

第1章　绪论 ………………………………………………………………… 1

　1.1　概述 ……………………………………………………………………… 1

　1.2　TBM 的发展 …………………………………………………………… 2

　1.3　全断面隧道掘进机的分类方法 …………………………………………… 11

　1.4　我国全断面隧道掘进机标准编制情况 …………………………………… 12

　1.5　水利水电 TBM 标准编制情况 …………………………………………… 16

　1.6　TBM 施工管理实践 ……………………………………………………… 16

第2章　工程概况 …………………………………………………………… 18

　2.1　工程情况 …………………………………………………………………… 18

　2.2　TBM 拆卸洞室、组装洞室及施工支洞布置 …………………………… 21

　2.3　施工内容 …………………………………………………………………… 23

　2.4　TBM 扩大洞室设计 ……………………………………………………… 23

　2.5　TBM 主洞支护设计 ……………………………………………………… 27

　2.6　施工支洞设计 ……………………………………………………………… 28

　2.7　TBM 掘进段混凝土衬砌设计 …………………………………………… 29

　2.8　设计优化 …………………………………………………………………… 31

第3章　TBM 主机及其后配套设备 ……………………………………… 33

　3.1　TBM 主机 ………………………………………………………………… 34

　3.2　连接桥及后配套设备 ……………………………………………………… 47

　3.3　TBM 驻厂监造 …………………………………………………………… 48

　3.4　设备改进 …………………………………………………………………… 50

　3.5　胶带机出渣系统 …………………………………………………………… 52

　3.6　一次通风系统 ……………………………………………………………… 58

　3.7　供电系统 …………………………………………………………………… 62

　3.8　供水系统 …………………………………………………………………… 70

　3.9　排水系统 …………………………………………………………………… 71

　3.10　洞内轨道运输系统 ……………………………………………………… 74

3.11　洞内混凝土拌和系统 ·· 77

3.12　洞外设施 ·· 78

3.13　办公及生活营地 ·· 83

第 4 章　TBM 运输、工地组装、步进与始发 ·················· 85

4.1　TBM 进场运输 ··· 85

4.2　工地组装 ·· 94

4.3　步进 ·· 104

4.4　始发 ·· 105

4.5　试掘进 ··· 106

4.6　性能验收 ·· 106

第 5 章　TBM 掘进作业 ·· 109

5.1　超前地质预报 ·· 110

5.2　TBM 施工测量 ··· 113

5.3　支护作业 ·· 117

5.4　TBM 维护与保养 ·· 121

5.5　掘进参数与效率 ··· 124

5.6　工期控制 ·· 128

5.7　TBM 开挖与支护质量控制 ······································ 132

5.8　TBM 作业安全管理 ·· 134

5.9　TBM 掘进作业人力资源配置 ···································· 145

5.10　机械系统 ··· 146

5.11　电气系统 ··· 153

5.12　液压系统 ··· 155

5.13　带式输送机系统 ··· 156

第 6 章　TBM 转场与检修 ··· 160

6.1　转场 ·· 161

6.2　检修 ·· 174

6.3　转场及检修周期 ··· 183

6.4　转场与检修保障措施 ·· 183

6.5　转场和检修总结 ··· 183

6.6　TBM 拆机 ··· 185

6.7　可利用性评估 ·· 195

6.8　标识方案 ·· 197

6.9　包装 ·· 198

6.10　存储 ·· 199

第 7 章　卡机与不良地质处理技术 ·································· 201

7.1　突泥涌水刀盘被卡脱困技术 ····································· 202

7.2　破碎性围岩护盾被卡脱困技术 ·· 210

7.3　收敛性围岩护盾被卡脱困技术 ·· 214

7.4　破碎性围岩地质超前处理技术 ·· 217

7.5　破碎性围岩支护技术 ·· 226

7.6　高地应力围岩支护技术 ·· 233

7.7　断层带钢筋排＋钢拱架联合支护技术 ·· 238

7.8　纯压式突涌水处理技术 ·· 241

7.9　岩爆处理技术 ·· 249

7.10　有害气体处理技术 ·· 255

第 8 章　混凝土衬砌 ·· 265

8.1　混凝土衬砌总体施工方案 ·· 266

8.2　拌和站 ·· 277

8.3　运输方案 ·· 284

8.4　钢筋 ·· 286

8.5　止水工程 ·· 287

8.6　浇筑 ·· 288

8.7　缺陷处理 ·· 289

8.8　进度分析及施工周期 ·· 290

8.9　资源配置 ·· 293

8.10　施工管理经验 ·· 294

第 9 章　TBM 掘进理论与技术 ·· 297

9.1　岩石物理力学性能试验研究 ·· 298

9.2　TBM 掘进性能预测及围岩分类方法研究 ·· 302

9.3　TBM 掘进速度与掘进参数相关性规律研究 ·· 310

9.4　最佳掘进参数匹配方法研究 ·· 313

9.5　20in 盘形滚刀应用技术研究 ··· 321

9.6　TBM 洞内组装新技术 ·· 338

9.7　大直径 TBM 分块刀盘拼装焊接新技术 ·· 346

9.8　步进装置新技术 ·· 350

9.9　技术应用 ·· 356

参考文献 ·· 357

Synopsis

This book systematically elaborates the safe and efficient technology of open-type TBM in ultra-long tunnel, taking into consideration the engineering practice and scientific and technological innovation achievements of Sinohydro Bureau 3 Co. , Ltd. The main contents of this book include: TBM development process in China's water conservancy and hydropower industry, new classification method of TBM and shield equipment, summary of the compilation of relevant standards for TBM and shield equipment in China, overview of supporting projects undertaken by the compilation entity, TBM equipment, TBM transportation, on-site assembly, stepping and launching, TBM excavation operation, TBM transfer and maintenance, machine jamming and adverse geological treatment technology, concrete lining, TBM excavation theory and technology, etc. In the process of compiling this book, following the principle of seeking truth from facts, the author summarized TBM construction technology comprehensively and brought up some new ideas and methods for TBM construction, machine jamming and adverse geological treatment.

This book can serve for the purpose of scientific research, design, construction and supervision of water conservancy and hydropower, railway, highway, municipal and other industries as well as technicians from construction management companies. Furthermore, it can be used as a reference book for teaching in colleges and universities.

Contents

Preface 1

Preface 2

Preface 3

Foreword

Chapter One   Preamble ·· 1

  1.1 Overview ··· 1

  1.2 Development of TBM ·· 2

  1.3 Classification Method of Full-face TBM ·························· 11

  1.4 Full-face TBM Standard Compilation in China ···················· 12

  1.5 TBM Standard Compilation in Water Conservancy and Hydropower

     Industry ·· 16

  1.6 TBM Construction Management & Practice ························· 16

Chapter Two   Project Overview ······································· 18

  2.1 Project Profile ··· 18

  2.2 Layout of TBM Dismantling Cavern, Assembling Cavern and Construction

     Adit ··· 21

  2.3 Construction Activities ·· 23

  2.4 Design of TBM Enlarged Cavern ································· 23

  2.5 Design of Support for Main Cavern of TBM ······················ 27

  2.6 Design of Construction Adit ···································· 28

  2.7 Concrete Lining Design of TBM Excavation Section ················ 29

  2.8 Design Optimization ··· 31

Chapter Three   TBM and Auxiliary Equipment ······················ 33

  3.1 TBM Mainframe ·· 34

  3.2 Connecting Bridge and Auxiliary Equipment ····················· 47

  3.3 TBM Manufacture Supervision in Factory ························ 48

  3.4 Equipment Improvement ·· 50

  3.5 Belt Conveyor Slag Tapping System ····························· 52

  3.6 Primary Ventilation System ···································· 58

  3.7 Power Supply System ·· 62

  3.8 Water Supply System ·· 70

  3.9 Drainage System ··· 71

3. 10　Tunnel Track Transportation System ·································· 74

3. 11　Concrete Mixing System in the Tunnel ························· 77

3. 12　Facilities Outside the Tunnel ································· 78

3. 13　Office and Living Camp ··································· 83

Chapter Four　TBM Transportation, Site Assembly, Stepping and Launching ·········· 85

4. 1　Transportation of TBM to the Site ···························· 85

4. 2　Assembly on Site ····································· 94

4. 3　Stepping ··· 104

4. 4　Launching ······································· 105

4. 5　Trial Excavation ···································· 106

4. 6　Performance Acceptance ······························· 106

Chapter Five　TBM Excavation Operation ······················· 109

5. 1　Advanced Geological Forecast ···························· 110

5. 2　TBM Construction Survey ····························· 113

5. 3　Support Operation ··································· 117

5. 4　TBM Maintenance ·································· 121

5. 5　Excavation Parameters and Efficiency ······················ 124

5. 6　Construction Time Control ···························· 128

5. 7　TBM Excavation and Support Quality Control ·················· 132

5. 8　Safety Management of TBM Operation ····················· 134

5. 9　Human Resource Allocation for TBM Excavation Operation ·········· 145

5. 10　Mechanical System ································· 146

5. 11　Electrical System ································· 153

5. 12　Hydraulic System ································· 155

5. 13　Belt Conveyor System ······························ 156

Chapter Six　TBM Transfer and Maintenance ···················· 160

6. 1　Transfer ·· 161

6. 2　Maintenance ····································· 174

6. 3　Transfer and Maintenance Cycle ························· 183

6. 4　Supporting Measures for Transfer and Maintenance ·············· 183

6. 5　Summary of Transfer and Maintenance ····················· 183

6. 6　Dismantlement of TBM ······························ 185

6. 7　Availability Assessment ······························ 195

6. 8　Identification Scheme ······························ 197

6. 9　Packaging ······································· 198

6. 10　Storage ·· 199

Chapter Seven   Machine Jam and Adverse Geological Treatment Technique ·········· 201

7. 1   Relief Technique of Cutterhead Stuck Due to Water and Mud Bursting ······ 202

7. 2   Relief Technique of Shield Jammed in Fractured Surrounding Rock ··········· 210

7. 3   Relief Technique of Shield Jammed in Convergent Surrounding Rock ········ 214

7. 4   Advanced Geological Treatment Technique for Fractured Surrounding

Rock ·· 217

7. 5   Supporting Technique for Fractured Surrounding Rock ························· 226

7. 6   Supporting Technique for High Ground Stress Surrounding Rock ············· 233

7. 7   Combined Support Technique of Steel Bar Row and Steel Arch Frame

in Fault Zone ·· 238

7. 8   Pure-pressure Water Surge Treatment Technique ······························· 241

7. 9   Rockburst Treatment Technique ·· 249

7. 10   Hazard Gas Treatment Technique ··· 255

Chapter Eight   Concrete Lining ··· 265

8. 1   General Execution Plan for Concrete Lining ······································ 266

8. 2   Batching Plant ·· 277

8. 3   Transportation Plan ··· 284

8. 4   Reinforcement ·· 286

8. 5   Waterstop Works ··· 287

8. 6   Concrete Placement ·· 288

8. 7   Defect Treatment ·· 289

8. 8   Schedule Analysis and Construction Period ······································· 290

8. 9   Resource Allocation ··· 293

8. 10   Construction Management Experience ·· 294

Chapter Nine   TBM Excavation Theory and Technology ······························ 297

9. 1   Experimental Study on Physical and Mechanical Properties of Rock ·········· 298

9. 2   Study on TBM Excavation Performance Prediction and Surrounding

Strata Classification Method ·· 302

9. 3   Study on Correlation Between TBM Excavation Speed and Parameters ······ 310

9. 4   Study on the Matching Method of Optimal Excavation Parameters ··········· 313

9. 5   Research on Application Technology of 20-inch Disc Cutter ··················· 321

9. 6   New Technology for Assembling TBM in the Tunnel ··························· 338

9. 7   New Technology of Assembling and Welding Blocks of Large Diameter

TBM Cutting Wheel ··· 346

9. 8   New Technique of Stepping Device ·· 350

9. 9   Application ··· 356

References ·· 357

绪　　论

本章结合工程实例阐述了我国总体及水利水电行业 TBM 发展与应用情况，展示了国内在 TBM 研发与施工方面所获得的经验与技术成就，科学地对全断面掘进机进行了新的分类，总结了东北某超级引水工程的 TBM 施工管理经验；介绍了我国 TBM 系列国家标准编制情况及电力行业标准编制情况。经验的总结和标准的编制，为我国 TBM 的发展应用奠定了良好的基础，同时为国内水利水电引水隧洞工程的安全高效施工提供了可借鉴的经验。

1.1　概述

全断面隧洞掘进机（full face tunnel boring machine）一般可分为硬岩掘进机（tunnel boring machine，TBM）和盾构机（shield machine）两种，用以适应不同的地质条件。TBM 主要应用于硬岩地层开挖，盾构机主要应用于软弱地层开挖。两种掘进机在破岩机理和需要解决的根本问题上有很大的不同：TBM 主要是利用滚刀解决高效破岩问题，盾构机主要是利用刮刀开挖软弱地层并解决掌子面不稳定和地面沉降问题。TBM 和盾构机都是集机械、电器、液压、导向、传感和信息技术于一体的现代隧洞施工大型专用配套设备，采用了当今世界的高科技成果，运用计算机程序控制，可视化管理，工厂化作业，能实现连续掘进、自动导向、初期支护、连续出渣等功能。

全断面隧洞掘进机的质量较大，大直径的单台设备质量超过千吨，最大不可拆卸部件可达上百吨，吊装及运输较为困难，对贮存、组装、转场、检修、拆除的场地有专门的要求。因全断面隧洞掘进机为特种非标设备，结构复杂，整机组成的零件多达几万个，配合制造的专业厂家众多，故其造价高，生产周期长。

全断面隧洞掘进机施工工法与钻爆法相比，其优点为机械化、自动化和信息化程度较高、掘进速度快、工作效率高、作业环境相对安全、作业环境友好、成洞条件好、可实现工厂化作业，有利于减少开挖对地面建筑和各种设施的影响。隧洞掘进机开挖、出渣、衬砌、回填、灌浆等工序可实现同步作业；施工人员可以在隧洞掘进机的保护下安全有效地进行作业；含尘空气由除尘器净化，无爆破烟尘；开挖面光滑平整，无超挖，对围岩扰动小；钻爆法无法施工的，如浅埋富水淤泥层的暗挖可以采用全断面隧洞掘进机施工。全断面隧洞掘进机施工速度一般为常规钻爆法的 3～10 倍。国内外的实践表明，当隧洞长度与直径之比大于 1000 时，这一优点非常突出。掘进区间一般控制在 6～20km，10～15km

效益最佳。长度大于 20km 的隧洞应优先考虑全断面隧洞掘进机的施工。

全断面隧洞掘进机施工工法与钻爆法相比，其缺点主要体现在初期投资大，施工准备周期长，运输、组装、解体等费用高，一般不适用于短隧洞。掘进成本高，适应性差，资源消耗大，极硬岩开挖成本高。设备成本高，新设备的采购、制造、运输、安装，周期一般为 6～13 个月。全断面隧洞掘进法的成本一般是常规钻爆法的 2.5～5 倍。同一掌子面作业所需人员为钻爆法的 3～7 倍，施工耗电量为钻爆法的数倍，辅助设备数量为 2～5 倍，当开挖强度超过 200MPa 的极硬岩时，刀具成本急剧增大，开挖速度急剧降低；TBM 适应性较差，同一台全断面掘进机难以满足同一施工洞段不同地质条件的开挖需要，施工途中不易改变隧洞开挖断面的开挖形状和尺寸。

据有关专家预测，未来 20 年之内仍有 6000km 以上的隧洞需要建设，每年将有300km 的隧洞需要施工。从隧洞工程施工的未来发展看，全断面掘进机及其施工，是世界隧洞开挖设备竞争的战场，是施工管理和技术水平的展示平台，是提高产业核心竞争力的必然通道，是体现中国制造实力的标志之一。众多的理由表明，钻爆法已无法完全满足未来工程施工的需要，更不能适应时代对环保及施工人员职业健康的保护要求。因此，TBM 是当今隧洞工程施工的必然趋势。

1.2　TBM 的发展

世界上第一台 TBM 全断面掘进机是 1846 年比利时工程师毛斯（Henri Joseph Maus）发明的，距今已有 170 多年的历史。直到 1953 年，詹姆士·罗宾斯（James Robbins）才设计出了世界上真正意义的第一台 TBM，并得到了高效应用。目前国内外生产 TBM 的厂家有 30 余家。国外起步较早的是美国的罗宾斯公司（The Robbins Company）、德国的维尔特集团公司（Wirth）和海瑞克公司（Herrenknecht AG）等，国内发展相对比较成熟且有一定生产规模的有中国中铁工程装备集团有限公司（简称"中铁装备"）、中国铁建重工集团有限公司（简称"铁建重工"）、北方重工集团有限公司（简称"北方重工"）和中交天和机械设备制造有限公司（简称"中交天和"）等。目前生产的最大 TBM 直径已达 17.2m，滚刀直径已达 20in，成洞的形状也从常规的圆形向异型发展。

1.2.1　我国的 TBM 发展历程

我国的 TBM 最早应用于水利水电领域，是在 20 世纪 60 年代。

我国的 TBM 发展主要经历了三个阶段，分别为初期阶段、引进阶段和自主设计制造阶段。

1966—1984 年为我国 TBM 技术的初期阶段。该阶段的主要任务为 TBM 的研究试验，在此期间，先后试验研究了 10 余台 TBM，为 TBM 研发积累了初步的经验。

1985—2012 年为我国 TBM 技术的引进阶段。据不完全统计，在该阶段，我国共引进了约 25 台外国企业生产的 TBM 成套设备，同时通过与外国 TBM 承包商联营合作或聘请其提供 TBM 施工咨询，积累了设备操作与管理经验，建立了我国的 TBM 专业施工队伍。在该阶段后期，成功地与外国制造商进行了 TBM 的联合设计与制造，为自主研发奠定了基础。

从 2013 年开始，我国进入了 TBM 技术自主设计制造阶段。经过几年的发展，我国部分企业的 TBM 设计制造实力雄厚，具有自主研发能力、规模性生产能力和较强的市场竞争力。据不完全统计，目前我国具有一定的全断面掘进机制造能力的企业有 10 多家，其生产的 TBM 设备基本满足了国内施工需要，在国际市场上也占有较大的份额，已经成为国际 TBM 制造的主力军。

早在 1966 年，我国就开始了 TBM 技术的研发，上海勘测设计院与上海水工机械厂联合研制了 1 台直径为 3.5m 的 TBM。该 TBM 在云南下关西洱河水电站引水隧洞进行工业性试验，最高月进尺为 48.5m，开启了我国 TBM 研究与应用的先河。

此后，上海水工机械厂研制了 SJ-53 型 TBM 敞开式掘进机，并用于 1970 年在云南省西洱河一级水电站（装机 3×35MW）引水隧洞工程 2 号施工支洞开挖试验，1975 年 6 月进入主洞施工，掘进总长为 861.17m，开挖断面直径为 5.3m。该项目于 1985 年曾获得国家科技进步三等奖。

1981 年，由上海水工机械厂研制的 SJ-58 型 TBM 投入引滦入唐工程古人庄隧洞施工，共掘进 2747.2m，最高月进尺为 201.5m。该工程于 1983 年 3 月 15 日贯通，这是我国第一条用国产 TBM 施工的中型断面隧洞。

在我国 TBM 发展的引进阶段，1985 年天生桥水电站、1991 年引大入秦、1993 年引黄入晋等水利水电工程均从国外引进了成套 TBM 技术，并顺利地完成施工任务。1996 年西康铁路秦岭隧道工程施工中，成套引进了 2 台 TBM，由我国承包商负责施工。该项目的顺利实施，标志着我国 TBM 技术开始在中国铁路隧道中的应用，也是我国首次自主进行的大直径 TBM 施工。至此，TBM 技术被日益广泛应用于国家基础建设，为我国长距离及跨流域调水、铁路、地铁、城市管廊及公路工程项目做出了较大的贡献。

2012 年以后，我国的专业技术人员进行了大量研究与实践，积累了丰富的 TBM 设计制造经验，具备了独立设计制造的能力。制造技术水平快速提升，TBM 技术突飞猛进，进入了 TBM 自主设计制造期。截至 2018 年年底，我国先后生产了近 70 台具有自主知识产权的 TBM 设备。TBM 装备制造技术达到了国际先进水平，所制造的设备创造了多项世界纪录。

1.2.2 水利水电 TBM 发展历程

在我国，水利水电行业的 TBM 隧洞施工不仅开创了 TBM 使用与研发的先河，而且一直引领着我国 TBM 在各阶段的发展，极大地带动了 TBM 在铁路、公路、矿业等行业的推广与应用，起到了示范引领作用。据统计，我国采用 TBM 法施工的隧洞，水利水电工程隧洞占 85% 以上。

为了促进我国 TBM 技术的发展，1985 年，在广西天生桥二级水电站 10km 引水隧洞开挖时，引进了美国罗宾斯公司制造的直径为 10.83m 的 TBM，这是我国引进的第一台大直径岩石掘进机，是当时世界上开挖直径最大的 TBM。开挖引水隧洞总长约 10km，平均月进尺为 150m，证明了 TBM 技术对隧洞开挖的优越性和对地质的针对性，推动了 TBM 在水利水电工程中的广泛使用。

1988年，引大入秦工程引进美国罗宾斯公司制造的双护盾TBM进行施工，其中30A号隧洞（长11.7km）开挖直径为4.8m，平均月进尺为1000m，1992年1月贯通；38号隧洞（4.9km）开挖直径为5.54m，1992年4月掘进，1992年8月贯通，平均月进尺为1100m。

1993年，山西引黄入晋工程引进美国罗宾斯公司等厂家生产的6台直径为4.88～5.96m的双护盾TBM施工，开挖总长122km的隧洞。由于该工程地质条件特别适合于TBM掘进施工的条件和TBM设备性能较好，取得了令人瞩目的施工业绩，创造了最佳月进尺为1821.5m的掘进纪录，平均月进尺达到650m，不仅谱写了我国隧洞建设史上的新篇章，还创造了当时世界上单一工程中TBM掘进长度的新纪录。

1997年，中国水利水电建设集团公司（2011年重组为中国电力建设集团有限公司，以下简称"中国电建"）所属施工单位，在山西万家寨引水工程采用了上海隧洞股份有限公司和美国罗宾斯公司合作生产的2台直径为4.88m的全断面双护盾TBM施工，取得了良好的施工效果，也为我国自行生产TBM设备创造了条件。

2004年，辽宁大伙房水库输水工程采用了大连重工、大连起重集团公司及美国罗宾斯公司合作生产的2台直径为8.03m的敞开式TBM。以此为标志，我国进入了与外商联合设计制造TBM、自主施工的大发展阶段。大伙房水库输水工程是当时世界上已运行的连续最长隧洞（长85.3km），隧洞开挖直径为8.03m。该工程于2005年TBM现场组装后始发掘进，2009年隧洞开始运行，采用3台敞开式TBM和钻爆法联合施工。

2008年9月，锦屏二级水电站排水洞开挖施工时，引进了美国罗宾斯公司制造的直径为7.03m的TBM，隧洞全长5.8km。锦屏二级水电站引水隧洞开挖施工时，从德国海瑞克和美国罗宾斯公司引进了2台直径为12.43m的TBM。

中国电建很早就将发展TBM作为开拓市场的方向之一。早在1966年，在上海水工机械厂研制了我国首台TBM（型号为SJ-53 TBM）后，就开展了TBM研发工作，并在云南西洱河一级水电站引水隧洞工程施工中得到了实践。TBM施工由国家水利电力部所属的水电施工企业承担，1970年开始在2号施工支洞进行开挖试验，1975年6月掘进机进入主洞，掘进总长861.17m，开挖直径为5.3m。该项目于1985年获得国家科技进步三等奖，开创了中国使用TBM的先河，拉开了我国隧洞采用TBM施工的序幕。

截至2018年年底，中国电建已完成了38台TBM所承担的相应施工任务，正在施工的TBM达10台，累计掘进总长度超过500km。中国电建使用的TBM分别由中国中铁工程装备集团有限公司、中国铁建重工集团有限公司、北方重工集团有限公司、美国罗宾斯公司、德国海瑞克公司、意大利SELI等公司制造，TBM掘进开挖洞径范围为4.03～12.4m，涵盖了双护盾及敞开式两种机型。在我国TBM发展中，水电建设工程技术人员率先在引进、消化、吸收的基础上进一步创新，为TBM制造和施工国产化打下了基础。

中国水利水电第三工程局有限公司（以下简称"水电三局"）坚决贯彻中国电建的发展战略，把TBM的发展列入了规划并付诸实践。水电三局先后承担了我国东北某大型引水工程、甘肃兰州水源地建设工程、新疆ABH流域生态环境保护工程和新疆EH供水工程等的多台TBM施工任务，TBM总掘进里程超过85.0km，涵盖了敞开式和双护盾两种机型，直径为5.46～8.53m。

通过东北某大型引水工程的 TBM 施工，水电三局研发并掌握了 TBM 掘进参数优化匹配技术，TBM 大直径 20in 盘形滚刀应用技术，TBM 洞内组装、步进、始发新技术，TBM 大直径分块刀盘洞内拼装焊接技术方法，研究得出了该工程的 TBM 掘进性能参数（贯入度、掘进速度等）与掘进参数（刀盘推力、刀盘转速等）、地质参数的相关性规律，提出了岩石抗压强度和完整性系数的可掘性指数 FPI 多元回归方程、掘进贯入度预测模型和 TBM 掘进的围岩分类方法，为 TBM 掘进参数优化选择、适应性设计、掘进性能预测积累了新的经验。

水电三局在甘肃兰州水源地建设工程 TBM 施工中，采用了与铁建重工联合制造的我国首台双护盾 TBM；针对承担的新疆 TBM 项目所面临的深埋软弱大变形、大断层破碎带、强岩爆、突涌水、高地温等难题，进行研究与工程实践。通过多次卡机处理，基本掌握了软弱地质变形、破碎围岩、收敛变形和突涌水的处理方法；基本掌握了 TBM 工法条件下的岩爆预警、TBM 设备和人员防护、围岩支护，超前应力释放和待避等施工方法；形成了 TBM 施工排水系统设计理论，提出了排水系统设计应遵从的风险评估、系统启动时限、排水系统能力、水泵选型、泵站布置等准则。通过总结 TBM 施工经验，形成了 TBM 施工组织设计理论。水电三局主持编制了《水电水利工程敞开式全断面隧道掘进机施工组织设计规范》《水电水利工程双护盾全断面隧道掘进机安全操作规程》《水电工程全断面隧道掘进机概预算定额》等 5 部电力行业标准，参与编制了《全断面隧道掘进机 敞开式岩石隧道掘进机》（GB/T 34652—2017）等 20 部国家或行业标准。水电三局为我国 TBM 在国产化制造方面做出了贡献，在超长隧洞 TBM 安全高效施工技术方面积累了一定的实践经验。

1.2.3 我国设计制造 TBM 的历程

自 2013 年开始，我国进入 TBM 技术自主研发期，一批国内企业脱颖而出，一大批工程技术人员在大量的设计制造和施工实践中成长起来，中国企业基本掌握了常规的全断面隧洞掘进机的设计制造和施工技术。全断面硬岩掘进机的 11 项关键技术中有 6 项国产化率超过 90%，3 项达到 50%，整机国产化率达到 40%，国内企业的市场占有率达 90%以上，几个顶尖企业的生产条件和制造能力，已经超过多数国际知名企业，具备了较强的自主研发能力，并拥有多项自主知识产权。在我国，具有一定的生产规模和技术实力的 TBM 及盾构生产企业主要有：中国中铁工程装备集团有限公司、中国铁建重工集团有限公司、北方重工集团有限公司、中交天和机械设备制造有限公司、上海隧道工程股份有限公司、大连重工起重集团等。近几年，我国全断面隧道掘进机设计制造能力突飞猛进，据中国工程机械工业协会掘进机械分会统计数据显示，2018 年我国掘进机产量为 658 台，2017 年 655 台。

1.2.3.1 中国中铁工程装备集团有限公司

中国中铁工程装备集团有限公司（以下简称"中铁装备"）地处我国中部的郑州市，是我国两大全断面隧洞掘进机械制造的后起之秀之一，产品遍布国内的省（直辖市、自治区），并远销意大利、丹麦、奥地利、阿联酋、新加坡、马来西亚、印度、黎巴嫩、以色列、越南等 18 个国家和地区，市场占有率连续六年保持国内第一；在国内构建了"服务片区＋服务中心＋服务项目组"的即时响应服务网络，在新加坡、以色列、黎巴嫩、越南、马来西亚等国建立了海外服务中心，为客户提供"5S"标准化服务，力争将"中铁盾服"打造成为中国盾构机服务领域第一品牌。该公司秉承"专业制造、专业服务"的企业方针和"产品是人品，质量是道德"的品质观，采用"全寿命周期质量管理"措施，以"人品、产品、企品，三品合一"为品牌核心，实现产品价值、顾客价值和社会价值的有机统一。近年来，中铁装备先后荣获"河南省省长质量奖""中国质量奖提名奖""中国工业大奖表彰奖""服务型制造示范企业""国家技术创新示范企业""国家制造业单项冠军示范企业"等荣誉，成为国内首批隧道掘进机特级生产资质企业，强大的研发实力和制造能力广受认可。

中铁装备作为隧洞施工的第一代中铁装备人，从 2000 年起，凭借深厚的施工技术积淀，依托国家科研创新平台，攻坚克难，出色地完成了 5 项国家"863"科研项目。2009 年，中铁股份有限公司组建了中铁装备集团公司，拉开了隧洞掘进盾构机的自主化和产业化的序幕，得到科技部国家"863""973"项目的大力支持。随着市场拓展和技术能力的提升，2013 年 11 月，中铁装备成功收购了德国维尔特硬岩掘进机和竖井钻机相关业务，成为世界上能够独立生产 TBM 并具有知识产权的企业之一。

2008 年至 2017 年年底，中铁装备先后生产各类盾构机和 TBM 共计 230 台，其中出口 2 台，为国内 26 个城市的地铁提供隧洞施工装备，先后获发明专利 13 项、实用新型专利 120 项。

2015 年中铁装备自主研制了我国首台直径为 8.03m 的敞开式 TBM，并应用于吉林引松供水工程，最高月进尺由 1226m。2016 年研制了直径为 3.53m 的小型 TBM，该直径为世界最小，已应用于黎巴嫩大贝鲁特供水隧洞和输送管线建设项目。

1.2.3.2　中国铁建重工集团有限公司

中国铁建重工集团有限公司（以下简称"铁建重工"）从 2008 年 8 月起进入全断面隧洞掘进机行业。铁建重工拥有国家级企业技术中心，2013 年位列中国工程机械制造商 30 强第 16 位。其先后承担和参与了 10 余项"十二五"国家"863"计划、国家科技支撑计划。具有自主知识产权的土压平衡盾构机、泥水平衡盾构机、全断面硬岩隧洞掘进机等系列产品已经批量用于国内外重大工程。截至 2018 年年底，订单数超过 600 台（含出口订单 24 台），其中土压平衡盾构机约占 86％。

铁建重工是国内唯一一家没有与国外厂家合作、没有购买国外图纸和专利的掘进机自主研发制造主流企业。拥有世界一流、国际领先的掘进机制造基地，形成了以长沙本部基地为主，以兰州、乌鲁木齐、西安、包头和全国多个合作厂为辅的生产布局。组装车间可满足直径为 18m 的全断面隧洞掘进机整机组装能力，年产能可达 200 台。先后销售了 400 多台套全断面掘进机。截至 2018 年年底，累计生产各类 TBM 40 多台套，TBM 直径系列为 4～12m；累计生产掘进机设备 600 多台，实现直径 0.5～15m 全覆盖，产品覆盖全国 90％在建地铁城市。铁建重工的产品被广泛应用于国内 30 多个省市的地铁、铁路、煤矿和水利等重点工程，出口俄罗斯、土耳其等国家，在"一带一路"建设中大显身手。

2013 年，铁建重工在全球首创研发了双模式煤矿斜井 TBM，并用于神华新街台格庙矿区。

2014 年 12 月 27 日，由铁建重工联合浙江大学、中南大学、天津大学、中铁十八局等共同研发，拥有自主知识产权的国产首台大直径全断面硬岩隧洞掘进机，在湖南长沙顺利下线。该掘进机的成功研制打破了国外长期垄断，填补了中国大直径全断面硬岩隧洞掘进机研制的空白，标志着我国在大型高端装备制造领域取得了重大突破，解决了长距离、大埋深、高地应力、高地温、大涌水、易岩爆地质特点和技术难点，达到了国际先进水平，已成功应用于吉林引松供水工程，最高月进尺为 1209.8m。

2015 年 6 月 10 日，由铁建重工和神华集团联合研发，拥有完全自主知识产权的国内煤矿斜井单护盾 TBM 在位于内蒙古自治区鄂尔多斯市的神东连塔煤矿 2 号辅运平洞始发。这台单护盾 TBM 是铁建重工深入研究分析神华神东补连塔矿区特殊的地质情况、隧洞施工条件、环境条件的基础，遵循安全可靠、适用、经济、先进、环保的原则研发设计的。这台设备的应用开创了全断面隧洞掘进机在煤矿建设应用的新局面，是国家在大型高端装备制造领域协同创新的重大突破。

铁建重工自主研制的单护盾 TBM 在重庆轨道交通环线工程的应用，是首次在国内用于城市地铁施工，拓宽了国内单护盾 TBM 的应用领域。

2015 年 12 月 24 日，由铁建重工联合水电三局、黄河勘测设计院有限公司等单位共同研发，具有完全自主知识产权的国内首台双护盾 TBM 研制成功。该设备填补了中国双护盾 TBM 研制的空白，标志着国产现代化隧洞施工装备已经达到世界领先水平。此次下线的双护盾 TBM 是针对兰州市水源地建设工程项目量身定制的。

2016 年，铁建重工联合水电三局研制了大埋深、可变径 TBM，开挖直径可在 6.53～6.83m 之间调整，并应用于新疆某重大输水隧洞工程，该输水隧洞工程具有世界级工程地质难题，是目前最具挑战性的隧洞。

1.2.3.3　北方重工集团有限公司

北方重工集团有限公司（以下简称"北方重工"）是中国高端装备制造业的核心骨干企业，2005 年就全面启动了全断面掘进机的研发，至今已有十余年发展历程。十余年间，隧洞掘进机业务已经成为北方重工的核心产品板块，拥有从土压平衡式、泥水平衡式、硬岩掘进机到复合式盾构机、双模式盾构机的全系列全断面掘进机技术，成为世界上技术种类最全的公司之一。

截至 2018 年，北方重工基本上覆盖了全断面隧洞掘进机的三大类七个系列的所有领域，总计生产出 171 台，出口 79 台，国内市场 92 台。其中，TBM45 台，土压平衡盾构机 101 台，泥水平衡盾构机 25 台；拥有 77 项专利技术，其中发明专利 21 项。

北方重工为中铁二十局集团有限公司制造的 2 台直径 8.83m 的大型土压平衡盾构机相继于 2016 年 3 月 1 日和 3 月 10 日在珠三角莞惠城际轨道交通项目 6 标段隧洞顺利贯通完成施工，成为在该区域同时使用北方重工的中国品牌、德国品牌以及美国品牌盾构机进行施工的 4 个标段中，施工速度遥遥领先，率先实现贯通的标段。

北方重工全面整合沈阳隧洞掘进装备板块、法国 NFM 公司盾构机业务和美国罗宾斯公司全断面掘进机资源，在沈阳中德高端装备制造产业园注册成立全新公司，进而打造成为全球体系、世界领先、具有国际竞争力的知名企业。

2016 年 6 月 28 日，北方重工并购美国罗宾斯公司股权交割签约仪式在沈阳举行。这是继 2007 年并购法国 NFM 公司后，北方重工的又一大并购力作。

1.2.3.4　中交天和机械设备制造有限公司

中交天和机械设备制造有限公司（以下简称"中交天和"）是中国交通建设股份有限公司下属子公司。

该公司主要从事盾构机和海洋船舶的设计与制造，提供交通基础设施建设和管理领域的一体化服务，业务涉及公路工程、市政工程、轨道交通工程等领域。

该公司设计制造的盾构机直径规格从 0.8m 至 15m，涵盖了 TBM、泥水、土压、复合式、敞开式、竖向掘进式等，产品遍布北京、上海、天津、南京、合肥、南昌、福州、杭州、珠海、佛山等国内众多城市以及亚洲、欧洲等国家和地区，广泛应用于城市市政管网建设、地铁、城际轨道、核电站等多个领域。研制的直径为 15.03m 的超大直径泥水平衡复合式盾构机"天和号"填补了国内制造大型复合地层盾构机的空白，打破了国际垄断。

该公司拥有盾构机发明专利 16 项，实用新型专利 43 项，软件著作权 2 项；拥有"高新技术企业""江苏省盾构机关键技术工程技术研究中心""江苏省隧道掘进装备智能化工程中心""全断面隧道掘进企业一级生产资质""安全生产标准化二级单位"等各类荣誉、资质数十项。

1.2.3.5　上海隧道工程股份有限公司

上海隧道工程股份有限公司是我国最早从事软土隧洞施工的专业公司，是集研发、设计、制造、使用、销售、服务于一体的综合型企业。早在 20 世纪 60 年代就依靠自身力量，用实际行动打破外国专家"在上海不能建隧洞""在上海挖掘隧洞就像在豆腐里打洞"的定论，成功使用国产盾构机完成了中国第一条越江公路隧洞。20 世纪 80 年代成功研制出我国第一台直径为 4.5m 的加泥式土压平衡盾构机，并于 1990 年荣获国家科技进步一等奖。进入 21 世纪，2002 年，科技部将该公司的上海地铁盾构机研制工作纳入"十五""863 计划"。2004 年 9 月，具有完全自主知识产权的国产地铁盾构机"先行号"成功下线；2005 年，投入施工运行先后创造了日推进 38.4m 和月推进 566.4m 的最高纪录，并荣获发明专利 4 项，实用新型专利 2 项，价格仅为同类进口盾构机的 2/3，获上海市 2006 年科技进步一等奖。2006—2010 年使用了"先行号"矩形顶管机（14.4m×7.5m），生产了 22 台盾构机，有效地推进了国产盾构机的产业化和国产化。近十多年以来，该公司至今已累计生产了各类掘进机械，产品覆盖直径 3～11m，总计达 199 台，其中 144 台拥有完全的自主知识产权，应用于国内十多个城市；还出口新加坡 6 台（直径 6.67m 土压平衡盾构机），出口印度 3 台（直径 6.68m 土压平衡盾构机）。

2015 年 9 月 30 日，由宁波轨道交通联合上海隧道工程股份有限公司开发的国内首台类矩形盾构机"阳明号"在上海研制完成。该类矩形盾构机开挖断面为一个长 11.83m、宽 7.27m 的类矩形，是目前世界上最大断面的土压平衡矩形盾构机，拥有多项自主知识产权。

1.2.3.6 大连重工起重集团

大连重工起重集团从 2005 年起通过与德国海瑞克公司、美国罗宾斯公司合作，先后为天津地铁工程、辽宁大伙房引水工程承制了直径 6.39m 的盾构机和直径 8m 的 TBM 掘进机。通过聘请国外专家，加大对装备设计、制造人才的培训，加强企业的技术改造，积累了较为丰富的设计与制造经验。至今已自主设计、生产盾构机 6 台，合作生产 TBM 2 台，获发明专利 6 项，成为我国同类装备制造实力较强的研发、生产基地。

1.2.4 我国 TBM 发展面临的挑战

我国 TBM 经过几十年的积累，施工技术和自主研发水平有了飞跃性发展，TBM 制造在全球地位不断提升，国产盾构机和 TBM 已基本占领了国内市场，在国际市场的份额连年攀升，且占有很大的份额。我国已成为 TBM 和盾构机的主要生产国，但还面临以下两个方面的挑战：

1.2.4.1 关键配套件的国产化问题仍未彻底解决

我国是全球 TBM 市场需求量最大的国家，也是 TBM 生产大国。国内企业虽然在 TBM 研发与制造方面取得了突出的成绩，但其生产的主轴承、主减速机和主要液压元件等关键配套件的可靠性尚不能完全满足掘进机性能需要，用户信任度不够，导致这些关键配套件的主要来源仍然依赖进口产品，采购成本较高。在提倡全球化采购的今天，所有 TBM 配套件都实现国产化不符合这一潮流，但掌握关键技术，拥有强有力的自主支撑能力，仍然是我国避免关键技术受制于人，建设中国 TBM 品牌亟待解决的重要问题。

1.2.4.2 超大直径的 TBM 有待研发

随着我国基础设施建设规模的持续扩大，一大批引水隧洞和交通隧道亟待建设，引藏入江和川藏铁路等工程加快实施，对超大直径的 TBM 或盾构机有潜在的需求，但我国尚未有直径超过 16m 的 TBM 制造经验，一些关键技术，如大直径主轴承的制造与运输、大型刀盘的设计与制造还处于研究策划阶段。

1.2.5 未来 5 年我国 TBM 工程项目的市场前景

经过近 5 年的飞速进步，我国的全断面掘进机械行业已经具备了相当大的产业规模及较强的技术能力，今后几年，也是我国掘进机械产业进一步做大做强，跻身世界一流的绝好机遇和关键时期。"十三五"期间，在国家政策红利的引导下，铁路、地铁和城市管廊规模性的建设，水利基础设施建设规模不断扩大和"一带一路"倡议的落实，为国产掘进机的发展提供了良好的条件。

1.2.5.1 政策红利

（1）2015 年 5 月 19 日国务院发布的"中国制造 2025"规划，明确提出从 2015 年起，用三个十年时间，把我国建设成为引领世界制造业发展的制造强国。在第一个十年内，即到 2025 年，力争迈入制造业强国行列；提出了"创新驱动、质量为先、绿色发展、结构优化、人才为本"的发展方针。该规划提出"要大力发展先进制造业，改造提升传统产业，推动生产型制造向服务型制造转变"，"培育一批具有核心竞争力的产业群体和企业群体"，为掘进机械产业的发展指明了方向。

（2）2016 年我国开始实施的"十三五"规划，制定了"拓展产业发展空间，支持高端装备等新兴产业的发展""拓展基础设施建设空间，实施重大公共设施和基础设施工程""加快完善水利、铁路、公路、管道等基础设施网络""实施城市地下管网改造工程"等目标，明确了作为高端装备的掘进机械产业的发展方向和任务。

（3）国家提出的"一带一路"倡议，设立亚洲基础设施建设开发银行等措施，大大有利于沿线国家基础设施建设的发展，这无疑是我国掘进机械设备走向世界的一个大好机遇。

1.2.5.2　市场前景

国家"十三五"规划纲要提到，未来 5 年将建设高效密集轨道交通网，强化干线铁路建设，加快建设城际铁路、市域（郊）铁路并逐步成网，充分利用现有能力开行城际、市域（郊）列车，客运专线覆盖所有地级及以上城市；完善高速公路网络，提升国省干线技术等级；构建分工协作的港口群，完善港口集疏运体系，建立海事统筹监管新模式；打造国际一流航空枢纽，构建航空运输协作机制。

"十三五"期间铁路投资有望继续保持增长势头。根据《铁路"十三五"规划》，"十三五"期间全国新建铁路不少于 2.3 万 km，总投资不少于 2.8 万亿元。中西部铁路、城际铁路是未来规划建设的重点。如果将地方编制的一些投资项目纳入其中，"十三五"期间铁路投资将远超 2.8 万亿元。据统计，目前全国所有省、直辖市、自治区（除港、澳、台）都明确了"十三五"时期交通投资计划，投资规模基本都在 4000 亿元以上，合计投资规模达到 5.8 万亿元。从具体投资领域来看，铁路和高速公路仍是地方交通投资的"大头"。除轨道交通外，海绵城市、综合管廊等领域将成为基础设施建设投资的重要方向。

（1）城市轨道交通建设。这是掘进机械施工应用的主要市场。根据 39 个已获准建设地铁的城市规划，到 2020 年，城市轨道交通总运营里程将达 8290km。

（2）铁路建设和水利建设。这是 TBM 施工应用的主要市场。国家拟新开工的 60 个重点铁路项目、27 个重大水利项目中，35 个铁路项目、25 个水利项目已完成用地预审，8000 亿元铁路项目和 8000 亿元水利项目投资正在落地。按照"统筹谋划、突出重点"的要求，在"十三五"期间分步建设纳入规划的有 172 项重大水利工程。到 2020 年，水利建设项目投资将超过 4 万亿元，将有一大批引水隧洞需要建设。

（3）城市地下基础设施建设。这是掘进机械施工应用的一个新的潜在大市场。在国家提出将地下综合管廊作为国家重点支持的民生工程后，我国全面启动了地下综合管廊建设。计划到 2020 年力争建成一批具有国际先进水平的地下综合管廊。目前已有 69 个城市启动城市地下综合管廊建设项目，总投资超过 800 亿元。预计"十三五"期间，我国城市地铁隧洞年均增加 500km，年均地铁隧洞掘进机需求为 70～80 台。

（4）水电工程建设。"十三五"期间我国水电站建设规模放缓，但国产化设备需求扩大，且由于国内隧洞掘进机技术水平的提升，水电站隧洞掘进机出口需求将逐步扩大。

可以预期，在未来 5 年，无论政策方面还是从市场方面，对于中国掘进机械及施工建设行业来说，都是一个大好的发展机遇期。

1.3 全断面隧道掘进机的分类方法

我国于 2017 年 10 月 25 日发布了《全断面隧道掘进机 术语和商业规格》（GB/T 34354—2017）国家标准。但是，该标准仍然未对全断面隧道掘进机进行系统性的分类。本节从岩土硬度、开挖直径、护盾形式、刀盘适应性、主机出渣模式、掘进方向、掘进仓压力、断面形状八个方面对全断面隧道掘进机进行科学的分类。

1.3.1 按岩土硬度分类

全断面隧道掘进机按岩土硬度分为硬岩掘进机与软土掘进机两类。

1.3.1.1 硬岩掘进机

《工程岩体分级标准》（GB/T 50218—2014）中规定的"较硬岩"的饱和单轴抗压强度为 $60\text{MPa} \geqslant f_\text{r} > 30\text{MPa}$。据此，一般意义上的硬岩掘进机（TBM）适用于饱和单轴抗压强度大于 30MPa 的岩层，其主要机理为采用盘形滚刀进行挤压破岩。硬岩掘进机包括敞开式、双护盾和单护盾三种形式。

1.3.1.2 软土掘进机

一般意义上的软土掘进机为盾构机，适用于饱和单轴抗压强度不大于 30MPa 的土层或较软岩，其主要机理为采用刮刀、切削刀、撕裂刀、铣刀进行切割或铣切方式进行破岩。盾构机一般包括土压平衡盾构机和泥水平衡盾构机。

1.3.2 按开挖直径大小分类

按开挖直径大小一般可分为"迷你"型全断面掘进机（$\phi \leqslant 0.6\text{m}$）、微型全断面掘进机（$0.6\text{m} < \phi \leqslant 1.6\text{m}$）、小型全断面掘进机（$1.6\text{m} < \phi \leqslant 3.6\text{m}$）、中小型全断面掘进机（$3.6\text{m} < \phi \leqslant 5.0\text{m}$）、中型全断面掘进机（$5.0\text{m} < \phi \leqslant 8.0\text{m}$）、较大型全断面掘进机（$8.0\text{m} < \phi \leqslant 12.0\text{m}$）、大型全断面掘进机（$12.0\text{m} < \phi \leqslant 14.0\text{m}$）、超大型全断面掘进机（$14.0\text{m} \leqslant \phi$）等 8 类。

1.3.3 按护盾形式分类

全断面隧道掘进机按护盾形式可分为无护盾掘进机和有护盾掘进机两类。无护盾掘进机仅包括敞开式掘进机，有护盾掘进机包括双护盾掘进机、单护盾掘进机、泥水平衡盾构机和土压平衡盾构机。无护盾掘进机依靠撑靴提供掘进反力，有护盾掘进机除双护盾掘进机依靠撑靴和辅助推进油缸提供掘进反力外，其他均依靠辅助推进油缸提供反力。

1.3.4 按刀盘适应性分类

全断面隧道掘进机按刀盘的适应性可分为单一刀盘和复合刀盘两类。复合刀盘能适应软硬不均的地层开挖需要，其破岩形式为"滚刀＋刮刀"。单一刀盘全断面掘进机包括敞开式掘进机、双护盾掘进机、单护盾掘进机、泥水平衡盾构机和土压平衡盾构机等，复合刀盘全断面掘进机包括复合土压平衡盾构机、复合泥水平衡盾构机等。

1.3.5 主机出渣模式分类

主机出渣模式可分为带式输送机出渣、螺旋机出渣、渣浆泵出渣和复合出渣等四类，带式输送机出渣模式全断面掘进机包括敞开式掘进机、双护盾掘进机和单护盾掘进机等，螺旋机出渣模式全断面掘进机为土压平衡盾构机，渣浆泵出渣模式全断面掘进机为泥水平衡盾构机，复合出渣模式全断面掘进机为土压平衡盾构机及可在洞内更换螺旋机、带式输送机的双模式盾构机。

1.3.6 按掘进方向分类

全断面隧道掘进机按掘进方向可分为一般掘进机（坡度≤15％）和斜/竖井掘进机（坡度＞15％）两类。

1.3.7 按掘进仓压力分类

全断面隧道掘进机按掘进仓压力分为无压掘进机和有压掘进机两类，无压掘进机包括敞开式掘进机、双护盾掘进机和单护盾掘进机，有压掘进机包括泥水平衡盾构机和土压平衡盾构机。

1.3.8 按断面形状分类

全断面隧道掘进机按断面形状可分为全断面圆形掘进机和全断面异形掘进机两类。全断面圆形掘进机包括敞开式掘进机、双护盾掘进机、单护盾掘进机、土压平衡盾构机、泥水平衡盾构机和复合（双模式）盾构机；全断面异形掘进机的开挖断面形状为非圆形，常见的断面开挖形状有类矩形、多圆形、椭圆形和马蹄形等，分为土压平衡盾构机和泥水平衡盾构机两种。

1.4 我国全断面隧道掘进机标准编制情况

2014 年国家标准化管理委员通过对该领域制造厂商、施工单位和研究机构的调研，了解了全断面隧道掘进机的种类分布、技术要点、产品质量及标准现状，发现该领域术语定义不明确、分类不明晰、产品验收没有统一标准，不利于行业快速发展。为提升全断面隧道掘进机整体水平和质量，建立全断面隧道掘进机标准体系，提出了本领域的标准需求，于 2018 年 5 月 1 日发布了首批 5 部国家标准，同时开展了多部系列标准的编制工作。这些标准的编制填补了国内全断面隧道掘进机尤其是 TBM 产业的空白，促进了产业良性发展。

1.4.1　标准编写的目的和意义

TBM 作为一种超大型专用设备，已广泛应用于我国高铁、地下管廊、水利水电建设等领域。我国生产的全断面隧洞掘进机，已推广应用于新加坡、以色列、印度、伊朗、俄罗斯的地铁以及黎巴嫩、越南的引水工程，成为国之重器。党的十九大报告提出要把提高供给体系质量作为主攻方向，建设制造强国、质量强国，加快发展先进制造业，瞄准国际标准提高水平。编制科技含量高、适用范围广，支撑能力强的 TBM 标准，是以先进标准引领装备制造业质量提升的典型范例，对贯彻落实党的十九大精神，推进习近平总书记提出的"三个转变"，具有突出的现实意义。

（1）通过标准创新，推动中国制造向中国创造转变。推动我国从制造大国向制造强国转变，要求坚持标准创新，用新标准引领新技术、新产业蓬勃发展。近年来，我国企业为了适应各种类型隧洞施工要求和复杂的地质条件，在传统全断面隧洞掘进机的基础上，大胆创新，研制了双模式 TBM、异形盾构机，推进了标准创新，实现了"标准＋创新"的倍增效应。已发布的全断面掘进机国家标准，推动了全断面掘进机的中国制造向中国创造转变。

（2）通过标准升级，推动中国速度向中国质量转变。党中央、国务院印发了《关于开展质量提升行动的指导意见》，提出要将质量强国战略放在更加突出的位置，开展质量提升行动，"用先进标准引领产品、工程和服务质量提升"，"加快标准提档升级"。相关 TBM 标准的制定与实施，不仅提升了我国全断面隧洞掘进机质量水平，而且提高了隧洞掘进工程的质量效益，在全断面隧洞掘进机领域，推进中国速度向中国质量转变。

（3）通过标准保障，推动中国产品向中国品牌转变。国家高度重视品牌建设，企业也非常注重品牌塑造。2017 年国务院批准将 5 月 10 日设立为"中国品牌日"，就是要不断提升中国品牌的影响力。标准是质量的基础，也是品牌的保障。

综上，TBM 标准的编制，有利于把我国的优势技术、产品和服务打造为"中国品牌"，在 TBM 领域推进中国产品向中国品牌转变。

1.4.2　我国 TBM 及盾构机专业标准制定情况

为提升 TBM 整体水平和质量，建立 TBM 标准体系，2015 年国家标准化管理委员会根据该行业提出的标准需求，下达了《全断面隧道掘进机 术语和商业规格》（GB/T 34354—2017）等 8 项国家标准编制计划。同年 8 月，全国建筑施工机械与设备标准化技术委员会启动了系列标准的编制工作。随后下达了其他 5 部国家标准编制计划，各行业标准化委员会也先后下达了约 22 部行业标准编制计划。截至 2018 年年底，我国发布有关国家标准 7 部。

1.4.2.1　已发布标准情况

2018 年 5 月 1 日，我国首次发布了 5 部 TBM 有关国家标准，分别为《全断面隧道掘进机 术语和商业规格》（GB/T 34354—2017）、《全断面隧道掘进机 敞开式岩石隧道掘进机》(GB/T 34652—2017)、《全断面隧道掘进机　土压平衡盾构机》(GB/T 34651—2017)、《全断面隧道掘进机　单护盾岩石隧道掘进机》(GB/T 34653—2017) 和《全断面隧道掘进机　盾构机安全要求》(GB/T 34650—2017)，后又发布了《全断面隧道掘进机　泥水平衡盾构机》(GB/T 35019—2018)、《全断面隧道掘进机　单护盾—土压平衡双模式掘进机》(GB/T 35020—2018) 2部国家标准。

在编制过程中，国内 TBM 领域内的全断面掘进机的设计制造、施工、城市地铁管理、市政隧道设计和相关政府部门等骨干单位，参加了标准编制工作。参加标准编制的单位涵盖了国内水利水电、铁路、公路、地铁等行业，参加标准编制的专家多达上百名。在各标准的社会征求意见阶段，广泛地征求了设计制造、施工应用领域以及科研、检验检测机构和行业知名专家的意见和建议。

《全断面隧道掘进机　术语和商业规格》(GB/T 34354—2017) 明确了全断面隧道掘进机产品分类、术语定义以及商业规格的要求，给出了全断面隧道掘进机产品主要系统的构成，是关于全断面隧道掘进机的纲领性标准。该标准统一规范了我国全断面隧道掘进机面向中外客户的交流用语。该标准统一了岩石隧道掘进机、盾构机和顶管机等整机定义 17 项，将以往的俗称、简称、习惯叫法，如"敞开式岩石隧道掘进机"有叫"撑靴式""主梁式""开敞式"的，做了统一规定；对刀盘刀具、盾体、人舱、管片拼装机、密封、集中润滑、通风、除尘和压缩空气等 72 个系统给出了统一定义；规定了典型全断面隧道掘进机，如"土压平衡盾构机""泥水平衡盾构机""复合式盾构机""敞开式岩石隧道掘进机""单护盾岩石隧道掘进机""双护盾岩石隧道掘进机""双模式隧道掘进机"和"顶管机"等 8 类产品商业规格和 34 类系统商业规格；规范了在商业活动中使用的术语、产品应提供的必要配置和基本参数。

《全断面隧道掘进机　盾构机安全要求》(GB/T 34650—2017) 明确了盾构机产品的危险源，提出了安全要求，给出了措施及验证方法。针对盾构机使用存在的辐射、爆炸、有毒气体、高空坠落等 10 大类、34 小类潜在风险，提出了刀盘刀具、主驱动单元、人舱、逃生通道等安全要求，给出了防高空坠落、管片拼装作业、掌子面失稳、防火和防喷涌等安全防护措施 19 大类，规定了使用说明书的内容要求，突出了安全操作意识，给出了防滚计算、噪声测定、有害气体及粉尘容许浓度测定方法，提高了产品安全性能指标，提升了产品竞争力，特别是提升了质量保障能力。标准的各项安全指标与国外先进安全标准全面接轨，能够推动我国盾构机产品安全性能的全面提升。

5 部国家标准的共同点为：对全断面隧道掘进机生产设计、调试验收、项目检验以及设计等方面的指标进行了规定。尤其是开挖直径的偏差、刀具安装半径的偏差、刀盘本体工作面的平面度等指标，达到国际领先水平。相比传统的工程机械检验项目，这 5 部标准工地检验的"试掘进要求"是其他施工机械标准不具备的，是全断面隧道掘进机所特有的，也是必要的。因此，被誉为此类产品质量的"硬约束"。该标准明确了产品质量控制要点、交验项目、精度指标等各方面的要求，为全断面隧道掘进机生产设计、调试验收、项目检验、采购单位间的质量意见协调提供了依据，实现了全断面隧道掘进机行业产品内销外销同标同质。

《全断面隧道掘进机　敞开式岩石隧道掘进机》(GB/T 34652—2017) 规定了敞开式岩

石隧道掘进机的技术要求、试验方法及检验规则，明确了产品的标识、包装运输和贮存等要求，给出了"主驱动单元"在脱困模式的脱困扭矩的要求。按机械、电气、控制、驱动等分系统规定了产品具体技术要求，细化为 24 个子系统，并提出了相应的技术要求，给出了刀盘、主驱动单元、支撑及推进系统、钢拱架安装器等 15 个子系统的分类试验方法，规定了出厂检验、工地检验及型式检验 3 类检验及对应的检验项目共计 61 个。规定了开挖直径、刀具安装半径的偏差范围，刀盘本体工作平面的平面度等指标达到国际领先水平。该标准的审查会议认为，标准编制达到了国际领先水平。

《全断面隧道掘进机 土压平衡盾构机》（GB/T 34651—2017）规定了土压平衡盾构机的技术要求、试验方法及检验规则，明确了产品的标志、包装运输和贮存等要求。规定了刀盘刀具、盾体、主驱动、人舱、推进系统、管片拼装机等 13 个系统的技术要求，给出了 14 个大类的试验方法，规定了出厂检验、工地检验及型式检验 3 类检验项目涉及 11 大项、40 小项检验指标。开挖直径、刀具安装半径的偏差范围指标达到国际领先水平。

《全断面隧道掘进机 单护盾岩石隧道掘进机》（GB/T 34653—2017）规定了单护盾岩石隧道掘进机的技术要求、试验方法及检验规则，明确了产品的标识、包装运输和贮存等要求。按机械、电气、控制、驱动等分系统规定了产品具体技术要求，细化为 24 个子系统并提出了技术要求、规定了刀盘、主驱动、护盾等 18 个子系统详细分类试验方法。规定了出厂检验、工地检验及型式检验 3 类检验及对应的检验项目共计 65 个。

1.4.2.2　正在编制的标准情况

截至 2018 年年底，正在编制的 TBM 及盾构机国家标准有 8 部，行业标准有 12 部。

国家标准包括：《全断面隧道掘进机 双护盾岩石隧道掘进机》（计划编号：20173717 - T - 604）、《全断面掘进机远程监控系统》（计划编号：20173447 - T - 604）、《全断面隧道掘进机 岩石隧道掘进机安全要求》（计划编号：20173445 - T - 604）、《全断面隧道掘进机再制造》（计划编号：20151694 - T - 604）、《全断面隧道掘进机 土压平衡—泥水平衡双模式掘进机》（计划编号：20173715 - T - 604）、《全断面隧道掘进机 矩形土压平衡顶管机》（计划编号：20173716 - T - 604）、《全断面隧道掘进机 顶管机安全要求》（计划编号：20173446 - T - 604）和《全断面隧道掘进机 双模式盾构机》（计划编号：20151696 - T - 604）。

行业标准包括电力行业、机械行业和岩土行业，共 12 部。其中电力行业 5 部，机械行业 6 部，岩土行业 1 部。电力行业标准为《水电工程敞开式全断面隧道掘进机施工组织设计规范》《水电工程双护盾全断面隧道掘进机施工组织设计规范》《水电工程施工机械安全操作规程 敞开式全断面隧道掘进机》《水电工程施工机械安全操作规程 双护盾全断面隧道掘进机》《全断面硬岩隧道掘进机 施工概预算定额》；机械行业标准为《全断面隧道掘进机用盘形滚刀》（JB/T 13385—2018）、《全断面隧道掘进机用盘形滚刀刀体》（JB/T 0723—2018）、《全断面隧道掘进机用盘形滚刀刀圈》（JB/T 0722—2018）、《全断面隧道掘进机用盘形滚刀楔装锁紧组件》（JB/T 13386—2018）、《全断面隧道掘进机用刮刀》（JB/T 13384—2018）、《建筑施工机械与设备 复合式盾构机》（计划编号：2014 - 0617T - JB）和《全断面隧道掘进机 顶管机》；岩土行业标准为《TBM 施工信息化和远程监控技术规范》。

1.4.3　标准实施的作用

TBM 和盾构机专业标准的发布与实施，将会促进产品标准化生产，缩短掘进机设计和制造的周期，更加规范产品维护和售后服务。

（1）将会促进提高产品的安全性能。盾构机安全要求不仅提高了盾构机安全性，其他全断面隧道掘进机也可参照执行，检验检测机构有了检测的标准依据，将会全面提升全断面隧道掘进机的安全性能。

（2）将会促进产品形式多样化。已发布的 7 部国家标准不仅对圆形全断面隧道掘进机给出规定，而且异形断面如椭圆形、矩形、马蹄形等全断面隧道掘进机也可以参照这些标准执行。

（3）将会扩大产品适用范围。在产品分类中有复合式、多模式，这些产品可在复杂地层中使用，增强了全断面隧道掘进机的适应能力。

（4）将会促进产品"走出去"。全断面隧道掘进机行业产品内销外销同标同质，为全断面隧道掘进机出口提供了标准。

为了更好地贯彻执行所发布的标准，全断面隧道掘进机相关单位应强化标准的宣传与培训工作，以提高对标准行业认知度。全断面隧道掘进机涉及的行业多、单位多，各相关单位应积极贯彻实施，让更多的从业人员了解标准、认同标准和使用标准，以加快提升全断面隧道掘进机制造企业贯标能力。相关单位应组织已发布的国家标准的英文版翻译编制工作，服务全断面隧道掘进机产品及标准"走出去"，为实施"一带一路"倡议打基础。

1.5　水利水电 TBM 标准编制情况

2017 年国家能源局批准编制电力行业标准 5 部，分别《水电水利工程敞开式全断面隧道掘进机施工组织设计规范》（计划编号：能源 20170419）、《水电水利工程双护盾全断面隧道掘进机施工组织设计规范》（计划编号：能源 20170420）、《水电水利工程施工机械安全操作规程 敞开式全断面隧道掘进机》（计划编号：能源 20170415）、《水电水利工程施工机械安全操作规程 双护盾全断面隧道掘进机》（计划编号：能源 20170416）。

水电三局作为上述 5 部标准的主编单位，遵照"广泛性、互补性、代表性和先进性"原则，经标准归口管理单位批准，广泛吸纳参编单位参加标准编制。参编单位包括在国内具有代表性的设计、施工、管理单位共 10 家，涵盖了水利水电、铁路、机械制造等行业，为标准高质量的编制提供了专家支持和经验支持。

1.6　TBM 施工管理实践

近年来，水电三局承担了辽宁、新疆及甘肃等地多个 TBM 引水隧洞的施工，通过施工实践，水电三局取得了一定的管理经验，形成了核心管理技术，为 TBM 项目的安全快速施工奠定了良好的基础。

在工程项目开工前，水电三局总部组织从设备选型、设备制造、设备组装到掘进等各环节进行策划，制定了相应的专项措施。对于复杂项目的施工难点，与高等院校和科研机构开展了校企合作活动，进行了研究准备，从技术上为项目施工奠定了基础。

项目实施过程中，经过多次实践，创造性地提出并实施了"周考核、周兑现"管理制度，极大地提高了项目作业人员的积极性和责任心，实现了水电三局在 TBM 施工管理方面的突破，成为水电三局的核心管理技术之一。

水电三局总部成立了"TBM 技术研究中心"，工会在多个项目成立"TBM 技术创新工作室"。"TBM 技术研究中心"的专家团队负责 TBM 技术研究、项目施工组织设计、重大科研项目开展和在 TBM 项目施工遇到特殊情况时赴施工现场全权领导项目部对特殊情况进行处理，有效地发挥了专家团队的作用，极大地提高了项目的技术能力；"TBM 技术创新工作室"充分激发了职工的创新热情，为不断优化施工技术做出了贡献。

第 2 章

工 程 概 况

依托的引水工程项目于 2010 年全面启动建设,输水线路总长约 597.7km,是当期世界上最长的输水隧洞和亚洲最长的输水管道工程。全线 TBM 施工段总长 110.1km,由 3 个相对独立的输水工程构成,引水隧洞长度分别为 100.0km、130.7km、366.8km。全线共使用 8 台敞开式 TBM 施工,是当期世界上同时使用 TBM 台数最多的工程。工程具有供水和改善生态环境等综合效益。设计引水流量 75m³/s,年平均调水量 18.6 亿 m³。工程具有地质条件复杂、隧洞洞线长、隧洞开挖直径大、开挖距离长等特点。

水电三局承担了依托工程第一个输水工程的第四部分隧洞项目的全部施工任务。在依托工程的组装 TBM 桥式起重机的轨道梁首次采用了岩壁吊车梁形式,减少组装洞室宽度 1.0m,减少了工程开挖量,缩短了施工工期,节省了工程成本;在工程实践中,对 TBM 开挖洞段的混凝土衬砌成洞尺寸进行了优化,增加了过滤断面面积;对服务洞室、通过洞室、始发洞室的长度进行了优化,缩短了相应洞室的钻爆法施工开挖;对步进洞室撑靴区域的混凝土结构进行了优化,将模筑混凝土改为喷射混凝土,降低了施工难度和工程造价,缩短了施工工期。

2.1 工程情况

2.1.1 工程简介

输水线路总长 597.7km(其中,隧洞长 289.7km、管线长 307.1km、暗涵长 0.3km、暗渠长 0.6km),划分为 3 个相对独立的输水工程,线路长度分别为 100.0km、130.7km 及 366.8km。

第一个输水工程全部采用隧洞方式输水,全长 100.0km,采用以 TBM 为主、钻爆法为辅的联合施工方法。TBM 施工段长度为 68.5km,占主体隧洞总长的 68.5%,采用 4 台 TBM 施工,开挖洞径 8.5m,成洞洞径包括 7.3m、7.7m、8.4m、8.5m 四种;主洞钻爆法施工段长度为 31.5km,占主体隧洞总长的 31.5%,成洞洞径 7.3m 和 7.7m 两种。本工程的隧洞施工由 5 部分组成,长度分别为 2.3km、11.4km、41.1km、32.6km 及 12.6km,第三和第四部分隧洞采用 TBM 法施工,其他隧洞采用钻爆法施工。第一个输水工程已于 2019 年 1 月建成并通水。

本工程的第四施工部分隧洞全长 32.6km,采用以 TBM 为主、钻爆法为辅的联合施工方法。TBM 施工段长度为 30.8km,占主体隧洞总长的 92%,采用 2 台 TBM 施工,由本书的编写单位负责施工。

第二个输水工程全部采用隧洞方式输水，全长 130.7km，由 5 部分组成，采用以钻爆法为主、TBM 为辅的联合施工方法。TBM 施工段长度为 31.4km，占主体隧洞总长的 24%，采用 3 台 TBM。开挖洞径为 8.5m，成洞洞径为 7.6m；主洞钻爆法施工段长度为 99.3km，占主体隧洞总长的 76%，成洞洞径 7.6m。

第三个输水工程的线路全长 366.8km，由 16 个施工部分组成，包括 4 个隧洞、5 个管厂、6 个管线和 1 个铁路施工部分，隧洞长 69.4km、管线长 297.4km。TBM 施工段长度为 10.2km，占主体隧洞总长的 14.7%，采用 1 台 TBM。开挖洞径为 8.03m，成洞洞径为 7m；主洞钻爆法施工段长度为 59.2km，占主体隧洞总长的 85.3%，成洞洞径有 6.3m 和 7m 两种。

依托工程的全线 TBM 施工段总长 110.1km，共同时使用 8 台敞开式 TBM 施工，创造了当期世界上同时使用 TBM 的工程之最。第一个输水工程 TBM 施工段总长度 68.5km，使用 4 台 TBM 施工，开挖直径均为 8.53m；第二个输水工程 TBM 施工段总长度 31.4km，使用 3 台 TBM 施工，开挖直径均为 8.53m；第三个输水工程 TBM 施工段总长度 10.2km，使用 1 台 TBM 施工，开挖直径为 8.03m。依托工程各台 TBM 设备基本参数、生产厂家及掘进长度详见表 2.1-1。

表 2.1-1　　　　全线各台 TBM 设备基本参数、生产厂家及掘进长度

序号	TBM编号	新刀开挖直径/mm	刀具数量/直径	最大推力/kN	刀盘最大转速/(r/min)	刀盘驱动功率/kW	撑靴最大支撑力/kN	刀盘额定扭矩/(kN·m)	脱困扭矩/(kN·m)	生产设计厂家	掘进长度/km
1	TBM1	8530	8 刃/17in；45 刃/20in	25991	6.7	3500	62832	7660	13023	美国罗宾斯	15.3
2	TBM2										15.5
3	TBM3		53 刃/19in	21000	7.98	3300	45394	6712	10069	德国海瑞克	17.4
4	TBM4										20.3
5	TBM5										12.7
6	TBM6									北方重工+美国罗宾斯	10.1
7	TBM7										8.6
8	TBM8	8030	8 刃/17in；43 刃/19in	15270	6.93	3000	44000	4533	6805	美国罗宾斯	10.2
合　　计											110.1

2.1.2　地形地貌

第一个输水工程第四施工部分的主洞沿线所穿越的地形地貌主要为侵蚀断褶中低山地形，整体山脉呈东北向延伸，且呈东北高西南低之势。最高峰的海拔为 850m，所发育沟谷多为树枝型延伸，其中主枝多为宽敞 U 形河谷，切割较深，相对高差一般为 100～300m，枝型沟谷多呈 V 形，切割相对较浅，相对高差一般在 100～200m。主洞洞室埋深相对较大，除部分洞室埋深小于或接近 100m 外，多数洞室埋深大于 200m，近 30% 洞段埋深大于 300m，局部则超过 500m。

第一个输水工程第四施工部分的主洞所穿越的地层岩性主要为古老变质岩及不同时期的侵入岩。

岩性以混合岩化浅粒岩、黑云变粒岩、斜长角闪岩、电气变粒岩、蛇纹石化橄榄大理岩等为主，混合岩化强烈，形成肉红色均质混合岩和混合花岗岩，分布于河沟，穿越长度为 1399.5m。

早元古代侵入岩双岩体（Pt_1S）岩性为巨斑状花岗岩，以肉红色为主，斑晶主要为钾长石，暗色矿物含量较少，巨斑状结构，块状构造，是本段主洞穿越的主要岩性。

白垩纪侵入岩（$K\gamma\pi$）白岗花岗岩及花岗斑岩，以灰白色为主，暗色矿物含量较少，矿物成分主要以石英和长石为主，花岗结构及似斑状结构，块状构造，仅分布在局部河沟带，穿越长度为 1740.0m。

第一个输水工程第四施工部分的工程区地震动峰值加速度小于 $0.05g$，相对的地震基本烈度小于Ⅵ度。古老变质岩，节理较发育—不发育，主要节理走向为 NE0°～10°，倾向 SE，倾角 30°～40°，节理面多呈平直光滑状，微张—闭合，无充填或泥质充填；早元古代侵入巨斑状花岗岩岩层，主要节理走向为 NE50°～60°，倾向 NW 或 SE，倾角为 40°～60°，节理面多呈起伏光滑状或平直粗糙状，微张—闭合，无充填或泥质充填；白垩纪侵入花岗斑岩岩层，主要节理走向为 NW290°～300°，倾向 SE，倾角为 60°～80°，节理面多呈平直光滑状，闭合，无充填。

洞线区地下水的赋存类型主要为松散岩类孔隙水、基岩裂隙水及构造裂隙水。洞线区为非可溶岩地区，地下水补给主要为大气降水，根据邻近工程洞内大量地下水试验成果，地下水对混凝土均无腐蚀性。

隧洞早元古代侵入花岗岩岩体一般完整性差—完整，局部较破碎；白垩纪侵入花岗岩体一般较完整—完整。各种岩性的完整程度差异不大，洞室围岩一般以完整性差—较完整为主，局部较破碎或破碎。

本洞线穿越的岩体以微风化—新鲜岩为主，透水率 0.3～4.6Lu，岩体基本为微透水—弱透水。构造破碎带和节理密集带透水率相对较大，一般为弱透水—中等透水。

按工程地质分段，主洞洞室围岩工程地质分类见表 2.1－2。

表 2.1－2　　　　　　　　　主洞洞室围岩工程地质分类

桩　号	长度 /m	穿越地层	围岩类别长度/m				
			Ⅱ	Ⅲa	Ⅲb	Ⅳ	Ⅴ
0＋000.0～1＋399.5	1399.5	Pt_1x	214.5	650	100	435	
1＋399.5～21＋209.5	19810	Pt_1S	4770	5270	8130	1450	190
21＋209.5～22＋949.5	1740	$K\gamma\pi$		925	815		
22＋949.5～28＋419.5	5470	Pt_1S	860	2110	1925	575	
28＋419.5～32＋636.2	4216.7	Pt_1S		1615	1496.7	965	140
隧洞总长/m	32636.2	合计	5844.5	10570	12466.7	3425	330
		百分比/%	17.9	32.4	38.2	10.5	1

支洞围岩工程地质分类见表 2.1－3。

表 2.1 - 3   支洞施工部分围岩工程地质分类

支洞编号	长度/m	地层代号	主要岩性	围岩类别
1	1984.4	Pt_1S	巨斑状花岗岩	Ⅱ
2	2294.8	Pt_1S	巨斑状花岗岩	Ⅲ
3	1639.4	Pt_1S	巨斑状花岗岩	Ⅲ
4	838.8	Pt_1S	巨斑状花岗岩	Ⅲ

2.2 TBM 拆卸洞室、组装洞室及施工支洞布置

依托工程的第一个输水工程第四施工部分的主体为隧洞工程，其主洞长 32.6km，纵坡 $i=0.28‰$。主洞采用两台 TBM 施工（TBM1 和 TBM2），均分为两段掘进。TBM1 的第 Ⅰ 掘进段长度为 8833.5m，第 Ⅱ 掘进段长度为 6527.7m。TBM2 的第 Ⅰ 掘进段长度为 7320m，第 Ⅱ 掘进段长度为 8235m。

为配合 TBM 施工，共布置有 4 条施工支洞，分别为 1 号、2 号、3 号和 4 号。TBM1 由 2 号施工支洞运入主洞，在 2 号施工支洞与主洞交叉处的扩大洞室内组装，掘进至 1 号施工支洞与主洞交叉处的扩大洞室内检修，检修后在完成该台 TBM 的第 Ⅱ 掘进任务后，步进至相邻主洞的 TBM 组装洞室，进行洞内拆卸后，由相应的施工支洞运出。TBM2 由 4 号施工支洞运入主洞，在 4 号施工支洞与主洞交叉处的扩大洞室内组装，掘进至 3 号施工支洞与主洞交叉处的扩大洞室内检修后，步进至 2 号施工支洞与主洞交叉处的扩大洞室内拆卸，由 2 号施工支洞运出。TBM 拆卸洞室、组装洞室及施工支洞布置如图 2.2 - 1 所示。

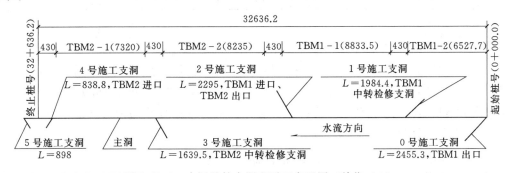

图 2.2 - 1 支洞及扩大洞室平面布置图（单位：m）

图 2.2 - 1 中的 0 号施工支洞和 5 号施工支洞为相邻主洞的施工支洞，扩大洞室段长度均为 430m，相应的扩大洞室由施工服务区（长 145m）、组装/检修洞室（长 80m）、通过洞室（长 180m）、始发洞室（长 25m）组成，扩大洞室平面布置详见图 2.2 - 2。

2.2.1 主洞

依托工程的第一个输水工程第四施工部分的主洞 TBM 施工段断面为圆形，开挖洞径为 8.5m，长为 32.6km。主洞 TBM 施工段划分见表 2.2 - 1。

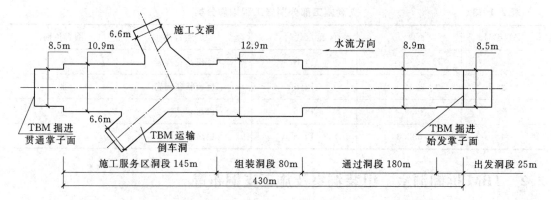

图 2.2-2　TBM 扩大洞室平面布置图

表 2.2-1　　　　　　　　　主洞 TBM 施工段划分表

起始桩号	终止桩号	长度/m	施 工 分 段	控制支洞	断面型式
0+000.0	6+527.7	6527.7	TBM1-2	1号	圆形
6+527.7	6+957.7	430	中转检修、通过、始发洞段及施工服务区	1号	
6+957.7	15+791.2	8833.5	TBM1-1	2号	圆形
15+791.2	16+221.2	430	TBM1组装/TBM2拆卸、通过、始发洞段及施工服务区	2号	
16+221.2	24+456.2	8235	TBM2-2	3号	圆形
24+456.2	24+886.2	430	中转检修、通过、始发洞段及施工服务区	3号	
24+886.2	32+206.2	7320	TBM2-1	4号	圆形
32+206.2	32+636.2	430	TBM2组装、通过、始发洞段及施工服务区	4号	

2.2.2　支洞

依托工程的第一个输水工程第四施工部分的施工支洞1号、2号、3号、4号和相邻项目的施工支洞0号、5号投影长度分别为1984.4m、2295.0m、1639.5m、838.8m、2455.2m和898.0m，支洞断面均为圆拱直墙型，成洞断面尺寸均为6.6m×6.0m（宽×高）。施工支洞特性见表2.2-2。

表 2.2-2　　　　　　　　　施 工 支 洞 特 性 表

支洞编号	支洞进口底高程/m	主支洞交点高程/m	支洞综合坡度/%	支洞投影长度/m	备　注
0	477.6	241.8	9.6	2455.2	相邻项目的施工支洞
1	418.0	243.7	10.8	1984.4	
2	387.5	241.1	8.4	2295.0	
3	372.0	238.6	9.8	1639.5	
4	320.5	236.4	13.1	838.8	
5	343.4	235.6	12.8	898.0	相邻项目的施工支洞

2.3 施工内容

依托工程的第一个输水工程第四施工部分的主要工作内容包括支洞与主洞扩大洞室的钻爆法开挖和混凝土施工，TBM 的组装、掘进、转场检修及拆卸，永久进场路基层、面层施工，渣场改线路及桥梁施工维护，施工期环境保护、水土保持、生产加工系统、供水供电系统及其他附属临时工程等的修建与拆除。

2.4 TBM 扩大洞室设计

TBM 扩大洞室包括组装、检修、通过、服务以及始发等洞室。按 TBM 掘进方向，各洞室的排列顺序为施工服务区洞室、组装/检修洞室、通过洞室、始发洞室。

施工服务区洞室的主要功能是为提前完成部分 TBM 的后配套的组装和物料存储等提供空间；组装洞室主要功能是为桥式起重机运行和设备零部件堆放提供条件，桥式起重机的主要功能是完成 TBM 的部件吊装作业；检修洞室主要功能是在 TBM 掘进至中间段后为 TBM 检修和掘进运行所需的物料转运提供空间；通过洞室的主要功能是为 TBM 分步组装后提供临时存放空间，TBM 依次从主机至后配套最末端台车，利用组装洞室的桥式起重机完成吊装、试装配等作业后，步进至始发洞室前存放于该洞室；始发洞室的主要功能是在 TBM 初始掘进时为撑靴提供着力区，撑靴区域隧洞直径与 TBM 掘进开挖直径相同。

TBM 辅助洞总长为 430m，其中施工服务区长 145m，设备组装洞室长 80m，通过洞室长 180m，始发洞室长 25m。扩大洞室的平面布置图见图 2.2-2。

2.4.1 TBM 组装洞室

桥式起重机轨道梁包括直墙形式和岩壁吊车梁形式两种。4 号支洞控制段的组装洞室的桥式起重机轨道梁为直墙形式，2 号支洞控制段的组装洞室为岩壁吊车梁形式。

2.4.1.1 直墙形式桥式起重机轨道梁

直墙形式桥式起重机轨道梁的优点为施工难度小，对围岩完整性要求低；缺点为直墙浇筑所占直线工期较长（与岩壁吊车梁形式相比，直线工期至少长 20 天），所需开挖宽度较大，扩大洞室混凝土回填量大。岩壁吊车梁形式的优点为占直线工期较短，所需开挖宽度较小（与直墙形式相比，开挖宽度至少减少 1.0m），扩大洞室混凝土回填量小；缺点为对围岩完整性要求较高，施工难度较大。

直墙形式 TBM 组装洞室的设计断面为蘑菇形，设计开挖尺寸为 13.9m×17.0m（宽×高），长度为 80m。洞室初期支护采用设计等级为 C30F200、厚 200mm 的喷射混凝土以及系统锚杆进行。边墙采用砂浆锚杆 $\phi25$，长度为 4000mm，间距为 1200mm，梅花形布置。拱肩采用预应力中空注浆锚杆 $\phi28$，长度分别为 4000mm 与 6000mm，间距均为 800mm，梅花形间隔布置。拱顶采用长度为 4000mm 的系统砂浆锚

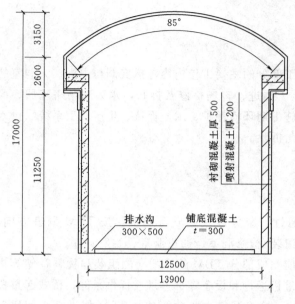

图 2.4-1 直墙形式组装洞室剖面图（单位：mm）

杆 $\phi25$ 与长度为 4000mm 的预应力中空注浆锚杆 $\phi28$，梅花形间隔布置，间距为 1200mm。边墙采用混凝土衬砌，其顶部铺设桥式起重机轨道，轨道长度与组装洞室混凝土边墙长度相同。直墙形式组装洞室剖面如图 2.4-1 所示。

2.4.1.2 岩壁吊车梁形式桥式起重机轨道梁

岩壁吊车梁形式桥式起重机轨道梁的优点为开挖断面相对较小，节省了工程量，占直线工期较短；缺点为施工难度大，对围岩完整性要求高。

岩壁吊车梁形式 TBM 组装洞室的设计断面为城门洞形，开挖断面为蘑菇形。最大开挖尺寸为 12.9m × 17m（宽×高）。岩锚梁断面为梯形，分两期混凝土浇筑，二期混凝土厚 0.5m。围岩初期支护采用 $\phi25$ 系统锚杆与 $\phi28$ 中空注浆锚杆间隔布置，岩锚梁一期混凝土浇筑部位设置 3 排抗拉锚杆，上部直立面位置布设 2 排 $\phi32$（$L=7.4m$）抗拉锚杆，下部斜面位置布设 1 排 $\phi28$（$L=6.7m$）抗拉锚杆。岩锚梁的混凝土分缝长度为 10m。岩壁吊车梁组装洞室及岩锚梁剖面见图 2.4-2。

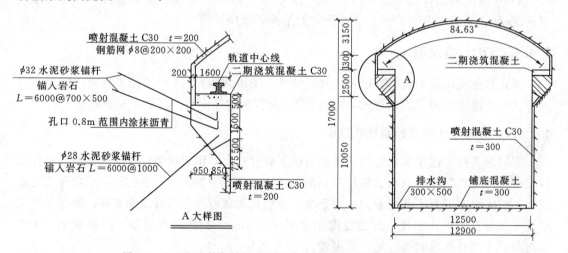

图 2.4-2 岩壁吊车梁组装洞室及岩锚梁剖面图（单位：mm）

组装洞室段为输水隧洞的一部分，其过流断面与其他主洞断面相同。由于组装洞室空间过大，不利于过流，需用混凝土回填。

实践证明，组装洞室的平面轴线应适度偏离主洞轴线（本工程宜为 1.0m），以提高组装洞室的空间利用率；组装洞室的非主机组装区域地面宜高于主机组装区域（本工程宜为 0.914m)。

2.4.2　检修洞室

　　检修洞室设计断面为圆拱直墙形，开挖尺寸为 10.9m×9.5m（宽×高），长度为 80m。洞室开挖初期支护采用设计等级为 C30F200、厚 200mm 的喷射混凝土；钢筋网采用为 ϕ8 钢筋，间距为 200mm×200mm；系统砂浆锚杆 ϕ25，长度为 4000mm，间距为 1200mm，梅花形布置，检修洞室剖面如图 2.4-3 所示。

2.4.3　通过洞室

　　通过洞室设计断面为圆拱斜墙形，开挖尺寸为 5.962m×ϕ9.17m（宽×洞径），长度为 180m。洞室初期支护采用设计等级为 C30F200、厚 100mm 的喷射混凝土，局部洞段布设钢筋网，采用 ϕ8 钢筋，间距为 200mm×200mm；砂浆锚杆 ϕ22，长度为 2500mm。通过洞室剖面如图 2.4-4 所示。

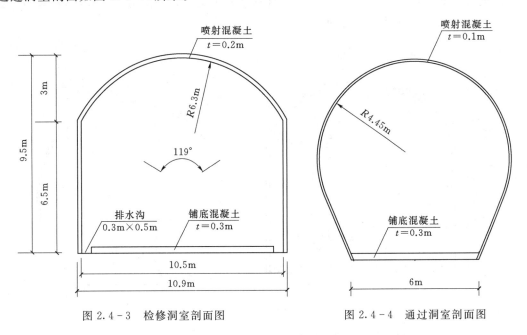

图 2.4-3　检修洞室剖面图　　　　图 2.4-4　通过洞室剖面图

　　设置通过洞室的目的是缩短组装洞室的长度，在主机组装完成后步进至通过洞室段以便安装 TBM 后配套。TBM 主机全程通过该洞段，在通过前一般应采用全站仪对欠挖进行量测，对欠挖部位应进行超前处理，以免影响 TBM 步进速度。

　　本工程实际施工中，在 TBM 主机通过该洞段前，采用样架对欠挖部分进行量测，方法实用简单。样架的外形尺寸与 TBM 主机、步进装置及导向槽外形尺寸完全相同。

2.4.4　服务洞室

　　TBM 施工服务洞室设计断面为圆拱直墙形，开挖尺寸为 10.9m×11.0m（宽×高），长度为 145m。洞室初期支护采用设计等级为 C30F200、厚 200mm 的喷射混凝土；钢筋

网钢筋直径为 $\phi8$，间距 200mm×200mm；系统砂浆锚杆 $\phi25$，长度为 4000mm，间距为 1200mm，梅花形布置。施工服务洞室剖面如图 2.4-5 所示。

在设备组装期，施工服务洞室为后配套设备提供了存放场所；在工程施工期，为拌和站提供了场所。由于依托工程的服务洞室长度较短，不能同时满足拌和站的布置和混凝土原材料的储存空间需要，因此，将服务洞室向下游延伸了 35m。

2.4.5 始发洞室

始发洞室总长 25m，前 20m（邻近通过洞段）设计段面为圆拱斜墙形，开挖尺寸为 5.13m×$\phi9.17$m（宽×洞径）。洞室初期支护采用设计等级为 C30F200、厚 100mm 的喷射混凝土；局部洞段布设砂浆锚杆 $\phi22$，长度为 2500mm；拱部 250°范围挂钢筋网，采用 $\phi8$ 钢筋，间距为 200mm×200mm；后 5m 为圆形断面，开挖直径 $\phi=9.4$m，初期支护参数同前 20m，与前 20m 不同的是，为了满足 TBM 始发时撑靴最大支撑力需要，在隧洞两侧撑靴区域增加了 C30F200 初期混凝土衬砌，其中边顶拱衬砌厚 200mm，仰拱 90°范围内衬砌厚 300mm。始发洞室剖面如图 2.4-6 所示。

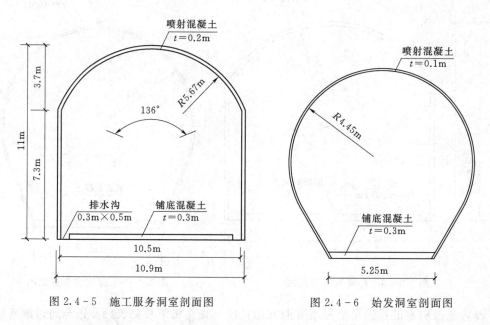

图 2.4-5 施工服务洞室剖面图　　　　图 2.4-6 始发洞室剖面图

始发洞室的两侧撑靴区域应浇筑混凝土衬砌结构或采用喷射混凝土结构。采用喷射混凝土结构时，相应围岩的抗压强度不应低于 10MPa（应大于撑靴接地比压），喷射混凝土结构抗压强度不应低于 20MPa，撑靴范围内环向钢筋的半径误差不应大于 10mm，混凝土表面半径误差不应大于 10mm。喷射混凝土作业应由下至上喷护，喷嘴距离受喷面 0.8～1.2m，喷嘴与受喷面垂直，喷射层数不应小于 3 层。在依托工程实际施工中，采用喷射混凝土结构替代现浇混凝土结构，使用效果良好。喷射混凝土结构的优点为造价低、施工周期短。

喷射混凝土与模筑混凝土衬砌结构相比，施工方便，周期短，造价低。

2.4.6 洞室主要工程量

TBM 的组装、检修、通过、服务及始发等洞室的石方洞挖总量为 17.21 万 m^3，喷射混凝土总量为 0.76 万 m^3。单组扩大洞室主要工程量见表 2.4 - 1。

表 2.4 - 1　　　　　　　　　单组扩大洞室主要工程量

洞室类别	石方洞挖/m^3	喷射混凝土/m^3	钢筋网/t	锚杆/根	衬砌混凝土/m^3
组装洞室（长 80m）	18664.0	751.2	—	3201.0	1052.0
检修洞室（长 80m）	7646.4	409.6	8.30	1033.0	—
通过洞室（长 180m）	12357.0	432.0	随机量	随机量	—
服务洞室（长 145m）	15784.7	820.7	16.40	2719.0	—
始发洞室（长 25m）	1723.6	60.8	随机量	随机量	33.5

2.4.7 TBM 步进导向槽

在组装洞室的 TBM 主机组装洞段、通过洞段全长、始发洞段及和 TBM 检修洞室的全长均应设有 TBM 步进导向槽，导向槽尺寸为 30cm×30cm。

导向槽纵轴线应与洞纵轴线处于同一垂直立面。始发断面步进装置的底板高程应按下式计算：

$$H = H_1 - R - h$$

式中：H 为始发断面步进装置的底板高程，m；H_1 为始发断面的水平中心轴线高程，m；R 为 TBM 开挖，m；h 为步进滑板装置的厚度，m。

2.5 TBM 主洞支护设计

2.5.1 Ⅱ类及Ⅲa 类围岩

Ⅱ类及Ⅲa 类围岩支护局部采用（根据围岩裂隙情况，由设计人员和监理人员确定）喷射混凝土（厚 100mm）、网片及锚杆支护结构形式。

2.5.2 Ⅲb 类围岩

Ⅲb 类围岩支护采用喷射混凝土（拱部 180°范围，厚 100mm），局部（根据围岩裂隙情况，由设计人员和监理人员确定）采用网片、锚杆及 [10 槽钢支护结构形式。

2.5.3 Ⅳ类围岩

Ⅳ类围岩支护采用喷射混凝土（拱部 270°范围，厚 150mm），HW150 型钢（全环 360°范围，间距 900mm 及 1800mm）系统网片及系统锚杆（拱部 240°，网片间距 200mm×200mm，锚杆间距 1200mm×1200mm）支护结构形式。

2.5.4　Ⅴ类围岩

Ⅴ类围岩支护采用喷射混凝土（拱部 270°范围，厚 150mm），HW150 型钢（全环 360°范围，间距 900mm）系统网片及系统锚杆（拱部 240°，网片间距 1500mm × 1500mm，锚杆间距 1050mm×900mm）支护结构形式。

2.6　施工支洞设计

与 TBM 施工相关的支洞有 4 条，序号分别为 1～4 号。支洞的最大坡度为 13.31%，最大投影长度为 2294.82m。

支洞主要工程量为：石方开挖量约 10.4 万 m³，混凝土约 1.8 万 m³。

2.6.1　地质条件

施工支洞均为巨斑状花岗岩，围岩类别为Ⅱ类和Ⅲ类。

2.6.2　结构尺寸

4 条施工支洞投影长度分别为 1984.42m、2294.82m、1639.44m 和 838.80m。支洞的坡度分别为 13.31%、10.07%、8.28% 和 10.81%，不满足相关规范要求。因此，支洞纵向底板设计形式为：125m 斜坡段＋25m 水平段。

支洞成洞断面均为城门洞形，成洞断面尺寸均为 6.6m×6.0m（宽×高）。施工支洞特性见表 2.6-1。1 号、3 号及 4 号支洞在主洞运行前需封堵，2 号作为检修交通洞不封堵。

表 2.6-1　　　　　　　　　施 工 支 洞 主 要 参 数

支洞编号	支洞进口底高程/m	主支洞交点高程/m	高差/m	支洞综合坡度/%	支洞投影长度/m	备注
4	320.50	236.44	84.06	13.31	838.80	运行前封堵
3	372.00	238.64	133.36	10.07	1639.44	
2	387.50	241.10	146.4	8.28	2294.82	不封堵
1	418.00	243.73	174.27	10.81	1984.42	运行前封堵

2.6.3　设计优化

依托工程的施工支洞底板设计形式为"125m 斜坡段＋25m 水平段"，使支洞道路面呈阶梯状坡道，为运输车辆在洞内安全运行提供了合理的路面条件。但支洞底板水平段与斜坡段的混凝土地面的过渡段为折线角，且折线角棱角较高，导致多轴大件运输车辆及小型轿车通过该交叉点时，易发生蹭刮底盘现象，影响车辆的通过性。

为解决拖板车底盘底部与支洞底板混凝土的水平段与斜坡段交叉点的棱角蹭刮问题，在水平段和斜坡段与水平段夹角处分别进行碎石铺垫。对车组在斜坡道的运行进行了模拟计算，根据结果，对水平段铺垫碎石 50cm 高，断面呈堆叠三角形。对反弯段铺垫碎石

120cm 高,使剖面形状更加平顺,避免了长大托板车与底板坡脚刮碰而受阻。具体垫高尺寸如图 2.6-1 所示。

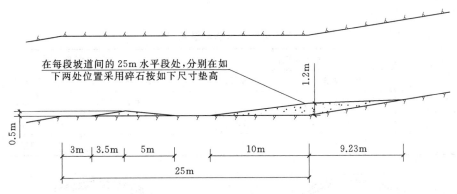

图 2.6-1　改造支洞洞内道路坡道示意图

为克服"斜坡段+平坡缓冲段"设计缺陷,建议在平坡段与缓坡段交叉点采用圆弧过渡的方式,圆弧半径不小于 1m。

2.7　TBM 掘进段混凝土衬砌设计

TBM 掘进段混凝土衬砌均分为两段,编号分别为 TBM1-1 段、TBM1-2 段、TBM2-1 段和 TBM2-2 段。

TBM 掘进段仰拱全长设计采用衬砌混凝土结构,Ⅱ类及Ⅲa类围岩洞段对应的边顶拱为随机喷射混凝土结构,无模筑衬砌混凝土结构。Ⅲb类、Ⅳ类及Ⅴ类围岩洞段对应的边顶拱设计为衬砌混凝土结构。

TBM 掘进段洞段设计衬砌混凝土主要工程量为:混凝土约 22 万 m³,钢筋制作和安装 0.94 万 t,橡胶止水带约 2.2 万 m,橡胶止水条约 2.8 万 m。

2.7.1　仰拱

仰拱混凝土衬砌结构的设计等级为 C35F200W12,仰拱矢高 821mm,弦长 5022mm。Ⅱ类及Ⅲa类围岩对应的仰拱衬砌混凝土为素混凝土结构,如图 2.7-1 所示。

Ⅲb类、Ⅳ类及Ⅴ类围岩对应的仰拱衬砌混凝土为钢筋混凝土结构,各类围岩钢筋配置见表 2.7-1。

2.7.2　边顶拱

Ⅲb类边顶拱衬砌混凝土厚 300mm,成洞内径 $\phi=7.7m$,边顶拱衬砌配筋设计为环向主筋和水平筋两种,环向钢筋为 $\phi18@200mm$,水平筋为 $\phi12@200mm$,衬砌结构如图 2.7-2(a)所示;Ⅳ、Ⅴ类

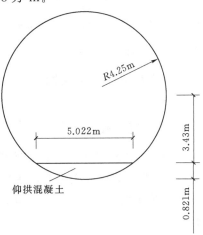

图 2.7-1　Ⅱ类及Ⅲa类洞段衬砌混凝土结构图

边顶拱混凝土衬砌厚度450mm，成洞内径 ϕ7.3m，边顶拱衬砌配筋设计为环向钢筋分别为 ϕ22@150mm 或 ϕ25@150mm，水平筋分别为 ϕ14@200mm。衬砌结构如图2.7 - 2（b）所示。

表 2.7 - 1　　　　　　　　　　　各类围岩钢筋配置表

围岩类别	水平钢筋/mm		环向钢筋/mm	
	型号规格	安装间距	型号规格	安装间距
Ⅲb	ϕ12	200	ϕ18	200
Ⅳ	ϕ14	200	ϕ22	150
Ⅴ	ϕ16	200	ϕ32	110

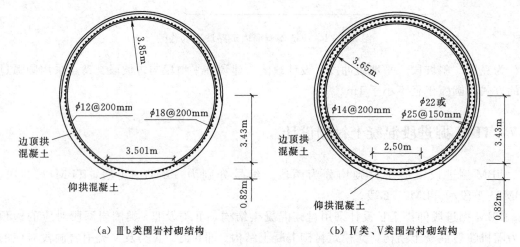

（a）Ⅲb类围岩衬砌结构　　　　　　　（b）Ⅳ类、Ⅴ类围岩衬砌结构

图 2.7 - 2　TBM洞段衬砌混凝土结构图

2.7.3　结构仓位设计分类

衬砌混凝土结构分为标准衬砌段、延伸衬砌段、通衬衬砌段及过渡衬砌段等4类。

2.7.3.1　标准衬砌段

标准衬砌段是指相同洞径衬砌结构断面，即设计成洞洞径 ϕ7.3m 和 ϕ7.7m，段长12m。

2.7.3.2　延伸衬砌段

延伸衬砌段是指围岩强度等级由低向高（包括Ⅴ/Ⅳ类围岩向Ⅲb/Ⅲa/Ⅱ类围岩过渡，Ⅲa/Ⅲb类围岩向Ⅱ类围岩过渡）过渡时，在涵盖有高等级围岩的边顶拱混凝土衬砌仓号段，其长度范围内至少包含5m的高等级围岩衬砌段，该高等级围岩衬砌段称为衬砌延伸段。

2.7.3.3　通衬衬砌段

当相邻衬砌成洞内径之间的距离小于72m（即6仓×12m）时，其中间的衬砌成洞内径与相邻的衬砌段成洞内径相同的洞段，称为通衬衬砌段。

当相邻围岩为Ⅲb类时，中间段之间的围岩为Ⅴ/Ⅳ类或Ⅲa/Ⅱ类，通衬衬砌段相应的衬砌结构按Ⅲb类衬砌结构实施；当相邻围岩为Ⅴ/Ⅳ类时，中间段之间的围岩为Ⅲb类或Ⅲa/Ⅱ类，通衬衬砌段相应的衬砌结构按Ⅴ/Ⅳ类衬砌结构实施。

2.7.3.4 过渡衬砌段

为减少由于过流断面突变所产生的水力阻力，在衬砌断面之间或衬砌与非衬砌断面之间设置斜面过渡段，称为过渡衬砌段。

沿水流方向，当洞体衬砌结构由Ⅴ/Ⅳ类向Ⅲb类过渡时，混凝土过渡段长度为1.5m；当洞体衬砌结构由Ⅲb类向非衬砌段过渡时，过渡段总长度为2.0m，由混凝土过渡段和喷射混凝土过渡段组成。其中混凝土过渡段长度为1.5m，两端厚度分别为0.3m及0.15m，喷射混凝土过渡段长度为0.5m，两端厚度分别为0.15m及0.1m；当洞体衬砌结构由Ⅴ/Ⅳ类向非衬砌段过渡时，过渡段总长度为3.5m，由混凝土过渡段和喷射混凝土过渡段组成。其中混凝土过渡段长度为3.0m，两端厚度分别为0.45m及0.15m；喷射混凝土过渡段长度为0.5m，两端厚度分别为0.15m及0.1m。

2.8 设计优化

为了增加过流断面、缩短施工工期、节约施工成本和满足洞内骨料储存需要，施工单位提出了一些合理化建议，设计单位对相应内容进行了变更，主要有：①增加了部分主洞过流断面；②3号支洞的TBM组装间的桥式起重机轨道梁形式由直墙式改为岩壁吊车梁式；③增加了服务洞段长度；④缩短了通过洞段长度；⑤将始发洞室撑靴段的现浇混凝土结构改为喷射混凝土结构。

2.8.1 主洞成洞洞径

为了增加过流断面，将主洞Ⅲb类围岩洞段成洞洞径由7.6m修改为7.7m，仰拱混凝土厚度由927mm修改为821mm；将主洞常规钻爆法施工段成洞洞径由7.2m修改为7.3m。

2.8.2 洞内桥式起重机轨道梁结构形式

为了加快施工进度和优化洞壁衬砌形式，将3号支洞的TBM组装间开挖断面由13.9m×17.0m（宽×高）调整为12.9m×17.0m（宽×高），将原设计的边墙混凝土修改为岩壁梁混凝土；洞室揭露围岩等级为Ⅱ类，高于原设计的Ⅲb类，因此将拱部预应力中空注浆锚杆 ϕ28 修改为系统砂浆锚杆 ϕ25，其他初期支护参数不变。

设计方案的变更缩短了组装洞室直线工期约20天，节约了施工费用。

2.8.3 服务洞室

为满足洞内骨料储存量及在冬期施工期骨料升温要求，服务洞室长度向下游延伸

35m，加长至 180m，洞室开挖断面以及初期支护参数不变。

2.8.4　通过洞室

由于 TBM 总长度仅为 152m，原设计通过洞室的长度为 180m，长度富余量较大，故将洞室长度变更为 150m，减少 30m；为了便于撑靴支撑，将原设计的开挖断面尺寸 $5.96m \times \phi 9.17m$（宽×洞径）修改为 $5.92m \times \phi 9.17m$，喷射混凝土厚度由 100mm 调整为 80mm，其他初期支护参数不变。

2.8.5　始发洞室

原设计始发洞室由 20m 长的圆拱斜墙式断面和 5m 长的圆形断面组成，洞室断面形体较为复杂且长度过长（撑靴距刀盘表面距离小于 20m）。为了降低工程造价、缩短施工工期、减少施工难度和常规钻爆开挖量，将 5m 长的圆形断面洞室取消（减少的 5m 长度可由 TBM 开挖替代），这样，整个始发洞室断面成为统一的圆拱斜墙形；同时，将原设计的圆拱斜墙型开挖断面由 $5.13m \times \phi 9.17m$（底宽×洞径）修改为 $6.16m \times \phi 9.17m$（底宽×洞径）。

2.8.6　始发洞室撑靴部位混凝土结构

为了降低施工成本、缩短施工周期，将始发洞室撑靴部位现浇混凝土修改为喷射混凝土。

第 3 章

TBM 主机及其后配套设备

本章主要介绍了依托工程的第一个输水工程第四部分引水隧洞所使用的两台 TBM 的设备组成、主要技术参数、设备制造周期、设备使用情况、设备驻场监造情况、对设备的使用效果评价和对设备的优化改造情况。

本工程的 TBM 开挖由两台 TBM 施工，两台 TBM 设备施工编号分别为 TBM1 和 TBM2，出厂编号分别为 MB382 和 MB380，均为美国罗宾斯和罗宾斯（上海）地下工程设备有限公司联合生产的敞开式全断面硬岩掘进机，型号为 MB283，开挖直径为 8.53m。

2012 年 8 月 1 日签订了《工程设备采购合同》，TBM2 于 2013 年 7 月 13 日开始组装，TBM1 于 2013 年 10 月 6 日开始组装。从合同签订到运至工地开始组装，两台 TBM 实际供货周期分别为 346 天和 431 天。

在依托工程的第一个输水工程第四部分引水隧洞的 TBM 开挖过程中，TBM1 和 TBM2 的主轴承寿命分别达到了设计寿命的 42.20% 和 51.85%，刀盘寿命分别达到了设计寿命的 63.31% 和 77.78%，掘进里程分别达到了设计里程的 51.13% 和 51.60%。两台 TBM 完成掘进任务后，经可利用性评估，整机性能保持良好，刀盘强度充裕且未发生变形，各部分的连接面完整性较好。实践证明，TBM 为项目的安全高效施工提供了良好的设备保障。

在依托工程的第一个输水工程第四部分引水隧洞的 TBM 开挖过程中，施工单位利用自有的专家资源，对 TBM 设备存在的设计及安装问题提出了修改和优化方案。针对喷射混凝土系统伸缩臂设计强度及大车旋转马达驱动能力不足问题，提出了修改方案，改进方案实施后作业效率明显提高；针对 TBM 在厂内组装时推进系统液压逻辑阀内的阻尼阀芯型号选择错误，导致掘进过程中推进系统不正常泄压，以及在厂内组装时，主推油缸的泄压压力设置不当，在掘进过程中主推油缸回油流量过小，导致换步时间过长，严重影响TBM 掘进效率的问题，进行了优化改进，使 TBM 掘进速度得到了明显的提高；针对锚杆钻机控制系统有线控制装置距钻机作业区域较近、安全隐患大的问题，改造为无线控制方式，有效地扩大了作业人员的安全操作范围，减少了钻孔作业给钻机操作人员带来的安全威胁，提高了锚杆钻机操作的安全性和效率；针对锚杆钻机系统液压管路频繁出现故障的问题，对管路进行了优化布置，降低了管路故障；针对 TBM 液压油箱的换热器散热能力不足的问题，更换了换热器。通过系列的优化与改造，从 TBM 设备方面保证了 TBM 掘进的安全施工，提高了掘进作业效率。在依托工程的 TBM 开挖过程中，创造了平均月进尺高达 664m 的好成绩，达到了国内领先水平。

TBM 由主机系统、连接桥系统和后配套系统组成。主机系统主要由刀盘、主驱动系统（含主轴承）、护盾、主梁、推进系统、撑靴系统、后支腿、主机胶带机及支护系统等 9 部分组成，其功能为完成掘进作业和部分支护作业，是 TBM 系统的核心部分。连接桥系统主要由连接桥（1 号桥及 2 号桥）、混凝土喷射系统及除尘系统等 3 部分组成，其功能为连接主机与后配套，喷射混凝土和除尘系统提供安装空间。后配套系统由 8 节钢结构台车组成，用于布置液压动力系统、供电和控制系统、给水排水系统、通风除尘系统、出渣系统及支护系统等，是 TBM 掘进作业的配套设施。

依托工程的第一个输水工程第四部分引水隧洞所使用的两台 TBM 作业辅助设施共 10 类，分别为带式输送机与分渣装渣设备、运输设备、起重设备、通风设备、供电设备、供排水设备、刀具维修设备、油脂检测仪器、混凝土拌和站及其他辅助设施等。

两台掘进机配套的主要辅助设备总计 148 台套，分别为连续带式输送机（2 台套）、固定带式输送机（2 台套）、胶带收放设备（4 台套）、出渣楼（2 台套）、分渣楼（1 台套）、轨行运输车辆（28 台套）、轮式运输车（32 台套）、起重设备（6 台套）、次通风设备（2 台套）、供电设备（20 台套）、供排水设备（40 台套）、刀具维修设备（2 台套）、油脂检测仪器（5 台套）及混凝土拌和站（2 台套）。

工程实践证明，依托工程配置的辅助设备数量和型号设计合理，满足了两台 TBM 安全高效施工需要。

针对依托工程低温季节长的特点，TBM 施工时设置了洞内拌和站，在寒冷季节将混凝土骨料放在洞内进行自然升温，有效地解决了冬季混凝土施工问题，降低了工程施工成本，为 TBM 全年施工创造了必要条件。同时，洞内拌和站减少了混凝土倒运环节和运输距离，有利于提高混凝土运输质量，使用效果良好。

依托工程的 TBM 一次通风最大通风距离约为 11.2km，通风功率为 $2\times200kW$，风带直径为 2.2m，通风效果良好；TBM 的供电最长距离约为 11.3km，供电电压为 20kV，电缆采用 YJV23 - $3\times120mm^2$，供电效果良好。

施工现场设置的油脂检测室有效地缩短了 TBM 油脂检测周期，实现了对 TBM 掘进过程油脂质量的动态管理。

本章通过分析工程实例，给出了长距离胶带输送机功率、通风、供电以及洞内有轨运输机车设计选型等计算过程，并经过了应用验证，可供类似工程参考。

3.1　TBM 主机

TBM1/TBM2 的主参数最大开挖直径（即公称直径）为 8530mm，设备总长度为 152m（其中主机长度为 25m，连接桥长度为 31m，后配套共 8 节，长度为 12m/节×8 节＝96m），总质量为 1375t（其中主机质量为 825t，后配套总质量为 550t），最小转弯半径为 500m，总装机功率为 4600kW（其中刀盘驱动功率为 3300kW，后配套装机功率为 1300kW），设计最大推进速度为 6.4m/h，换步时间小于 5min，最小贯入度为 12mm/r，刀盘额定推力为 16509.5kN，掘进行程为 1.8m，刀盘额定扭矩为 3948761N·m（7.98r/min）和 6712894N·m（4.7r/min），刀盘转速 0～7.98r/min，刀盘滚刀数量为 53 刃，中心刀滚刀直径为 17in（共 4 套双刃滚刀，即 8 刃），正刀及边刀滚刀直径为 20in（其中正刀 37 刃，边刀 8 刃）。最重不可拆解运输件（为机头架）重量为 108t，最长不可拆解运输件（为桥架）为 13.5m，组装最重件（组装后的刀盘）重量为 171t。

TBM 的主轴承设计寿命为 15000h，刀盘设计寿命为 10000h，设计可掘进里程不小于 30km。截至 2016 年 4 月 5 日，两台 TBM 均已完成了本项目的掘进作业，TBM1 掘进里程为 15.34km，TBM2 掘进里程为 15.48km。轴承外径与刀盘直径的比值为 0.61（一般 TBM 的直径比为 0.5～0.8）。在依托工程的第一个输水工程第四部分引水隧洞的 TBM 开挖过程中，TBM1 刀盘及主轴承掘进时间为 6330.1h（平均每延米掘进用时约 25min），TBM2 为 7777.7h（平均每延米掘进用时约 30min），主轴承寿命分别达到了设计寿命的 42.20% 和 51.85%，刀盘寿命分别达到了设计寿命的 63.31% 和 77.78%，掘进里程分别达到了设计里程的 51.13% 和 51.60%。刀盘直径可改造范围为 6530～10300mm（采用直径为 20in 面刀及边刀时，为 6530～8730mm；采用直径为 17in 面刀及边刀时，为 6530～10300mm）。

TBM 主机及后配套主要技术参数包括 27 大类，233 个参数，主要技术参数详见表 3.1-1。

表 3.1-1　　　　　　　　　TBM 主机及后配套主要技术参数

总序号	分项序号	参数名称	单位	参数	备注
1				主机主要参数	
1	1.1	装新刀具时开挖直径	mm	8530	
2	1.2	刀具磨损后最小开挖直径	mm	8500	
3	1.3	换步行程	m	1.8	
4	1.4	换步时间	min	<5	
5	1.5	最小贯入度	mm/(r/min)	12	
6	1.6	最大允许推进力	kN	当液压压力为 345bar 时为 18769kN	
7	1.7	最大掘进速度	m/h	6.4	
8	1.8	机时利用率		Ⅱ类围岩≥38%，Ⅲ类围岩≥35%	
9	1.9	平均月进尺	m/月	823.44	
10	1.10	刀盘驱动总功率	kW	10×330=3300（可扩展至 12×330=3960）	机头架预留两个主驱动安装孔
11	1.11	功率储备系数		平均掘进速度 3.6m/h 时为 33%	
12	1.12	刀盘额定扭矩	N·m	7.98r/min 时 3948761 4.7r/min 时 6712894	
13	1.13	刀盘额定推力	kN	16509.5	53 刃刀额定总推力
14	1.14	刀盘额定转速	r/min	0～4.7（恒定扭矩），7.98（最大速度）	
15	1.15	掘进水平方向圆心误差	mm	<±40	
16	1.16	掘进垂直方向圆心误差	mm	<±40	

总序号	分项序号	参数名称	单位	参　　数	备　　注
17	1.17	最小转弯半径	m	<500	
18	1.18	最长运输部件尺寸	mm	长×宽×高：13500×3700×1800	为最长不可拆解运输件
19	1.19	最宽运输部件重量	kg	15000	
20	1.20	最宽运输部件尺寸	mm	长×宽×高：6108×5784×1880	为最宽不可拆解运输件
21	1.21	最宽运输部件重量	kg	108000	
22	1.22	最重运输部件重量	kg	44000+64000=108000	机头架+主轴承及密封
23	1.23	最重运输部件重量	kg	108000	
24	1.24	洞内拆装最大部件尺寸	mm	长×宽×高：7600×3700×4600	前主梁
25	1.25	洞内拆装最大部件重量	kg	57000	前主梁
26	1.26	洞内拆装最重部件尺寸	mm	长×宽×高：8050×8050×1500	组装后刀盘
27	1.27	洞内拆装最重部件重量	kg	171000（组装后刀盘）	（不含刀具重）
28	1.28	TBM主机长度	m	25	
29	1.29	TBM主机重量	t	825	
30	1.30	掘进机总长度	m	146	
31	1.31	掘进机总重量	t	1375	
2				关键部件设计使用寿命	
32	2.1	刀盘	h	10000	
33	2.2	主轴承	h	15544.50	
34	2.3	主轴承密封	h	15000	
35	2.4	大齿圈传动副	h	15000	
36	2.5	VFD电机	h	10000	
37	2.6	变频器	h	10000	
38	2.7	减速器	h	10000	
39	2.8	液压系统主泵	h	10000	
40	2.9	理论可掘进隧洞总长度	km	>30	
3				刀盘主要参数	
41	3.1	刀盘结构型式		焊接及机加工钢制结构，扁平大盘设计	
42	3.2	刀盘材质		高强度结构钢ASTM A-36及ASTM A-572	
43	3.3	刀盘本体材质		ASTM A-36	
44	3.4	刀盘本体原材料厚度	mm	10～100	
45	3.5	刀盘表面耐磨材料材质		Trimy	
46	3.6	刀盘表面耐磨材料厚度	mm	10～30	
47	3.7	刀盘组成件数	块	1个中心块+4个边块	

总序号	分项序号	参数名称	单位	参 数	备 注
48	3.8	中心块尺寸	m	长×宽×高：4775×4775×1622	
49	3.9	中心块重量	t	1×70.9＝70.9	
50	3.10	边块尺寸	m	长×宽×高：5864×1492×1800	
51	3.11	边块重量	t	4×24＝96	
52	3.12	中心块与边块连接方式		工厂组装时用高强螺栓连接，工地组装时用螺栓连接＋焊接	
53	3.13	刀盘总重量	t	约167	
54	3.14	刀盘表面防磨措施		耐磨板	
55	3.15	喷水嘴数量	个	8	喷嘴布设在刀盘表面
56	3.16	喷水嘴喷水压力	MPa	0.96	
57	3.17	喷水系统消耗水量	m^3/h	9.84	
58	3.18	刮渣铲斗规格尺寸	mm	宽×长×厚：约160×227×94	
59	3.19	刮渣铲斗数量	个	96	
60	3.20	出渣槽规格尺寸	mm	宽：450	
61	3.21	出渣槽数量	个	8个	
62	3.22	出渣槽防磨板材质		ASTMA-36 和 ASTMA-572	
63	3.23	出渣槽最大出渣能力	t/h	900	
64	3.24	底部清渣装置处理能力	m^3/h	1.5	
	4			刀具主要参数	
65	4.1	滚刀型式		背装式楔块锁定盘形滚刀	
66	4.2	刀具总数量	刃	53	
67	4.3	刀具轴承型号		圆锥滚子轴承	
68	4.4	刀具密封型式		机械密封	
69	4.5	正滚刀平均间距	mm	89	
70	4.6	刀具安装方式		背装式楔块锁定	
71	4.7	单把刀换装时间	min	30～45	与维护人员的经验有关
72	4.8	中心刀滚刀直径	in	17（431.8mm）	
73	4.9	中心刀数量	刃	4 把×2 刃/把＝8	
74	4.10	单刃中心刀最大载荷	kN	311.5	
75	4.11	单把中心刀重量	kg	286	
76	4.12	中心刀刀圈最大允许磨损量	mm	25	
77	4.13	中心刀刀体允许修复次数	次	5	基于刀圈的使用寿命
78	4.14	正滚刀直径	in	20（508mm）	
79	4.15	正滚刀数量	刃	37 把×1 刃/把＝37	

续表

总序号	分项序号	参 数 名 称	单位	参　　数	备　　注
80	4.16	单刃正滚刀最大载荷	kN	311.5	
81	4.17	单把正滚刀重量	kg	193	
82	4.18	正滚刀刀圈材质		改良的工具钢	
83	4.19	正滚刀刀圈最大允许磨损量	mm	45	
84	4.20	正滚刀刀体允许修复次数	次	5	基于刀圈的使用寿命
85	4.21	边滚刀直径	in	20（508mm）	
86	4.22	边刀数量	刃	8 把×1 刃/把=8	
87	4.23	单把边刀重量	kg	193	
88	4.24	单刃边刀额定承载力	kN	311.5	
89	4.25	边刀刀圈最大允许磨损量	mm	13	
90	4.26	边刀刀体允许修复次数	次	5	基于刀圈的使用寿命
5		刀盘驱动主要参数			
91	5.1	刀盘驱动电机总功率	kW	10 台×330kW/台=3300	可扩展至 12×330=3960
92	5.2	刀盘额定转速	r/min	0～4.7（恒定扭矩），7.98（最大速度）	
93	5.3	刀盘额定扭矩值	N·m	7.98r/min 时为 3948761　4.7r/min 时为 6712894	
94	5.4	刀盘脱困扭矩值	N·m	1.5×6713=10069	
95	5.5	额定总推进力	kN	53 刃×311.5kN/刃=16509.5	
96	5.6	变频电机变频驱动方式		变频控制驱动	
97	5.7	变频电机型号规格		330kW，三相，6 极，50Hz，闭式水冷	
98	5.8	电机额定转速	r/min	1000	
99	5.9	变频电机数量	台	10	可扩展至 12
100	5.10	变频电机过载保护系数		2.5	
101	5.11	减速器减速比		20.44 : 1	
6		主轴承及密封主要参数			
102	6.1	主轴承轴承型式		3 列滚柱轴承	3 轴
103	6.2	主轴承外径	mm	5210	
104	6.3	主轴承轴向尺寸	mm	550	
105	6.4	主轴承重量	t	20.5	
106	6.5	主轴承最大静载荷	kN	103700	
107	6.6	主轴承最大动载荷	kN	28450	

总序号	分项序号	参 数 名 称	单位	参 数	备 注
108	6.7	主轴承密封密封型式		Merkel 唇形密封，2套各3列	
109	6.8	主轴承密封润滑方式		强制循环润滑	
7				刀盘支撑壳体和主梁主要参数	
110	7.1	主梁长度	m	前段 7.6＋后段 7.5＝15.1	
111	7.2	顶护盾结构尺寸	mm	4372×3006×821	
112	7.3	顶护盾承载能力	kN	4190	
113	7.4	顶护盾原材料材质及厚度		高强度结构钢 ASTM A－36 和 ASTM A－572，30～90mm	
114	7.5	顶护盾油缸伸缩距离	mm	127	
115	7.6	下支撑护盾结构尺寸	mm	4123×1599×1800	
116	7.7	左右侧护盾结构尺寸	mm	5880×1795×2479	
117	7.8	底部支撑结构尺寸	mm	4123×1800×1600	
118	7.9	撑靴外形尺寸	mm	1525×4199×1372	
119	7.10	撑靴面积	m²	2×5.25＝10.5	两个撑靴
120	7.11	撑靴油缸行程	mm	635	单侧油缸行程
121	7.12	最大压力状态下支撑力	kN	45394	单侧撑靴
122	7.13	最大撑靴接地比压	MPa	3.88	
123	7.14	撑靴油缸最大工作压力	bar	310	
124	7.15	撑靴油缸数量	个	2	
125	7.16	撑靴油缸缸径	mm	915.5	
126	7.17	后支腿缸径与行程	mm	305/1437	
127	7.18	后支腿伸出/回缩速度	mm/min	752/3580	
128	7.19	后支腿支撑力	kN	3522	两个撑靴
129	7.20	后支腿工作压力	bar	241	
8				主推油缸主要参数	
130	8.1	油缸数量	个	4	
131	8.2	缸径与行程	mm	460/18929	
132	8.3	最大工作压力	bar	345	
133	8.4	额定总推进力	kN	20491	
134	8.5	行程传感器规格型号		PT9420	拉线式传感器
135	8.6	扭矩油缸额定压力	bar	199	
136	8.7	扭矩油缸数量	个	4	
9				液压系统主要参数	
137	9.1	系统额定压力	MPa	34.5	

续表

总序号	分项序号	参 数 名 称	单位	参　　数	备　　注
138	9.2	液压系统过滤精度	μm	10～25	
	10			润滑系统主要参数	
139	10.1	润滑油泵主要参数		单联齿轮泵＝40lpm @10MPa， 双联齿轮泵＝50lpm@4.1MPa & 40lpm@ 10MPa	
	11			电气系统主要参数	
140	11.1	电气设备保护等级		刀盘驱动电机为 IP67， 其他电气设备为 IP55	
141	11.2	系统总功率	kW	4600	
142	11.3	月均耗电量	万 kW·h	126.4	正常掘进情况下的预估
143	11.4	高压电缆卷筒容量	m	300	
144	11.5	高压电缆卷筒驱动功率	kW	5	
145	11.6	变压器容量	kVA	2×2200kVA，20kV：690V 1×1500kVA，20kV：400V	
146	11.7	变压器一、二次电压	kV	一次电压 20kV，二次电压 690V （刀盘驱动）、400V（后配套）	
147	11.8	变压器外形尺寸	mm	3200×1500×2250（×2） 3000×1300×2000	
148	11.9	各照明部位照度	cd/m²	普通工作区域：2000 重要工作区域：＞6000	
	12			主机及后配套带式输送机主要参数	
149	12.1	输送能力	t/h	2196	
150	12.2	最大带速	m/min	168	
151	12.3	允许最大渣料粒径	mm	200	
152	12.4	胶带强度	N/mm	600	
	13			主机辅助设备主要参数	
153	13.1	钢拱架安装器可旋转角度	(°)	360	
154	13.2	拱架安装器纵向移动距离	m	2	
155	13.3	安装单榀钢拱架所需时间	min	＜30	
156	13.4	控制形式		有线及无线	
157	13.5	可安装的钢筋网片规格	mm	长×宽：1800×2000	
158	13.6	锚杆钻机数量	台	2	
159	13.7	锚杆钻机型号		Atlas Copco 1838	
160	13.8	凿岩机型号		Atlas Copco 1838	
161	13.9	凿岩机冲击功率	kW	18	
162	13.10	凿岩机冲击频率	Hz	60	

总序号	分项序号	参数名称	单位	参数	备注
163	13.11	锚杆钻机回转速度	r/min	0～340/210	
164	13.12	锚杆钻机钻杆长度	mm	4310	
165	13.13	锚杆钻机钻孔直径	mm	38～42	
166	13.14	锚杆钻机最大钻孔深度	mm	4048	
167	13.15	锚杆钻机平均钻进速度	m/h	300	
168	13.16	锚杆钻机径向覆盖范围	(°)	240	
169	13.17	锚杆钻机纵向可移动距离	mm	2000	
170	13.18	锚杆孔夹角	(°)	29	孔轴线与洞表面法线夹角
171	13.19	锚杆钻机推进梁长度	mm	5887	
172	13.20	锚杆钻机推进力	kN	330	
173	13.21	锚杆钻机工作水压	MPa	2.5	
174	13.22	锚杆钻机耗水量	m³/h	2.4～7.2	
175	13.23	锚杆钻机纵向移动行程	m	2.2	
176	13.24	喷射混凝土机械手喷射能力	m³/h	20	为单套机械手能力
177	13.25	喷射混凝土径向工作范围	(°)	270	
178	13.26	喷射混凝土纵向移动距离	m	6+6-5.3=6.7	单个喷头可移动6m，两个喷头重叠区为5.3m
179	13.27	喷射混凝土输送泵型号		Sika-PM702	
180	13.28	喷射混凝土输送泵数量	台	2	
181	13.29	混凝土泵输送能力	m³/h	20	为单台泵的输送能力
182	13.30	混凝土液体速凝剂泵型号		AL 403.6	
183	13.31	混凝土液体速凝剂泵数量		2	
184	13.32	速凝剂泵泵送能力	m³/h	0.7	
14		应急发电机主要参数			
185	14.1	发电机型号		DY350B	
186	14.2	功率	kW	320	
187	14.3	容量	kVA	400	
188	14.4	内燃机型号		NTA855G7A	
189	14.5	内燃机功率	kW	407	
15		压缩空气系统主要参数			
190	15.1	数量及型号规格		2×Atlas Copco GA90	
191	15.2	最大供风量	m³/min	16	
192	15.3	风压	MPa	0.75	
193	15.4	功率	kW	90	

总序号	分项序号	参数名称	单位	参 数	备 注
16				供水系统主要参数	
194	16.1	水质要求		20℃过滤工业用水	
195	16.2	全部设备最大总耗水量	m³/h	28.5	
196	16.3	供水压力	MPa	最小0.3	
197	16.4	水泵型号		多级立式不锈钢水泵，电机驱动，TEFC 50Hz，3相	
198	16.5	水泵数量	台	3	
199	16.6	水泵主要技术参数		额定功率：11kW，7.5kW，5.5kW 额定流量：635L/min，400L/min，300L/min	
200	16.7	水管直径	mm	150	
201	16.8	供水水管卷筒容量	m	60	
202	16.9	水管卷筒驱动功率	kW	1.5	
203	16.10	供水系统水箱容量	m³	回水箱：5m³，供水箱：3m³，VFD冷却水箱：0.5m³	
17				排水系统主要参数	
204	17.1	污水泵型号		FLYGT BIBO 2102.041、FLYGT NT 3153 FLYGT NT 3171	
205	17.2	流量	m³/min	1.68	
206	17.3	功率	kW	$5.2 \times 2 + 15 + 22 = 47.4$	
207	17.4	排水管路卷筒能力	m	60	
208	17.5	污水沉淀箱位置及容积	m³	10	放置在后配套上
18				冷却系统主要参数	
209	18.1	水消耗量（25～30℃）	m³/h	钻机泵站冷却水消耗量为0.03m³/h，其他冷却系统为闭式系统，几乎不消耗水	
19				除尘系统主要参数	
210	19.1	除尘器型号		DVS 18	
211	19.2	除尘器主要参数		过滤器效率：99.9%，过滤滤芯面积：$120 \times 4.75 = 570m^2$	
212	19.3	维护周期及消耗	月	6	正常维护保养滤芯无损耗
213	19.4	过滤效率		99.9%	
20				气体检测装置主要参数	
214	20.1	型号		瓦斯监测器：POLYTRON 2×P 二氧化碳及氧气监测器：POLYTRON IR 一氧化碳监测器：POLYTRON 2×P TO×CO 硫化氢监测器：POLYTRON 2×P TO×HYDROGEN SULFIDE	

总序号	分项序号	参数名称	单位	参 数	备 注
215	20.2	数量	个	瓦斯监测器：3 二氧化碳及氧气监测器：1 一氧化碳监测器：1 硫化氢监测器：1	
216	20.3	可检测的气体种类及指标		瓦斯、二氧化碳、一氧化碳、硫化氢	
21				激光导向系统主要参数	
217	21.1	规格型号		Enzan Arigataya & Robotec	
218	21.2	测量精度		测角：1s，测距：$<\pm 2mm+2ppm$	
219	21.3	有效工作距离	m	300	
22				控制系统主要参数	
220	22.1	型号规格		GEFANUC	
221	22.2	主要技术参数		CPU 1.5GHz，内存 1GB 硬盘 80G，CF 卡 8GB	
23				视频监视系统主要参数	
222	23.1	系统组成		包括摄像头、工业计算机、交换器、 显示器、网络硬盘录像机	
223	23.2	监视器数量		2 个监视器	
24				TBM 二次通风主要参数	
224	24.1	通风机型号		T2.140.90.4	
225	24.2	通风机数量		1 个	
226	24.3	风带直径、长度	m	1.2、105	
25				操作室主要参数	
227	25.1	空间尺寸	mm	3600×1600×2264	
228	25.2	仪表显示的参数、状态 及数据说明		TBM 各种掘进参数、压力、流量、 电流、电压、功率、推力、运行状态、 过载状态等，通过 PLC 系统在操作室 内的触摸式控制屏上显示	
26				后配套及拖车主要参数	
229	26.1	平台拖车长度	m	12	
230	26.2	平台拖车数量	节	8	
231	26.3	后配套设计牵引力	kN	1834	
27				TBM 步进装置	
232	27.1	TBM 步进速度	m/d	100	为平均值
233	27.2	步进装置滑板质量	t	23	

　　TBM 主机系统包括刀盘、护盾/底支撑、主驱动、主梁、撑靴系统、后支腿及主机附属设备等 7 个部分。

3.1.1　刀盘

　　刀盘为螺栓连接的钢结构焊接件，在不同半径位置上安装有 53 刃滚刀，面刀平均刀间距为 83mm，首次采用 20in 滚刀。刀盘结构如图 3.1 - 1 所示。

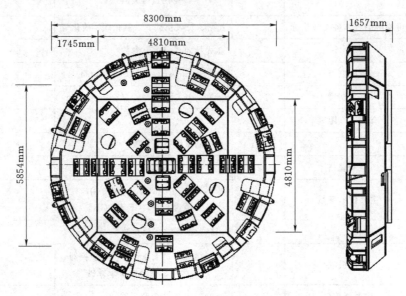

图 3.1 - 1　刀盘结构

3.1.2　护盾/底支撑

　　刀盘支撑由顶护盾、侧护盾、底支撑组成。顶护盾结构如图 3.1 - 2 所示，顶侧护盾结构图如图 3.1 - 3 所示，底支撑结构如图 3.1 - 4 所示，侧护盾结构如图 3.1 - 5 所示。

　　为克服指形护盾易变形、不易安装拱顶部位钢筋的缺点，本项目的两台 TBM 在国际上首次采用了 McNally 系统（钢筋排技术）。为防止在掘进过程中大块岩渣卡住刀盘，侧护盾为可变径式，依靠侧护盾油缸和楔块油缸实现变径。

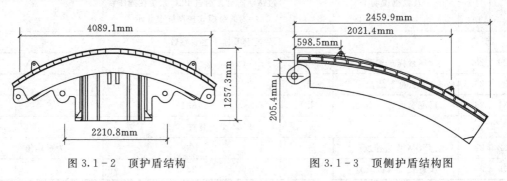

图 3.1 - 2　顶护盾结构　　　　　图 3.1 - 3　顶侧护盾结构图

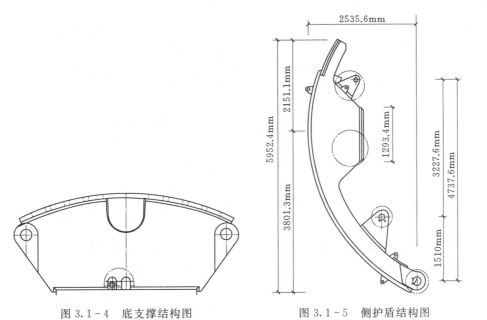

图 3.1-4　底支撑结构图　　　　　　图 3.1-5　侧护盾结构图

3.1.3　主驱动

　　主驱动（或称刀盘驱动），由机头架（内含主轴承）和驱动齿轮组成。主轴承外形照片见图 3.1-6。

　　主驱动配置 10 台主驱动电机，单机功率为 330kW，总驱动功率为 3300kW（主驱动功率可扩充到 3960kW）。主驱动设有内密封和外密封，内外密封分别由三重唇形密封组成，唇形密封外侧由迷宫密封保护。密封件由德国麦克（Merkel）公司制造。

　　主轴承为三列滚柱轴承，其外径为 5210mm，厚度为 550mm，轴承外径与刀盘直径的比值为 0.61。主轴承适用于直径为 6500～10300mm 的刀盘，由法国斯凯孚（SKF）生产。

图 3.1-6　主轴承外形照片

3.1.4　主梁

　　主梁由前主梁和后主梁组成。前主梁长 7577.20mm，后主梁长 7504.70mm，主梁全长 15081.90mm。前主梁如图 3.1-7 所示，后主梁如图 3.1-8 所示。

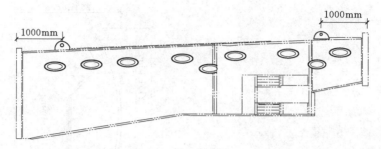

图 3.1－7　前主梁（左视）图

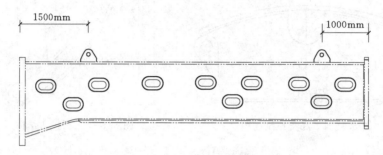

图 3.1－8　后主梁（左视）图

3.1.5　撑靴系统

撑靴系统由撑靴、撑靴液压缸和扭矩液压缸组成。撑靴宽 1600mm，撑靴矢高 1525mm，撑靴弦长 4188.3mm，单侧面积为 5.25m²，撑靴凹槽宽 275mm。撑靴油缸行程为 635mm。撑靴外形照片见图 3.1－9。

3.1.6　后支腿

后支腿主要功能是在 TBM 换步时给主机提供支撑。由后支腿、支腿油缸及支腿靴等组成。后支腿外形照片见图 3.1－10。

图 3.1－9　撑靴外形照片

图 3.1－10　后支腿外形照片

3.1.7 TBM 主机主要附属设备

TBM 主机的主要附属设备包括钢拱架安装器及锚杆钻机等。

3.1.7.1 钢拱架安装器

钢拱架安装器由环形梁、大齿圈、液压驱动机构、机械手及闭口环撑紧液压缸等组成。钢拱架安装器结构如图 3.1-11 所示。

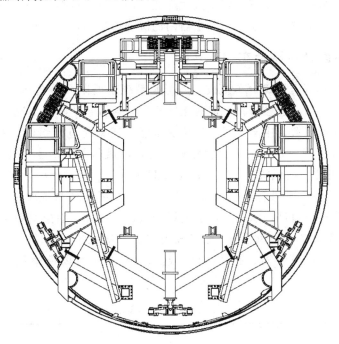

图 3.1-11 钢拱架安装器结构图

3.1.7.2 锚杆钻机

单台 TBM 配置锚杆钻机 2 台，各台钻机的功率均为 18kW。钻孔作业周向覆盖范围为顶部 240°，纵向可移动距离为 2000mm，钻孔直径为 38～42mm，钻杆长度为 4500mm，钻孔深度为 4000mm，平均钻进速度为 5m/min。

3.2 连接桥及后配套设备

3.2.1 连接桥

连接桥系统主要由连接桥（1 号桥及 2 号桥）、混凝土喷射系统及除尘系统等 3 部分组成，其功能主要为连接主机与后配套、混凝土喷射系统和除尘系统提供安装空间。

混凝土喷射系统由齿圈、行走机构、液压马达、机械臂、喷头、喷射混凝土输送泵、速凝剂泵及液压泵站等组成，整个系统共 2 套。单套机械手喷射能力 20m³/h，径向工作范围为 270°，纵向移动距离为 6.7m。喷嘴距洞壁表面的距离为 700mm。单台 TBM 配置喷射混凝土泵 2 台，单台泵输送能力为 20m³/h。速凝剂泵共 2 台，速凝剂泵输送能力为 0.7m³/h。

在 TBM 第 I 掘进段采用伸缩臂式混凝土喷射系统，覆盖范围达不到设计要求，喷射混凝土不均匀，小车行走液压马达一直漏油，喷头摆动液压缸故障率较高，回弹率高达 30%～40%。转场期间，改造成桥架式混凝土喷射系统。改造后覆盖范围达到设计要求，喷射混凝土质量明显提升，系统故障率大大降低，回弹率降低至 20%～30%。

除尘系统配置了干式除尘设备，除尘器内的沉降粉尘通过螺旋输送机排出。

3.2.2　TBM 后配套系统台车

后配套系统由 8 节门架式台车组成。后配套系统主要附属设备包括液压油箱、TBM 操作室、通风管道、后配套胶带机、混凝土料斗提升装置泵、喷射混凝土添加剂罐、混凝土喷射泵、液体计量装置、主电气柜、3 号变压器、三相配电柜组件、发电机组电气柜、功率补偿器、通风管道、混凝土泵、后配套系统转渣胶带机、2 号 VFD 柜组件、2 号变压器、VFD 油箱组件、通风管道、旋臂吊机（起重量 1.0t，2 台）、后配套系统转载胶带机、1 号 VFD 柜组件、通风管、空气压缩机（2 台）、后配套系统胶带机排料斜槽组件、仓库集装箱、起重葫芦组件、水箱组件、通风管道、储气罐、后配套系统渣斗胶带机、办公室/急救室、卫生设备、通风管道、应急发电机、二次风机、避险室、电缆卷筒、污水箱、污水管卷筒、给水管卷筒、旋臂吊机（起重量 1.0t）及风带储存仓等。设备布置情况见表 3.2-1。

表 3.2-1　　　　　　　　　　　　　后配套台车设备布置表

序号	台车编号	布　置　设　备
1	1 号	液压油箱、TBM 操作室、通风管道、后配套胶带机、混凝土料斗提升装置、喷射混凝土添加剂罐、混凝土喷射泵及液体计量装置
2	2 号	主电气柜、3 号变压器、三相配电柜组件、发电机组电气柜、功率补偿器、通风管道、混凝土泵及后配套系统转渣胶带机
3	3 号	2 号 VFD 柜组件、2 号变压器、VFD 油箱组件、通风管道、旋臂吊机、转渣胶带机
4	4 号	1 号 VFD 柜、通风管、空气压缩机（2 台）、转渣胶带机
5	5 号	仓库集装箱、起重葫芦组件、水箱组件、通风管道、储气罐、转渣胶带机
6	6 号	办公室、急救室、卫生设备、通风管道、应急发电机
7	7 号	二次风机、避险室、电缆卷筒、污水箱
8	8 号	污水管卷筒、给水管卷筒、旋臂吊机、风带储存仓

3.3　TBM 驻厂监造

为了接受供货商的厂内培训、理解并掌握设备的结构原理、操作、检验、修理及维护技术，监督 TBM 制造质量及生产进度，根据《工程设备采购合同》规定，项目管理部门负责派员至设备制造所在工厂分别对两台 TBM 进行驻厂监造。

TBM1 监造人员自 2013 年 3 月 20 日开始驻场监造，监造结束日期为 2013 年 9 月 30 日，监造周期 195 天；TBM2 监造人员自 2013 年 1 月 17 日开始驻场监造，2013 年 7 月 21 日基本完成监造任务，监造周期 186 天。

3.3.1　大纲编制

TBM 监造大纲的主要内容包括监造目的、监造人员职责、监造工作程序等。针对两台 TBM 掘进机设备制定了适用于本项目的 TBM 硬岩掘进设备监造大纲。在大纲中明确了此次设备监造的主要任务和工作内容。

3.3.2　工作内容

3.3.2.1　TBM 的制造工艺及原材料的监察、资料和数据收集

厂家的工艺条件及质量保证体系；关键部件的制造工艺、检测手段及质量保证措施；重要原材料、铸锻件的材质理化试验数据；重要外购件、元器件（包括机械、电气及自动控制元件）的进厂检验证据；关键零部件最终加工质量情况；工厂组装工艺过程。

3.3.2.2　TBM 出厂前调试的参与、包装和运输监察

重要部件（包括机械、电气及自动控制元件等）调试，整机出厂调试，油漆防护、拆卸、包装和运输过程的质量情况。

3.3.2.3　TBM 制造组装和调试进度

零部件制造进度，部件组装、调试进度，整机组装调试进度。

3.3.2.4　TBM 的技术文件收集

技术文件种类、数量、规定语种应完整齐备，技术文件说明应详尽、准确无误。TBM 掘进的典型管理文件或程序软件齐全。

监造的项目和内容主要包括对 TBM 整机及各个零部件从技术文件、原材料进场、加工制造、外购检验、组装调试、设备运输等方面进行质量与进度的把关，对制造过程出现的质量问题和质量事故监督 TBM 制造商进行整改。

在依托工程的第一个输水工程第四部分引水隧洞所使用的两台 TBM 驻厂监造期间，编制了监造周报，对各周的制造进度、制造质量、驻厂人员学习情况等进行通报。两台 TBM 设备监造从 2013 年 1 月至 2013 年 9 月，其间共编制《监造周报》37 期，详细记录了驻厂监造的工作情况。

3.3.3　人员配置

依托工程的两台 TBM 掘进机制造期间，项目派出两支监造团队，分别负责 TBM1 和 TBM2 的监造任务。驻厂监造人员主要由管理人员和技术人员组成，技术人员包括机械、电气、液压的专业技术或者近似专业人员。其中，TBM1 管理人员 4 人，技术人员 30

人（电气、液压和机械人员各 10 人）；TBM2 管理人员 1 人，技术人员 21 人（电气 10 人、机械 5 人、液压 6 人）。

3.4　设备改进

3.4.1　设备性能评价

依托工程的两台 TBM 设备均由美国罗宾斯和罗宾斯（上海）地下工程设备有限公司联合设计生产，TBM1 设计编号为 MB283－382，TBM2 设计编号为 MB283－380，均为岩石隧道掘进机，是专门为本工程硬质岩石隧道掘进设计的。整套设备机械结构简单实用，液压设计采用了当期国际上较为先进的液压集成系统，电气控制系统采用了可编程逻辑控制器（PLC）和远程 I/O 模组。这两台 TBM 设计理念先进，核心部件如主驱动电机、液压泵、阀组、通信控制模块等采用世界知名品牌，整机性能优越，可靠性高。

TBM 掘进期间，在施工单位专家的指导下，预防性维护和纠正性修复较为到位，保养得当，两台 TBM 设备整机运行良好，主要部件（如刀盘、机头架、主轴承、电气系统、液压系统）未出现重大或较大故障，运行平稳，可利用率高。

TBM 主轴承压力油循环系统工作性能良好，油水检测分析工作与掘进工作同步，未发现异常磨损颗粒，三道密封定期检查无异常。TBM1 和 TBM2 主轴承累计掘进时间分别为 6330.1h 和 7777.7h，工作状态良好。刀盘在 TBM2－1 掘进段结束后磨损正常，经转场修复后，完成 TBM2－2 掘进段掘进作业并贯通，未出现异常磨损情况，其高强连接螺栓没有出现断裂的故障。

TBM2 于 2015 年 7 月 30 日发现机头架与底护盾连接处泄油，检查后认定为 TBM 制造厂家焊接质量所致，而非机器本身性能原因。经过修复后，机头架工作状态良好。

TBM 液压系统工作性能良好，未发现主泵站设计重大缺陷，但在一些油路设计和管路的排布上需要进一步优化设计。

工作性能：主要掘进参数，如推进油缸推进压力及速度、换步时间及掘进行程等指标均可满足 TBM 掘进段施工进度和工期要求；各油缸工作性能良好；采用较为先进的保养维护方式可使整机运行故障率维持在一个较低的水平；润滑系统选择较为先进的压力循环式润滑，主轴承及齿轮等的磨损颗粒、混入的杂质可以及时通过润滑油脂循环带出主轴承腔并过滤去除，润滑油失效可以通过更换润滑油箱内润滑油的方式更换，TBM1 及 TBM2 两个掘进段润滑系统故障率低；水系统整体设计理念较完善，循环冷却水箱通过水循环冷却 TBM 主机及各泵站运行产生的热能，通过换热器与 TBM 进水箱热量交换，将自身温度降低。TBM 进水箱供应刀盘喷水、钻机喷水等消耗水，通过补充进水降低自身温度，TBM 进水箱亦可直接给循环冷却水箱供水，使其快速降温；通过水热循环使整个系统达到动态平衡，且投入成本较低。

TBM 电气系统从安全性、可操作性及可维护性（互换性）等方面来说均可满足施工要求。每一台用电设备均设有二次保护装置，漏电保护设备动作灵敏、安全可靠，接地装置安全可靠，一旦发生漏电、短路等故障，主电气柜断路器动作，断开电路，最大限度地保障人身安全。

电脑触屏操作系统操作简单，界面简洁易学，视频监控先进可靠。电气元件多为ABB厂家制造，质量可靠，购买方便，互换性强，便于机器维护保养。

本机主轴承密封由内密封和外密封组成，均采用三道唇形密封，中间两道隔环组成主轴承和主驱动的密封防护系统。两道隔环四周设置有喷油孔，润滑油从油孔喷出，以润滑三道密封圈的唇口，确保了密封圈的使用寿命。外部密封组用唇形密封安装在非旋转结构部件上，对旋转部件提供密封作用。内部密封组作用则与外部密封组相反。主轴承密封结构设计总体合理，在运行期间未出现密封损坏情况，但因刀盘直径与机头架直径相差较大，外密封的检查受到刀盘与机头架之间空隙尺寸过小（宽度为170mm）的约束，只能通过其他非正常手段（如采用工业内窥镜）进行检查，一旦外密封有相关组件损坏，处理外密封故障工作量巨大。

3.4.2 设备使用效果评价

依托工程的 TBM 刀盘设计合理，刀位经严格的设计计算，整体受力合理。连接刀盘的高强螺栓强度符合设计标准，且高于实际工作连接强度需要。密封材料选用得当，配合先进的润滑系统，给 TBM 主要部件的性能保证打下了良好的基础。尽管电气系统和液压控制系统结构复杂，系统庞大，但控制系统互锁保护功能较强，不易产生重大故障，影响TBM 掘进的主要因素是小故障频发。今后在 TBM 设计时，电气系统、液压系统及后配套系统可通过空间上的合理布置，减少其故障率，并可通过优化为维护保养创造条件，使设备时刻保证最佳工作性能。

TBM 整机性能优良，质量可靠。在施工过程中，主机设备未出现重大故障，是 TBM 提前完成依托工程掘进任务的重要保证。电气系统和液压系统工作性能可靠，配合先进的维护保养方式，有效地降低了系统故障率，是创造高进尺的设备保障。

3.4.3 设备缺陷及改进建议

依托工程的两台 TBM 主机设备性能缺陷较少，主要得益于罗宾斯公司多年的生产经验与设计改进，但后配套支护设备缺陷较多，如混凝土喷射系统存在设计缺陷。该系统在TBM1-1 及 TBM2-1 段掘进任务完成前，一直不能达到合同规定的性能要求，导致该掘进段喷射混凝土作业不能正常进行，严重影响掘进进度及喷射混凝土施工质量。在两台设备中间转场期间对喷射混凝土设备进行了改造，包括将喷射混凝土系统改为桥式结构，加大爬车马达动力等，基本满足了 TBM1-2 及 TBM2-2 段喷射混凝土进度要求。

依托工程的两台设备钻机的油管布置均不合理，不利于现场维护。钻机平台机械结构过于薄弱，施工过程产生变形较大。TBM2 钻机系统泵站位置布置不合理，受运动部件运动磨损影响，其故障率较高。在设备中间转场期间，对钻机系统设备进行了改造，包括TBM2 钻机系统泵站位置重新排布，液压油管排布优化，修复了 TBM1 钻机平台的大车行走机构和小车提升机构，重新排布钻机液压管路，明显地减少了钻机系统故障率。

TBM2 液压系统的液压泵工作性能不能满足使用要求，液压系统的两台主要变量柱塞泵的使用寿命较低。TBM2 两个掘进段用时 27 个月，更换了 5 台 TBM 液压主泵站变量柱塞泵，平均每台泵的使用寿命仅为10.8个月（两台泵同时工作），即使每台泵全天满负荷工作，工作寿命也仅为7776h，与液压主泵的设计寿命10000h相差较大。建议改用国际上先进的品牌油泵。2014年9月，因主机胶带驱动马达故障导致TBM液压系统液压油污染，更换两台柱塞泵后，直至完成后续12km的掘进任务再未损坏。建议对主机胶带驱动液压马达单独配置液压泵站。

TBM主机1号胶带驱动液压马达供油方式为液压主泵站集中供油，液压马达一旦损坏，便会有大量的铁屑、杂质进入液压系统，给泵和阀芯带来严重的不可逆损伤，即使更换新油，管路中的杂质也很难清除干净。对于液压系统，保障其工作性能稳定的重要因素是油质清洁无污染，特别是变量柱塞泵对油质要求较高，建议改成单独胶带驱动马达，供油方式与液压主系统管路分开。

TBM电气系统所用的程序、模块、主控系统、驱动方式、通信方式、监测方法及集成性不够先进，很快或已经被淘汰，虽然从安全性、操作性及可维护性上来看，仍能满足施工要求，但是更为先进的电气控制系统能大幅度地提高机器性能，给主机设备提供更先进的保护方式，也能减少维护维修工作量。

TBM的水冷却循环系统共用一个回水水箱，当系统中的某台设备产生的热量高于设计值或冷却系统能力不足时，会导致冷却系统的供水温度过高，对其他需要冷却的设备产生连带影响。因此，建议冷却系统的冷却能力应有足够的富裕量。

3.5　胶带机出渣系统

依托工程的两台全断面掘进机设备所配套的连续带式输送机不同：一台的连续带式输送机布置在后配套系统的左侧，另一台在右侧。

两台TBM的出渣连续带式输送机为变频驱动，变频器品牌为日本三菱。该套驱动控制系统工作性能稳定可靠，故障率较低。两台TBM的连续带式输送机驱动方式完全一致，配置有3台驱动电机，各台电机的功率均为300kW，电机采用同步控制。连续带式输送机张紧装置的张紧绞车电机采用恒扭矩控制方式，使连续带式输送机可满足各种工况的启停与安全施工性能要求。

3.5.1　连续带式输送机

依托工程的两台TBM的连续带式输送机与TBM后配套的带式输送机进行搭接，搭接点位于后配套第5节台车，距刀盘最前端的距离为105m。连续带式输送机的功率和宽度主要取决于其出渣长度、坡度、单位时间最大出渣量、渣料的密度和粒径等。

3.5.1.1　与带式输送机相关的基本参数

决定TBM掘进出渣连续带式输送机功率的相关参数，一般包括TBM开挖直径、出渣隧洞的长度和坡度、TBM最大掘进速度、单循环进尺长度、换步时间、出料粒径以及出渣料的密度等参数。

1. 工程基本参数

依托工程的两台TBM开挖直径为8.53m，隧洞坡度为0.28‰（两台TBM均逆坡掘进），渣石密度为 2.7t/m³，渣石最大粒度小于等于 300mm。

2．TBM 掘进速度参数及计算

依托工程的两台 TBM 设备的每分钟最大掘进速度为 120mm/min，换步时间小于 5min，TBM 单次循环长度为 1.8m。

TBM 掘进的小时最大平均掘进速度（含两个掘进循环之间的换步时间）为 6.0m/h，计算如下：

$$\overline{v}_h = 60 \times L_h/(t_h + t_j)$$
$$= 60 \times 1.8/(15 + 4)$$
$$= 5.7(m/h)$$

其中
$$t_j = 1000 \times L_h/v_{min}$$
$$= 1000 \times 1.8/120$$
$$= 15(min)$$

式中：$\overline{v}_h$ 为 TBM 掘进的小时最大平均掘进速度，m/h；L_h 为 TBM 掘进单次循环长度，m，取值 1.8；t_h 为两个掘进循环之间的换步时间，min，取值 4；t_j 为掘进单个循环长度所需要的时间，min；v_{min} 为 TBM 每分钟最大掘进速度，mm/min。

3．输送长度

依托工程两台 TBM 的 TBM1 - 1、TBM1 - 2、TBM2 - 1 及 TBM2 - 2 掘进段的长度（从贯通掌子面至主支交叉口的连续带式输送机卸料点长度，主支交叉口即为连续带式输送机与支洞固定皮带机的搭接点）分别为 9128m、6831m、8529m 及 7569m，最大输送长度取值为 9128m。连续带式输送机储存仓的胶带储存长度为 600m。经计算，连续带式输送机最大输送长度为 9173m，计算取值为 10000m。连续带式输送机最大输送长度 L 计算如下：

$$L = L_1 + L_2 - L_3$$
$$= 9128 + 150 - 105$$
$$= 9173(m)$$

其中
$$L_2 = L_c \times k$$
$$= 600 \times 0.25$$
$$= 150(m)$$

式中：L 为连续带式输送机最大输送长度，m；L_1 为 TBM 掘进段长度（从贯通掌子面至主支交叉口的连续带式输送机卸料点长度，主支交叉口即为连续带式输送机与支洞固定皮带机的搭接点），m；L_2 为连续带式输送机胶带储存仓的计算当量长度，m；L_3 为 TBM 刀盘至连续带式输送机接料点的长度，m；L_c 为连续带式输送机储存仓的胶带储存长度，m；k 为连续带式输送机空载长度折减系数，取值 0.25。

3.5.1.2　连续带式输送机驱动功率计算

1．TBM 最大出渣强度及连续带式输送机的小时运渣量计算

TBM 的最大理论出渣强度 Q_c 为 879.8t/h，连续带式输送机的小时运渣量 Q_y 为 906.2t/h，取值为 900.0t/h，计算如下：

$$Q_c = \rho \times V$$
$$= 2.7 \times 308.4$$
$$= 879.8 (t/h)$$

其中
$$V = \overline{v}_h \pi d^2 / 4$$
$$= 5.7 \times 3.14 \times 8.53^2 / 4$$
$$= 325.5 (m^3/h)$$

式中：Q_c 为 TBM 的最大理论出渣强度，t/h；ρ 为岩石密度，t/m³，取值 2.7；V 为 TBM 掘进的小时最大平均掘进速度时的出渣量（实方），m³/h；$\overline{v}_h$ 为 TBM 掘进的小时最大平均掘进速度，m/h；d 为 TBM 开挖直径，m，取值 8.53。

TBM 连续胶带机最大小时运渣量 Q_y 计算如下：
$$Q_y = n \times Q_c$$
$$= 1.03 \times 879.8$$
$$= 906.2$$
$$\approx 900.0 (t/h)$$

式中：Q_y 为 TBM 连续胶带机最大小时运渣量，t/h；n 为安全系数，取值范围一般为 $1 \sim 1.05$。n 的取值与 TBM 的换步时间有关，当 TBM 的换步时间取小值时，n 取大值，反之应取小值。依托工程的两台 TBM 连续带式输送机的 n 取值为 1.03。

依托工程的两台敞开式硬岩 TBM 配套的连续带式输送机的小时运渣量为 900t/h，与 TBM 最大出渣要求相匹配，满足了依托工程 TBM 掘进施工的连续出渣需求。

2. 带速和带宽的确定

考虑到胶带强度及胶带成槽性（胶带强度越高，胶带成槽性越差），选取连续带式输送机的最大胶带运行速度为 3.05m/s。结合 TBM 后配套胶带机宽度、台车尺寸及隧洞的安装空间，按照带宽、带速与运量的匹配关系，依托工程的两台敞开式硬岩 TBM 配套的连续带式输送机带宽为 914mm。

3. 带式输送机基本参数

依托工程的小时运输能力为 900t/h，带速为 0~3.05m/s，带宽为 914mm，托辊直径为 102mm，上托辊间距为 2.29m，下托辊间距为 4.58m，连续带式输送机的储带长度为 600m。

4. TBM 连续带式输送机功率计算

参照《运输机械设计选用手册》（化学工业出版社）第二章第三节有关公式，连续皮带机的驱动电机功率 P 计算如下：
$$P = F_c \times v / 1000 / \eta$$
$$= 246984 \times 3.05 / 1000 / 0.92$$
$$= 818.8 (kW)$$

其中
$$\eta = \eta_1 \times \eta_2$$
$$= 0.98 \times 0.94$$
$$= 0.92$$

按照《运输机械设计选用手册》的计算说明，本计算的皮带机长度远大于 80m，且倾角小于 18°，故 F_c 按下列公式计算：

$$F_c = C \times f \times L \times g \times [q_{RO} + q_{RU} + (2 \times q_B + q_G)] + q_G \times H \times g + F_{S1} + F_{S2}$$
$$= 1.02 \times 0.019 \times 10000 \times 9.81 \times [4.62 + 1.8 + (2 \times 21.5 + 81.97)]$$
$$+ 81.97 \times (-4) \times 9.8 + 0 + 405$$
$$= 246984(N)$$

其中
$$q_G = Q_y/3.6/v$$
$$= 900/3.6/3.05$$
$$= 81.97$$

本胶带机系统设有输送带清扫器，但未设置卸料器及翻转回程分支输送带，因此，特种附加阻力 F_{S2} 计算如下：

$$F_{S2} = A \times p \times \mu_3$$
$$= 0.027 \times (3 \times 10^4) \times 0.5$$
$$= 405(N)$$

式中：P 为连续皮带机的驱动功率，kW；v 为连续皮带机带速，m/s，取值 3.05；η 为传动总效率；η_1 为传动滚筒及联轴器效率，取值 0.98；η_2 为减速器效率，取值 0.94；F_u 为传动滚筒圆周驱动力，N；C 为系数，按《运输机械设计选用手册》中的图 2-6（引自 ISO 5048）或表 2-29 查取，取值 1.02；f 为模拟摩擦系数，根据工作条件及制造、安装水平选取，参考《运输机械设计选用手册》中的表 2-30，确定为 0.019；L 为输送机长度（头、尾滚筒中心距），m，取值 10000；g 为重力加速度，m/s²，取值 9.81；q_{RO} 为承载分支托辊每米长旋转部分质量，kg/m，根据《运输机械设计选用手册》中的表 2-70、表 2-71，单个支撑托辊的旋转部分质量为 3.53kg，$q_{RO} = 3.53$kg/个 × 3 个/组/2.29m/组，取值 4.62；q_{RU} 为回程分支托辊每米长旋转部分质量，kg/m，根据《运输机械设计选用手册》中的表 2-70、表 2-72、表 2-73 单个回程托辊的旋转部分质量为 8.4kg，$q_{RU} = 8.4$kg/个 × 1 个/组/4.58m/组查取，取值 1.8；q_B 为每米长输送带的质量，kg/m，根据《运输机械设计选用手册》中的表 1-7、表 1-11 及各厂样本，取值 21.5；q_G 为每米长输送物料的质量，kg/m；H 为输送机卸料段和装料段间的高差，m，为 4；F_{S1} 为特种主要阻力，即托辊前倾摩擦阻力及导料槽摩擦阻力，N，根据《运输机械设计选用手册》中的表 2-32 选取，本胶带运输系统无导料挡板，无前倾，取值 0；F_{S2} 为特种附加阻力，即清扫器、卸料器及翻转回程分支输送带的阻力，N，根据《运输机械设计选用手册》中的表 2-32 选取，经计算，为 405N；A 为输送带清扫器与输送带的接触面积，接触长度 0.45m，接触宽度 0.02m，设 3 道，取值 0.027；p 为输送带清扫器和输送带间的压力，取值 3×10^4 N/m²；μ_3 为输送带清扫器和输送带间的接触摩擦系数，取值 0.5。

因此，TBM1 的连续带式输送机驱动电机选 3 台，电机的输入电压为 380V，单台功率为 300kW，总功率为 900kW。同理，采用上述计算过程，确定 TBM2 的驱动功率 3 × 300kW = 900kW。

3.5.1.3　连续带式输送机设备参数

依托工程的连续带式机的输送能力为 900t/h，胶带最大运行速度为 3.05m/s，胶带抗拉强度等级为 ST1600，允许运输的渣料最大粒径为 300mm，胶带宽度为 914mm，钢

丝绳直径为 4.9mm（6×19 IWS），托辊直径为 102mm。胶带储存仓容量为 600m（分 10
层布置）。连续带式输送机基本技术参数见表 3.5－1。

表 3.5－1　　　　　　　　　　　连续带式输送机基本技术参数表

序号	参 数 名 称	单位	参 数
1	驱动功率	kW	TBM1：3×300＝900，TBM2：3×300＝900
2	驱动滚筒直径	mm	1016
3	托辊直径	mm	102
4	胶带宽度	mm	914
5	胶带运行速度	m/s	3.05
6	输送能力	t/h	900
7	张紧方式		恒扭矩电机张紧
8	润滑方式		脂润滑＋自润滑
9	允许的渣料粒径	mm	300
10	胶带规格（胶层及线层数）		ST1600（钢丝绳）
11	钢丝绳规格		ϕ4.9mm，6×19 IWS
12	胶带设计寿命	h	＞45000
13	胶带连接方式		硫化连接
14	胶带仓存储胶带长度	m	600
15	紧急拉索系统		沿输送机全线布设急停拉索，在故障或紧急情况下 可使包括 TBM 在内的整个系统停机

3.5.2　支洞胶带机

依托工程的 TBM1 固定带式输送机最大斜长为 2381m（为 2 号支洞，其洞外斜长为
86m，洞外卸料形式为分渣楼），1 号固定带式输送机斜长为 2104m（其洞外斜长为
120m，洞外卸料形式为堆积卸料）。TBM1 固定带式输送机的驱动功率为 900kW，采用 3
台电动机，电动机的单台功率为 300kW；TBM2 固定带式输送机最大斜长为 1730m（为 3
号支洞，其洞外斜长为 91m，洞外带式输送机跨越既有公路线，洞外卸料形式为分渣
楼），4 号固定带式输送机斜长为 876m（其洞外斜长为 63m，洞外卸料形式为分渣楼）；
TBM2 固定带式输送机的驱动功率第一段为 600kW，采用两台电动机，电动机的单台功
率为 300kW。第二段掘的驱动功率为 900kW，采用 3 台电动机。

固定带式输送机的驱动功率计算方法基本与连续带式输送机一致。

固定带式输送机的输送能力为 900t/h，胶带最大运行速度为 3.05m/s，允许的渣料粒径
为 300mm。胶带宽度为 914mm，胶带钢丝绳规格为 ST1600，钢丝绳直径为 4.9mm（6×19

IWS），托辊直径为102mm。固定带式输送机的生产厂家为美国罗宾斯，基本参数见表3.5-2。

表 3.5-2　　　　　　　　　　固定带式输送机主要技术参数表

序号	参 数 名 称	单位	参　　　数
1	驱动型式		变频驱动
2	驱动功率	kW	TBM1：3×300＝900，TBM2-1：2×300＝600，TBM2-2：3×300＝900
3	驱动滚筒直径	mm	1098.5
4	托辊直径	mm	102mm（4in）
5	胶带宽度	mm	914
6	胶带运行速度	m/s	3.05
7	输送能力	t/h	900
8	张紧方式		油缸张紧
9	润滑方式		脂润滑＋自润滑
10	允许的渣料粒径		300
11	胶带规格（胶层及线层数）		ST2000（钢丝绳）
12	胶带设计寿命	h	＞45000
13	胶带保护装置		胶带中每隔500m布设RIP-STOP钢丝网
14	紧急拉索系统		沿输送机全线布设急停拉索，在故障或紧急情况下可使包括TBM在内的整个系统停机

3.5.3　带式输送机工作效率评价

依托工程的两台TBM连续带式输送机和固定带式输送机带宽均为914mm，胶带最大运行速度为3.05m/s，允许的渣料粒径为300mm，输送能力为900t/h，满足了本项目开挖直径为8.53m的敞开式TBM掘进机出渣要求。

3.5.3.1　设备性能评价

TBM连续带式输送机采用国际知名品牌变频电气控制系统。该系统工作性能稳定可靠，故障率较低。通过变频控制柜实现对驱动电机变频控制、同步控制、转速控制及张紧恒扭矩电机的力矩控制，使连续带式输送机可满足各种工况的启停要求与安全施工性能要求。

3.5.3.2　设备使用效果

依托工程的两台TBM连续带式输送机和固定带式输送机设备参数计算合理，选型得当，使用过程中无不良情况，效果良好。

固定带式输送机输送能力与主洞连续带式输送机相匹配，且具有带式输送机之间的启动与停止电气互锁控制功能。各级带式输送机的启动与停机程序设计合理，防止了各级连续带式输送机积料情况发生。

3.5.3.3　设备缺陷及改进建议

连续带式输送机的自我监测能力不足，9173m长大隧道的连续带式输送机沿途仅设拉线式急停开关，全长范围内仅设有防偏轮装置防止跑偏，胶带运行情况依靠人工巡察；在依托工程使用固定带式输送机的过程中，曾两次遭遇雷击，系统控制模块损毁，导致带式输送机突然停运事故发生。因此，制造单位应加强带式输送机设备与装置的防雷保护功能，如控制信号采用光纤传输等。使用单位应做好避雷设施的接地工作，接地电阻不应大于 4Ω。

连续带式输送机下料口处因刮渣板除渣能力不足，容易发生渣料堆积，造成环境污染，增加清理人工费用。建议使用更为先进的刮渣、出渣装置。

3.6　一次通风系统

3.6.1　通风系统基本参数

依托工程的 TBM 施工的洞外气象条件为全年平均温度 6.3℃、相对湿度 50%、空气密度 1.19kg/m³。

TBM 的开挖直径为 8.53m、开挖断面面积为 57.1m²。一次通风系统由洞外通风机、风带和风带储存筒组成。一次通风系统风机布置在洞口外部，风带储存筒布置在系统尾部。

依托工程分 4 段掘进，通风分段亦为 4 段，最长通风距离为 TBM1-1 掘进段，其一次通风的长度为 11295m。各掘进段对应的通风长度详见表 3.6-1。

表 3.6-1　　　　　　　　　　　两台 TBM 各掘进段一次通风长度一览表

序号	掘进段编号	主洞掘进段长度/m	支洞斜长/m	储存仓出口至刀盘距离/m	洞外风带长度/m	通风长度/m
1	TBM2-1	7569	813	146	18	8254
2	TBM2-2	8529	1639			10040
3	TBM1-1	9128	2295			11295
4	TBM1-2	6831	1984			8687

两台 TBM 各掘进段施工的一次通风均配置了 1 台 2 级 SDF 型隧道专用变频式轴流风机，其功率均为 2×200kW。通风方式均采用压入式，单个一次通风系统的最大通风能力为 52.9m³/s。一次通风系统的主要技术参数见表 3.6-2，风机立面图如图 3.6-1 所示。

表 3.6-2　　　　　　　　　TBM1/TBM2 一次通风系统主要技术参数表

序号	参数名称	单位	参　　数
1	风机型号		T2.160.2×200.4
2	数量	台	1 台 2 级风机（为单个系统的数量）
3	风机直径	mm	1600
4	风机总功率	kW	200＋200＝400
5	全压	Pa	TBM1：4276；TBM2：4326
6	静压	Pa	TBM1：2580；TBM2：3990
7	动压	Pa	TBM1：726；TBM2：336
8	工作噪声	dB（A）	88

序号	参 数 名 称	单 位	参　　　数
9	通风软管直径	m	2.2
10	通风软管材质		聚酯纤维
11	通风软管每节长度	m	150
12	通风软管百米漏风率	m³/(s·100m)	TBM1：0.142；TBM2：0.15
13	通风软管摩阻系数		0.015
14	通风软管耐压强度	Pa	工作压力 4560，撕裂强度 45600
15	通风软管防火、防水性能		满足标准 CAN/CSA - M427 - M91 TYPE H，MSHA30CFR，NRC ♯1119
16	通风软管风带接头形式		拉链
17	风带储存筒设计容量	m	300
18	风带储存筒尺寸	m	ϕ2.4×5（直径×长度）
19	风带储存筒重量	t	2.5
20	L1 区通风量	m³/s	28.5
21	L1 区风压	Pa	5.0
22	L1 区最小风速	m/s	0.5
23	L2 区通风量	m³/s	10.5
24	L2 区风压	Pa	5.0
25	L2 区最小风速	m/s	0.5

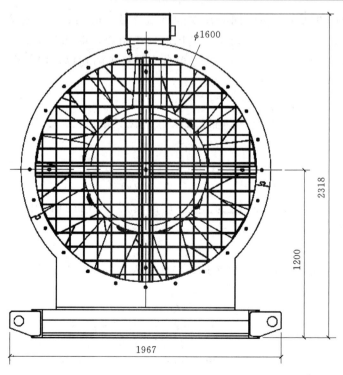

图 3.6-1　风机立面图（单位：mm）

3.6.2　通风计算

通风系统应满足洞内作业人员及洞内内燃机车运行所需的风量，一般情况下，所需的氧气需要，在最长掘进距离时，一次通风系统在 TBM 后配套尾部断面的洞内回风速度不应小于 0.5m/s，当洞内岩体自然温度较高时，风速应适当加大。

1. 作业人员所需通风量计算

满足 TBM 及其后配套系统施工作业人员所需新鲜空气的量的要求。依托工程的 TBM 掘进机作业时，洞内人数按 45 人考虑，则作业人员单位时间所需风量 Q_1 为：

$$
\begin{aligned}
Q_1 &= m \times q_r \\
&= 45 \times 3 \\
&= 135(\text{m}^3/\text{min}) \\
&= 2.25(\text{m}^3/\text{s})
\end{aligned}
$$

式中：Q_1 为洞内作业人员单位时间所需要的风量总量，m^3/s；m 为洞内作业人员数量，个；q_r 为每个作业人员单位时间所需的通风量，m^3/min，取 3。

2. 洞内内燃机车运行所需通风量计算

轨行式牵引内燃机车所需风量按每马力 $4\text{m}^3/\text{min}$ 风量计算，则轨行式牵引内燃机车所需风量 Q_2 为：

$$
\begin{aligned}
Q_2 &= n \times k \times q_c \times P / ʒ \\
&= 3 \times 0.55 \times 4 \times 181/0.735 \\
&= 1535.51(\text{m}^3/\text{min}) \\
&= 27.1(\text{m}^3/\text{s})
\end{aligned}
$$

式中：Q_2 为洞内内燃机车单位时间所需要的风量总量，m^3/s；n 为洞内内燃机车同时运行的最大台数，台，取 3；k 为内燃机车的同时使用系数，取 0.55；q_c 为内燃机车单匹马力单位时间所需的通风量，m^3/min；P 为单台内燃机车的功率，$\text{kW}/$台，取 181；$ʒ$ 为马力与功率的换算系数，1 马力＝0.735kW。

3. 洞内最小回风量计算

洞内最小回风量（后配套尾部断面，即一次通风系统出口）Q_3 为：

$$
\begin{aligned}
Q_3 &= V_h \times (\pi D^2)/4 \\
&= 0.5 \times (3.14 \times 8.5^2)/4 \\
&= 28.35(\text{m}^3/\text{s})
\end{aligned}
$$

式中：Q_3 为最小回风量，m^3/s；V_h 为 TBM 后配套尾部断面的洞内回风速度，m/s，取 0.5；D 为开挖直径，m，取 8.5。

4. 洞内所需最小风量计算

洞内所需最小风量 Q_n 为内燃机车运行与作业人员所需风量之和与洞内最小回风量中的大值，计算如下：

$$
\begin{aligned}
Q_n &= \max[(Q_1+Q_2), Q_3] \\
&= \max[(27.1+2.25), 28.35] \\
&= \max[29.35, 28.35] \\
&= 29.35(\text{m}^3/\text{s})
\end{aligned}
$$

式中：Q_n 为单位时间洞内所需最小风量，m^3/s。

5. 风机出口所需供风量计算

根据依托工程 TBM 施工长度和工程的重要性，TBM1、TBM2 段独头通风距离分别为 11128m、9875m，属长距离通风。拟选用国内外先进技术水平的通风机和通风软管。根据国内外通风机和风管的制造与制作水平，参考招标文件给定的通风系统参数，选取直径为 2.2m，单节风带长度为 300m，按百米漏风率 0.55% 计算。TBM1 风机出口（即一次通风进口）所需单位时间供风量 Q_{ck} 计算如下：

$$Q_{ck}=Q_n/(1-c)^{L/100}$$
$$=29.35/(1-0.55\%)^{11128/100}$$
$$=54.47(m^3/s)$$

式中：Q_{ck} 为 TBM1 掘进段风机出口所需通风量最小回风量，m^3/s；c 为百米漏风率，取 0.55%；L 为 TBM1 段独头通风距离，m；Q_n 为 TBM1 掘进段风机出口所需通风量最小回风量，m^3/s。

6. 风筒阻力计算

风筒阻力 R_Y 为

$$R_Y=\lambda \times v^2 \times \rho \times L/(2 \times d)$$
$$=0.0095 \times 14.33^2 \times 1.19 \times 11128/(2 \times 2.2)$$
$$=5870.7(Pa)$$

其中

$$v=Q_{ck}/(\pi \times d^2/4)$$
$$=54.47/(3.14 \times 2.2^2/4)$$
$$=14.33(m/s)$$

式中：λ 为摩擦阻力系数；v 为风筒内空气平均流速，m/s；ρ 为空气密度，kg/m^3；L 为风筒长度，m；d 为风筒直径，m。

7. 风机驱动功率计算

TBM1 段风机驱动功率 P 为

$$P=k \times R_z \times Q_i/(1000 \times \eta_{st})$$
$$=1.05 \times 6258.2 \times 54.47/(1000 \times 0.96)$$
$$=398.7(kW)$$

其中

$$R_z=R_Y+R_J+R_C$$
$$=R_Y+R_Y \times 0.05+R_C$$
$$=6663(Pa)$$

式中：P 为风机驱动功率，kW；k 为功率储备系数，取值 1.05；R_z 为全压，Pa；η_{st} 为风机全压效率，取值 0.96；R_Y 为风带沿程阻力，Pa；R_J 为风带局部阻力，Pa；R_C 为出风口压力，Pa，取值 500。

8. 风机选型

结合 TBM1 段的风机驱动功率计算结果，依托工程的 TBM1 和 TBM2 的风机均选择为 SDF 型隧道专用轴流风机，总功率为 $2 \times 200kW$。

9. 风管配置

TBM1 段和 TBM2 段的通风风管均为塑胶柔性风带，直径为 2.2m。风带直径为 2.2m，单节长度为 300m。TBM1 和 TBM2 风带总长分别为 11128m 和 9875m。

风带直径均为 2.2m，采用双排挂钩吊挂式。吊钩分别挂在直径为 8mm 的两根钢丝绳上，钢丝绳轴线间距 1350mm。膨胀螺栓为 M12×150mm，间距为 4m。TBM 后配套风带储存仓的容量为 300m。

支洞全洞段及主洞 2km 风带由罗宾斯提供，其生产厂家为 ABC/加拿大，单价为 234.83 元/m。主洞 2km 后风带由项目部采购，其生产厂家为昆山科迪通风设备有限公司，单价为 210 元/m。

风机的生产厂家为法国高杰马（Cogema）公司。风机为免维护型，每 2 个月加注一次电机专用润滑脂。

每台 TBM 均分为两个掘进段，设中间转场支洞与检修洞室，为了缩短通风距离，TBM 中间转场时，通风系统跟随 TBM 转场，风机转移至相应的施工支洞口。

3.6.3　通风系统拆卸

TBM 掘进任务完成后，主洞连续带式输送机拆除后，进行风带系统的拆除。拆除风机前，首先切断电源，关闭风机电动机，从通风机出口和主、支洞交叉口断开风带连接，在人力资源保证的前提下，可同时进行主洞和支洞风带的拆除作业。风带收卷时应采取防水措施，利用专门制作的风带回收盘卷装置进行风带的收装作业。对于在拆卸过程中受到泥灰和水等污染的风带，应冲洗干净，以利重复使用。收装后的风带应存放至专用材料堆放区，存放时应采取措施防止紫外线照射。

3.6.4　通风系统工作情况

依托工程选用的长距离隧道通风机为国际知名品牌，在依托工程的两台 TBM 一次通风最长距离的 TBM1 - 1 及 TBM2 - 2 掘进段贯通前，通风机运行功率分别为满负荷的 70% 和 60%，通风效果良好。风机运行噪声低。风机为免维护型，仅需每两个月加注一次润滑脂，维护成本较低。

3.7　供电系统

依托工程 TBM 掘进段相应的支洞口营地均设有专用变电站，变电站电压等级为 66kV/10kV，即电网的电压等级为 66kV，专用变电站出线电压等级为 10kV。

各施工支洞口专门设置 1 台升压变压器为 TBM 供电，将电压从 10kV 升至 20kV，使用的电缆型号为 YJV22 - 3×150mm² 型。从升压变压器至洞内的电缆电压等级为 20kV，电缆采用 YJV23 - 3×120mm² 型；其他用电根据需要在施工支洞及主洞内设置 10kV/400V 箱式变压器（容量范围为 350～1250kVA）变压后分接至各用电设备。

3.7.1　变电站的设置及其基本参数

在施工前，已由建设单位完成了相应变电站的建设，并负责其运行。各支洞口均设有

66kV 变电站 1 座，变电站的容量均为 630kVA；315kVA 变压器各 2 台，变电站至 1 号、2 号、3 号、4 号支洞口的距离分别为 50m、50m、50m、80m。2 号及 4 号支洞的变电所待 TBM 完成第一段掘进任务后，业主负责将上述两个变电所的 66kV 施工变电所设备整体迁移至 1 号支洞及 3 号支洞变电所，在 2 号支洞和 4 号支洞变电所分别保留 1 台 1000kVA 的变压器作为相应支洞的施工电源。

为在电力系统断电状态下提供必要的电力，在 4 号、2 号及 1 号支洞口分别配置了 1 台临时柴油发电机，功率为 200kW。柴油发电机由施工单位负责配置及维护运行。

各支洞口附近的 66kV 施工变电所内，均设置了 3 台变压器，1 台 5000kVA 和 1 台 4000kVA 变压器并列运行，另 1 台 1000kVA 单独运行。在 10kV 母线侧出 5 回线，分别供应 TBM 全断面掘进机，供主洞及固定带式输送机和 TBM 作业通风、排水、照明，生产生活营地及备用回线。

施工用电负荷统计以依托工程的 TBM1 为例，所涉施工区域用电负荷统计详见表 3.7 - 1。TBM 施工用电总功率为 8077kW，TBM 衬砌及灌浆用电总功率为 740kW。TBM2 所涉施工区域用电负荷与 TBM1 基本相同。

表 3.7 - 1　　　　　　　　　　工程施工区域用电负荷统计表

用电部位	序号	设备名称	规格型号	数量	设备功率/kW	总功率/kW	备注
一、TBM 施工							
TBM1 施工	1	TBM1 设备	刀盘驱动总功率	1 项	3300	3300	
			主机及后配套功率	1 项	约 1300	约 1300	
	2	连续带式输送机驱动		1 台	3×300	900	
	3	固定带式输送机驱动		1 台	900	900	
	4	TBM1 施工主通风机		1 项	2×200	400	
	5	混凝土拌和站	HZS60	2 套	180	360	
	6	照明、排水等		1 项	917	917	
		小计				8077	
TBM1 施工洞室衬砌面及灌浆	1	轨行式混凝土输送泵		4 台	90	360	
	2	钻孔与灌浆		1 项	320	320	
	3	零星负荷		1 项	60	60	
		小计				740	
2 号支洞施工设施区	1	混凝土拌和站	HZS30	1 套	80	80	
	2	机修车间		1 个	50	50	
	3	综合加工厂		1 个	95	95	
	4	刀具车间		1 个	50	50	
	5	龙门吊		1 台	30	30	
	6	供水系统		1 项	30	30	
	7	办公生活及照明		1 项	150	150	
	8	砂石料加工系统		1 套	311	311	
		小计				796	

用电部位	序号	设 备 名 称	规 格 型 号	数量	设备功率 /kW	总功率 /kW	备注
1 号支洞 施工设施区	1	混凝土拌和站	HZS30	1 套	80	80	
	2	机修车间		1 个	50	50	
	3	综合加工厂		1 个	95	95	
	4	供水系统		1 项	30	30	
	5	办公生活及照明		1 项	150	150	
	6	砂石料加工系统		1 套	311	311	
		小计				716	
二、钻爆法施工							
2 号支洞及 控制区 钻爆法施工	1	电动空压机	20m³/min	3 台	110	330	
	2	三臂钻孔台车	353E	1 台	185	185	扩大洞室
	3	管道通风机		2 台	110	220	
	4	照明、排水等		1 项	145	145	
	5	其他负荷		1 项	50	50	
		小计				930	
1 号支洞及 控制区 钻爆法施工	1	电动空压机	20m³/min	3 台	110	330	
	2	三臂钻孔台车	353E	1 台	185	185	扩大洞室
	3	管道通风机		2 台	110	220	
	4	照明、排水等		1 项	145	145	
	5	其他负荷		1 项	50	50	
		小计				930	

3.7.2　施工供电设计

依托工程的 66kV 施工变电所之后的输电均采用架空线路及接引高压电缆引入洞内，变压器均采用箱式变压器。变压器布置在洞内靠近负荷中心的位置，变压器设备不能影响洞内交通。

洞内敷设电缆时，每隔 1km 左右设置 1 个高压电缆分接箱（高压电缆分接箱的形式根据实际情况确定），分别供胶带输送机、混凝土衬砌、灌浆、排水、照明等施工用电。供电电缆采用 YJV23 型号高压电缆进洞。

TBM 施工采用型号为 YJV23-3×120mm² 的铜芯电缆专线供电，每 300m 采用 TJB 高压电缆快速接头与 TBM 后配套高压电缆卷盘上电缆连接，TBM 供电电源额定电压为 20kV，两台 TBM 的总用电功率均为 4600kW。

TBM 洞内高压电缆供电的最大电流、电压降、压降率计算过程如下：

$$I = P/\sqrt{3}/U$$
$$= 4600/1.732/20$$
$$= 132.79(A)$$
$$\Delta U = I \times R \times L/S$$
$$= 132.79 \times 1.75 \times 10^{-8} \times 11200/(120 \times 10^{-6})$$
$$= 216.89(V)$$

$$\Delta U/U = 216.89/20000$$
$$= 1.09\%$$

式中：I 为最大负荷电流，A；P 为 TBM 总功率，kW；U 为供电额定电压，kV；ΔU 为供电压降，V；I 为最大供电电流，A；R 为电缆电阻率，$\Omega \cdot m$，取值 1.75×10^{-8}；L 为供电点最大长度，m，取值 11200；S 为供电电缆截面积，mm^2。

满足了 TBM 供电压降率不大于 10% 的需要。

依托工程的砂石骨料加工系统，在生产前期配置 1 台 800kW 柴油发电机作为生产电源，后期从邻近电网取电源，功率亦为 800kW。

为保证施工安全，确保电网停电期间的施工照明、排水及通风等工作要求，依托工程的 TBM 施工配备了 4 台 300kW 柴油发电机作为应急备用电源，配备了 4 台 120kW 柴油发电机作为施工附企工厂及办公生活应急备用电源。应急备用电源总功率为 1680kW。

3.7.3　TBM1 施工用电配置

依托工程的 TBM1 所涉及的施工区域用电配置统计详见表 3.7 - 2。TBM2 所涉施工区域用电配置与 TBM1 基本相同。

表 3.7 - 2　　　　　　　　　TBM1 施工区域用电配置统计表

编号	变压器型号	供电位置	电力来源
TBM1 - 1 变	ZBW20 - 6300kVA - 10/20kV	TBM1 全断面掘进机	66kV 施工变电所
TBM1 - 2 变	S9 - 500kVA - 10/0.4kV	通风机	
TBM1 - 3 变	S9 - 1250kVA - 10/0.4kV	支洞连续带式输送机	
TBM1 - 4 变		主洞连续带式输送机	
TBM1 - 5 变	S9 - 315kVA - 10/0.4kV	2 号支洞控制主洞钻爆法施工	2 号支洞口现有 10kV 电源
		TBM1 - 1 段混凝土拌和站	2 号支洞口 66kV 施工变电所
		TBM1 - 1 段排水照明等用电	
TBM1 - 6 变		1 号支洞控制主洞钻爆法施工	1 号支洞口现有 10kV 电源
		TBM1 - 2 段混凝土拌和站	1 号支洞口 66kV 施工变电所
		TBM1 - 2 段排水照明用电	
TBM1 - 7 变	S9 - 250kVA - 10/0.4kV	TBM1 - 1 段衬砌施工	2 号支洞口 66kV 施工变电所
		TBM1 - 1 段钻孔灌浆系统	
TBM1 - 8 变		TBM1 - 1 段衬砌施工	
		TBM1 - 1 段钻孔灌浆系统	
TBM1 - 9 变		TBM1 - 1 段衬砌施工	
		TBM1 - 1 段钻孔灌浆系统	
TBM1 - 10 变		TBM1 - 2 段衬砌施工	1 号支洞口 66kV 施工变电所
		TBM1 - 2 段钻孔灌浆系统	
TBM1 - 11 变		TBM1 - 2 段衬砌施工	
		TBM1 - 2 段钻孔灌浆系统	
TBM1 - 12 变		TBM1 - 2 段衬砌施工	
		TBM1 - 2 段钻孔灌浆系统	

表 3.7 - 2 中的用电配置情况如下。

1．TBM1 - 1 变压器

ZBW20 - 6300kVA - 10/20kV 箱式变压器，负责 TBM 全断面掘进机用电，用电电源取自 2 号支洞口 66kV 施工变电所出线端，采用 20kV 高压电缆引入洞内，与 TBM 高压电缆卷筒对接。安装位置在 2 号支洞洞口附近。在 TBM1 - 1 段掘进施工完成后，转场到 TBM1 - 2 段施工，箱式变压器转场到 1 号支洞洞口附近，用电电源取自 1 号支洞口 66kV 施工变电所。

2．TBM1 - 2 变压器

S9 - 500kVA - 10/0.4kV 箱式变压器，负责 TBM1 - 1 洞外通风机用电，用电电源取自 2 号支洞口 66kV 施工变电所出线端，安装位置在 2 号支洞洞口附近。在 TBM1 - 1 段掘进施工完成后，TBM 转场到 TBM1 - 2 段施工，箱式变压器转场到 1 号支洞洞口附近，负责 TBM1 - 2 洞外通风机用电，用电电源取自 1 号支洞口 66kV 施工变电所。

3．TBM1 - 3 变压器

S9 - 1250kVA - 10/0.4kV 箱式变压器，负责 TBM1 - 1 段固定带式输送机用电，用电电源取自 2 号支洞口 66kV 施工变电所出线端，安装位置在 2 号支洞洞口附近。在 TBM1 - 1 段掘进施工完成后，TBM 转场到 TBM1 - 2 段施工，箱式变压器转场到 1 号支洞洞口附近，负责 TBM1 - 2 段固定带式输送机用电，用电电源取自 1 号支洞口 66kV 施工变电所。

4．TBM1 - 4 变压器

S9 - 1250kVA - 10/0.4kV 箱式变压器，负责 TBM1 - 1 段主洞连续带式输送机用电，用电电源取自 2 号支洞口 66kV 施工变电所出线端引入洞内的 10kV 高压电缆，安装位置随带式输送机主驱动的位置布置。在 TBM1 - 1 段掘进施工完成后，TBM 转场到 TBM1 - 2 段施工，箱式变压器转场到 TBM1 - 2 段主洞连续带式输送机主驱动附近，用电电源取自 1 号支洞口 66kV 施工变电所。

5．TBM1 - 5 变压器

S9 - 315kVA - 10/0.4kV 箱式变压器，前期负责 2 号支洞开挖及主洞 TBM 扩大洞室钻爆法施工用电。后期负责 TBM1 - 1 段混凝土拌和站、排水、照明等用电，用电电源取自 2 号支洞口 66kV 施工变电所出线端引入洞内的 10kV 高压电缆分接箱，安装位置在 TBM1 - 1 段混凝土拌和站场地内。

6．TBM1 - 6 变压器

S9 - 315kVA - 10/0.4kV 箱式变压器，前期负责 1 号支洞开挖及主洞 TBM 扩大洞室钻爆法施工用电。后期负责 TBM1 - 2 段混凝土拌和站、排水、照明用电，用电电源取自 1 号支洞口 66kV 施工变电所出线端引入洞内的 10kV 高压电缆分接箱，安装位置在 TBM1 - 2 段混凝土拌和站场地内。

7．TBM1 - 7 至 TBM1 - 12 变压器

TBM1 - 7 至 TBM1 - 12 变压器共 6 台，其型号均为 S9 - 250kVA - 10/0.4kV 箱式变压器，用电电源分别取自 1 号支洞口 66kV 施工变电所和 2 号支洞口 66kV 施工变电所出线端引入洞内的 10kV 高压电缆分接箱。其中的 TBM1 - 7 至 TBM1 - 9 变箱式变压器主要

负责 TBM1-1 段混凝土仰拱、边顶拱衬砌施工、钻孔灌浆、施工排水及照明等用电，TBM1-10 至 TBM1-12 变箱式变压器主要负责 TBM1-2 段混凝土仰拱、边顶拱衬砌施工、钻孔灌浆、施工排水及照明等用电。

3.7.4　洞外生产营区及生活营区用电配置

各支洞口洞外生产营区及生活营区各配备 1 台型号为 S9-315kVA-10/0.4kV 的箱式变压器，满足其用电需要。

3.7.5　供电保护

为保证用电安全，所有变压器均可靠接地。在洞外高压杆上装设有跌落式熔断器作为箱式变压器的过流保护，装设避雷器和接地装置以防雷击过电压对变压器等电气设备造成损害。高压供电电缆两端钢铠均可靠接地，利用 TBM 高压供电电缆的铜皮和钢铠装设接地、短路、断路保护装置。TBM 上所有低压电缆均采用防火阻燃型电缆。

低压供电线路均采用电缆或绝缘导线输电，室外、明敷线缆时须采取防碰撞、防挤压、防拉扯的措施。室外盘柜防护等级达到 IP43，室外盘柜设有合格的防雨装置，柜内的电器元件完好。

防雷与接地安装施工按照《电气装置安装工程　接地装置施工及验收规范》（GB 50169—2016）标准进行施工和验收。在设备基础施工时，系统的防雷接地装置安装在柴油发电机、变压器、生产车间等基础外围（3m 外）0.8m 深处埋设垂直接地体和水平接地体。水平接地体取镀锌扁铁（40mm×4mm），垂直接地体取 ϕ50 镀锌钢管，每根 2.5m，间隔 5m 打入土壤中，接地电阻值以不大于 4Ω 为合格。通过镀锌扁铁（40mm×4mm）把各个接地装置连为一体，做成环状接地网，不允许出现开口，以降低跨步电压和接触电压。

各台箱式变压器内均设置有 0.4kV 低压出线间隔，并设置有电容器功率自动补偿间隔，用以提高功率因数，节约电能，降低电损。

3.7.6　高压供电线路

高压供电线路从 66/10kV 变电所提供的 10kV 供电间隔接引 20kV 高压供电线路和 10kV 高压供电线路到相应供电点，架空线路的线型选用 LGJ 型钢芯铝绞线，电杆选用长 12～18m 圆锥形钢筋混凝土杆，标准杆距为 40～60m。

供电电缆采用型号为 YJV23-3×120mm² 的铜芯电缆专线供电，供 TBM 主机和后配套施工用电；采用型号为 YJV23-3×25mm² 的高压电缆供主、支洞出渣带式输送机用电；采用型号为 YJV23-3×25mm² 高压电缆供通风机用电；采用型号为 YJV23-3×50mm² 高压电缆供照明、排水等一类负荷以及混凝土拌和站用电。

20kV 和 10kV 高压电缆型号选用 YJV23，截面按发热条件来选择，按允许电压损失加以校验。

低压电力网络均采用三相五线制的配电系统。低压用电负荷分别从相应变压器低压侧引出。低压电线选用型号为 BV-500 或 LGJ 的钢芯铝绞线，低压动力电缆选用的型号为

VV29，线路比较长或不太长但负荷电流比较大时，其截面按允许电压损失值选择，根据发热条件进行校验，同时应满足与保护装置整定值的配合关系。

3.7.7　施工照明

照明供电网络采用三相五线制系统。电源取自各部位的相应的变压器和供电线路。照明方式、照明种类和照度标准以及照明光源和灯具的选择和布置遵照《水工建筑物地下开挖工程施工规范》（SL 378—2016）第 12.3.10 条等条款的规定执行。

在不便使用正常电器照明的工作面，采用蓄电池应急灯和随身直流充电矿灯；隧洞入口处设置照明过渡段，以减少洞内外照度差。

照明用电采用混合式接线方式，为双回路电源。洞内照明由洞口变压器和洞内箱式变压器分段供给，洞外场地和房间照明由生产场区变压器供给。应急照明由发电机发电后升压送入高压真空断路器，用同一线路供电。因洞内电缆架设靠近洞壁，除路灯照明外，其他均采用绝缘导线作供电母线，导线截面按允许电压损失值进行计算。

洞内照明电源从配电线路上接取，每 200m 设一个照明开关箱，每 15m 布置一盏隧道防水防爆节能灯（单个灯泡的功率为 20W），采用阻燃电线。照明线支架安装在洞壁中间腰部，高度不低于 2.5m，采用扁钢加工瓷瓶架线，瓷瓶架固定在洞壁上，洞内灯具安装高度不低于 3.5m；潮湿和易触及带电体场所的照明供电电压不应大于 24V。

3.7.8　电力资源配置

依托工程的两台 TBM 用电及其配套作业设备主要供电设备及材料详见表 3.7-3。

表 3.7-3　　　　　　　　TBM 与混凝土施工供电设备及主要材料一览表

序号	名称	型号及规格	单位	数量	备注
1	箱式变压器	ZBW20-6300kVA-10/20kV	台	2	TBM
2	箱式变压器	S9-1250kVA-10/0.4kV	台	4	带式输送机
3	箱式变压器	S9-800kVA-10/0.4kV	台	2	见注 1
4	箱式变压器	S9-500kVA-10/0.4kV	台	4	见注 2
5	箱式变压器	S9-315kVA-10/0.4kV	台	6	见注 3
6	箱式变压器	S9-250kVA-10/0.4kV	台	12	混凝土二衬
7	箱式变压器	S9-50kVA-10/0.4kV	台	3	主洞排水
8	箱式变压器	S9-30kVA-10/0.4kV	台	18	主洞照明
9	安全变压器	BJZ-3000VA	台	10	380/24V
10	高压真空断路器	ZW8-12/T630G	台	12	变压器用
11	20kV 高压电缆	YJV23-3×120mm²	km	22.5	TBM 供电
12	10kV 高压电缆	YJLV23-3×50mm²	km	38.8	66kV 出线
13	10kV 高压电缆	YJLV23-3×25mm²	km	5.5	
14	10kV 架空线路	LGJ-3×25mm²	km	1.6	
15	高压电缆分接箱	DFW-3	个	40	

序号	名称	型号及规格	单位	数量	备注
16	20kV 电缆辅件	铜 3×120mm² 中间接头	个	60	电缆接头
17	20kV 电缆辅件	铜 3×120mm² 终端头	个	55	电缆接头
18	10kV 电缆辅件	铜 3×50mm² 中间接头	个	90	电缆接头
19	10kV 电缆辅件	铜 3×50mm² 终端头	个	80	电缆接头
20	10kV 电缆辅件	铜 3×25mm² 中间接头	个	20	电缆接头
21	10kV 电缆辅件	铜 3×25mm² 终端头	个	15	电缆接头
22	500V 动力电缆	VV29－3×120＋2×50mm²	km	1.5	
23	500V 动力电缆	VV29－3×35＋1×16mm²	km	1.3	
24	500V 动力电缆	VV29－3×25＋1×10mm²	km	2.6	
25	500V 动力电缆	VV29－3×16＋1×6mm²	km	3.1	
26	低压动力照明线	BV－3×50＋2×25mm²	km	38.8	
27	柴油发电机	GF－300kW－400/230V	台	4	应急用
28	柴油发电机	GF－120kW－400/230V	台	4	应急用
29	低压配电柜	CGLI	台	8	施工用
30	接地装置	－40×4	套	20	扁钢
31	电缆支架		t	16.5	自制
32	柴油发电机室	活动房	个	4	30m²/个
33	防水防爆节能灯	SD2（隧道用）	盏	2800	照明系统用
34	3kW 镝灯		盏	20	照明系统用
35	碘钨灯		盏	80	照明系统用
36	照明开关箱		个	40	照明系统用

注 1. 表中序号 3 的变压器设在施工支洞外的营地内，主要供应洞外龙门吊、夜间照明、分渣器、供水系统、加工车间和生活办公用电等。

2. 表中序号 4 的变压器设在 TBM 施工支洞口和主支洞交叉处，设在支洞口的为通风机供电，设在主支洞交叉处的为扩大洞室和支洞排水、照明、洞内起重机、拌和站及其他施工设备供电。

3. 表中序号 5 的变压器主要供钻爆施工和混凝土拌和站用电。

3.7.9 电缆拆卸与收卷

TBM 完成掘进任务后，切断运行电源，将 TBM 高压电缆卷筒上的 300m 高压电缆全部收回。TBM 电缆卷筒上的电缆要采取防潮、防水措施，并架空存放至 TBM 电气仓库。自 TBM 移动尾端向下游方向拆除主电源电缆，对电缆线快速接头进行防水防潮处理。电缆收卷时采用有轨机车平板上放置收卷装置，边行走边收卷，避免机车运行和电缆收卷不协调，造成电缆的绝缘皮与洞壁摩擦破损。单节电缆的两个快速接头均应做好防护处理。

3.7.10 供电系统使用评价

依托工程设置了专用的 TBM 施工高压供电系统，变电站均布置在施工支洞洞口附近，供电距离短，供电损失小，低压侧供电设备投资小；洞外供电系统设计合理，设计容量满足施工要求；由于 1 号支洞口变电站建设较晚，不能与 TBM 掘进工期相匹配，影响了 TBM1－2 段掘进约 2 个月；依托工程 2 台 TBM 分 4 段掘进，在相应掘进段的洞口设置了 4 个变电站，但第一段的掘进距离较短，均不超过 10km，第一掘进段贯通前，TBM 供电的压降数值很小，远低于 TBM 制造商对压降不大于 10% 的要求。因此，变电站的数量有优化空间。

3.8　供水系统

依托工程项目的供水系统满足生产及生活用水需要。

依托工程项目施工地点区域内的天气寒冷，供水系统应保证在极寒天气时正常供水。充分利用工程所在地域紧邻河流、地下水丰富的条件，取水方式采用打井，抽取地下水，满足了寒冷季节供水要求。

3.8.1　生活与办公区供水水源系统设计

生活与办公区供水水源主要采用各支洞洞口附近生活营区内的水井，取水井直径约 40cm，井深为 60～80m。在各支洞洞口均建有一座取水泵站，配备两台（一用一备）型号为 200QJ32－143 的井用潜水泵，扬程为 143m，输水量为 32m³/h，电机功率为 22kW。从泵站接引 DN100 输水钢管输送至施工营地的钢制蓄水箱中。营地设有 4 个 30m³ 钢制蓄水箱，其中三个水箱体串联布置，接供水支管到营区各用水点，另一个水箱专供锅炉房使用，满足生活用水和生活营地的供暖需要。在生活营地各饮用水点的储水箱，设置 JS－200 型活性炭净水器，以净化生活饮用水，使其达到卫生合格标准。

为防冻，在钢制蓄水箱的周边用袋装土保温，厚度为 2m，该厚度超过最大冻土层深度（0.97m）。

3.8.2　TBM 施工供水水源系统设计

施工用水主要为隧洞内的各类施工用水，包括 TBM 作业用水和洞内拌和站用水等。各 TBM 掘进段相应的洞内供水系统的供水能力均为 100m³/h，其中 TBM 施工作业用水量为 50m³/h，TBM 掘进段洞内的供水管路为 DN200。

TBM 用水主要包括刀盘冷却用水（最大用水量为 32m³/h）、设备清理用水，同期作业的用水包括洞内混凝土拌和用水等。

TBM 施工供水系统由进水管卷筒、工业水箱、内循环回路（纯净水）、热交换器、过滤器、各种阀组和管路等组成。

在各支洞洞口的河岸，分别建有供水泵站；在 4 号、3 号、1 号支洞内设有钢制给水箱，其尺寸为 10m×3.0m×2.0m，容积均为 60m³。在 2 号支洞外设有混凝土结构给水池，其容积为 60m³，并进行了保温；在每个支洞内的避车洞位置（距支洞口约 300m）建有一个容积为 200m³（5m×20m×2.5m）的清水池；从洞外蓄水池/钢制水箱取水至支洞内清水池，TBM 施工用水直接从洞内清水池引至总供水管路后将水供至洞内施工区域。

在水池内设置液位计,根据液面高低自动控制水泵的停启。TBM 施工供水系统设计如图 3.8-1 所示。

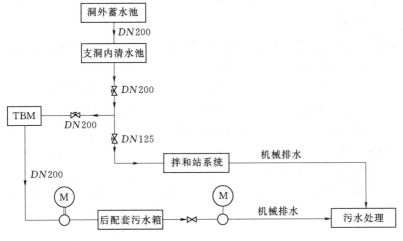

图 3.8-1　TBM 施工供水系统设计示意图

3.8.3　施工供水管网布置及敷设

各用水区采取枝型管网明暗相结合的敷设方式,明管主要集中在开挖隧洞内,暗管尽量沿道路两旁敷设,埋深满足最大冻土深度要求,管道采用法兰连接,洞外的出露部分管线采用 10cm 厚的聚氨酯保温管壳保温,洞口至洞内 500m 范围进行了保温。

供水管路沿隧洞一侧采取悬挂式敷设,管道采用快速接头连接。在清水池出口、支洞与主洞交点处分别设置一个闸阀,在主洞每隔 1000m 左右设置闸阀,以便水管延伸、维护和检修。

供水管应进行必要的防腐和标识,及时处理运行中的爆管、渗漏事故。洞内管道布置应美观,满足现场安全文明施工的要求。

3.9　排水系统

依托工程的主洞高程远低于各支洞洞口高程,故须采取强制排水措施,将主洞积水排至洞外;TBM 掘进为逆坡掘进,但主洞坡度小且产生淤积严重,难以达到自排效果,故沿主洞洞身范围需采用强制排水措施;TBM 及后配套配置的潜水泵通过管路将污水抽排至后配套污水箱,经沉淀后由污水箱离心泵排至与污水管卷筒相连的主排水管道,再排至施工支洞与主洞交叉点附近的集水井,经沉淀后采用变频式排水系统排至洞外污水处理系统。

3.9.1　主洞排水系统

依托工程各掘进段相应的组装/检修间,均设置集水池,尺寸为 10m×2.5m×2.5m,容积为 62.5m³,支洞排水管路的管径为 125mm。

TBM掘进时，TBM作业排水量为$50m^3/h$，其他排水量为$30m^3/h$（不包括因地质原因造成的突涌水量），系统总排水量为$80m^3/h$，耗电量为$74kW/h$。

依托工程的1号支洞水泵输送距离为1984.42m，坡度为8.78°，高差为174.27m，输水管直径为$DN200$。

由于隧洞排水主要为TBM作业排水和隧洞渗水，排水水质含有岩石石屑、泥浆和油脂，故水泵应具有耐磨性和耐腐蚀性，且价格适中。

在依托工程的4个掘进段支洞中，2号支洞埋深最大，其洞身斜长为2295.02m，坡度为7.77%～8.23%（不包含平洞段），总高差为146.42m，管路损失扬程为23m，总扬程为170m。系统设计采用Ⅰ级排水外加辅助泵的方式实现，由3台80D30×6型多级离心泵与3台QW80-60-13-3型辅助泵组合而成。主泵功率为37kW，流量为$50m^3/h$，扬程为180m；辅泵型号为QW80-60-13-3，功率为3kW，流量为$60m^3/h$，扬程为13m。控制系统采用变频控制，节省了系统运行费用。典型系统的设备及材料清单详见表3.9-1。

表3.9-1　　　　　　　　　　TBM1-1段洞内排水设备及材料清单

序号	设备名称	型号规格	单位	数量
1	卧式多级离心泵	80D30×6 $N=37kW$，$H=180m$，$Q=50m^3/h$	台	3
2	软启动柜	1700×800×400	台	1
3	软启动器	CYC04-0090A/21	台	3
4	可编程控制器	CP1E-N40DR-A	套	1
5	水位控制仪	DXYK-3J-LG	台	1
6	潜污泵	QW-100-80-10-4	套	3
7	空气开关Ⅰ	NW10-250/330	台	1
8	空气开关Ⅱ	NW10-100/330	台	3
9	微断	DZ47-60/3P-10	台	3
10	电流互感器	LMZJ1-0.5 200/5	台	3
11	开关电源	KD-24	台	1
12	电流接触器Ⅰ	CJX2-9511	台	1
13	电流接触器Ⅱ	CJX2-1201	台	3
14	电机综合保护器	HH3D-C	台	3
15		HH3E-C	台	3
16	微电脑时控开关	SK-180	台	1
17	中间继电器	ZJ7-44	台	15
18	电接点压力表	DY-120	块	3
19	真空压力表	ZY-120	块	3
20	液位变送器	CYH-120	台	1
21	电流表	42L6-A 200/5	块	3

序号	设备名称	型号规格	单位	数量
22	电压表	42L6 - V	块	1
23	指示灯	AD16	个	20
24	按钮	LA38	个	20
25	电机进线	BV25mm^2	盘	1
26	二次线	BV1.5^2	盘	1
27	闸阀	Z41 DN80 PN25	台	3
28	电动排污阀	DN65 PN25	台	1
29	自动排气阀Ⅰ	DN80 ZP - 65	台	1
30	自动排气阀Ⅱ	DN15	台	3
31	止回阀	H71 - 80 PN25	台	3
32	弯头	DN200	台	3
33	钢管	DN80	t	0.2
34	法兰	DN80 PN25	片	20
35	法兰	DN65 PN25	片	5
36	法兰	DN65 PN16	片	6

3.9.2 污水处理系统设计

生活及办公营区的排水系统采用PVC管道，将各类废水集中至污水收集池，在施工区较低位置建设污水收集池进行处理。

生产废水经排水管网汇集到支洞与主洞交叉口的沉淀过滤池，经初步沉淀过滤后，集中送至各支洞口施工营地内的污水集中池，会同洞外拌和系统等产生的污水，统一进行处理。

处理工艺采取设置沉砂池和絮凝沉淀净化处理的方式，分两次处理达到净化水的目的。一次处理在机械搅拌反应池中进行，二次处理为平流式沉淀池，由进水、沉淀、缓冲、出水以及排泥装置等组成。

一次水处理后的水汇入到二次水处理系统前，需加入絮凝剂溶液，从而加速沉淀，达到进一步净化处理效果。其入口采用淹没式孔口入流，池内设置配水穿孔墙，出流采用矩形三角堰溢流式集水槽。排泥采用扫描式吸泥机，泵为无堵塞液下污水泵。

经过上述两次水处理后，水质满足《污水综合排放标准》（GB 8978—1996）的要求。

排出的污泥汇入污泥过渡槽，集中用潜水式排污泵送入污泥自然干化场地，经再次沉淀后，用反铲挖装自卸汽车运到指定渣场。

3.9.3 排水系统运行管理

排水系统集水箱设置液位传感器，自动控制水泵启动和停止排水，并具有手动启动和停止水泵运行功能；成立排水工班，负责排水系统的监控、检查、维护、延伸和运行管理；对排水系统运行管理人员进行技术和操作培训，针对技术特点和操作要领做重点讲解并现场示范；作业人员及时对集水坑内污泥杂物进行清理。在水泵进水口加设滤网，防止污泥及杂物的进入而发生堵塞；施工中安排专人负责进行集水井内的沉积物清理和排除，污水沉淀池内的沉淀物采用机械清除，用自卸车运出洞外。

3.10　洞内轨道运输系统

依托工程所需的材料和设备采用汽车运输方式运至洞内，之后采用轨道运输方式。TBM 掘进出渣采用带式输送机方式，TBM 所需施工材料如喷射混凝土、锚杆、钢轨、钢支撑、钢筋网、备件、刀具、液压油、润滑油等采用轨道运输方式，牵引机车为低污染型柴油机小火车。主洞内轨道布置采用"双轨单线"系统，轨距为 900mm。服务区下游末端、始发洞段及掘进段采用"双轨单线"，通过洞段和部分组装洞段采用"四轨双线"，连续带式输送机机仓区域采用"六轨三线"，服务区上游末端采用"四轨双线"，满足了洞内轨行车辆的编组及运行需要。

TBM 掘进完成且 TBM 设备拆除后，进行底拱混凝土衬砌前，拆除有轨运输轨道，所有材料均采用汽车运输。底拱混凝土衬砌完成后，恢复有轨双线交通系统，双线轨道布置在隧洞中间位置，轨道安装在隧洞底板上。

依托工程在洞外及组装/检修洞室设有材料设备堆放场。工程材料及设备的运输形式有两种，分别为载重汽车运输和轨道运输。洞外及施工支洞运输全部采用载重汽车运输形式，洞内主洞运输全部采用轨道运输形式。TBM 施工材料和设备采用载重汽车运至主洞组装/检修洞室，存放至洞内堆放场。主洞内堆放的材料及设备采用洞内 20t 桥式起重机或 20t 门式起重机装卸。

轨行车辆的运行调度方式采用洞外调度室调度及洞内调度人员指挥，洞外调度采用远程视频方式。掘进段车辆返程监控采用后视视频监控及瞭望员监控，瞭望员监控位置位于编组车辆的后部末端，编组车辆后部末端配置声光警示装置。

编组的最大长度为 33.6m，包括 1 台牵引机车、1 台人车及 2 台 U 型混凝土罐车。

3.10.1　TBM 施工运输

依托工程的 TBM 施工材料和设备的洞外及施工支洞运输全部采用载重汽车运输形式，洞内主洞运输全部采用轨道运输形式。TBM 施工材料和设备采用载重汽车运至主洞组装/检修洞室，存放在服务区、组装间堆放场。主洞内堆放的材料及设备采用洞内 20t 桥式起重机或 20t 门式起重机装卸。除 TBM 掘进作业出渣采用连续带式输送机方式外，其他所需的喷射混凝土、锚杆、钢轨、钢支撑、钢筋网、备件、刀具、液压油及润滑油等材料在主洞内采用轨道运输方式。

3.10.2　轨道系统

掘进段隧洞内的轨道运输系统均采用"双轨单线"形式，轨距均为 900mm，选用 43kg/m 标准钢轨，自制钢轨枕，轨枕间距为 1.0m。

为满足混凝土和施工材料的装车、车辆编组及车辆停放的需要，服务区下游末端、始发洞段及掘进段采用"双轨单线"，通过洞段和部分组装洞段采用"四轨双线"，连续带式输送机仓部位采用"六轨三线"，服务区上游末端采用"四轨双线"，满足了洞内轨行车辆的编组及运行需要。主洞掘进段未设置错车平台/浮放道岔。轨道间距为900mm，运输轨道断面布置如图3.10-1所示。

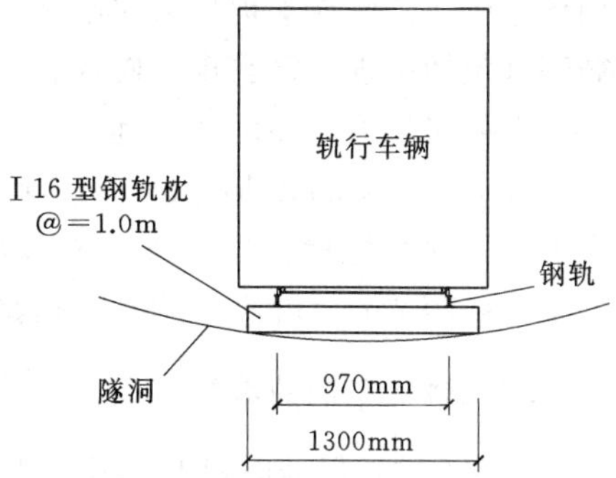

图 3.10-1 TBM 掘进段运输轨道断面布置图

3.10.3 轨行车辆

轨行车辆包括内燃机牵引机车、人车、轨行平板车及U型混凝土罐车。依托工程的TBM1和TBM2配套的轨行车辆其数量、型号及生产厂家均相同。与单台TBM配套作业的内燃机牵引机车为3辆，人车为3辆，轨行平板车为4辆，U型混凝土罐车为3辆，共13辆。与两台TBM配套作业的轨行车辆共26辆。

3.10.4 车辆及其编组

根据作业需要，轨行车辆的最大编组数量为3台，编组形式为内燃机牵引机车、人车、轨行平板运输车或U型混凝土罐车，编组的最大长度为33.6m。

3.10.4.1 运输强度

1. 运输对象

洞内轨行车辆运输对象为TBM掘进延伸及维护保养所需的零部件及材料，隧洞支护所需的材料。

TBM掘进延伸所需要的材料包括钢轨及其支架、连续胶带运输机延伸所需要的托辊及其支架、一次通风系统延伸所需要的风带及其附件、给水排水管路延伸所需要的管道及其附件、电缆延伸所需要的电缆及其附件；TBM维护保养所需的零部件主要包括刀具及备品备件；隧洞支护所需的材料包括喷射混凝土、钢拱架、锚杆、网片及钢筋排。

2. 运输对象对运输强度的影响

隧洞开挖延伸所需要的钢轨，带式输送机托辊及其支架、给水排水管路、电缆、刀具及备品备件、钢拱架、锚杆、网片及钢筋排等材料有计划地运输并储存在TBM后配套区域，其运输对隧道运输强度影响不大，喷射混凝土为不可存储材料，且运输时间受限，因此运输强度取决于混凝土运输强度。

3. 喷射混凝土运输

Ⅲ类围岩支护结构的喷射混凝土厚度为10cm，单个掘进循环行程为1.8m，单个掘进循环相对应的支护喷射量为2.4m³（喷射范围为顶部180°）；Ⅳ类及Ⅴ类围岩喷射混凝土厚度为15cm，单个掘进循环喷射量为5.74m³（喷射范围为顶部290°）。因此单个掘进作业循环所需要的最大喷射混凝土量为5.74m³，喷射混凝土的回弹量按25%计算，单个掘进循环作业所需围岩支护喷射混凝土量为 7.65m³，运输量按 8m³ 计算。Ⅴ类围岩单个掘进循环（包括掘进、钢筋排、网片、钢拱架安装及混凝土喷射）平均作业时间为 24h。

单次列车运输循环用时最远运输距离为 8.8km，列车实车运行速度为 10km/h，列车空车返程运行速度为 14km/h，列车运行平均速度为 12km/h，实测的单次列车运行（包括往返、洞内卸料和空车编组、装车及重车编组运行作业）周期平均时间约为 120min，每列车配备两节 6m³ 混凝土罐车，可满足 2 个掘进循环的喷射混凝土需要。

3.10.4.2　轨行车辆的编组

在 TBM 维护保养时段及无喷射混凝土作业的掘进时段，列车的编组为"牵引机车＋人车＋板车"，满足了运输人员、刀具、维修配件、材料及工具等运输要求。

在有喷射混凝土作业掘进时段，列车的编组为"牵引机车＋人车＋U 型罐车＋U 型罐车"，满足了人员及喷射混凝土运输要求。

列车牵引阻力按重车上坡计算，隧洞设计纵坡坡比为 0.28‰，考虑轨道下沉等因素按 1‰ 计算。仰拱衬砌台车和边顶拱钢模台车斜坡段按 30‰ 考虑。

牵引机车自重为 27t，2 辆混凝土罐车实车重量为 50t，1 辆材料平板车实车重量为 30t，1 辆人车实车重量为 8t，列车运行总重 $Q=115t$，行车设计时速为 10km/h，最大坡比为 30‰（上坡）；机车和车辆的附加阻力主要为坡道阻力。机车最小牵引力按最不利工况的计算如下：

$$F_k = G \times (\omega_q' + \omega_p) + Q \times (\omega_q'' + \omega_p)$$
$$= 270 \times (5+30) + 900 \times (3.5+30)$$
$$= 39600(N)$$
$$= 39.6(kN)$$

式中：F_k 为牵引机车在最不利工况下的最小牵引力，kN；G 为牵引机车自重，kN，取值 270；Q 为被牵引编组列车最大重量，kN，取值 900；ω_q' 为牵引机车起动单位基本阻力，N/kN，取值 5；ω_q'' 为被牵引列车编组起动单位阻力，参照《列车牵引计算规程》机车第二章规定，滚动轴承货车启动单位基本阻力 ω_q'' 取值 3.5；ω_p 为机车和车辆的坡道附加阻力，N/kN，参照《列车牵引计算规程》机车第二章规定，其数值等于坡道坡度的千分数，取值 30。

结合计算结果，以及隧道的坡度、轨道的平整、道岔的转弯半径不确定性等，确定选择牵引机车的牵引力不小于 50kN。选取牵引机车发动机功率为 150kW，根据洞内作业环境条件要求，选择 NRQ27A 低污染内燃牵引机车。

3.10.5　牵引机车使用情况评价

内燃机牵引机车的起动/持续牵引力为 57/38kN，满足了牵引动力需要；内燃机车采用原装进口发动机，尾气排放标准达到了欧Ⅲ标准，使用效果良好；扩大洞室内布置的"四轨双线"轨道，满足了轨行车辆的编组及停放需要；在连续胶带运输机仓尾部侧设置"双轨单线"轨道，为硫化胶带作业时，胶带延伸的胶带卷进入连续带式输送机储存仓提供了便利；依托工程的两台 TBM 的后配套门腿在组装时均加高了 560mm，使扩大洞室轨道的轨面与掘进洞段的轨道轨面的高度相同，减少掘进段轨枕材料用量，节省大量材料，同时为运输提供了便利条件，是本项目洞内轨道系统设计的亮点；"牵引机车＋人车＋板车"及"牵引机车＋人车＋U型罐车＋U型罐车"两种编组形式，满足了不同作业时段的运输要求，实际使用效果良好。在国内，本项目首次配置了豪华人员乘坐车，车辆的座位为单人座椅，座椅可根据车辆运行方向进行调整，车厢内部前后端各配置了一台21英寸彩色电视机，车辆内部配置了电风扇、VCD播放设备。豪华人员乘坐车的配置与使用，提高了企业的管理形象，但使用频次较低。

3.11 洞内混凝土拌和系统

为满足 TBM 开挖洞段围岩支护喷射混凝土及隧洞衬砌混凝土施工需要，在1号、2号、3号及4号施工支洞控制的相应扩大洞室的施工服务区，分别布置了1套 HZS75 型混凝土拌和系统，整个项目共4套。在 TBM 掘进时期该4套设备仅有2套跟随 TBM 掘进作业同时运行。

拌和站设置在洞内的目的主要是为了减少混凝土运输距离，省略了轮式混凝土罐车与轨行 U 型混凝土罐车的二次倒运环节，降低了冬季混凝土施工措施费。在混凝土低温施工季节，拌和站所需的砂石骨料提前3天运输至洞内进行自然升温。

3.11.1 拌和站生产能力

拌和站的生产能力应能同时满足 TBM 开挖洞段围岩支护喷射混凝土及隧洞同步衬砌混凝土施工需要。混凝土拌和站搅拌机型号为 HZS75，单盘生产混凝土 $1.2m^3$，1.5min/盘，混凝土拌和站铭牌强度为 $75m^3/h$。拌和站满足一级、二级级配混凝土的拌制要求。

3.11.2 拌和站布置

拌和站布置在服务洞室位于组装或检修洞室的下游末端，其断面宽度为 10.5m，高度为 10.8m，长度为 105m，场地空间狭小。为满足水泥储存罐的安装要求，对相应部位进行了扩挖，隧洞底板向下开挖深度为 1.5m，沿隧洞设计开挖面的顶拱向上开挖的高度为 0.5m。

3.11.3 拌和站设施

各拌和站粉料仓包括水泥料仓（100t）、粉煤灰料仓（60t）、硅粉罐（5t）、抗裂防水剂罐（5t）各一个，其输送系统包括水泥螺旋机和粉煤灰螺旋机两种。砂子储存能力为 $260m^3$，骨料储存能力为 $300m^3$，满足 TBM 掘进时初期支护的混凝土拌制需要。在 TBM 掘进时期，洞内混凝土原材料可利用隧洞空间灵活存放，以最大限度满足骨料自然升温要求。当 TBM 开挖完成后，TBM 相关设备均被拆除，洞内空间巨大，洞内混凝土原材料储存场地十分富裕，能满足衬砌期混凝土生产要求。

拌和站所用骨料均储存在洞内，以便减少运输强度、提高骨料使用保障率、避免低温季节混凝土骨料加热。3号、2号、1号支洞将下游施工服务区向隧洞下游方向延伸了

35m（4 号支洞未向下游服务区延伸）作为储料场，可以满足 3 天的用量。根据本标段的最大喷射混凝土作业日强度，各种骨料用量为：砂 100m³/d、豆石 37.5m³/d、小石 35m³/d、中石 35m³/d，洞内储料场可满足 1 天的混凝土喷射骨料用量。在各营地洞外，设有 2 间 12m×24m 彩钢板房作为冬季骨料储存场，可满足 3 天的骨料用量。

拌和站主要设备包括拌和机、带式输送机、螺旋输送机及水泥罐等，主要设备详见本书 8.2 节相关内容。

3.11.4　拌和站使用情况评价

拌和站的出料口下方设置轨道，该轨道与洞内轨道交通系统相连，混凝土运输无需二次倒运；本项目采用 U 型混凝土罐车，接料口高度低，接料方便；受洞内空间条件限制，拌和站上料带式输送机的胶带采用带刮板传送，以防止带式输送机运转时物料下滑，带式输送机最大倾角为 45°；拌和站所在洞室场地空间狭小，为满足水泥储存罐的安装要求，对相应部位进行了扩挖，隧洞底板向下开挖深度为 1.5m，沿隧洞设计开挖面的顶拱向上开挖的高度为 0.5m；总结实际使用经验，当洞内空间较小时，洞内拌和站应分两期设置，即在 TBM 掘进期间，由于 TBM 设备占用洞内空间较多、混凝土使用强度低，拌和站的能力能满足初期支护所需混凝土拌制强度即可，以降低对拌和站能力的要求，减少拌和系统的尺寸；当 TBM 掘进完成后，相应设备拆除，洞内空间大、洞体结构混凝土浇筑强度较高，因此应设置与之相匹配的能力较大的拌和系统；本项目每年有近 7 个月为混凝土施工低温季节，低温混凝土施工季节长，且施工工期紧，将 TBM 施工期间的临时支护工程、TBM 洞段、5 号常规钻爆段控制洞及扩大洞室的永久衬砌结构混凝土工程所需混凝土的拌制优化为洞内拌和拌制，大大降低了低温季节混凝土施工费用、提高了混凝土施工效率、延长了冬季混凝土施工有效时段及提高了低温季节混凝土入仓温度，成为本项目施工组织设计的亮点之一。

洞内混凝土拌和站方案，提前将所需的砂石骨料存放至洞内，使其利用洞内空气温度升温，无需采用专门的砂石骨料升温措施，减少了低温季节混凝土费用；减少了混凝土运输距离，提高了运输效率和运输保障率；隧洞混凝土运输采用轨道运输时，可使用有轨运输直接运输至工作面，避免了轮式运输与轨道运输之间的倒运环节；避免了洞外混凝土运输段的保温措施，取得良好的效益。

洞内混凝土拌和站方案为提高混凝土浇筑效率奠定了基础，以 2017 年 5 月 26 日至 2017 年 6 月 25 日为例，TBM1-2 段边顶拱混凝土衬砌完成浇筑 26 仓，创造了国内同洞径边顶拱衬砌施工新纪录。洞内混凝土拌和站取得了良好的效果。

3.12　洞外设施

3.12.1　备品备件仓库

在依托工程 4 号营地设有备品备件仓库 1 座，满足了 4 个掘进段的备品备件的仓储需要。备品备件仓库为彩钢板房结构，仓库的跨度为 12m，屋架梁钢管立柱间距为 4.5m，长度为 25m，高度为 6m，面积为 300m²。仓库内配有货架和 1 台 3t 叉车。

进口部分的备品备件仓储除满足 TBM1 和 TBM2 掘进作业需要外，根据工程有关合同规定，同时满足了本工程的相邻标段 TBM 的掘进作业需要。TBM 所需的进口的备品备件的仓储分为 3 级：第一级为美国国外仓储，第二级为沈阳保税区内仓储，第三级为工地仓储。4 号营地内的备品备件仓库即为 TBM1、TBM2 及其他项目的一台 TBM 的 3 级仓储。在依托工程中，在国内首次采用了先进的"超市"型仓储管理形式，极大地方便了备品备件使用单位，并且使备品备件使用单位实现了零库存，降低了备品备件成本。

3.12.2 材料及备品备件储存

材料储存包括仓库储存和露天储存两种。

1. 仓库储存

仓库共两座，分别为物资主库和物资副库。主副库的跨度均为 12m，屋架梁钢管立柱间距均为 4.5m，高度均为 6m，长度均为 25m，仓库的储存面积均为 300m²，满足了设备物资部存放 TBM 备品备件、易损易耗五金材料、损耗件物资等主要材料的存储需要。

2. 露天储存

4 号支洞口营地的露天储存场地共 5 块，分别为钢材原材料堆放存储区（540m²）、成品钢材存放区（1000m²）、材料回收 1 区（228m²）、材料回收 2 区（1550m²）与废料堆放区（150m²）。钢材原材料堆放存储区主要堆放各规格螺纹钢、钢板、角钢及焊管等材料，并配有 10t 龙门吊 1 台；成品钢材存放区用于堆放各种 TBM 使用的加工成品钢材；材料回收 1 区用于堆放止水材料与回收的报废润滑油等材料；材料回收 2 区用于周转材料、废弃物资（包括轮胎、电缆、液压胶管与报废小型设备等）等材料；废料堆放区用于堆放废铁等各种废料。

3.12.3 洞外出渣转运

依托工程的两台 TBM 均分两段掘进作业，第一段掘进完成后，洞外出渣系统转入第二段掘进施工营地。

1. 4 号洞洞外出渣

4 号洞洞外出渣点距渣场的平均运距为 2.2km，采用固定带式输送机卸料点处设置筛分出渣楼，具有筛分和出渣功能。筛分设备布置在筛分出渣楼的最顶部，出渣装车设置在底部。设置筛分设备的主要目的是对渣料进行筛选，设置出渣装车设备目的是在带式输送机卸料点直接装入自卸汽车，无须堆料，减少了二次装车环节，节省了洞口渣料堆放场地。

筛分出渣楼的长度为 15.4m、宽度为 12m、高度为 10.62m，钢结构总重量为 76.5t。振动筛自重 8t，振动频率为 730r/min，振幅为 7～11mm，单点最大振动力为 6.0kN，筛分处理能力为 400t/h。出渣楼设有 4 个装车工位，渣箱与集料箱容积均为 60m³。

该筛分出渣楼实际运行不足月余，因其结构复杂、功能偏多、筛分能力不足，导致 TBM 停止掘进作业经常发生，后去掉了筛分功能。分渣楼对运渣自卸汽车的保证率要求较高，维护要求高，对 TBM 掘进作业影响较大。

洞外出渣配置了 5 台 25t 自卸汽车及 1 台 1.0m³ 反铲挖掘机配合出渣。

2. 3 号洞洞外出渣

TBM2-1 段掘进任务完成后，将 4 号洞洞外筛分分渣楼改造为出渣楼后，安装至 3 号支洞口，作为 TBM2-2 掘进段出渣楼。

出渣楼的长度为 10.6m、高度为 6.5m、宽度为 12m，设有 2 个装车工位。

3 号洞洞外出渣点距渣场的平均运距为 2.6km，配置了 5 台 25t 自卸汽车及 1 台 1.0m³ 反铲挖掘机配合出渣。

3. 2 号洞洞外出渣

与 4 号洞洞外筛分出渣楼的设计相同，鉴于 4 号支洞的使用情况，安装时取掉了筛分功能，设有 2 个装车工位。洞外出渣点距渣场的平均运距为 1.8km，配置了 6 台（备用 1 台）25t 自卸汽车及 1 台 1.0m³ 反铲挖掘机配合出渣。

4. 1 号洞洞外出渣

由于受当地噪声限制的影响，1 号支洞洞外的出渣只能在白天作业，该洞口设置了出渣转存料堆，料堆卸料点为固定带式输送机落料口，料堆中心线距洞口的距离为 76m。料堆高度为 14m，体积为 5864m³。洞外出渣点距渣场的平均运距为 1.6km，配置了 5 台 25t 自卸汽车，1 台 3.0m³ 侧翻式装载机及 1 台 1.0m³ 反铲挖掘机配合出渣。

3.12.4　钢材加工

依托工程的 TBM 洞段的钢筋加工制作约 1.5 万 t、锚杆约 12.6 万根、钢支撑约 3500t 等，同时承担零星钢结构、临建钢结构和 TBM 作业所需的钢轨枕的加工与制作任务。

与 TBM 作业有关的钢筋加工场共 4 个，分别设置在 2 台 TBM 的 4 个支洞口。

1. 4 号营地钢材加工车间

在 TBM 掘进时段，4 号营地钢筋加工车间主要任务为完成本项目 TBM2-1 和 TBM2-2 两个掘进段所有轨枕及锚杆等的制作；在隧洞混凝土衬砌阶段，主要负责 4 号及 5 号支洞控制段主洞的钢筋混凝土的钢筋加工任务。

该钢筋加工车间设钢筋加工工棚 1 座，为轻型钢屋架结构彩钢，跨度为 12m，屋架梁钢管立柱间距为 4.5m，建筑面积为 12m×4.5m×4＝216m²。加工棚内设钢筋切割机 3 台、钢筋弯曲机 2 台及电焊机 4 台。

在 TBM 掘进期间，4 号营地钢筋加工车间的钢筋加工设计能力为 32t/班，二班制生产；钢结构加工能力为 6t/班，一班制生产。

2. 3 号营地钢材加工车间

由于 3 号营地与 4 号营地的公路距离仅为 12km，距离较近，故在 TBM 施工期间未设置钢材及钢筋加工车间，所需钢筋及钢材由 4 号营地钢材及钢筋加工车间完成，运输至 3 号营地后存储至该营地存放场，存放场面积 60m²。

在隧洞混凝土衬砌阶段，主要负责 3 号支洞控制段主洞的钢筋混凝土的钢筋加工任务。

3. 2 号营地钢筋加工车间

在 TBM 掘进时段，2 号营地钢筋加工车间主要任务为完成本项目 TBM1-1 和 TBM1-2 两个掘进段所有轨枕及锚杆等的制作；在隧洞混凝土衬砌阶段，主要负责 2 号支洞控制段主洞的钢筋混凝土的钢筋加工任务。

钢筋加工车间设钢筋加工工棚 1 座，为轻型钢屋架结构彩钢，跨度为 10m，屋架梁钢管立柱间距为 3.5m，建筑面积为 $10m \times 3.5m \times 3 = 105m^2$。加工棚内设钢筋切割机 2 台、钢筋弯曲机 1 台及电焊机 3 台。

在 TBM 掘进期间，2 号营地钢筋加工车间的钢筋加工设计能力为 32t/班，二班制生产；钢结构加工能力为 6t/班，一班制生产。

4. 1 号营地钢筋加工车间

由于 1 号营地与 2 号营地的公路距离仅为 20km，公路条件优良，距离相对较近，故在 TBM 施工期间未设置钢材及钢筋加工车间，所需钢筋及钢材由 2 号营地钢材及钢筋加工车间完成，运输至 1 号营地后存储至该营地存放场，存放场面积为 $60m^2$；在隧洞混凝土衬砌阶段，主要负责 1 号支洞控制段主洞的钢筋混凝土的钢筋加工任务。

5. 各营地的加工车间的设备配置

各营地的加工车间设备配置基本相同，单个钢筋加工车间的主要设备包括逆变直流弧焊机、逆变焊机、焊条烘箱各 1 台；冲剪机、钢筋切割机（GTJ5-40）、钢筋调直机（GTJ4-4/14）、套丝机（S8139）各 1 台，钢筋弯曲机（GTJ7-40）2 台、对焊机（UN1-75、UN1-50）各 1 台；弯轨机、车床、立钻、电动除锈机、电动砂轮机、摇臂钻床、冲剪机、台钻、轨行式半自动割机、砂轮机各 1 台。氧割枪 2 把、卷扬机（慢动 3t、慢动 5t）各 1 台。

3.12.5 骨料加工

根据依托工程弃渣利用量的分布情况，砂石加工系统工程布置在 4 号支洞口附近。

依托工程承担施工的隧洞总长约 35km，混凝土量约为 57 万 m^3，需要砂石料总量约 71 万 m^3，外购成品砂约 24 万 m^3，需生产粗骨料约 47 万 m^3。考虑砂石加工、运输和堆存的损耗，需毛料约 65 万 m^3，可利用的洞渣料约为 48 万 m^3，不足部分通过外购满足工程需求。

依托工程混凝土所需砂石料的混凝土骨料粒径为 0～5mm、5～10mm、10～20mm、20～40mm 四种。骨料加工采用三段式破碎，即粗碎、中碎、细碎。二次筛分为预筛和终筛。骨料加工系统主要由毛料受料仓、粗碎系统、中碎系统、细碎系统、预筛车间、复筛车间、带式输送机、成品料堆、供配电系统等组成。

3.12.6 油脂检测室

油脂检测室检测的主要对象为 TBM 主机润滑油的磨损金属颗粒粒径、含水量、运动黏度等参数，配有石油产品水分试验器（型号为 SYP1015-Ⅳ）、石油产品运动黏度检测器（型号为 SYP1003-Ⅵ）、高速颗粒离心机、机械振动频率测定仪及加热箱等检测仪器。油脂检测室设置在 4 号营地，建筑面积为 $21.0m^2$。该油脂检测室负责 TBM1 和 TBM2 的油脂检测任务。

3.12.7　调度室

在 TBM 各掘进段，各营地分别设有相应的调度室。调度室的主要任务是监督、协调及调配人员机械设备运行情况。调度室配置远程监控及通信设备。

3.12.8　刀具维修车间

刀具维修车间负责 TBM1、TBM2 及其他项目的一台 TBM 所用刀具的维修任务，刀具车间面积为 $12m \times 24m = 288m^2$，刀具车间配有 5t 电动葫芦及叉车各 1 台。刀具维修车间由 TBM 制造商负责运行管理。

3.12.9　通信设施

洞外通信设施的作用是供施工期间的洞内外工作人员联络使用，方便施工调度、协调。

通信设施主要配有接收信号扩大器装置，安装在支洞口内，主要为移动和电信两种信号发射器，主支交叉口段均配置电信和移动信号发射器，以供洞内与洞外手机通信，方便施工协调。同时在施工期间，从 TBM 操作室直接接引程控电话线路至洞外调度室及办公室。

1. 对外通信

施工进场后，加设了信号放大器，使施工区域具备移动、联通以及宽带网络通信条件。办公区引入宽带网络，以方便与业主、监理、设计单位、上级主管部门以及其他业务部门联系。

2. 内部通信

在施工营地内建立了一套 120 门程控电话交换机，项目部各部门、各施工队、洞口值班室、洞内调度室、各材料仓库、加工厂以及弃渣场值班室均安装有内部程控电话。各施工洞段内安装了多部有线电话，分别在安装间、TBM 后配套上的操作室、避险室、休息室、电器工具房及拌和站。

机车司机与机车引导员之间采用无线对讲机联络，便于工作中的调度管理。

3. TBM 运行工作区域监控系统

在 TBM 设备组装至掘进期间，建立了 TBM 设备施工区工作面通信及监控系统，便于对 TBM 设备作业进行全面监控，及时获得施工进展情况和获取声像资料，实现了信息化施工和远程控制。监控系统布置在支洞口施工厂区调度室内。监控系统主要设备部件包括程控交换机、TBM 监控系统、计算机、视频光端机、彩色监视器、画面监视器柜、解码控制器、球罩云台、光纤终端盒、彩色红外一体机、彩色变焦一体摄像机、通信光缆等。

4. TBM 运行远程监视系统

在施工现场安装工业电视监控系统，实现远程监控目的。远程图像监控系统的原理是，监控点和监控中心之间敷设光缆作为传输通道，光缆两端接光端机作为视频信号转换设备，通过监控中心数字压缩编码模块转换成 M－JPG 或 MPEG Ⅱ 方式进入网络。M－JPG 方式传输带宽为 1M，分辨率为 355×288。MPEG Ⅱ 方式为 5M，分辨率为 720×576。进入网络的图像数据可采用播发方式，供网络上的多个 PC 机采用软解压或硬解压的方式浏览。

3.12.10 施工机械设备保养修理厂

依托工程 TBM 施工配套设有施工机械修配厂，主要承担施工机械及汽车的小修和保养等任务。

3.12.11 车辆配置

在各支洞口生产营区配备了 15t 东风载重汽车、长城皮卡车和金杯双排座各 1 辆，用于部分材料转运。1 号和 2 号支洞作业区段共配置了 45 座东风大客车 1 辆，3 号和 4 号支洞作业区段共配置了 19 座中巴车 1 辆，用于洞内作业人员上下班交通。

3.13 办公及生活营地

各支洞口的办公及生活营地与相应的生产营地同域布置，其中 4 号营地为项目部所在地。营地建房为保温式活动板房，活动板房屋顶均为天蓝色玻璃钢瓦加保温板，内部加装 120mm 保温板。外墙厚 25mm，室内设暖气管道，集中供暖。人均综合面积为 10m²，生活住房面积为 5m²。考虑到环境保护，办公及生活营地采用地埋式生活污水处理装置进行污水处理，处理后的水再排入排水沟。营地厕所均为冲水式，同时设置砖砌结构的有效容积为 30m³ 的化粪池。4 号营地及 1 号营地照片如图 3.13－1 及图 3.13－2 所示。

图 3.13－1　4 号营地照片

图 3.13－2　1 号营地照片

3.13.1 场区条件

1 号施工营地占地面积约 1.5 万 m²，营地地形为平原盆地。2 号施工营地占地面积约 2 万 m²，营地地形为山地。3 号施工营地占地面积约 2 万 m²，地形为山地，4 号施工营地占地面积约 3.3 万 m²，地形为平原盆地。施工进场道路为既有现场道路和临时进场路，作为交通道路。

3.13.2　营地布置

　　根据各洞口场地面积、地形地势及工程施工特点，为了便于生活、生产，对依托工程精心地进行了场地规划布置，做到了设施建设有条理，规划有序得当，空间布局合理，易于文明施工、环境保护。随着 TBM 掘进施工，分段进行，涉及 TBM 中转检修及拆卸，TBM 操作、运行人员转移驻地，需要扩大各营地住房设施，故综合考虑隧洞施工进展情况，1号、2号、3号支洞分别增加房屋建设。具体施工营地布置主要包括临建设施和生产辅助设施：

　　1号支洞施工营地布置的临建设施包括办公生活用房建设80间，职工食堂4间，锅炉房2座；生产辅助设施包括综合加工厂1座，混凝土拌和站1座，混凝土骨料存储场1座，机修厂1座，TBM1临时配件库1间，TBM专用材料临时存放场1座，TBM1刀具临时存放库1间，洞口和营地分别打的供生活生产用水水井各1眼，支洞口布置的为洞内供风排烟用的75kW通风机2台，三级沉淀池1座10m×7m×3m（长×宽×高），66kV变电所1座。

　　2号支洞施工营地布置的临建设施包括办公生活用房建设共89间，职工食堂3座，锅炉房2座；生产辅助设施包括钢筋加工厂1座，混凝土拌和站1座，设备材料仓库1座，机械设备修理厂1座，TBM1配件库，TBM1刀具存放库1座，洞口和营地分别打的供生活生产用水水井各1眼，10m×7m×3m（长×宽×高）三级沉淀池2座，地磅1个，出渣楼1座，66kV变电所1座。

　　3号支洞施工营地布置的临建设施包括办公生活用房建设共81间，职工食堂3座，锅炉房1座；生产辅助设施包括机修车间1座，配件库房1间，骨料仓1座，实验室3间，洞口空压机房2间，调度室2间，安全应急备料库4间，洞口和营地分别打的供生活生产用水水井各1眼，污水处理池1座，交通贝雷桥1座，出渣楼1座，66kV变电所1座。

　　4号支洞施工营地布置的临建设施包括办公生活用房建设共96间，职工食堂4间，锅炉房2座；生产辅助设施包括机修车间1座，综合加工车间1座，项目物资备件库1座，项目物资材料库1座，TBM生产厂家备件库1座，刀具车间1座，洞外龙门吊1座，冬季物资储备区1处，加工成品钢材堆放区1处，洞口生产调度与值班房8间，地秤1台，空压机房1间，315kVA变压器1台，分渣楼1座，66kV变电所1座。

第4章

TBM 运输、工地组装、步进与始发

本章通过对依托工程 TBM 的运输、工地组装、步进与始发等 TBM 掘进前准备工作经验的总结,介绍了依托工程 TBM 安全、快速组装完成的所需人力资源配置、设备材料资源配置及电力配置与消耗,阐述了主机及其后配套的工地组装、步进与始发、始发洞室设计与施工措施等。组装过程中采用了先进的刀盘组装工艺,形成了"大直径 TBM 分瓣刀盘地下洞室现场组装及焊接施工工法",该工法施工工艺完善、简便,可操作性强,各道工序衔接性强,施工速度快,工效高。采用后配套台车"倒装法"的组装过程中,安装构件的重心始终处于低位,吊装高度低、作业人员工作位置低,安装作业高效、安全。

依托工程 TBM 的工地组装、步进与始发技术为 TBM 的安全、高效施工提供了有力的支持,是 TBM 组装、步进与始发的成功案例,可供同类工程借鉴。本章还对依托工程项目 TBM 试掘进的工作内容进行了介绍,对试掘进周期进行了总结,阐述了性能验收的工作内容和设备缺陷的消除。

4.1 TBM 进场运输

TBM 进场运输的主要设备包括 TBM 主机及后配套、连续带式输送机、固定带式输送机及通风系统。

两台 TBM 主机及后配套、连续带式输送机、固定带式输送机及通风系统的最重不可拆解运输件(为机头架+主轴承+密封)重量为 108t(亦为最宽件,长×宽×高为 6.1m×5.8m×1.9m),最长不可拆解运输件(为 1~4 号台车顶部平台)长达 13.5m(长×宽×高为 12.8m×3.2m×1.2m),其重量为 8t。单台总运输重量为 1321t,总运输车次为 93 辆次。由制造厂运输至 2 号及 4 号组装洞室的运输距离分别为 632km 与 491km。

依托工程的 TBM 超重超大件主要有机头架、刀盘中心块、主梁、后支撑、1 号连接桥、1~4 号台车顶部平台等。由于 TBM 设备部件运输中超过道路限制的大型部件(超重超大件)较多,因此 TBM 运输由有相关运输资质的运输单位承担。

由于依托工程的两台 TBM 在同一工厂车间制造和厂内组装,设备部件的参数完全相同,因此以下运输方案内容仅按单台 TBM 设备运输的车辆配置、配车计划、车辆载重计算介绍。

4.1.1　运输周期

工厂组装验收完成后，TBM1 第一批零部件的工厂发运日期为 2013 年 9 月 29 日，最后一批零部件的发运日期为 2013 年 12 月 29 日，TBM1 第一批零部件到达工地的日期为 2013 年 9 月 30 日，最后一批零部件到达工地的日期为 2013 年 12 月 30 日，运输周期为 92 天。由于设备供货组织和专用工具配置周期较长，还进行了补充运输，补充运输时段约为 6 个月。TBM1 第一批零部件运至工地的实际时间比 TBM 采购合同规定的时间晚 108 天。

TBM2 第一批零部件的工厂发运日期为 2013 年 7 月 11 日，最后一批零部件的发运日期为 2013 年 10 月 11 日，TBM2 第一批零部件到达工地日期为 2013 年 7 月 12 日，最后一批零部件到达工地日期为 2013 年 10 月 12 日，运输周期为 93 天。第一批零部件运至工地的实际时间比 TBM 采购合同规定的时间晚 154 天。

4.1.2　TBM 运输部件参数

依托工程的单台 TBM 运输部件主要包括刀盘中心块、刀盘边块、机头架、桥架、主梁、后支撑、台车等，各主要运输部件的重量和外形尺寸见表 4.1-1。

表 4.1-1　　　　　　　　　TBM 主要运输部件重量和外形尺寸一览表

序号	主要运输部件	数量	重量/kg	单件尺寸/cm
1	刀盘中心块	1	71000	481×481×165.7
2	刀盘边块	4	24000	585.4×174.5×165.7
3	机头架及主轴承	1	108000	ϕ570×210
4	底护盾	1	21177	388.1×192×174.8
5	左侧支撑（部分防尘盾）	1	27631	626×255×170
6	右侧支撑（部分防尘盾）	1	27631	626×255×170
7	顶护盾＋左右顶侧支撑	1	20799	445×436×176
8	主驱动	10	3800	240×100×100
9	顶部油缸＋回伸油缸＋辅助油缸	1	4000	200×100×100
10	主梁前段	1	70000	760×340×400
11	主梁后段＋水平油缸整体运输	1	105000	750×500×300
12	左侧撑靴	1	23248	418×217×168
13	右侧撑靴	1	23248	418×217×168
14	主推进油缸	4	8500	438×80×60
15	后支撑（主机带式输送机驱动段）	1	38000	480×450×392
16	主机带式输送机渣斗	1	6701	270×280×220
17	步进机构	1	35041	950×352×120
18	拖拉油缸	1	3000	290×80×50
19	管片拼装机框架散件	1	2200	380×100×60

序号	主要运输部件	数量	重量/kg	单件尺寸/cm
20	钻机驱动齿圈	1	3500	480×480×120
21	钻机小车	3	600	120×120×80
22	钻机油缸	1	600	240×70×70
23	钻机操作平台散件 1	1	2400	650×240×120
24	钻机操作平台散件 2	1	2400	650×240×120
25	桥架Ⅰ前段	1	5978	678×320×183
26	桥架Ⅰ中段	1	15359	1077×320×154
27	桥架Ⅰ后段	1	10039	730×320×350
28	桥架Ⅱ前段	1	15340	940×360×350
29	桥架Ⅱ后段	1	15263	910×360×340
30	桥架平台及走道	1	4500	850×200×160
31	桥架平台及走道 2	1	2800	850×200×160
32	混凝土喷射支架	2	1300	360×240×150
33	混凝土喷射环形支架	6	500	180×60×90
34	混凝土喷射泵站	2	1540	210×140×150

4.1.3 运输车辆轴载计算

TBM 最重运输部件（机头架）的运输车辆轴载（Z）计算：

$$Z = Q/N$$
$$= 146/10$$
$$= 14.6(t) < 20t$$

其中
$$Q = Q_1 + Q_2 + Q_3$$
$$N = N_1 + N_2$$

式中：Z 为配车轴载，t；Q 为 TBM 运输最重件车货总重，t；N 为 TBM 运输车总轴数；Q_1 为运输最重件重量，t，取值 108（本项目的运输最重件为主机头架，含主轴承）；Q_2 为牵引车重量，t，取值 14；Q_3 为液压轴线板车重量，t，取值 24；N_1 为牵引车轴数，取值 3；N_2 为液压轴线板车轴数，取值 7。

计算结果满足单轴承载力小于 20t 的要求。

4.1.4 运输车辆配置

由于依托工程 TBM 的运输目的地为山区，存在坡度较大（4 号支洞内最大坡度可达 13%左右）、转弯较多的情况。针对超重件，运输的牵引车头采取分重分功率的配置方案。配备的牵引车头主要功率范围为 290.94~358.08kW，确保车组的牵引能力满足车辆运输的爬坡要求。牵引挂车采取液压板挂车、重型凹心超低板挂车和低平板挂车三种型式。结合 TBM 部件运输特点，综合采取了有效的挂车配载。普通散件采取 279.75kW 的牵引车，配备 17.5m 的高低挂车板。TBM 主要运输部件的车辆配置见表 4.1-2。

表 4.1 - 2　　　　　　　　TBM 主要运输部件的车辆配置一览表

序号	主要运输部件名称	数量	车辆配置
1	刀盘中心块	1	6轴凹心板
2	刀盘边块	4	17.5m普通平板车
3	机头架	1	7轴液压板
4	底部支撑	1	17.5m普通平板车
5	左侧支撑（部分防尘盾）	1	
6	右侧支撑（部分防尘盾）	1	
7	顶部支撑＋左右顶侧支撑	1	低平台挂车
8	主驱动	10	17.5m普通平板车
9	顶部油缸＋回伸油缸＋辅助油缸	1	
10	主梁前段	1	6轴凹心板
11	主梁后段＋水平油缸整体运输	1	7轴液压板
12	左侧撑靴	1	17.5m普通平板车
13	右侧撑靴	1	
14	主推进油缸	4	
15	后支撑（主机带式输送机驱动段）	1	低平台挂车
16	主机带式输送机渣斗	1	17.5m普通平板车
17	步进机构	1	低平台挂车
18	拖拉油缸	1	17.5m普通平板车
19	管片拼装机框架散件	1	
20	钻机驱动齿圈	1	低平台挂车
21	钻机小车	3	17.5m普通平板车
22	钻机油缸	1	
23	钻机操作平台散件 1	1	
24	钻机操作平台散件 2	1	
25	桥架 I 前段	1	
26	桥架 I 中段	1	
27	桥架 I 后段	1	
28	桥架 II 前段	1	
29	桥架 II 后段	1	低平台挂车
30	桥架平台及走道	1	17.5m普通平板车
31	桥架平台及走道 2	1	
32	混凝土喷射支架	2	
33	混凝土喷射环形支架	6	
34	混凝土喷射泵站	2	

　　运输超限部件采用的液压板挂车和重型凹心超低板挂车，其牵引车的功率分别为328.24kW（德龙牵引车）和358.08kW（北奔），该车组最大可牵引重为150t。最大尺寸部件装车后的车货总高度不大于4.96m，满足高速限高要求。TBM运输超限部件配置的牵引车、重型凹心超低板挂车、液压轴线车及最大尺寸部件装车后的照片如图4.1-1～图4.1-4所示。

图 4.1-1 328.24kW 德龙牵引车

图 4.1-2 重型凹心超低板挂车

图 4.1-3 液压轴线车

图 4.1-4 最大尺寸部件装车后

德龙牵引车的型号为 SX4257NV324C，最大可牵引重为 150t，发动机额定功率为 328.24kW，驱动形式为 6×4，外廓尺寸为 6825mm×2490mm×3624mm，自重为 14t；液压轴线车的型号为 LY99660Z，额定载重为 154t，外廓尺寸为 13950mm×3000mm×1200mm/800mm，自重为 24t。

4.1.5 运输的绑扎与包装

针对运输纵坡坡度较大的情况，为防止设备与车板在运输时发生相对位移，车板与设备部件之间垫设防滑胶皮，尽可能使设备部件重心线与车辆中心线重合。

绑扎加固材料要有足够的强度，绑扎材料采用钢索及尼龙绑扎带。采用型号为 φ20-8m 的链条或钢索从设备支架捆扎孔穿过（或采用美标 U 形活动扣），前后合两道，采用超强套筒螺丝卸扣，使整个被运输设备部件和支架或车板成为一体。采用套筒卸扣和高强度钢链成"八"字形加固支架捆扎点，捆扎链和链条葫芦与设备部件的接触部位加垫橡胶或棉絮，以保护设备免受磨损。钢铁链条与车板、支架直角面处用包铁保护。绑扎钢丝绳规格采用 6×19，6×24，4×36 共三种型号，单根钢索可提供 5～30t 的拉力，须与同规格的卸扣、卡扣、松紧器相匹配。TBM 主要设备部件运输绑扎及包装照片如图 4.1-5 和图 4.1-6 所示。

4.1.6 运输路线

依托工程的 TBM 设备运输路线为：制造工厂—市内公路—高速公路—工地进场山区

道路—场内支洞。

图 4.1-5　TBM 机头架装车绑扎　　　　图 4.1-6　主梁及鞍架整体运输包装与绑扎

TBM1 与 TBM2 的市内道路运输里程均为 10km，高速公路运输里程分别为 537km 与 445km，山区道路运输里程分别为 85km 与 36km，总运输里程分别为 632km 与 491km。

运输路线主要分为城市道路、高速公路和山区道路，城市道路和高速公路的路面为水泥或沥青，路面状况良好；山区道路部分路段坡度较大，路面以水泥或沥青路面为主，但沿途高空障碍较多。高空线路采用架高的方式进行排除。沿途桥梁可通行轴载为 22.5t 的重载车辆，最重设备的运输车辆轴载为 14.6t，TBM 运输车辆通过前不需要对路径上的桥梁进行特别加固。

在编制运输方案之前，应至少对运输线路进行两次以上的查看，了解运输线路上的道路的路面质量、路面宽度、转弯半径、障碍物情况和路桥设计承载能力。

4.1.7　运输部件的装卸

TBM 在工厂内的装车包括在车间内和厂区露天临时存放区装车两种形式。车间内的 TBM 设备运输部件主要采用工厂内组装车间的桥式起重机装车，组装车间桥式起重机有 100t 2 台、50t 2 台和 25t 1 台；露天存放区的设备主要通过汽车起重机和叉车装车，汽车起重机 50t 和 25t 各 1 台，叉车 3t 和 10t 各 1 台。

TBM 设备运至工地后，具备组装条件的主机构件和台车结构件，直接运输到地下组装洞室内，采用组装洞室桥式起重机卸车，桥式起重机共 2 台，一台起重能力为 2×100t，另一台为 20t。对不具备组装条件的其余部件，临时存在洞外场地，待需要组装时，采用 25t 载重汽车运至组装洞室，洞外装卸车采用 50t 和 25t 汽车起重机。

4.1.8　运输难点与应对措施

TBM 运输难点主要包括部分道路坡度较大、桥梁和道路狭窄及道路存在高空障碍问题等，应对措施如下。

4.1.8.1　道路坡度较大的应对措施

运输路径上的最大坡度为 13%，在 4 号施工支洞。针对洞内坡度较大的问题，运输过程中采用的措施包括使用大功率牵引车、控制下坡车速和对坡道进行改造。

1. 使用大功率牵引车

使用大功率牵引车头，发动机功率不小于 290.94kW，确保车组具备较强爬坡牵引能力。必要的时候可以使用备用车头采用硬连接方式进行辅助牵引。

2. 控制下坡车速

由于洞内均为连续下坡，运输设备的支洞最大坡度达 13％。运输车辆在进洞下坡前应对车组制动机构、轮胎、货物绑扎和车组工作状态进行复查，保证车板和货物绑扎处于良好状态。下坡前，需要清洗洞内坡道，避免洞内坡道泥浆造成车组打滑。下坡应采用与上坡相同的挡位，下坡制动应首先采用液力减速器制动，然后采用发动机制动，刹车制动只能在停车、短期减速时使用。由于洞内坡道为阶梯状坡道，大约每隔 125m，有 25m 左右的水平道路，因此，车组下坡时采用分段下坡的方式，即每下坡 125m，车组暂时停于 25m 水平道路处，检查车组状态，防止刹车发热。车组如需在坡道长时间停车，应用垫木塞于轮下，防止车组制动失效。同时进出洞内的运输车辆不得多于 1 台。

3. 进行坡道改造

由于支洞底板设计为 125m 斜坡段＋25m 水平段，导致拖板车底盘底部与支洞底板混凝土的水平段与斜坡段交叉点的棱角存在蹭刮问题，同时造成大件车组通过坡道的顶端和底端时车组（液压轴线车）局部轴载过大。为避免该问题的发生，采取了在水平段和斜坡段与水平段夹角处分别进行碎石铺垫的措施。根据车组坡道模拟计算，水平段铺垫 50cm 高碎石，剖面呈堆叠三角形，反弯段铺垫 120cm 高碎石，使剖面形状更加平顺，避免了坡道路面斜坡与水平段结合处形体设计不合理造成的运输车组与底板坡脚刮碰而受阻和车组（液压轴线车）局部轴载过大。

4.1.8.2　桥梁和道路狭窄的应对措施

运输车队经过较窄的桥梁时，大件车组必须单车逐一过桥，必要时实施临时交通管制，避免多车同时过桥。大件车组在通过桥梁时，应居中匀速行驶，不加速、减速、换挡和制动，车速应控制在 5km/h 以下。大件车组通过桥梁前应对桥梁状态进行观测，确认无安全隐患时方可通行。

运输车队经过较窄的道路时，应实行交通管制。运输车队通行时，大件车组的前方应有开道车，后方应有断后监护车，严密监视车辆、货物在运行中的状况，避免引起交通混乱，导致车辆运输中断。

4.1.8.3　道路高空障碍的应对措施

运输车队在经过有道路高空障碍前，应与当地的相关部门（包括电力、通信等）和居民联系协商，采用临时拆除或架高的方式进行解决。

4.1.9　安全保障及应急措施

安全保障措施包括车辆装备技术保障措施、运行途中检查措施及行车安全措施。应急措施包括车组遇抛锚故障临时停车、运行途中发生交通事故、因洪水发生山体滑坡与塌方、车辆发生火灾、突遭天气变化、设备意外落地等情况的应急措施。

4.1.9.1　车辆装备技术措施

为了确保在运输过程中车辆设备处于良好的技术状态，投入运输前，须对车辆进行全面的维护保养和检查，检查的项目及标准均依据《超重型车辆维护技术规范》进行，主要检查以下内容。

1. 牵引车检查

(1) 发动机的检查项目包括空气滤清器、燃油滤清器、各种皮带的松紧度等。

(2) 检查变扭器、各驱动桥、方向器等的油量及油质，及时予以补充或更换。

(3) 检查各转向关节，关节不松旷，且灵活有效。

(4) 检查灯光及各种电器设备，及时更换超期使用蓄电池。

(5) 检查轮胎，充气至规定气压，更换有缺陷的轮胎。

(6) 检查牵引钩的连接情况。

2. 挂车检查

(1) 对挂车的牵引系统进行检查，检查包括连接销、螺栓、牵引杆等，关键的主销及螺栓进行磁粉探伤。

(2) 对挂车的液压支承装置进行全面的检查，启动安全阀，更换有缺陷的油管，进行三点支承密封性能试验，确保密封可靠。

(3) 检查液压系统的安全阀工作压力，确保系统工作压力不小于30MPa。

(4) 检查制动系统，确保三管路制动系统的各种制动有效，特别是紧急制动和断气制动，使车辆有足够的防止意外事故能力。

(5) 检查轮胎气压。

(6) 对所有的油盅注油。

(7) 检查调整刹车间隙，对所有气路中继阀进行清洗。

(8) 检查螺栓的松紧度，确保达到规定的扭矩。

(9) 检查转向系统，确保每一个关节活动自如、充满润滑脂。

(10) 检查挂车拼接与连接耳环、螺栓，确保达到规定的力矩。

(11) 更换转向回路的液压油。

3. 挂车动力机组检查

对动力机组进行全面的保养及检查。

4.1.9.2 运行途中检查措施

为确保运行中车辆及货物始终处于完好状态，消除安全隐患，运行途中应适时停车对车货进行必要的检查。

(1) 要求装载平稳，不偏载、不偏重；运输中货物不得移位与倾覆；运输中货物不得出现磕碰、划伤、变形等现象发生，不得污染外表油漆。

(2) 通过有横坡的路段时，应操作挂车进行横坡校正。校正可通过调整挂车一侧高度来进行，以确保运行时车面上的货物处于水平状态。凡遇横坡，均应进行横坡校正。通过较大纵坡时，操作挂车进行纵坡校正，即调整挂车前后运行高度，以保证货物处于水平状态。当通过上下坡度大于3‰时，须变更挂车三点支承：上坡时，一点在前，二点在后；下坡时二点在前，一点在后。其三点支承油压表读数差少于20bar，以保证挂车行驶的稳定性。

4.1.9.3 行车安全措施

1. 行车速度控制标准

行车速度需满足挂车负荷-速度特性，并限制最高行车速度如下：通过铁路道口、急弯、颠簸道路时，限速 3km/h；通过普通公路桥梁、涵洞时，限速 5km/h；全挂车限速 35km/h；半挂车限速 45km/h。

2. 横坡校正标准及方法

当横坡左右悬挂液压回路压力差大于 20％或车体横向倾斜角度到达车组装载后稳定角的 1/5～1/3 时，须进行校准。横坡校正采用水平仪观测，横坡校正时车组速度不得大于 1km/h。

3. 坡道行驶标准

下坡挡位应采用与上坡相同的挡位。下坡制动应首先采用液力减速器制动，然后采用发动机制动，刹车制动只能在停车、短期减速时使用。

4. 运行检查标准

当大件车组运行 2～3h 或 60～80km 后，须停车检查。主要检查项目包括车辆的状况和货物的绑扎情况。

5. 运行途中停车标准

如需要在运行途中紧急停车时，须用楔形木对车轮进行限下滑固定，四周设置停车警示标志，夜间应设置警示灯，并派专人看护；休息、住宿停车时，还应采用轨枕枕木支垫挂车主梁，降低挂车高度，直至悬挂压力不大于 5～8MPa，关闭每个悬挂液压截止阀。

6. 恶劣气候车辆用油

运输时应考虑恶劣气候，特别是低温寒冷天气，应及时更换与之相适应的各种用油。

7. 运输标志

超高、超宽、超长货物运输应设置警示标志和警示灯。

8. 运行车组人员及岗位设置标准

运行车组人员设置车组指挥、机车驾驶员及挂车工，车组指挥负责车辆运行指挥；机车驾驶员负责机车的驾驶、检查、维修与维护；挂车工负责挂车、动力机的操作、检查、维修与维护。

4.1.9.4 应急措施

车组在运行途中如遇抛锚等故障导致临时停车时，按规定摆放停车警示牌，并派专人维护交通。技术人员应及时找出故障原因，组织相关人员排除故障。

当运行途中前方发生交通事故，或前方发生山体滑坡、塌方等情况造成路阻时，运行车组应在适当处临时停车，按规定摆放停车警示牌，派专人观察交通情况，保护车辆和设备安全，直至前方路阻消除，方能继续行驶。

当车辆发生火灾时，其他车辆应立即撤离现场，采用二氧化碳灭火器进行灭火，同时向当地公安消防部门报告求援。

车组在运行途中如突遭天气变化影响无法继续行驶时，应将车组停至安全处，等待天气符合运输要求后继续运输。

若因突发事故导致设备意外落地，应立即通知有关负责人员，并积极组织救援工作。大风雪、大雨和有雾天气禁止运输，遇小风雪天气时，车辆行驶前应安装防滑链。

4.2 工地组装

本节介绍依托工程的两台 TBM 主机及后配套的工地组装专项措施，人力、设备与材料资源配置等内容。

依托工程的 TBM1 和 TBM2 分别由 2 号支洞、4 号支洞运入主洞，在主洞扩大洞室的组装洞室内组装。组装洞室为蘑菇状圆拱直墙式，长 80m、净宽 12.5m、净高 16.5m。步进通过洞在组装洞室的上游，长度为 180m。始发洞室位于步进通过洞室的上游，长度为 25m。

TBM2 第一批设备零部件到达工地的日期为 2013 年 7 月 12 日，于 2013 年 11 月 11 日开始试掘进，组装及步进历时 122 天；TBM1 第一批设备零部件到达工地的日期为 2013 年 9 月 30 日，于 2014 年 1 月 23 日开始试掘进，组装及步进历时 115 天。两台 TBM 的平均组装及步进工期为 118.5 天。

4.2.1 TBM 组装主要大件重件外形尺寸及重量

TBM 组装的主要大件重件包括刀盘、机头架、前主梁、后主梁、后支撑、左侧支撑、右侧支撑及顶支撑等，组装前的主要部件重量及外形尺寸见表 4.1-1。

4.2.2 工地组装方案

针对 TBM 设备大件和超重件数量多、外形不规则及组装场地有限的特点，在组装前编制了 TBM 工地组装专项措施，专项措施的内容包括 TBM 工地组装作业指导书、大件吊装方案、TBM 组装主机结构件摆放示意图、TBM 后配套安装方案、TBM 主机组装注意事项及 TBM 工地组装安全环保措施。

TBM 组装方案主要考虑了组装洞室形体尺寸、TBM 设备整体和各部件尺寸、组装次序、各部件组装所需要的空间以及现场施工条件等因素。由于组装洞全长仅 80m，远小于 TBM 主机及后配套的总长度，据此，将 TBM 洞内组装划分为四个阶段。

第一阶段组装 5～8 号台车，组装完成后，采用"5t 卷扬机＋钢丝绳＋滑轮"系统将其拖移至服务区；第二阶段组装 1～4 号台车及 2 号连接桥，组装完成后拖移至服务区与 5～8 号台车连成整体；第三阶段组装 TBM 主机及 1 号连接桥，组装完成后，将 2 号连接桥和已组装完成存放在服务区的 1～8 号台车一起拖移至组装区，与主机及 1 号连接桥连成整体；第四阶段为 TBM 步进，离开主机组装洞进入步进洞，同时开始整机调试，在组装洞室安装连续胶带机，同时完成整机调试。TBM 主机部件组装洞室摆放如图 4.2-1 所示，TBM 组装流程如图 4.2-2 所示。

4.2.2.1 TBM 主机吊装步骤

将步进装置底板安装至指定位置后，将前支撑放到相应连接位置，吊装行走梁，吊装

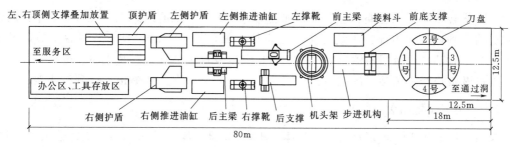

图 4.2-1 TBM主机部件组装洞室摆放示意图

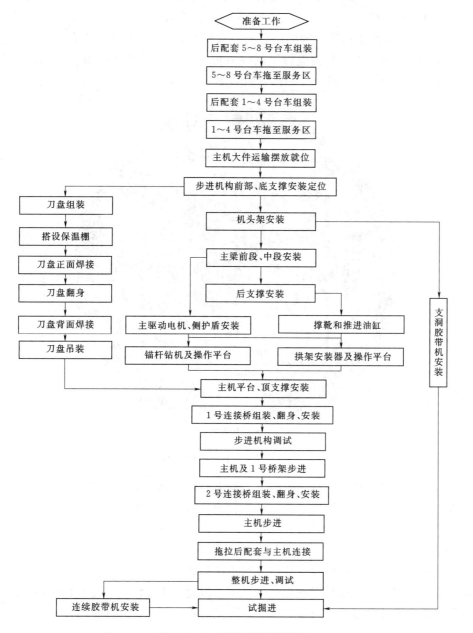

图 4.2-2 TBM组装流程图

机头架，旋转机头架到竖直位置并放到前支撑上，吊装主梁前段到机头架，安装主机胶带机和受料斗到机头架内部，吊装行走梁至主梁下面，吊装主梁后段，吊装后支撑以及托架，安装撑靴油缸以及扭矩油缸，吊装左右撑靴以及推进油缸，安装主驱动电机、环行支架、锚杆及液压润滑泵站，吊装刀盘到机头架上，安装顶支撑和侧顶支撑到机头架。

4.2.2.2 刀盘工地组装与焊接

单台TBM刀盘总重167t（刀盘整体，不含53刃刀具重量9.26t），受运输条件限制，将刀盘主体结构共分成5块制作，刀盘的工厂制作模式为"1＋4"（即1个中心块＋4个边块），中心块为正方形形状，尺寸为4810mm×4810mm×1657mm；边块为弓形，尺寸为5854mm（与中心块及边块之间的结合面总长度）×1745mm（为弓形高，即矢高）×1657mm（厚度）。刀盘在出厂前进行了试拼装检验，合格后进行拆解。刀盘需在工地进行螺栓连接和组装焊接。刀盘主体结构拼装如图4.2-3所示。

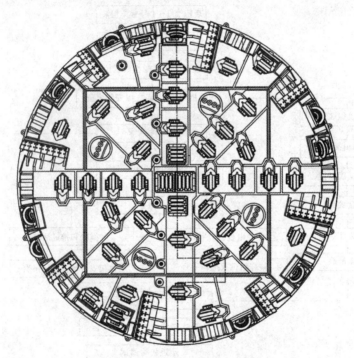

图4.2-3 刀盘主体结构拼装图

将刀盘焊接支座吊装至焊接工位，将刀盘中心块放置在焊接支座上并调平，拼装刀盘边块，搭建保温棚，焊接刀盘中心块与边块、边块与边块之间的正面焊缝，拆除保温棚，刀盘翻身，搭建保温棚，焊接刀盘，拆除保温棚，刀盘吊装。

1. **刀盘组装**

刀盘组装施工流程为布置组焊场地及准备设备材料，吊装与清洁刀盘中心块，清洁边块，按照编号分瓣组装，搭设刀盘焊接保温棚，刀盘正面焊缝焊接与着色探伤，拆除保温棚，刀盘翻身，搭设保温棚，刀盘背面焊缝焊接与着色探伤，拆除保温棚，吊装刀盘。刀盘组装的主要技术要求如下：

（1）组装前准备刀盘组装支墩 8 个，尺寸为 400mm×400mm×800mm，同时准备 50t 千斤顶 4 个。刀盘组装支墩用电子水准仪和钢板尺测量，配合楔子板调整支墩高程，偏差不大于 2mm。

（2）按出厂标记依次吊装 5 瓣刀盘并采用螺栓将其连接成整圆。考虑到焊后的收缩变形，可根据圆度和组合螺栓受力情况，在周向合缝处按照具体间隙加金属垫 1～5mm。

（3）安装边块与中心块的连接螺栓，螺栓按照 ISO 898 - 1：1999 进行预紧，分两次进行。检查刀盘组装后的尺寸、圆度和平面度，应符合图纸要求。

（4）焊接中心块与边块的正面侧焊缝，焊缝探伤，刀盘翻身。

2. 刀盘焊接

（1）焊前预热。刀盘焊前预热目的是提高被焊体的温度，减小焊缝在施焊过程与被焊体的温差，以降低焊接应力，防止出现裂纹，并有助于改善焊接接头性能。预热采用氧气乙炔火焰方法，预热范围为焊缝周边 100～150mm，利用测温枪进行监测，预热温度为 150～200℃。必须注意，定位焊也需预热，预热温度为 150～200℃。多层多道焊时，由于后一道焊缝是对前一道焊缝和热影响区进行加热，相似于正火作用，可改善组织、细化晶粒。焊缝的塑性和韧性得到改善。在焊前和焊接过程中，以及焊接结束时，焊接部位的温度与焊件预热温度基本保持一致，并将实测预热温度做好记录。

（2）采用小热量输入。为了降低热影响区粗晶化所造成的不利影响，采用"预热＋小热量输入＋后热处理"的工艺，以防止冷、热裂纹现象的发生。多层多道焊工艺焊接时，要求焊枪直线运动、不允许横向摆动，控制每道焊缝的尺寸，每道焊缝厚度小于等于 5mm，减少每道焊缝的热输入量，以减少焊接热应力。

（3）"着弧点"控制。操作中须控制"着弧点"，尽量偏向 Q345B（刀盘中心块）侧，以减少刀盘边块上的碳及合金耐磨材料的过多熔化进入焊缝而产生的不利影响。

（4）对称施焊。焊接刀盘正面和周边时，刀盘正面向上水平放置，由于刀盘焊缝对称分布，将 1 条焊缝分成 2 段，采用对称分段退焊法同时由 2 个焊工呈 180°分布对刀盘焊缝施焊。

（5）打底焊。采用手工电弧［焊条型号为 EASYARCTM - 7018（J506Fe）/ϕ4.0×400mm］，进行打底焊。打底焊应分段焊接，每完成一道，应用风铲清除焊缝表面药皮，以避免产生夹渣。焊接完成后需要锤顶（整平），在被下道焊缝覆盖前须进行阶段性检查和验收。

（6）施焊过程的预热及焊接。打底焊完成后，用火焰烤枪对焊缝及周围 100～150mm 进行加热，最小预热温度为 110℃，再采用 CO_2 保护焊（药芯焊丝直径为 1.6mm，型号为 PRIMACORE™MW - 71）进行焊缝的填充及盖面焊。每焊完一道，清除焊缝表面的药皮。

（7）CO_2 保护焊焊接。CO_2 保护焊引弧前先按遥控盒上的点动开关或焊枪上的控制开关将焊丝送出枪嘴，保持伸出长度 10～15mm。

（8）焊接保温。焊接完毕后应及时用氧气乙炔对焊缝及周边 100～150mm 进行加热，加热温度为 200～250℃，加热时间应不少于 30min，加热完成后用保温棉覆盖，使其缓冷。

（9）焊缝探伤。焊后对焊缝表面进行着色探伤，要求达到《无损检测　焊缝磁粉检测》（JB/T 6061—2007）Ⅱ级标准。

刀盘正面焊接完成后，刀盘翻身，进行刀盘背面焊接作业。刀盘背面焊接焊缝技术要求与正面相同。

3. 刀盘的焊接作业环境要求及改善措施

刀盘焊接时环境温度不宜低于 60℃，作业区域的风速不宜大于 0.5m/s。依托工程的 TBM 组装洞室的环境温度相对平稳，一般为 18℃左右，在夏季，洞内空气相对湿度超过了 60%，人工通风的风速超过了 2m/s，不利于焊接作业。因此，刀盘焊接作业时搭设了刀盘焊接保温棚，采用电阻丝电热器对焊接棚内的温度进行加热，以降低刀盘组装焊接作业区域的风速、湿度和提高温度。为减少焊接产生的有害气体对焊接作业人员的伤害，刀盘焊接棚留有换气通道。

4.2.2.3　TBM 后配套组装

依托工程的两台 TBM 后配套台车组装流程均为：施工准备，布控测量点，铺设轨道，5 号、6 号台车及其附属设备安装，5 号、6 号台车连接并推至通过洞室，7 号、8 号台车及附属设备安装，5～8 号台车连接并拖至服务洞室，1 号、2 号台车及附属设备安装，1 号、2 号台车连接并推至通过洞室，3 号、4 号台车及附属设备安装，1～4 号台车连接并拖至服务洞室，后配套部分油、气、水、电系统管线安装，拖拉至组装洞，与主机部分连接，后配套与主机、连接桥部分管线安装。

TBM 后配套台车为门式结构，各结构件连接方式均为"螺栓连接＋焊接"的方式。在后配套台车组装时，采用"倒装法"，即先将后配套台车的下、上平台倒装，先安装下平台钢结构件，再"倒行"安装台车的行走机构。先安装上平台的钢结构件，再"倒行"安装上平台与下平台的钢结构连接立柱。后将上、下平台翻转，将上平台吊装至下平台，安装连接螺栓，连接工作完成。上平台与下平台分步安装时，以及上下平台组装时，安装构件重心始终处于低位，吊装高度低、作业位置低，安装作业高效、安全。

整节台车组装成一体，所有设备安装完成后，按照设计图纸对所有焊缝进行焊接加固。单节后配套台车组装流程如图 4.2－4 所示。

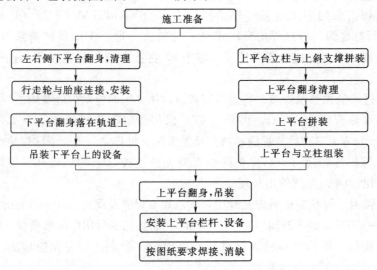

图 4.2－4　单节后配套台车组装流程图

4.2.3　工地组装人力资源

为了保证 TBM 安全、高效组装，在项目成立时，聘请了 TBM 施工领域有技术、有经验的施工人员，结合洞内组装特点和 TBM 制造厂商的建议，TBM 组装分白班和夜班两班作业，每班 32 人。施工单位及制造厂商的组装人力资源配置分别见表 4.2-1 和表 4.2-2。

表 4.2-1　　　　　　施工单位 TBM 组装人力资源配置表（单班）

序号	工作岗位	人数	序号	工作岗位	人数
1	工班长	1	7	技术员	1
2	机械工程师	1	8	安全员	1
3	液压工程师	1	9	库管员	2
4	电气工程师	1	10	组装技工和电工	16
5	桥吊司机	3	11	电焊工	2
6	桥吊指挥	3	合计	32 人	

表 4.2-2　　　　　　制造厂商 TBM 组装人力资源配置表

序号	工作岗位	人数	序号	工作岗位	人数
1	外方项目经理	1	7	中方电气工程师	1
2	中方项目经理	1	8	中方机械工程师	3
3	外方液压工程师	1	9	库房管理员	2
4	外方电气工程师	1	10	司机	1
5	外方机械工程师	2	11	炊事员	2
6	中方液压工程师	2	合计	17 人	

4.2.4　工地组装主要设备、工器具及材料

4.2.4.1　工地组装设备

用于工地组装的主要设备有 $2\times100t$、20t 桥式起重机，叉车，升降台车，台式砂轮机，气体切割机及电焊机等，工地组装（单台 TBM）主要设备详见表 4.2-3。

依托工程的两台 TBM 组装洞室内分别安装 1 台桥式起重机（$100+100+20t$，20t）进行组装吊装。桥式起重机大件起重能力计算如下：

$$Q = k_1 \times k_2 \times (G_s + G_d)$$
$$= 1.05 \times 1.05 \times (167 + 0.3)$$
$$\approx 184.5(t)$$

式中：Q 为吊装计算载荷，t；k_1 为动载系数，取值 1.05；k_2 为不平衡系数，取值 1.05；G_s 为吊装件最大重量，t，取值 167；G_d 为吊索具重量，t，取值 0.3。

200t 桥式起重机最大起升高度为 13m，两主钩最大间距为 9m，动载荷试验 220t，静载荷试验 250t。在 TBM 组装洞室内最大起升高度为 10.5m，实际吊装的两主钩最大间距为 8.8m，可满足 TBM 安装尺寸最高件（顶护盾）9.5m，最重件 167t（刀盘整体，不含

53 刃刀具重量 9.26t）的吊装工作需要。

根据《通用桥式起重机》（GB/T 14405—2011）的规定，桥式起重机在使用前应经过动载荷和静载荷试验。《通用桥式起重机》第 6.9.3 和第 6.9.5 规定，静载荷试验的过载系数为 1.25，动载荷试验的过载系数为 1.1。在桥式起重机使用前进行了动载试验，该试验经过了当地技术监督部门认证。

表 4.2-3　　　　　　　　　工地组装（单台 TBM）主要设备表

序号	设备名称	型号	单位	数量	备　注
1	升降台车	12m	台	4	最大上升高度
2	叉车	6t	台	1	自购
3	螺栓拉伸器	M48mm	把	1	制造厂商提供
4	液压扭力扳手	3M、5M	套	1	包括动力站、各类套头
5	电锯	电动手持式	把	1	
6	临时通信设备	无线对讲机	套	10	
7	弓锯床	Hack Saw 12″	台	1	
8	小钻床	Z516	台	1	
9	攻丝机	HGS40	台	1	
10	台式砂轮机	BG1-125	台	2	自购
11	虎钳	7″	台	2	
12	磁力钻	J1C-FF-16	台	1	
13	气体切割机	LGK40	台	1	
14	电焊机	B×-500	台	5	
15	电焊机	CO_2 保护焊机	台	2	
16	电焊机	焊机	台	4	制造厂商提供
17	卷扬机	5t	台	1	自购

4.2.4.2　工地组装工器具及材料

TBM 工地组装工器具主要包括吊装捯链、骑马式绳夹、U 形绳夹及千斤顶等，主要材料包括吊装钢丝绳及方木等。TBM 工地组装（单台 TBM）工器具及材料见表 4.2-4。

表 4.2-4　　　　　　TBM 工地组装（单台 TBM）工器具及材料表

序号	名　称	规格型号	单位	数量
1	捯链	10t	套	2
2	捯链	5t	套	2
3	骑马式绳夹	Y10-32	套	10
4	骑马式绳夹	Y9-28	套	10
5	U 形绳夹	$\phi 28$	套	10
6	卸扣	D×90～100t	套	6
7	卸扣	螺旋式 50t	套	6

序号	名 称	规 格 型 号	单位	数量
8	卸扣	螺旋式 35t	套	6
9	千斤顶	100t、50t	个	各 2
10	吊装钢丝绳	$\phi 80 \times 8m$（纤维芯，双头）	根	6
11	吊装钢丝绳	$\phi 80 \times 2m$（纤维芯，双头）	根	6
12	吊装钢丝绳	$\phi 80 \times 9m$（纤维芯，双头）	根	4
13	吊装钢丝绳	$\phi 80 \times 9.2m$（纤维芯，双头）	根	4
14	吊装钢丝绳	$\phi 34.5 \times 10m$（纤维芯，双头）	根	4
15	吊装钢丝绳	$\phi 28 \times 10m$（纤维芯，双头）	根	4
16	方木	$0.2m \times 0.2m$	m³	4

4.2.5 工地组装电力配置

根据组装洞室的负荷使用情况，依托工程的 TBM 组装洞室布置了 1 台 500kVA，10kV/0.4kV 变压器向各用电设备供电，一次侧电源由洞外施工变电所提供电源，二次侧低压开关柜共分 5 个供电回路，分别为：组装洞室照明、桥式起重机、电焊机设备、组装洞室排水和其他设备及备用，TBM 组装作业供电示意如图 4.2-5 所示。

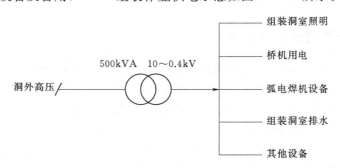

图 4.2-5　TBM 组装作业供电示意图

TBM 组装用电设备主要包括桥式起重机、空压机、电动扳手、组装作业区域照明及隧洞排水等。TBM 组装期的用电设备（单台 TBM 组装用）的负荷见表 4.2-5。

表 4.2-5　　　TBM 组装期的用电设备（单台 TBM 组装用）的负荷表

序号	项 目		功率/kW	序号	项 目	功率/kW
1	200t 桥式起重机	桥机主钩	2×65	4	扭矩扳手液压泵站	1
		20t 电动葫芦	20	5	组装区照明	4
		小车行走	$4 \times 4 = 16$	6	电焊机	25×10
		大车行走	$7.5 \times 4 = 30$	7	角式磨光机	0.2×4
		其他用电	10	8	隧洞排水	30
2	空压机		5	9	其他	20
3	电动扳手		$1 \times 2 = 2$			

组装总用电计算负荷（P）和变压器视在功率（S）计算如下：

$$S = P/\cos\Phi$$
$$= 146.7/0.8$$
$$= 453.9 \text{（kVA）}$$

其中

$$P = k \times \sum P_n$$
$$= 0.7 \times 518.8$$
$$= 363.2 \text{（kW）}$$

式中：S 为视在功率，kVA；$\cos\Phi$ 为功率因数，取值 0.8；P 为用电计算负荷，kVA；k 为需求系数，经综合评定本项目取值为 0.7；P_n 为各用电设备用电负荷，kW，取值 518.8。

$$P_j = k \sum p_i$$
$$S = P_j/\cos\Phi$$

式中：P_j 为计算负荷，kVA；k 为系数，P_i 为各用电设备用电负荷，kVA；S 为视在功率，kVA；$\cos\Phi$ 为功率因数。

经测算，S_{30} 为 414kVA，洞内变压器选取 500kVA 箱式变压器。高压侧电缆选用 YJV22 -（$3 \times 25 + 1 \times 16$），10kV。

根据计算结果和变压器序列规格，洞内变压器选取 500kVA 箱式变压器。高压侧电缆选用 YJV22 -（$3 \times 25 + 1 \times 16$），10kV。

4.2.6　工地组装质量控制措施

TBM 组装质量控制的重点为刀盘的拼装与焊接、重要紧固件质量控制、主机大件吊装及金属结构件的拼装，各连接件之间的间隙配合、法兰面配合、电气单体设备和液压润滑管线安装与布置等。在 TBM 组装前应编制工地组装质量措施。

依托工程的 TBM 为引进的国际先进的隧洞开挖设备，且 TBM 供货商提供组装质量技术要求。按照技术要求，施工单位制定了 TBM 工地组装质量控制措施。该措施借鉴了水利水电金属结构、港机和特种设备等工地组装质量控制措施的相关内容。

组装过程质量控制应遵守《钢结构工程施工质量验收规范》（GB 50205—2001）、《建筑机械使用安全技术》（JGJ 33—2012）、《钢结构焊接规范》（GB 50661—2011）。在整个组装过程中应遵循以下技术要求：

螺栓及螺纹孔应除锈清洗干净，用丝锥过丝。接合面必要时进行打磨，均应除锈除漆处理。液压元件的清洗必须用干净清洗剂，液压元件擦拭严禁用棉纱，必须用不脱毛的布或涤纶毛巾擦拭。螺栓连接根据图纸要求，涂乐泰胶 243（螺纹紧固）；根据螺栓直径和强度等级要求拧紧螺栓，达到规定的紧固力矩。分两次拧紧至规定的力矩，每次拧紧均后用记号笔做好标记。按图纸要求，静止组装件的结合面（如底护盾和机头架结合面）应涂刷涂乐泰胶 586（密封）或抗黏着剂，运动配合面（如轴承等）需涂润滑脂。液压管堵头拆除后分规格保管，现场组装中保持油、润滑脂的清洁，防止污染。

4.2.7　刀盘组装工法介绍

通过依托工程的实践，《大直径 TBM 分瓣刀盘地下洞室现场组装及焊接施工工法》

于 2014 年 5 月被评为中国水利工程协会施工工法，属省部级工法。工法的主要内容包括工法特点、适用范围、工艺原理、施工工艺流程及操作要点、材料与设备、质量控制、安全措施、环保措施及效益分析等内容。

该工法施工工艺完善、简便，可操作性强，降低了刀盘组装劳动强度；工法中的各道工序衔接性强，施工速度快，工效高；工法中采用的 CO_2 气体保护焊，热输入低、减小了焊接热影响，可控制裂纹的产生。焊丝熔敷效率高，母材熔深大，焊后熔渣少，可以连续施焊，生产率高，价格便宜，供应容易，成本低于手弧焊、埋弧焊及氩弧焊，对油、锈敏感性较低，抗锈能力强，焊缝中含氢量低，抗裂性能好。

该工法适用于大型 TBM 岩石掘进机刀盘工地现场焊接，也适应于需要在施工现场进行组拼、焊接的于各种低碳钢和低合金钢大型金属结构的焊接。完整、流畅的施工工法，为提高工地现场焊接工效、节约时间、节约成本提供技术经验，为我国 TBM 刀盘工地现场组装提供了宝贵的经验。

4.2.8 工地组装周期

TBM 组装工期包括 TBM 主机及后配套整套设备组装总工期，刀盘组装的总体工期和各工序的工期，对依托工程的 TBM 主要部件组装的计划工期与实际工期进行了比较。

4.2.8.1 TBM 整套设备组装总工期

依托工程的 TBM2 第一批设备零部件到达工地的日期为 2013 年 7 月 12 日，即日起开始了组装，于 2013 年 11 月 11 日开始试掘进，组装及步进历时 122 天；TBM1 第一批设备零部件到达工地的日期为 2013 年 9 月 30 日，即日起开始了组装，于 2014 年 1 月 23 日开始试掘进，组装及步进历时 115 天。

4.2.8.2 刀盘组装工期

TBM1 的刀盘组装及焊接所用天数为 23 天，分别为刀盘组装 9 天，刀盘正面焊接及探伤 5 天，刀盘翻身 1 天，刀盘背面焊接及探伤 2 天，刀盘挂装 1 天，刀具、铲齿安装 5 天；TBM2 的刀盘吊装与焊接计划天数为 30 天，实际天数为 38 天，分别为刀盘的拼装 14 天，刀盘焊接 9 天，更换机头架垫片 10 天，刀盘吊装 1 天，刀具、铲齿安装 4 天。

4.2.8.3 主要部件组装的计划工期与实际工期比较

TBM2 后配套台车安装计划所用天数为 33 天，实际所用天数为 34 天。TBM2 步进装置组装计划所用天数为 5 天，实际所用天数为 4 天。TBM2 主机设备组装计划所用天数为 45 天，实际所用天数为 47 天。TBM2 单机及联机调试计划所用天数为 20 天，实际所用天数为 18 天。TBM2 步进计划所用天数为 15 天，实际所用天数为 10 天。TBM2 连续胶带机计划所用天数为 45 天，实际所用天数为 31 天。

在工地安装刀盘至机头架时，发现主轴承双头螺栓垫片强度不足后，对主轴承螺栓进行了更换，影响了刀盘的安装，导致安装工期滞后。

4.2.9 工地组装简报

为了保证 TBM 安全、高效组装，记录安装情况，在依托工程的 TBM 组装期间，编制了组装简报。组装简报编写周期为"周"，其主要内容包括当周的设备零部件进场种类和数量、现场人员人力资源情况、设备及工器具配置、辅助材料、下周设备发运计划、组装图片、组装进度、组装时发现的问题及次周组装计划等内容。

4.3　步进

依托工程采用的步进装置如图 4.3-1 所示，步进装置的基本原理和详细的结构组成详见第 14 章。导向槽尺寸为 30cm×30cm，步进装置导向块的导向滚柱的外径为 29cm。

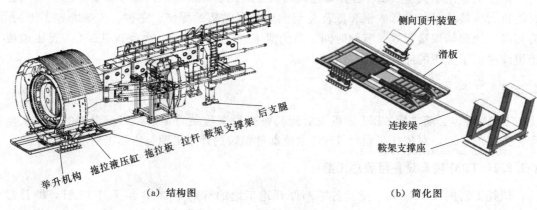

（a）结构图　　　　　　　　　　　　　（b）简化图

图 4.3-1　步进装置结构示意图

4.3.1　步进流程

步进流程为步进准备、收后支腿、提升举升机构、拖拉液压缸伸出推行整机向前滑移，步进行程到位；下放举升机构托起主机使滑板空载，下放后支腿使步进支架离开地面，拖拉液压缸收回带动拖拉板向前滑移，步进循环结束。

4.3.2　步进注意事项

步进前，应采用 1:1 的 TBM 主机和步进装置模型进行步进全洞段的欠挖测量，并处理欠挖部分。导向槽施工精度应满足设计要求，导向槽槽壁平面度和宽度误差应控制在 0~10mm 范围。导向槽两侧的步进装置底板范围内的地面应平顺，且地面高差不应大于 ±5mm，导向槽中线应与隧道中线重合。滑板与滑板底座之间应涂满润滑油。步进作业中各油缸的伸缩必须按步骤进行，每次只能伸缩一组油缸（两侧相同作用的对称油缸），严禁两组及两组以上油缸同步伸缩。为防止在步进过程中，主机可能发生的滚转，应在护盾两侧设防滚转工字钢。该工字钢 2 组共 4 根，分别焊接于护盾的两侧，工字钢距地面的间隙不超过 10mm。

4.3.3　步进作业人员配置

依托工程的单台 TBM 步进作业人员共 66 人，分三班作业，每班配备 22 人，分别为步进推力油缸控制 1 人、举升油缸控制 1 人、安全检查 2 人、轨道延伸及风管挂钩安设 8 人、连续胶带机支架安装 2 人、TBM 司机 1 人、值班电工 1 人、电焊工 2 人、液压工 2 人、值班工程师 1 人、班长 1 人。

4.4 始发

4.4.1 始发前应具备的条件

TBM 始发前，需要完成 TBM 主机及其后配套系统、连续胶带机系统等的联机调试，激光导向系统的安装调整，后配套行走用的轨道铺设，混凝土拌和系统等其他施工准备等工作后，方可开始始发试掘进。

4.4.2 始发的掘进操作

始发属于试掘进的一部分，试掘进里程共 1000m，前 600m 由制造厂人员负责操作，施工单位跟随学习；后 400m 由施工单位人员操作，制造厂人员负责指导。

4.4.3 始发洞室设计与施工

TBM 始发洞室为圆拱马蹄形洞室，其洞室开挖与支护结构设计如图 4.4-1 所示。始发洞室两侧的撑靴区域采用"钢筋＋喷射 180mm 厚 C30 混凝土"的结构。为避免撑靴偏载，撑靴区域喷射混凝土表面的半径误差不应超过 ±10mm。

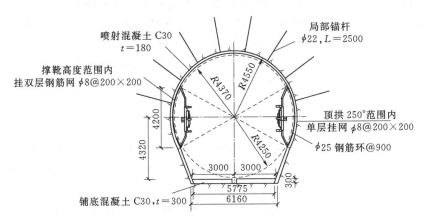

图 4.4-1 始发洞室开挖与支护结构设计断面图（单位：mm）

4.4.4 小结

为防止刀盘偏载和减小对刀具的冲击荷载，始发掘进前应采用人工对掌子面进行平整。TBM 刀盘初始与接触掌子面时，应控制主推进油缸的推力，其推力应不超过最大值的 30%。待将钻爆法开挖的掌子面磨平后，逐步加大推进油缸的推力。掘进前，应使刀盘的中心线与隧洞设计轴线重合，应通过导向系统调整好 TBM 掘进方向和 TBM 姿态。

在护盾未完全进入由 TBM 开挖的掘进段前，严禁调向。由于设备处于磨合期，应控制始发段的掘进速度。

4.5　试掘进

4.5.1　试掘进一般规定

试掘进是指 TBM 设备在工地组装完成后，主机及其后配套系统、带式输送机出渣系统完成单体和联动调试后的带载测试设备性能。试掘进的主要任务有：对设备展开功能性检查，进行设备的安全可靠性测试，检测掘进效率和支护系统的工作效率，对系统各操控参数作进一步的调整，使其达到最佳状态，具备正式快速掘进的能力；对设备存在的缺陷进行处理，对施工技术人员、TBM 操作工、维护人员进行实际操作培训。

试掘进的掘进里程为 1000m，前 300m 由 TBM 制造厂人员负责操作，设备使用单位的操作人员跟随学习；后 700m 由设备使用单位的操作人员负责操作，TBM 制造厂人员负责跟随指导。

在设备现场组装调试、步进和试掘进期间，制造厂技术人员应开展必要的专题讲座，使设备使用单位人员掌握各系统的操作与维护保养规程，应对设备使用单位人员针对各系统和设备的操作与维护进行必要的现场指导和示范，回答设备使用单位人员提出的相关问题。

如果组装调试、步进和试掘进因制造厂原因发生延误，设备使用单位有权就延误发生的直接损失和直接费用提出索赔，间接损失和后果性损失不在索赔范围内。

组装调试、步进和试掘进期间，制造厂应在工地现场备有一定数量各种规格的液压管、管接头、螺栓、托辊等备件，以便出现损坏及时更换。

组装调试、步进和试掘进期间，若设备不能达到规定的性能要求或存在缺陷，制造厂应及时进行更换或改进，所发生的直接费用由制造厂承担。

4.5.2　试掘进周期案例

依托工程项目的 TBM4 试掘进从 2013 年 11 月 11 日起，至 2014 年 1 月 23 日，完成了前 1000m 试掘进任务，历时 104 天，平均进尺为 288.46m/月；TBM3 试掘进自 2014 年 1 月 20 日至 2014 年 5 月 3 日，完成了前 1000m 试掘进任务，历时 102 天，平均进尺为 294m/月。试掘进期间基本完成了 TBM 掘进整体性能测试和单体设备性能测试（包括钻机和混凝土喷射设备等的工作能力、作业效率的测试）；完成了对设备使用单位人员的相关培训工作，培训内容包括设备操作、日常维护、检修工作等。

4.6　性能验收

4.6.1　性能验收的一般规定

在试掘进结束、设备达到稳定运行状态后，由双方代表商定首次考核日期、合同设备性能考核期为 4 周的连续日历日，并应完成掘进 600m 以上。

在性能考核期间，如果由于地质或其他非制造厂的原因，造成对设备某些指标（完好率除外）无法进行验证与检验的，在试掘进中获取的相应指标可以作为性能考核的参考依据；如果性能考核未能成功或未能达到要求，制造厂应尽快在设备使用单位规定的期限内对合同设备进行必要的修理、更换和修改，所需费用由制造厂承担。修改后尽快再次进行性能考核，设备使用单位应大力协助。性能考核总次数不得超过 3 次。

性能验收的标准主要有掘进速度和完好率两项内容。合同规定制造厂对掘进机及其后配套性能和完好率的担保是指在本合同工程地质条件下设备的质量和能力能够达到要求的性能。

4.6.2　掘进速度

依托工程项目的掘进速度规定为：当开挖Ⅱ类围岩单轴抗压强度达到 90MPa 时，掘进速度不小于 3.6m/h；在所有地质条件下，设备最低掘进速度不小于 2m/h，最高可能达到 6m/h。如果达不到上述指标，设备使用单位允许制造商根据合同重做性能试验。

4.6.3　完好率

TBM 主机及其后配套系统、连续带式输送机和支洞带式输送机机的平均完好率应不低于 90%。完好率按下式计算确定：

$$AV = (ET + RT)/(ET + RT + OUT)$$

式中：AV 为完好率，%；ET 为总掘进状态时间，min；RT 为换步时间，min；OUT 为故障总时间，min。

每天计划的 4h 正常保养与维护不计入上述计算公式，故障总时间为故障停机大于 15min 时间的总和，且每天允许不计入故障停机小于 15min 的次数最多为 2 次。在掘进和换步期间，用于调整和/或修理的不超过 15min 的短时必要停机不作为故障停机。

考核案例：依托工程的 TBM4 性能考核日期为 2014 年 2 月 8 日至 2014 年 3 月 10 日，考核历时 20 天，TBM 掘进 716.068m，TBM 掘进速度达到合同约定的掘进速度。

除混凝土喷射系统混凝土喷射喷车和主驱动润滑系统故障外，均达到了合同约定的完好率。在性能验收工作完成后，设备制造商对混凝土喷射系统等存在的缺陷进行了修复。

4.6.4　TBM 设备缺陷消除

依托工程项目的 TBM4 缺陷消除主要是机头架漏油故障和混凝土喷射系统故障的消缺处理。

4.6.4.1　机头架漏油故障分析

在设备试掘进期间，主机底支撑与机头架法兰结合面的上侧出现润滑油泄漏现象，润滑油呈线状渗出。机头架润滑油渗漏情况如图 4.6-1 所示。

在检查时，打开机头架内部封口板后发现刀盘驱动电机安装工位泄污孔有润滑油外漏，初步判断为润滑油管、接头泄漏油脂或电机与机头架、前部齿轮之间的密封条损坏或失效使油脂从前部齿轮润滑腔内流至电机减速器安装工位。

经排查，为 9 号刀盘驱动电机前端密封损坏油脂泄漏、3 号刀盘驱动电机安装工位处前部齿轮润滑油管接头焊缝开裂，接口松动。

9 号电机更换密封后重新安装，3 号驱动电机减速器工位前部的齿轮油管接头焊接并拧紧后安装完驱动电机，机头架漏油情况得到解决。

图 4.6-1　机头架润滑油渗漏

4.6.4.2　混凝土喷射系统典型故障分析

混凝土喷射系统主要故障有混凝土喷射伸缩臂油缸、喷嘴、爬车马达频繁损坏等。混凝土喷射系统伸缩臂油缸受力不合理，导致混凝土喷射伸缩臂不能伸缩自如，影响混凝土喷射质量且伸缩臂油缸频繁损坏；混凝土喷射爬车马达动力不足，导致混凝土喷射爬车运动不畅，混凝土喷射爬车马达频繁损坏；喷嘴直径与喷射混凝土料粒径不匹配，频繁堵管，如图 4.6-2 所示。

图 4.6-2　喷射混凝土系统
伸缩臂油缸损坏

1. 喷射混凝土伸缩臂油缸频繁损坏

混凝土喷射系统伸缩臂油缸的活塞杆为多级空心活塞杆，安装在伸缩臂内，其强度较低。当伸缩臂伸长时，由于伸缩臂结构刚度较小，伸缩臂受弯，导致油缸受剪，造成喷射混凝土系统伸缩臂油缸频繁损坏，损坏情况如图 4.6-2 所示。

2. 喷射混凝土系统爬车马达频繁损坏

喷射混凝土系统爬车马达功率不能满足行走需要，频繁出现密封渗油或密封泄漏故障。

3. 喷嘴频繁损坏

由于喷嘴的直径不能调整，当喷射混凝土料粒径变化时，易发生堵管现象。因此，在尽量满足粒径的情况下，应配置直径与粒径相匹配的喷头。

针对混凝土喷射系统存在的上述故障，经与业主和设备制造厂协商后，在设备转场检修期间，重新更换和改造混凝土喷射系统。改造后的混凝土喷射系统为桥式结构，对混凝土喷射系统伸缩臂油缸进行了改造，加大了爬车马达的动力，情况明显好转。

第 5 章

TBM 掘进作业

　　依托工程的两台 TBM 施工均能正常发挥设备效能和优势，TBM 作业安全、高效。本章介绍了依托工程 TBM 施工的超前地质预报、施工测量、支护作业、TBM 维护与保养、掘进参数与效率、开挖与支护质量控制、安全管理及 TBM 作业人力资源配置等 TBM 掘进作业的关键内容。通过列举案例、分析对比、列表统计等方法详细说明了超前地质预报对于敞开式 TBM 安全、高效施工的重要性，钢拱架安装和喷射混凝土等支护效率与掘进速度的匹配性，未及时支护对 TBM 安全、高效施工影响的案例，TBM 施工的重要危险源控制措施及应急救援预案，依托工程不同围岩条件下 TBM 掘进的匹配参数和分月进尺对比统计，并将依托工程标段的两台 TBM 各月掘进进度与依托工程的其他 6 台 TBM 进行了比较分析。

　　在掘进过程中，开展了科研工作，现场收集了 TBM 掘进数据，建立了可掘性指数 FPI 的围岩分类方法、掘进性能预测方法，研究了最佳能耗指数和最佳掘进速度的 TBM 掘进参数匹配方法，编制了刀具检测维修技术规程，并且在依托工程施工中，我国首次成功运用 TBM 大直径 20in 盘形滚刀，新技术的应用、科研与施工的结合，极大地提高了掘进效率。

　　依托工程的两台 TBM 掘进速度平均值为 2.56m/h，刀盘转速平均值为 5.62r/min，贯入度平均值为 7.86mm/r；平均机时利用率为 40.22%，达到了国内先进水平；四个掘进段的贯通轴线最大水平偏差为 +56mm，最大垂直偏差为 +25mm，满足了设计要求，并且实现了高精度贯通，受到了工程相关方的好评。

　　分析建立的《危险源辨识与风险评价结果一览表》符合 TBM 施工特点，具有代表性，可为类似敞开式 TBM 施工安全管理提供借鉴。经过比较发现，TBM 施工法与钻爆法相比，重大危险源主要增加了轨道运输作业、TBM 及后配套运动部件（包括检修时的刀盘运转）、带式输送机运动部件、支护作业、大坡度大件运输及大吨位起重吊装等。依托工程单台 TBM 设备配置掘进作业人员为 186 人，两台 TBM 的掘进历时平均为 824.5 天，TBM 从设备组装到拆除，人员和设备未发生安全事故，安全管理达到了国内领先水平。

　　TBM 掘进作业设备系统庞大，属于链式结构，系统中的任何一个环节发生故障将导致 TBM 停工。由于洞内环境温度高、湿度大、空间狭小，设备震动强，设备设计存在的缺陷，设备可靠性不可能完全满足掘进作业的需要，设备维护保养不能完全及时到位等因素，因此在掘进过程中设备出现故障在所难免。科学合理的故障修复方案，可以最大限度地克服影响 TBM 安全、高效掘进的障碍。

本章将依托工程使用的 TBM 设备在掘进过程中出现的设备故障，按设备的系统和性质，分为机械、电气、液压、胶带机等四大部分，列举了故障处理耗时长、难度大、成本高的典型案例，各案例对故障现象、原因分析、处理措施、资源消耗、处理周期、影响掘进时间、处理效果及处理工作评价进行了描述。

本章从编写单位施工的 TBM 项目精选了 8 个案例，共收录了主轴承密封圈断裂、撑靴掉落、底部支撑焊缝开裂、高压电缆接头击穿、刀盘钥匙开关弹簧松动故障及急停按钮线路接地故障、液压泵站油箱液压油进水乳化、胶带滚筒摩擦片损坏、连续胶带机控制电器元件遭遇雷击损毁案例等 8 个案例。

8 个案例中的"主轴承密封挡圈断裂"案例，采用的分段挡圈方案在国内为首创。与传统的处理方案相比，该方法节省工期至少 3 个月，节省费用至少 1500 万元。该故障的成功处理，体现了本书编写单位的 TBM 技术水平，是 TBM 故障修复的经典范例。其他案例具有 TBM 运行故障的典型性，可供类似 TBM 维护运行提供借鉴。

5.1　超前地质预报

为保障 TBM 掘进安全、快速施工，提前获取相对准确的地质质料，必须做好长期和短期超前地质预报。基于依托工程的地质特点，超前地质预报工作内容主要包括对照勘测阶段的地质资料、预测预报地质条件变化及其施工影响，富水断层及破碎带的预报、涌水（涌水点、水量、泥质含量）预报、软岩大变形的预测预报。

由于各种预报方法的准确性和适应性都有局限，因此不能采取单一的预测方法，而需采取综合预报方法。基于依托工程的特点，预报的重点和指导思想为：采用综合预报方法，围岩稳定预报为主，涌水预报为辅，同时兼顾其他不良地质体的预报。

依托工程采用了 TRT6000 地震波探测法进行宏观控制性预报，并通过对掘进速度、岩渣岩粉特征、冲洗液颜色、含泥量、出水部位、钻杆是否突进等情况结合超前地质预报的情况，判定断层、突涌水等不良地质。

开挖面地质素描法是通过渣土性状出露围岩的观测，对岩性（产状、结构、构造），岩石特征（岩石名称、节理发育情况、节理充填物性质、软弱夹层等），出水量大小等内容做出开挖面前方短距离内的岩体稳定性分析，判断前方的围岩情况。

TRT6000 预报系统采用的是地震波超前预报法，原理为当地震波遇到声学阻抗差异（密度和波速的乘积）界面时，一部分信号被反射回来；另一部分信号透射进入前方介质。声学阻抗的变化通常发生在地质岩层界面或岩体内不连续界面。反射的地震信号被高灵敏地震信号传感器接受，经计算机处理后分析判断隧洞工作面前方地质体的性质（软弱带、断层、含水等）、位置及规模。正常入射到边界的反射系数计算公式如下：

$$R = \frac{\rho_2 V_2 - \rho_1 V_1}{\rho_2 V_2 + \rho_1 V_1}$$

式中：R 为反射系数；ρ 为岩层的密度；V 为等于地震波在岩层中的转播速度。

地震波从一种低阻抗物质传播到一个高阻抗物质时，反射系数是正的；反之，反射系数是负的。因此，当地震波从较软基岩传播到较硬基岩时，回波的偏转极性和波源是一致的。

采用 TRT6000 系统预报时，通过锤击产生地震波，地震波在隧洞洞周的岩体内传播，当遇到地质界面时，如断层、破碎带和溶洞等不良地质体时，部分地震波会被地质界面反射回来，反射地震波到达传感器后被主机接收并记录，经 TRT6000 地震波超前地质预报系统后处理分析，可得到隧洞掌子面前方地质体的层析扫描三维图像，从而判别隧洞掌子面前方是否存在不良地质体以及不良地质体的位置。如存在不良地质体，根据异常体的阻抗云图和空间形状，结合区域地质资料综合预测隧洞掌子面前方及周围区域地质构。

采集的地震波数据，通过 TRT6000 预报系统后处理软件进行处理，获得 P 波波速模型，并进行不同方向的 TRT6000 层析扫描成像分析。

该方法是基于 TBM 施工特点，经大量施工经验总结的可靠的技术方法，原理为通过实时分析 TBM 掘进推力、贯入度、推进速度等参数的变化和出渣渣料形状、颜色、含水量等的变化情况，实时监测、判断前方掌子面岩石的情况，根据不同情况及时做出掘进策略的调整。TBM 掘进参数的变化情况可从操作室显示屏直接观察，岩渣的变化可从操作室视频监控显示观察，也可从皮带机上的出渣直接观察。

TBM 掘进中，推力大、贯入度小、推进速度小、振动大、扭矩变化幅度小，岩渣基本为具有 TBM 破岩特征的片状渣粒，表明掌子面前方岩石坚硬、完整。

TBM 掘进中，贯入度变化大、推进速度变化大、振动大、扭矩变化幅度大，岩渣除片状以外还含有形状各异的大石块和少量渣土，表明前方岩石较硬，但节理裂隙较发育，甚至有断层塌方的可能。

TBM 掘进中，推进力较小、贯入度大、振动小，岩渣含大量土质或非片状的石块，表明前方岩石为软弱破碎。

在依托工程的 TBM 施工中，采用了 TRT6000 地震波探测法，使用的仪器设备包括 TRT6000 主机系统、加速度传感器及安装设备、11 个无线远程数据收集模块、专用笔记本电脑及处理软件，记录单元使用 24 位 A/D 转换器，所接收信号的频率范围为 40～15000Hz。

依托工程的设计资料表明，TBM1 负责掘进洞段的隧洞桩号为 51＋710～51＋360，主断层长度为 150m，影响带长度为 350m。主断层围岩类别判定为 V 类。影响带长度共 200m，上、下游长度分别为 100m，围岩类别判定为 IV 类。

针对工程设计提供的断层情况，在 TBM 进入到该断层及其影响带时，为探清该断层地质情况，采用 TRT6000 超前地质预报系统进行地质预报探测，对掌子面 51＋543.078 前方 121m 进行了超前地质预报。通过对建立的波速模型分析，得到波速 $V_p=3200\text{m/s}$。波速模型如图 5.1-1 所示。

TRT6000 层析扫描成像图详见图 5.1-2～图 5.1-5（其中图 5.1-4 和图 5.1-5 中的每小格代表 $10\text{m}\times10\text{m}\times10\text{m}$）。

从不同方向的 TRT6000 层析扫描成像图可以得出以下结论：

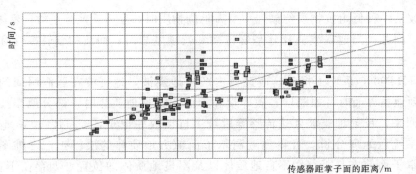

图 5.1-1　P 波直达波波速模型图

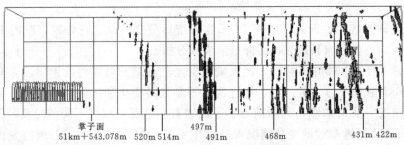

图 5.1-2　TRT6000 层析扫描成像侧视图

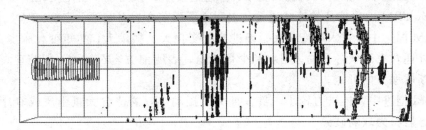

图 5.1-3　TRT6000 层析扫描成像俯视图

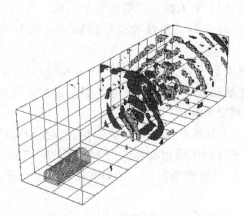

图 5.1-4　TRT6000 层析扫描
成像立体图（一）

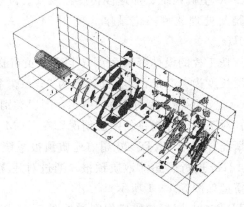

图 5.1-5　TRT6000 层析扫描
成像立体图（二）

（1）隧洞桩号 51＋543.078～51＋468 段局部出现部分明显的阻抗变化区域，完整性中等。结合现场地质情况，推测该段岩体与掌子面基本相似，岩体风化中等，低序次节理较发育，延伸性较差，岩体较破碎。其中桩号 51＋497～51＋491 段出现明显的阻抗变化区域，该段平均波速为 2890m/s，推断该段岩体风化较强烈，围岩相对较软，预测该段围岩等级为Ⅳ级。

（2）隧洞桩号 51＋468～51＋431 段出现明显的阻抗变化区域，黄色阻抗区域较多，该段平均波速为 3032m/s，结合地质情况，推断该段围岩风化较弱，裂隙较发育，岩石硬度变大，贯穿性好的裂隙较发育，岩体较破碎，预测该段围岩等级为Ⅳ级。

（3）隧洞桩号 51＋431～51＋422 段出现少量的阻抗变化区域，该段平均波速为 3510m/s，结合地质情况，推测该段围岩岩性基本均一，弱风化为主，发育少量裂隙，岩体呈块石状结构，预测该段围岩等级为Ⅲ级。

根据预报结论，建议开挖过程中对掌子面前方注意观察、及时支护，加强施工安全措施。

在 TBM 完成该断层的掘进后，通过揭露后的地质描述，经过比对，基本与预报结果相符，揭露的隧洞岩石存在碎裂岩带，见花岗岩角砾，风化中等，但贯穿性弱，属低序次子断裂，节理延伸性整体较差，岩体较破碎，呈块石状结构。

施工过程中主要采用了 TRT6000 地震波探测仪，结合掘进参数和岩渣性状的分析，地质预报结果与实际揭露的地质情况相比，符合度相对较高。实际揭露的 TBM 掘进段的围岩相对较完整。

5.2　TBM 施工测量

5.2.1　TBM 施工测量导向系统控制技术

依托工程的 TBM 施工测量采用的导向系统为演算工坊导向系统，该导向系统具有施工数据采集功能、TBM 姿态管理功能、施工数据管理功能、施工数据实时监控功能，可实现信息化施工。TBM 施工测量导向系统可以准确地测量隧道实际轴线与设计轴线的偏差，从而提供给 TBM 操作人员准确的数据，以便调整 TBM 的姿态。

5.2.1.1　导向系统的基本构成与工作原理

激光导向系统硬件部分由全站仪、TBM 机内棱镜（LCT）、倾斜仪、测量主控箱、数据传输电缆及系统计算机组成。全站仪采用的徕卡 TS15 型全站仪，按照软件设定测量间隔时间，可实现"自动跟踪＋自动锁定＋自动搜索"的功能，仪器精度测角为±2″，测距为±（1mm＋1.5ppm）mm；TBM 机内棱镜（LCT）为自动测量所使用的棱镜，共设置 3 个棱镜。通常情况下只使用 2 个，1 个作为备用棱镜。

后视棱镜为全站提供定位，可自动发现站点的移动而引起的坐标偏差。后视棱镜、可自动打开和关闭。由于全站仪安装在岩石尚未稳定的洞顶上，极有可能发生移动，如果不被发现，可能会引发非常严重的后果。因此在计算机软件上，设置定时对后视点进行确认以发现异常，并及时在计算机显示出异常。

倾斜仪的作用是随时检查 TBM 姿态,精确显示 TBM 主机倾斜或翻滚的状态;测量主控箱的主要功能为控制各机器的通信及测量。

TBM 操作室配置了自动测量专业 PC,其功能为运行自动测量操作、换站操作和监控,自动计算准确的坐标、方位和 TBM 倾斜,显示给 TBM 操作人员。

Host PC 设置在洞外办公营地,可进行各种设定的管理以及对自动测量的监控,可进行远程测量。

数据传输及电源电缆主要包括数据传输电缆、仪器与系统计算机的连接线、洞外监控系统与主机操作系统的连接光缆及仪器使用电源电缆等。

5.2.1.2　测量导向系统工作原理

为了测量 TBM 的准确位置及方向,至少需要在 TBM 主机上设置两个测量点。由于在 TBM 掘进过程中,设置在 TBM 上的测量点会发生移动和滚动现象,必须测量出其三维空间位置,故在导向系统中这两个测量点设置成安装在 TBM 主机上的 3 个棱镜(其中1 个为备用棱镜,一般情况下只测量其中 2 个棱镜来确定 TBM 的姿态)。棱镜相对于TBM 轴线的位置和局部的 TBM 坐标必须在 TBM 安装时确定,采用常规测量的方法测量出 3 个棱镜与 TBM 轴线的位置关系。导向系统是利用全站仪测量 3 个 TBM 内部棱镜,为了更好地确保全站仪与 TBM 内部棱镜的通视,将全站仪设置在隧道前进方向右边顶拱处,并提前确定好全站仪站点坐标及方向。

TBM 内部的 3 个棱镜最初的三维空间坐标可以从已经确定的全站仪直接测定,并且TBM 机内棱镜相对于 TBM 轴线也已确定,从而可以确定出 TBM 的空间位置。隧道设计中心线已经事前输入到计算机系统当中,所以 TBM 相对于隧道中线的水平和垂直偏差可通过软件计算,在控制电脑显示并提供给 TBM 操作人员,按照规范要求允许偏差,随时调整 TBM 的掘进姿态。

5.2.2　洞内平面测量控制

洞内采用光电测距导线进行平面控制。导线分二级布设,即基本导线和施工导线。基本导线等级采用三等,高程控制采用三等几何水准测量方式进行。

洞内基本导线布设为双导线并组成环状,每一环边数不超过 5 条。为避免施工影响及意外破坏,将基本导线点全部设置在洞壁中下部,用钢筋混凝土浇铸成带有强制对中装置的伸出的观测台,间距约为 600m。在特殊情况下,相邻长短边比值不大于 3∶1,并保证平均边长不小于 450m。在施工过程中用重复观测的方法进行检核。

施工导线主要用于指导洞内钻爆开挖及 TBM 施工,布设施工导线时,从基本导线引测出的施工导线点应固定在洞壁上带有强制对中装置的小铁架上,导线点间距保持约 150m。

各级导线应编号,在现场洞壁上做好明显标记,便于寻找使用。导线点成果均应计算出其桩号及偏离值(工程坐标)。

水平方向观测采用左、右角全圆方向观测法,同方向两次照准,距离往返观测各 4 测回,天顶距观测 4 测回。同时量取仪器高和觇标高(量取精度为±1mm),观测距离时要同时读取温度、气压值（读数误差精确到 0.5）。

外业观测各项操作均严格进行，水平角每测站测完后进行测站平差；每个闭合环进行角度闭合计算，检查是否存在误差。

对测量的边长进行加、乘常数改正、气象改正、投影改正，使所有测量边长值归算到隧洞统一高程面。

对整个闭合环网进行严密平差计算，计算出每个控制点的坐标值，并进行精度评定。基本导线成果须经两人计算，校核无误后，根据精测结果对施工中线进行调整，并将精测结果上报有关部门。

仪器设备按国家规定由符合国家标准的检定单位进行检定，每年进行一次。

5.2.3　洞内高程测量控制

洞内高程控制测量的精度等级为三等。高程测量采用几何水准方法进行。高程控制点设置为地面标识，并定期进行复测。由于高程控制网采用支导线型式，因此需进行往返测量。测量时视距一般为 50m 左右，每隔 500m 左右埋设一个基本水准点。

施测时必须联测两个以上前面的水准控制点，其差值在规范规定限差以内时，方可向前进行引测。施工高程点测量人员在控制水准点的基础上按要求引测，施工高程点要经常进行复测。

计算两水准点间的往返高差，并进行比较，如超限则进行重测。计算每千米高差中数的偶然中误差并进行精度评定。

5.2.4　TBM 测量纠偏措施

为控制 TBM 按设计的洞轴线开挖，确保 TBM 沿着正确的方向掘进，在 TBM 掘进过程中，需周期性地对导向系统的数据进行人工测量校核，随时监测并调整方向和位置。

根据布测的导线点的情况，在实际施工中，由于激光靶固定在 TBM 掘进机身上，是随 TBM 向前移动的（以监控和掌握 TBM 掘进方向），因此激光器点均应布设在隧洞的同侧中线附近。在导线点基础上，将此导线点作为控制点，引测激光器的点位，利用相邻的控制点检核。为了直观、方便，所用的导线点成果均将转化为桩号、偏中心值形式的工程坐标，并明确标注。

因为 PPS 导向系统由人工测量提供基准，所以每次前移全站仪时必须保证测量精度，确保移动前后 PPS 控制单元上的数据变化在允许的范围内。为做好测量精度控制和及时应对 PPS 系统出现故障，施工测量采用两套独立的测量系统——PPS 自动导向系统和人工测量系统进行 TBM 掘进导向，两系统互相校核，确保掘进方向的准确性，并周期性地对 PPS 导向系统的数据进行复核，以确保 TBM 沿着正确的方向掘进。

人工复核施工测量角度和坐标测量采用符合测量精度的全站仪，测量误差满足规范要求。

5.2.5　质量保证措施

应精心组织，测量人员应具备过硬技术、工作认真、负责、细心。

选用的测量仪器精度应满足要求，对使用的测量仪器应经法定计量部门定期进行检测。

对已经提供的控制点坐标和高程必须经过复核，复核结果报监理人审核，根据现场实际情况设置的加密控制点要妥善加以保护。各控制点的坐标和高程在施工过程中应经常进行复核检查，并及时提交复核资料，如发现破坏或精度变化，应停止使用该点，同时采用两个已知点测边测角交会增补。

建立测量计算资料换手复核制度，桩位的测量放样必须经过原测和复测最后交技术负责人审核后，报监理审批认可。未经复核及报验不得进行下道工序的施工。

测点选在通视良好、不受施工扰动的地方。临时的测量标志旁应做好明显持久的标记或说明。

测量技术人员必须认真核对用于测量的图纸资料，必要时应到现场核对，确认无误、无疑后，方可使用。如发现疑问，做好记录并及时上报，待得到答复后，才能按图进行测量放样。

5.2.6　测量仪器设备配置

根据依托工程需要，测量仪器设备（未含 TBM 搭载设备）配置详见表 5.2 - 1。

表 5.2 - 1　　　　　　　　测量仪器设备配置表（服务于两台 TBM）

序号	仪 器 名 称	规格/型号	精　　度	单位	数量
1	GPS 定位仪（静态）	ATX1230GG	5mm＋0.5ppm（水平） 10mm＋0.5ppm（垂直）	台	2
2	全站仪	TC2003	0.5″/1mm＋1mm	台	2
3	全站仪	TCR802	1″/1mm＋1ppm	台	4
4	水准仪	NA2	0.7mm/km	台	4

5.2.7　测量人力资源配置

依托工程的两台 TBM 测量队员工编制为 2 个测量作业组，总计 10 名员工，其中队长 1 名、副队长 2 名，技术主管 1 名、专业测量人员 6 名。在工程开工前，提交测量人员名单，其简历和资格报送监理工程师审核。主要测量人员应具有多年从事水电施工测量的经历，专业知识全面，经验丰富，能胜任依托工程 TBM 施工的测量工作。

5.2.8　测量系统制度管理

测量管理工作应建立相应的管理制度，其内容至少应包括测量措施编写、审批、上报制度，测量仪器管理办法，测量成果审核、使用、上报制度，测量放样必须附有校核条件的规定，测量仪器设备检验工作程序，测量安全生产操作规程测量组岗位责任制等。

5.2.9　小结

依托工程的 4 个 TBM 掘进段贯通后，贯通时的洞轴线偏差为：TBM1 - 1 段洞轴线水平和垂直方向最大偏差分别为＋31mm、＋25mm，TBM1－2段洞轴线水平和垂直方向最大偏差分别为＋34mm、＋17mm；TBM2－1段洞轴线水平和垂直方向偏差分别为＋56mm、＋7mm，TBM2－2段洞轴线水平和垂直方向最大偏差分别为＋19mm、＋13mm。4个掘进段贯通时的轴线偏差满足了设计规定的洞轴线偏差要求，并且实现了高精度贯通，受到业主、设计和监理单位好评。

在依托工程TBM掘进过程中，部分洞段出现过机头下沉现象，测量控制未及时校正导致水平洞轴线低于设计轴线，增加了轨道车辆行车困难。

5.3　支护作业

依托工程根据施工要求及TBM设备本身的特点，开挖完成后，先进行初期支护，TBM施工完成后再利用钢模台车进行后期的混凝土衬砌，所以TBM开挖过程中的初期支护的质量控制尤为重要。

依托工程的TBM上设有2台锚杆钻机、2台湿喷机及1台拱架安装器。锚杆钻机钻孔范围为洞顶240°，钻机环向移动角度可根据设计的锚杆间距事先设置，以保证孔位偏差不大于100mm，纵向可移动距离为2m。

钢筋网在洞外钢筋加工厂采用点焊方式制作成网片，用人工安装，并与锚杆焊接固定。

在喷射混凝土作业前，应清洗洞壁，埋设控制喷射混凝土厚度的标识钢筋柱。Ⅳ类、Ⅴ类围岩拱顶及底拱部分利用人工喷射混凝土作为应急措施，以缩短围岩暴露时间。通风带、供排水管、电缆架、钢轨等影响喷射混凝土的设施相应洞壁部位，应在安装前完成喷射混凝土作业，不留死角。

钢支撑在洞外加工厂制作，利用拱架安装器安装在衬砌设计断面，钢支撑紧贴岩壁，如有空隙，应采用钢管或钢楔充填。钢支撑之间采用钢筋网连接，以增加钢支撑间喷射混凝土的连接强度、增加混凝土的可喷性，降低喷射混凝土的回弹率。

当隧洞顶部遇到不良地质段，利用预设在顶护盾中的钢筋排系统、钢拱架安装器和喷射混凝土系统，实现"钢筋排＋钢拱圈＋喷射混凝土"的联合支护，提高对围岩的初期支护能力。

依托工程的两台TBM相应的掘进段，平均完成的喷射混凝土量约1.3万m³，钢筋网约22t，钢筋排约65t，锚杆约3.2万根（锚杆直径为22mm），钢拱架约295t。

5.3.1　钢拱架安装

5.3.1.1　钢拱架安装器

TBM施工遇到软弱围岩需要进行1.8m或0.9m全圆环HW150型钢拱架支护。TBM钻机平台前方，主梁与机头架连接处配备1台钢拱架安装器，由1个环形梁和6个钢拱架液压夹紧顶升装置两部分组成，配备电气安全控制系统与遥控操作系统，总重2617kg。同时配备了张紧装置。配置的钢拱架安装器，使钢拱架安装作业基本实现了机械化，使钢拱架支护作业安全高效，节省了大量人力。

5.3.1.2 钢拱架安装步骤

钢拱架外径为 8.5m，采用专用的型钢冷弯机成型。钢拱架的全圆由 5 个弧形节和 1 个凑合节组成，各弧形节的两端均设有连接耳板，连接耳板设 4 个直径为 24mm 的螺栓连接孔，各弧形节间采用 M22mm 螺栓进行连接；凑合节由两块钢板组成，单块钢板的尺寸为 600mm×100mm×8mm，凑合节与弧形节采用焊接连接。

安装前将弧形拱架节用小火车运输至安装位置，将第一段弧形拱架的耳板与 TBM 环形梁用螺栓暂时连接，环形梁在 4 台液压马达驱动下，逆时针旋转，带动弧形拱架节旋转而上，至合适位置时，将第二段弧形拱架与第一段弧形拱架用螺栓连接后，利用环形梁传送至隧洞顶部安装工位，用 2 个钢拱架液压夹紧装置临时固定。与此类似，环形梁液压马达顺时针旋转，安装第三段和第四段弧形拱架，将第三段弧形拱架节采用螺栓与第一段弧形拱架节连接后，利用液压顶升装置，撑紧已安装的 4 节弧形钢拱架节至洞壁。利用环形梁逆时针旋转，安装第五段弧形拱架节，采用螺栓与第二节弧形拱架节连接。利用钢拱架张紧装置，将已安装的 5 段钢拱架撑紧，与洞壁贴合后，安装凑合节。采用焊接方法，利用凑合节钢板，连接第五节和第四节弧形钢拱架。凑合节的两块钢板，对称焊接在弧形钢拱架的两侧腹板，单环钢拱架安装完成。

5.3.1.3 钢拱架安装效率

为了提高支护效率，在 TBM 进入破碎围岩段之前，应提前将支护材料储存至 TBM 主机区域，钢筋排和钢筋网存放在主机锚杆钻机平台区域，钢拱架存放在机头架区域隧洞的底部，顶护盾钢筋排孔内应插满钢筋。

单榀拱架的安装用时不超过 20min，拱架间的水平连接型钢（或钢筋）的焊接最短用时不超过 10min。

5.3.1.4 钢拱架安装器使用小结

钢拱架安装器液压系统设计及配置完善，故障率较低，主要故障表现为液压钢丝软管磨损，接头连接处松动等；电气控制采用遥控器控制，精确安全，但故障率较高，主要表现为遥控器故障率较高、油缸无动作及电气接线断开等。

为提高拱架安装器设备利用率，每次安装拱架前，电气液压技术人员进行拱架安装器调试和空载运行，及时排除系统故障，为确保钢拱架安装效率不低于 20min/榀提供设备保障条件。

5.3.2 喷射混凝土

5.3.2.1 混凝土拌和及运输效率

依托工程的与喷射混凝土相配套的混凝土拌和站，设计拌和能力为 75m³/h，实际拌和能力为 75m³/h。

混凝土罐车每罐 6m³，配置了 2 台有轨混凝土罐，最长掘进距离为 8.2km，最长运输时间为 40min，实际混凝土拌和及运输未影响喷射混凝土作业。

5.3.2.2 喷射混凝土作业效率

依托工程的 TBM 后配套配置有 2 台各自独立的混凝土喷射小车，小车的有效行程为 7m。Ⅳ类及Ⅴ类围岩的混凝土喷射范围为 290°，混凝土标号为 C30，厚度为 150mm，喷射混凝土工程量为 22.17m³/7m；Ⅲa/Ⅲb 类围岩的混凝土喷射范围为 180°，混凝土标号为 C30，厚度为 100mm，喷射混凝土工程量为 9.23m³/7m。在喷射混凝土小车有效行程 7m 范围内，Ⅳ类及Ⅴ类围岩喷射混凝土平均耗时为 135min。

5.3.2.3 喷射混凝土作业效率与掘进匹配性分析

依托工程的喷射混凝土作业效率与掘进匹配性分析是指当掘进速度最快时，喷射混凝土效率是否满足掘进速度需要。一般来说，Ⅱ/Ⅲa 类围岩掘进速度较快，喷射混凝土的效率应满足此类围岩的掘进需要。依托工程的Ⅱ类、Ⅲa 类及Ⅲb 类围岩的平均掘进速度分别为 2.6m/h、2.8m/h 及 3.1m/h，因此，当喷射混凝土作业的效率与掘进速度匹配时，其效率应不低于 3.1m/h。

根据依托工程的 TBM 实际喷射混凝土作业效率统计结果，当待掘进岩石为Ⅳ/Ⅴ类围岩时，由于掘进速度较低，TBM 混凝土喷射设备能满足已掘进段的各类围岩的喷射混凝土支护速度需要，喷射混凝土速度与掘进速度相匹配；当待掘进岩石为Ⅱ类/Ⅲa 类/Ⅲb 类围岩时，由于掘进速度较快，TBM 混凝土喷射设备不能满足已掘进段的Ⅳ类/Ⅴ类围岩的喷射混凝土支护速度需要，喷射混凝土速度与掘进速度不相匹配。

5.3.2.4 喷射混凝土作业分析

依托工程的两台 TBM 在第一掘进段，混凝土喷射伸缩臂覆盖范围达不到设计要求，且喷射混凝土不均匀，小车行走液压马达一直漏油，喷头摆动液压缸故障率较高，回弹率高达 30%～40%；TBM 第一掘进段完成后，在转场期间，将喷射混凝土系统改造成桥架式混凝土喷射系统，改造后的覆盖范围达到了设计要求，喷射混凝土质量明显提升，系统故障率大大降低，回弹率降低至 20%～30%。

喷射混凝土回弹料弹落至大臂、行走小车轨道、旋转喷头等部件的表面，且清理极困难，混凝土喷射系统故障频繁发生，故障停喷时间较长。而且混凝土流动性波动较大、骨料超径较多及长距离运输造成混凝土凝结等原因，导致混凝土喷射作业过程中易发生堵管现象，清理管道浪费大量时间，延误掘进作业。

在依托工程 TBM 施工中，一般情况下，只要保证较高的设备利用率和设备完好率，该套设备不会出现延误掘进作业的情况，混凝土喷射设备能力足以满足各种围岩的施工需要。在实际施工过程中，应重视混凝土喷射设备的清洁工作，回弹料必须在当班作业完成后及时清理，保证设备没有额外负重及行走轨道无障碍。电气液压系统维护每班检查，及时排除故障隐患，提高设备利用率。混凝土拌和时应严格按照设计的配合比配料，严格控制骨料的超、逊径，确保混凝土的流动性，减少运输时间，及时清理不合格混凝土。

5.3.3　支护作业典型警示案例

5.3.3.1　未及时支护案例一

1. 事故现象

2015 年 3 月 16 日，TBM1 向前掘进时，发现已掘进的 25m 长度范围内存在围岩极不稳定的安全隐患，亟须进行支护工作，但锚杆钻机及钢拱架支护系统已远离该区域，无有效支护手段。

2. 事故原因

在 TBM 掘进过程中，现场工作人员发现，围岩状况较差，但未经设计人员及监理人员对围岩稳定性评估，存在侥幸心理，没有及时进行钢拱架安装、锚杆安装及混凝土喷射等有效支护工作，盲目掘进，导致锚杆钻机及钢拱架支护系统已远离该区域，无有效支护手段，只能使 TBM 支护系统后退（即"倒车"）至该区域后进行支护处理。

3. 处理措施

为满足"倒车"需要，在 TBM 进行"倒车"的同时，安排专人拆除"倒车"区域内的连续胶带机支架，断开供排水管路，陆续拆除后配套轨道，收回风带至储存仓，收回电缆至电缆卷筒等。"倒车"的最大长度为 25m，以满足支护部位的作业需要。

4. 处理资源消耗

本次处理的资源消耗不包括喷护作业所需的钢拱架、钢网片、锚杆及喷射混凝土等材料费用及相应的人工费用，处理本次事故的额外材料费用为 4700 元，16 人历时 8 天 [150 元/（天·人）] 发生费用 19200 元，总费用为 23900 元。

5. 处理周期

从 2015 年 3 月 16 日 TBM"倒车"开始，于 2015 年 3 月 19 日"倒车"完成，至 2015 年 3 月 23 日喷护作业结束，故障处理导致 TBM 停机 8 天。

6. 经验教训

当现场人员发现围岩状况较差或对围岩稳定性判断不准确时，应遵循"就高不就低"的原则，进行支护处理。按照规定，当出现上述情况时，应会同设计人员及监理人员对围岩稳定性进行评估，按照相应的设计标准进行支护或不支护，坚决杜绝侥幸心理，盲目掘进。

5.3.3.2　未及时支护案例二

1. 事故现象

2014 年 10 月 6 日 16：15，TBM1 掘进中发现已出露的洞段的撑靴区域右侧的围岩有明显节理，但未及时进行锚杆、安装钢拱架支护，继续掘进了 3 个行程后，在撑靴撑紧的压力作用下，撑靴部位的围岩发生松动并滑落，致使右侧边墙出现了一个长 3.5m、宽 2m、最深达 1m 的不规则空腔。为使撑靴撑紧，工作人员使用方木和沙袋对空腔进行填充处理，但因空腔过大，当撑靴加压后，填充物受挤压而掉落，无法为撑靴提供稳固的反支力，掘进被迫停止。

2. 事故原因分析

撑靴区域的围岩出现节理，存在掉落风险后，现场人员未对其进行及时支护，盲目掘进，致使该部位不稳定的围岩在撑靴压力作用下大面积掉落。

3. 处理措施

2014 年 10 月 7 日 22：00，工作人员根据围岩塌落情况，决定采用架立模板，对塌腔处浇筑混凝土，以填充塌腔。2014 年 10 月 8 日 8：00，撑靴塌腔浇筑混凝土完成，立模、浇筑共耗时 14h，混凝土等强 12h 后，即于 2014 年 10 月 8 日 20：00，由专业试验员对混凝土强度进行了鉴定，认为混凝土强度可以承受撑靴压力后，恢复掘进。

4. 处理资源消耗

设备材料费用为 7200 元，16 人历时 3 天 [150/（天·人）] 发生费用 7200 元，总费用为 14400 元。

5. 处理周期

从 2014 年 10 月 6 日 16：15，塌腔部位撑靴无法撑紧后停止掘进，至 2014 年 10 月 8 日 20：00，塌腔立模浇筑完成，恢复掘进，此次塌腔事件导致 TBM 停机 3 天。

6. 经验教训

相较于拱顶部位的不稳定围岩，边墙部位的不稳定围岩虽然对施工人员及设备威胁较小，但若不及时支护，形成大面积塌腔，将会导致撑靴无法撑紧，同样会阻碍正常掘进作业。支护作业时应重视边墙部位的围岩情况，应及时对不稳定围岩进行支护。加固时应采取优先选用锚杆及安装钢拱架等措施，以缩短加固周期。

5.4　TBM 维护与保养

在 TBM 掘进前编制了《TBM 维护保养手册》。维护保养工作按照 TBM 制造商提供的《TBM 主机及其后配套设备维护保养手册》规定的内容和项目部制定的维护保养要求执行。维护保养工作主要由维护保养队完成，维护保养队包括 4 个班组，即液压班、刀具班、电气班和机修班。

5.4.1　液压班

液压班的主要任务包括：主轴承密封、驱动电机、液压主泵站、润滑系统、后支撑及鞍架、钻机、湿喷机、水系统及冷却系统等的维护、维修与保养。液压班为两班制，分为白班及夜班。

液压班人员分为检修人员和维护人员，检修人员负责每天在停机期间（每日停机期为 8：00—12：00）的检查、维修和保养工作，维护人员负责在掘进期间的液压系统的保障工作。

液压班检修人员每日需例行检查的项目内容包括主轴承密封、驱动电机油位及液压泵站等，检查工作完成后需填写检查表。严格按照规定的 TBM 液压系统的"主要部位维护周期"进行检查，检查的周期规定详见表 5.4-1。

表 5.4-1　　　　　　　　TBM 掘进过程液压系统维护周期及检查记录表

序号	维护部位	周期	要　　　求	备　　注
1	叶片泵、柱塞泵、齿轮泵	5h	通过听、看、摸的方式检查泵，看是否存在异常的响声和震动	
2	水泵	5h	通过听、看、摸的方式检查泵，看是否存在异常的响声和震动	
3	液压泵站连接螺栓	5d	不松动	泵—联轴器壳体—电机
4	润滑泵站连接螺栓	5d	不松动	泵—联轴器壳体—电机
5	钻机泵站连接螺栓	7d	不松动	泵—联轴器壳体—电机
6	润滑回油滤芯清理	7d	磁性滤芯、回油滤芯同步清理	发现异常立即进行油质检测
7	其他泵站连接螺栓	15d	不松动	泵—联轴器壳体—电机
8	油质检测	30d	油质合格	所有泵站油质都要检测

液压管路检查过程中，应注重易于损坏的管路的检查，包括机头架、主梁以及鞍架上的管路等。发现磨损较严重的，应立即更换；磨损较轻的，应做好保护处理，并在 TBM 运行期间多巡查。当 TBM 操作室的压力传感器报警时，应更换全部的液压系统的滤芯（包括回油滤芯），更换液压油时，须同时更换滤芯。及时查看油位，需要补油时，应做好补油记录，记录内容包括补油原因、补油部位、补油型号及补油量。油缸检查重点是楔块油缸、后支撑油缸、撑靴油缸、拖拉油缸。

5.4.2　刀具班

刀具班的主要任务有刀具磨损量检查、刀具完整性检查、刀盘喷水检查、铲斗齿磨损和完整性检查及相应的更换任务。刀具班为两班制，分为白班及夜班。

5.4.2.1　刀具检查

每日检查刀具磨损是否达到更换要求，做好相应记录并每天上报，换刀标准详见表 5.4-2。

表 5.4-2　　　　　　　　　　刀具极限磨损量标准

刀具编号	刀具类型	磨损极限数值/mm	相邻刀刃高差/mm
1~8	中心刀	25	15
9~43	面刀	35	20
44~46	边刀	25	18
47~51	边刀	19	12
52、53	扩大刀	12	8

5.4.2.2　刀盘喷水检查

各掘进班在班前班后，应检查刀盘喷水喷头是否完好，压力是否充足，并检查刀盘喷水旋转接头是否完好。

5.4.2.3　铲斗齿检查

在每日停机期间，检查铲斗齿，查看铲斗齿的完好性和磨损量，查看铲斗齿螺母是否有松动现象，检查螺栓的磨损情况。当更换铲斗齿后，掘进一个循环后应进行螺栓二次紧固。

5.4.3 电气班

电气班的任务主要有日常维护保养和掘进时应急处理两部分。每日检查各用电设备供电是否正常，功能性是否良好，及时排查和处理故障。当掘进期间突发电气故障时，应做好相应的应急处理，并及时对故障部位的元件进行更换。

按照检查频次，分为日、周、月及临时检修四种，相应检查检修内容分别如下。

5.4.3.1 日检查检修内容

主洞照明线路、通信光缆、主洞胶带机急停线和急停拉线等的延伸。检查急停拉线开关的间距是否为 200m；检查机头架内各主驱动电机动力电缆绝缘性，当液压管路和机体发生摩擦时，应及时做好防护，避免绝缘外皮破损导致短路；检查 TBM 电气柜内的接线端子连接是否松动；检查各控制回路及现场总线通信线路绝缘性是否良好；检查左、右侧锚杆钻机控制箱内接线端子连接是否松动，检查并修复电磁阀线缆的破损情况，检查控制器电量情况，功能是否完好，各遥控动作执行是否灵敏；检查轨道吊机、悬臂吊机及折臂吊机功能是否良好，各动作执行是否灵敏；检查左、右侧湿喷机控制柜内接线端子连接是否松动；检查并修复电磁阀线缆的破损；检查控制器电量情况，功能是否完好，各遥控动作执行是否灵敏；检查各单相、三相电源箱内接线端子的连接情况，及时紧固已松动的螺母；检查刀盘点动站控制线路有无磨损，触点接触是否良好，对灵敏性不足的元件及时更换。

5.4.3.2 周检查检修内容

检查刀盘驱动电机接线端子紧固情况，有无松动、虚接现象；检查各液位、温度、压力、速度、行程传感器的读数及信号传输是否正常；检查除尘风机和增压风机功能是否良好；检查接线端子是否松动，有无线缆虚接现象发生，及时清理控制柜中的灰尘；检查主机和后配套台车的照明系统，对已失效的灯具进行更换；检查各离散型模块防砸、防水措施，视现场情况做相应的加固；检查应急发电机组启停状态及电力输出是否正常，发现油位和电瓶电量不足时，应及时补充。

5.4.3.3 月检查检修内容

清理主机变压器、单相变压器、功率补偿柜、主电气柜中的灰尘，对已损坏的各通风散热设备及时进行更换；检查驱动电机变频柜内部是否干燥，通风降温设备运转是否正常，冷却水箱内有无杂质，流量和温度是否达标；检查高压电缆卷筒、水缆卷筒及台车尾部卷扬机控制箱及电力输入是否正常；对主机与洞外通信系统和监控系统的维护保养，系统设备包括手机信号收发器、监控摄像头及有线电话机等；做好防尘、防水措施，对失灵的器件及时更换。

5.4.3.4 临时检查检修内容

清理主支洞胶带机变频柜的灰尘，检查接线端子紧固情况；TBM 向前每掘进 300m，配合掘进队收放高压电缆，做好送电工作。

5.4.3.5　应急情况处理与交接

当出现应急情况时，如掘进作业值班人员对故障做出了应急处理时，应与维护人员做好详细的交接工作，以便尽快排除故障。

5.4.4　机修班

机修班的主要工作任务按照检查周期，分为日、3 日、周、月、季及 2000h 六种，相应检查检修内容详见表 5.4-3。

表 5.4-3　　　　　　　　　　机修班各检查周期的主要工作内容

检查周期	维护检修检查部位	要　求
日	1. TBM 供水管延续	满足掘进要求
	2. TBM 机头架、环形梁、拱架安装器及钻机平台等震动较大设备	检查是否存在开焊、脱焊等情况
	3. TBM1、2、3 号皮带机	清理皮带下侧积渣，检查皮带托辊，发现损坏及时更换
	4. 胶带与刀盘旋转接头	打黄油直至冒出
3 日	空压机	清理空气滤芯
周	1. 拱架安装器、环形梁、钻机大车行走齿轮、鞍架、十字轴、油缸连接销轴、润滑回油泵	打黄油直至旧油打出
	2. TBM 所有的焊接点	检查是否存在开焊、脱焊等情况
月	1. 台车行走轮	打黄油直至旧油打出
	2. 刀盘—机头架转接座的连接螺栓	3m 7000psi
	3. 鞍架的连接螺栓	3m 7000psi
季	1. 所有电机专用油	打黄油直至旧油打出
	2. 检查主梁的连接螺栓	3m 7000psi
2000h	空压机	更换滤芯

5.4.5　故障处理记录

在发生故障并处理完以后，相应班组须填写故障处理记录表。维护队各个作业班组依照项目工程技术部和 TBM 制造商共同制定的液压、电气、机械以及刀具检查表对设备故障处理情况分别进行详细记录。

5.5　掘进参数与效率

5.5.1　地质条件

依托工程的主洞洞室埋深相对较大，除 4 号与 3 号施工支洞控制段洞室埋深小于或接近 100m 外，其他各洞段埋深均大于 200m，且近 30% 洞段埋深大于 300m，局部则超过 500m。主洞穿越的地层岩性主要为集安群古老变质岩，主要围岩岩性为元古代巨斑状花岗岩，呈青灰-肉红色，局部贯穿灰绿岩脉，呈青灰色，弱风化，斑状结构、块状构造，节理较发育-不发育，岩石为硬质岩，坚硬，岩体较破碎，易碎裂，局部围岩稳定性差。

但开挖揭露后，地质条件变化较大，TBM 掘进段地质围岩变化情况详见表 5.5-1，四个掘进段的围岩变化情况详见表 5.5-2～表 5.5-5。

表 5.5-1　　　　　　　TBM 掘进段地质围岩变化情况表

名称	招标文件各类围岩长度		实际各类围岩长度		实际与设计相比/m	占比/%	
	围岩类别	长度/m	围岩类别	长度/m		设计	实际
TBM掘进段	Ⅱ	5361.731	Ⅱ	13861.802	8500.071	17.40	44.98
	Ⅲa	11356.332	Ⅲa	9341.777	−2014.555	36.85	30.31
	Ⅲb	11092.762	Ⅲb	6593.224	−4499.538	35.99	21.39
	Ⅳ	2710	Ⅳ	1000.824	−1709.176	8.79	3.25
	Ⅴ	300	Ⅴ	23	−277	0.97	0.07
	合计	30820.825	合计	30820.627	—	100	100

表 5.5-2　　　　　　　TBM2-1 段地质围岩对比表

名称	招标文件围岩类别		实际围岩类别		实际与设计相比/m	占比/%	
	围岩类别	长度/m	围岩类别	长度/m		设计	实际
TBM2-1掘进段	Ⅱ	860	Ⅱ	1281	421	11.82	17.61
	Ⅲa	3153.87	Ⅲa	2962.046	191.824	43.35	40.71
	Ⅲb	2376.4	Ⅲb	2661.224	492.646	32.66	36.58
	Ⅳ	775	Ⅳ	348	427	10.65	4.78
	Ⅴ	110	Ⅴ	23	87	1.51	0.32
	合计	7275.27	合计	7275.27	—	100	100

表 5.5-3　　　　　　　TBM2-2 段地质围岩对比表

名称	招标文件围岩类别		实际围岩类别		实际与设计相比/m	占比/%	
	围岩类别	长度/m	围岩类别	长度/m		设计	实际
TBM2-2掘进段	Ⅱ	2220	Ⅱ	3186.362	966.362	27.06	38.83
	Ⅲa	3053.824	Ⅲa	2995	58.824	37.22	36.50
	Ⅲb	2731.362	Ⅲb	1897	834.362	33.29	23.12
	Ⅳ	180	Ⅳ	126.824	53.176	2.19	1.55
	Ⅴ	20	Ⅴ	0	20	0.24	0.00
	合计	8205.186	合计	8205.186	—	100	100

表 5.5-4　　　　　　　　TBM1-1 段地质围岩对比表

名称	招标文件围岩类别		实际围岩类别		实际与设计相比/m	占比/%	
	围岩类别	长度/m	围岩类别	长度/m		设计	实际
TBM1-1掘进段	Ⅱ	1429.731	Ⅱ	7007.638	5577.907	16.19	79.33
	Ⅲa	1803.638	Ⅲa	1003.731	799.907	20.42	11.36
	Ⅲb	4560	Ⅲb	572	3988	51.62	6.48
	Ⅳ	1040	Ⅳ	250	790	11.77	2.83
	合计	8833.369	合计	8833.369	—	100	100

表 5.5-5　　　　　　　　TBM1-2 段地质围岩对比表

名称	招标文件围岩类别		实际围岩类别		实际与设计相比/m	占比/%	
	围岩类别	长度/m	围岩类别	长度/m		设计	实际
TBM1-2掘进段	Ⅱ	852	Ⅱ	2386.802	1534.802	13.10	36.64
	Ⅲa	3345	Ⅲa	2381	-964	51.44	37.57
	Ⅲb	1425	Ⅲb	1463	38	21.91	22.48
	Ⅳ	715	Ⅳ	276	-439	11.00	4.24
	Ⅴ	170	Ⅴ	0	-170	2.55	0.00
	合计	6507	合计	6506.802	—	100	100

以上围岩对比表显示，实际开挖揭露地质围岩主要以Ⅱ类、Ⅲa类、Ⅲb类围岩为主，占比较大，掘进开挖里程长；Ⅳ类、Ⅴ类围岩占比较小，掘进里程较短。

已揭露的地质情况表明，Ⅱ类、Ⅲa类、Ⅲb类围岩岩体为硬质岩，岩石较坚硬，其抗压强度为 80~170MPa，对刀盘刀具切割岩石磨损大。

依据设计要求，Ⅱ类、Ⅲa类围岩进行局部锚杆、网片及喷射混凝土施工，紧跟掘进掌子面实施。Ⅲb类围岩进行局部锚杆、网片及顶拱 180°范围喷射混凝土施工。Ⅳ类、Ⅴ类围岩岩体为软质岩，较破碎，局部易掉块和存在坍塌现象，支护采用局部开口环梁或全圆钢支撑、安装系统锚杆、钢筋排、网片及喷射混凝土施工，支护紧跟掘进掌子面实施，以避免影响掘进速度。

5.5.2　TBM1

对 TBM1 段掘进参数统计分析，各类围岩实际平均掘进参数详见表 5.5-6。

表 5.5-6　　　　　　　　TBM1 段掘进参数对比表

围岩类型	贯入度/mm	推力/kN	扭矩/(kN·m)	掘进速度/(m/h)	刀盘转速/(r/min)	平均日进尺/m
Ⅱ	7.25	16539.00	2489.50	2.60	6.12	24.87
Ⅲa	7.75	15476.00	2556.50	2.80	5.91	23.97
Ⅲb	9.80	13830.50	2423.50	3.10	5.59	24.12
Ⅳ	9.85	12007.50	2094.50	2.70	4.82	8.87
均值	8.66	14463.25	2391.00	2.80	5.61	20.45

对上表分析后，可以得出如下结论：

Ⅱ类围岩硬度大、强度高，贯入度值最低，所对应的扭矩大，掘进期间需要较大的推力，岩石情况稳定，在支护上需要的时间较少。该类围岩对于 TBM 掘进属于较理想的围岩类型。

Ⅲa类围岩硬度较大、强度较高，贯入度值相对Ⅱ类围岩有所升高，所对应的扭矩增大，所需推力降低，岩石情况较稳定，局部需要进行支护作业。该类围岩对于 TBM 掘进属于较好的围岩类型。

Ⅲb类围岩岩体较破碎，局部完整性差，贯入度值相对Ⅲa类围岩升高，所对应的扭矩降低，由于岩石情况不稳定，围岩不能自稳，局部存在掉块现象，掘进期间需要控制推力。在遇到Ⅲb类围岩的情况下，应加强进行支护作业。该类围岩对于敞开式 TBM 掘进属于较好的围岩类型。

Ⅳ类围岩岩体破碎，完整性差，围岩不能自稳，存在掉块现象，贯入度值高，所对应的扭矩较高，掘进期间需要控制推力，防止塌方。在遇到Ⅳ类围岩的情况下，由于岩石情况不稳定，较多的时间用于控制围岩稳定施工。该类围岩对于敞开式 TBM 掘进属于不理想的围岩类型。

5.5.3 TBM2

对 TBM2 段掘进参数统计分析，各类围岩实际平均掘进参数详见表 5.5-7。

表 5.5-7　　　　　　　　　　　TBM2 段掘进参数对比表

围岩类型	贯入度 /mm	推力 /kN	扭矩 /(kN·m)	掘进速度 /(m/h)	刀盘转速 /(r/min)	平均日进尺 /m
Ⅱ	5.62	18172.00	3145.45	2.52	5.85	23.44
Ⅲa	6.44	16634.00	3531.50	2.15	6.01	19.69
Ⅲb	7.08	14112.50	2977.50	2.42	5.56	20.78
Ⅳ	9.11	14826.00	3921.50	2.75	5.13	19.72
均值	7.06	15936.00	3393.99	2.46	5.64	20.91

对上表分析后可以看出，TBM2 与 TBM1 掘进参数基本相同。根据 TBM1 和 TBM2 段不同围岩掘进参数匹配性分析，地质条件是 TBM 施工至关重要的因素，Ⅱ类、Ⅲa类、Ⅲb类围岩属于理想的地质条件，Ⅳ类围岩需要大量的支护工作，而且存在卡机等隐患，因此需增加施工辅助作业，减少 TBM 掘进时间，是影响 TBM 掘进速度的重要因素之一。

综合 TBM1 与 TBM2 掘进参数，依托工程的 TBM 掘进速度平均值为 2.56m/h，刀盘转速平均值为 5.62r/min，贯入度平均值为 7.86mm/r。依托工程的平均掘进参数详见表 5.5-8。

5.5.4 TBM1 设备机时利用率统计

机时利用率（η_i）是指掘进时间（T_i）占总施工（从试掘进至贯通，不包括转场）时间（T_z）的比例。

表 5.5－8　　　　　　　　依托工程 TBM1 和 TBM2 平均掘进参数表

围岩类型	贯入度/mm	推力/kN	扭矩/(kN·m)	掘进速度/(m/h)	刀盘转速/(r/min)	平均日进尺/m
Ⅱ	6.44	17355.50	2817.48	2.31	5.98	24.15
Ⅲa	7.10	16055.00	3044.00	2.48	5.96	21.83
Ⅲb	8.44	13971.50	2700.50	2.76	5.57	22.45
Ⅳ	9.48	13416.75	3008.00	2.72	4.97	14.29
均值	7.86	15199.00	2892.00	2.56	5.62	20.68

TBM1－1 和 TBM1－2 的机时利用率详见表 5.5－9。TBM1 的纯掘进时间为 6330.1h。

表 5.5－9　　　　　　TBM1－1 和 TBM1－2 机时利用率统计表

项　　目	TBM1－1	TBM1－2	合计
掘进长度/m	8833.369	6507	15340.369
纯掘进时间/h	3792.2	2537.9	6330.12
正常维护时间/h	3392	1944	5336
故障停机时间/h	2991.8	1595	4586.8
机时利用率 η_j/%	37.27	41.76	39.51

据了解，国内 TBM 项目的 TBM 机时利用率约 35% 左右，依托工程 TBM1－1 段机时利用率为 37.27%，TBM1－2 段机时利用率为 41.76%，平均为 39.51%，已达到国内领先水平。

5.5.5　TBM2 设备机时利用率统计

TBM2－1 和 TBM2－2 的机时利用率详见表 5.5－10。

表 5.5－10　　　　　TBM2－1 和 TBM2－2 机时利用率统计表

项　　目	TBM2－1	TBM2－2	合计
掘进长度/m	7275.27	8205.186	15480.396
纯掘进时间/h	3364.12	4413.65	7777.77
正常维护时间/h	3104	3232	6336
故障停机时间/h	2507.88	1679.35	4894.23
机时利用率 η_j/%	36.13	45.52	40.92

与国内机时利用率约 35% 相比，依托工程 TBM2－1 段机时利用率为 36.13%，TBM2－2 段机时利用率为 45.52%，平均为 40.92%，均已达到国内领先水平。

5.6　工期控制

依托工程 TBM 掘进段开挖洞径为 8.53m，开挖断面为圆形，采用两台 TBM 施工（TBM1 和 TBM2）。TBM 掘进完成后，TBM1 段实际掘进长度 15.361km，TBM2 段实际掘进长度 15.55km。

依托工程 TBM 实际开挖 30.911km，折合石方开挖方量为 175.31 万 m^3（合同计量开挖直径为 8.5m）。实际施工锚杆约 6 万根，喷射 C30W10 混凝土约 3.1 万 m^3，钢筋网片约 350t，型钢支撑约 0.22 万 t。

5.6.1 实际施工节点及各月掘进进尺统计

TBM1 及 TBM2 实际组装、掘进、转场检修及掘进贯通节点见表 5.6-1，合同规定的组装洞室施工与实际施工工期对比见表 5.6-2，TBM 设备采购合同供货节点、实际到货节点对比见表 5.6-3，TBM 各阶段实际作业节点及其周期见表 5.6-4、表 5.6-5，TBM1 及 TBM2 各月掘进进尺统计见表 5.6-6～表 5.6-9。

表 5.6-1 TBM 洞挖掘进段施工节点

TBM 编号	组装节点	掘进开始时间	转场/检修节点	掘进贯通时间	里程/m
TBM1	2013-10-06—2013-12-09	2014-01-23	2015-04-21—2015-07-11	2015-04-20	8833.369
		2015-07-12		2016-04-05	6502.802
TBM2	2013-07-13—2013-10-04	2013-11-11	2014-12-05—2015-01-27	2014-12-04	7275.27
		2015-01-28		2016-03-08	8205.186

表 5.6-2 土建合同各阶段作业节点、实际作业节点及其周期对比表

名称		1. 组装洞室施工及桥吊安装阶段			2. TBM 组装阶段			3. TBM 掘进阶段		
		开始日期	完成日期	周期/d	开始日期	完成日期	周期/d	开始日期	完成日期	周期/d
TBM1	合同	2013-02-11	2013-05-31	110	2013-06-01	2013-08-15	76	2013-08-16	2015-09-16	762
	实际	2013-01-15	2013-07-12	178	2013-10-06	2013-12-09	65	2014-01-23	2016-04-05	804
TBM2	合同	2012-06-25	2012-11-25	154	2013-01-01	2013-03-15	74	2013-03-16	2015-06-01	808
	实际	2012-09-15	2013-05-13	240	2013-07-13	2013-10-04	84	2013-11-11	2016-03-08	849

注 合同规定。
1. TBM1 施工段 2016 年 10 月 31 日完成主体工程，具备通水条件，2017 年 5 月 31 日全部完工。
2. TBM2 施工段 2016 年 7 月 31 日完成主体工程，具备通水条件，2017 年 5 月 31 日全部完工。

表 5.6-3 TBM 设备采购合同供货节点、实际到货节点对比表

TBM 编号	阶段名称	车间组装开始日期	车间组装测试完成日期	第1批货物到工地日期	最后1批货物到工地日期	现场安装完成日期	试掘进开始日期
TBM1	合同	2013-01-30	2013-05-29	2013-06-14	2013-07-21	2013-08-27	2013-09-05
	实际	2013-01-30	2013-01-30	2013-09-30	2013-01-30	2013-12-08	2014-01-23
TBM2	合同	2012-11-30	2013-03-17	2013-02-08	2013-04-21	2013-06-03	2013-06-14
	实际	2013-01-30	2013-01-30	2013-07-12	2013-10-02	2013-10-03	2013-11-11

注 合同规定。
1. TBM1 采用集中发运。
2. TBM2 采用分批发运。

表 5.6-4　　　　　　　　　**TBM 各阶段实际作业节点及其周期（一）**

TBM 编号	组装及步进期			试掘进期			第 1 掘进段		
	开始日期	完成日期	周期/d	开始日期	完成日期	周期/d	开始日期	完成日期	周期/d
TBM1	2013-10-06	2014-01-22	109	2014-01-23	2014-06-20	149	2014-01-23	2015-04-20	453
TBM2	2013-07-13	2013-11-10	121	2013-11-11	2014-03-13	123	2013-11-11	2014-12-04	389

注　1. TBM1 组装从 2013 年 10 月 6 日开始。
　　2. TBM2 组装从 2013 年 7 月 13 日开始。

表 5.6-5　　　　　　　　　**TBM 各阶段实际作业节点及其周期（二）**

TBM 编号	中间转场及检修期			第 2 掘进段			拆卸期		
	开始日期	完成日期	周期/d	开始日期	完成日期	周期/d	开始日期	完成日期	周期/d
TBM1	2015-04-21	2015-07-11	82	2015-07-12	2016-04-05	269	2016-04-06	2016-06-12	68
TBM2	2014-12-05	2015-01-27	54	2015-01-28	2016-03-08	406	2016-03-09	2016-04-30	53

表 5.6-6　　　　　　　　　**TBM2 段 2013 年各月掘进进尺统计表**

月进尺		月份			
		9	10	11	12
TBM2	月进尺/m	TBM 安装	TBM 安装	16	386
	累计/m	—	—	16	402

表 5.6-7　　　　　　**TBM1 及 TBM2 段 2014 年各月掘进进尺统计表**　　　　　单位：m

月进尺		1 月	2 月	3 月	4 月	5 月	6 月	7 月	8 月	9 月	10 月	11 月	12 月
TBM1	月进尺	—	74	260	502	772	576	610	716	649	548	940	800
	累计	—	74	334	836	1608	2184	2794	3510	4159	4707	5647	6447
TBM2	月进尺	662	543	715	805	361	572	333	624	771	867	483	137
	累计	1064	1607	2322	3127	3488	4060	4393	5017	5788	6655	7138	7275

注　本表中 TBM2 开始掘进日期为 2014 年 2 月 14 日。

表 5.6-8　　　　　　**TBM1 及 TBM2 段 2015 年各月掘进进尺统计表**　　　　　单位：m

月进尺		1 月	2 月	3 月	4 月	5 月	6 月	7 月	8 月	9 月	10 月	11 月	12 月
TBM1	月进尺	903	411	579	493	转场	转场	247	325	953	726	706	907
	累计	7350	7761	8340	8833	—	—	9080	9405	10358	11084	11790	12697
TBM2	月进尺	转场	364	680	512	960	603	914	405	605	537	549	547
	累计	—	7639	8319	8831	9791	10394	11308	11713	12318	12855	13404	13950

表 5.6-9　　　　　　**TBM1 及 TBM2 段 2016 年各月掘进进尺统计表**　　　　　单位：m

月进尺		1 月	2 月	3 月	4 月
TBM1	月进尺	1078	693	663	208
	累计	13775	14468	15131	15339
TBM2	月进尺	695	604	231	—
	累计	14645	15249	15481	—

依托工程全线共有 8 台 TBM 施工，为了对比 TBM1 及 TBM2 与其他 6 台 TBM 的掘进段长度、实际掘进天数及日平均掘进进尺，特将依托工程全线 8 台 TBM 进行了统计对比。8 台 TBM 的掘进段长度、实际掘进天数及日平均掘进进尺统计详见表 5.6 - 10 和表 5.6 - 11。

表 5.6 - 10　8 台 TBM 掘进段长度、实际掘进天数及日平均掘进进尺统计表（一）

项目类别	TBM1	TBM2	TBM3	TBM4
第一段掘进距离/m	8833	7275	7347	11453
第一段开始掘进日期	2014 - 01 - 23	2013 - 11 - 11	2013 - 09 - 20	2013 - 12 - 20
第一段贯通日期	2015 - 04 - 20	2014 - 12 - 04	2015 - 02 - 27	2016 - 01 - 15
第一段掘进天数/d	452	387	525	756
第二段掘进距离/m	6507	8205	10016	0
第二段开始掘进日期	2015 - 07 - 12	2015 - 01 - 30	2015 - 07 - 03	8868
第二段贯通日期	2016 - 04 - 05	2016 - 03 - 08	2017 - 03 - 21	——
第二段掘进天数/d	269	403	627	——
总掘进天数/d	720	790	1152	756
总掘进距离/m	15340	15480	17363	20321
平均日进尺/(m/d)	21.3	19.6	15.1	16.2

表 5.6 - 11　8 台 TBM 掘进段长度、实际掘进天数及日平均掘进进尺统计表（二）

项目类别	TBM5	TBM6	TBM8	TBM9
第一段掘进距离/m	7412	6406	5234	7495
第一段开始掘进日期	2013 - 11 - 09	2014 - 02 - 14	2014 - 01 - 21	2012 - 12 - 31
第一段贯通日期	2014 - 10 - 23	2015 - 01 - 13	2014 - 12 - 02	2014 - 08 - 23
第一段掘进天数/d	348	333	315	600
第二段掘进距离/m	5270	3661	3354	2668
第二段开始掘进日期	2014 - 12 - 15	2015 - 03 - 14	2015 - 03 - 17	2014 - 10 - 20
第二段贯通日期	2015 - 08 - 28	2015 - 08 - 18	2015 - 12 - 30	2015 - 07 - 16
第二段掘进天数/d	256	157	288	269
总掘进天数/d	604	490	603	869
总掘进距离/m	12682	10067	8588	10163
平均日进尺/(m/d)	21.0	20.5	14.2	11.7

5.6.2　施工周期统计

依托工程第四部分主体隧洞工程共投入 2 台 TBM 隧洞掘进机，划分两个掘进段，分别为 TBM2 段和 TBM1 段。首发掘进段为 TBM2 段，于 2013 年 11 月 11 日开始掘进，于 2016 年 3 月 8 日贯通，历时 2 年零 3 个月 27 天；TBM1 段于 2014 年 1 月 23 日开始掘进，于 2016 年 4 月 5 日贯通，历时 2 年零 2 个月 12 天。2 台 TBM 的掘进历时平均为 824.5

天。TBM 洞挖掘进段各年度实际工程进度详见表 5.6 - 12。

表 5.6 - 12　　　　TBM 洞挖掘进段各年度实际工程进度统计表

名　称	掘进段各年度实际工程进度				
	2013 年	2014 年	2015 年	2016 年	总计
TBM1 掘进段/m	—	6447	6250	2639	15336
TBM2 掘进段/m	402	6873	7370	835	15480
合计/m	402	13320	13620	3474	30816
百分比/%	1.3	43.22	44.2	11.27	100
累计完成/m	402	13722	27342	30816	30816

依据以上数据统计，2013 年完成 TBM 洞挖 402m，完成总累计的 1.3%；2014 年完成 TBM 洞挖 13320m，完成总累计的 43.22%；2015 年完成 TBM 洞挖 13620m，完成总累计的 44.2%；2016 年完成 TBM 洞挖剩余量 3474m，完成总累计的 11.27%。洞挖掘进高峰在 2014 年和 2015 年，两年内完成 TBM 总体洞挖掘进量的 87.42%。

5.7　TBM 开挖与支护质量控制

TBM 施工的主要质量控制环节包括 TBM 开挖洞轴线质量控制、开挖洞径质量控制及初期支护的质量控制三个方面。

5.7.1　TBM 开挖洞轴线质量控制

TBM 开挖洞轴线质量控制工作包括管理要求、人员要求、设备设施要求、测量技术要求等内容。

5.7.1.1　TBM 开挖洞轴线质量控制目的

TBM 开挖隧洞的轴线质量控制的目的为保证开挖的 TBM 隧洞洞轴线满足设计规定的偏差要求。

5.7.1.2　TBM 开挖洞轴线开挖设计要求

标招标文件要求，依托工程的"TBM 掘进洞段洞轴线水平和垂直方向的施工允许偏差分别控制在 ±60mm 和 ±40mm"。

5.7.1.3　TBM 开挖洞轴线质量控制管理要求

由项目技术负责人牵头，由主管测量工作的测量副总工程师直接负责项目的测量工作。制定了《测量管理办法》，该办法包括了自检复核制度、仪器操作及安全作业制度、仪器检校及维护管理制度。

5.7.1.4　TBM 开挖洞轴线质量控制人员要求

（1）在 TBM 掘进前，应对掘进机操作人员和测量人员进行专业培训，以提高作业人员的技术素质和技术水平，使其能满足质量控制能力要求。

（2）监控测量工作应配备足够的具有丰富操作经验的专业人员。测量人员配置为：主管测量工作的测量副总工程师 1 名、测量工程师 1 名、测量专业人员 6 名（两班制）、测量辅助人员 2 名。

5.7.1.5　TBM 开挖洞轴线质量控制设备和设施要求

（1）所有监控测量的仪器设备应严格按规范规程和技术要求进行采购，其运输及保管应由专人负责。

（2）测量设备的测试、率定、安装、埋设、观测和维护等工作应严格按使用说明书进行，并由专业人员专职负责，所有测量设备必须检验合格后才能使用。

（3）施工过程中应注意保护测量基准点、基准线和水准点等设施不被破坏。

5.7.1.6　TBM 开挖洞轴线质量控制测量技术要求

（1）应确保测量控制网的基准点、基准线和水准点的精确度，并与测量监理工程师共同校核，复核测量数据的准确性。

（2）严格按规范要求，建立与地面控制网统一的平面坐标和高程控制系统，在工程开工前报请监理工程师审批。

（3）在初始掘进前，采用测量仪器放出设计隧洞中心线和高程线，将 TBM 激光导向器校正，并调正 TBM 水平和垂直位置以及姿态，经复核无误后，才能进行 TBM 施工。

（4）TBM 开挖隧洞轴线的控制是通过使用 ZED 激光导向和数字显示系统给出偏离设计隧洞轴线的数值。隧洞每循环作业完成一次，立即进行隧洞现状观测（主要为隧洞中心线平面和高程偏离值的测量），在掘进时，机上操作人员应根据电脑显示的偏离值及时进行调向，正确指示掘进机的工作位置。掘进纠偏时应缓慢实施，控制单位长度范围内的纠偏量，避免出现"台阶"。

（5）在软弱围岩或掌子面上下、左右岩石软硬不均段掘进时，机器容易机头下沉或跑偏，操作人员应密切监视电脑屏幕显示的掘进参数，及时调整撑靴油缸压力和撑靴位置，必要时可在撑靴下垫钢板。

（6）为了防止导向系统产生偏差，工作人员应依据每天的进尺，在 TBM 停机检修时，按每 10m 一段测量实际开挖断面和洞轴线参数，并将结果填入日报。为防止隧洞开挖中方向传递误差积累过量和减少系统误差影响，每开挖 1～3km，应按《水利水电工程施工测量规范》（SL 52—93）中三等平面控制和三等水准进行监测。

5.7.2　开挖洞径质量控制

依托工程要求 TBM 开挖洞径控制在 8.50～8.53m 范围之内。初装新刀的开挖直径为 8.53m，在开挖过程中应加强 TBM 开挖刀具的检修和维护，保证隧洞的开挖洞径不小于 8.50m，当边刀达到其磨损极限时，及时更换新刀具。

5.7.3　TBM 初期支护的质量控制

锚杆间距孔位偏差不大于 100mm；钢筋网在洞外钢筋加工厂采用点焊方式制作成网

片，用人工安装，并与锚杆焊接固定；在喷射混凝土作业前，清洗洞壁，埋设控制喷射混凝土厚度的标识，喷射混凝土厚度不少于设计厚度；钢支撑在洞外加工厂制作，利用拱架安装器安装在衬砌设计断面，钢支撑紧贴岩壁，如有空隙，采用钢管或钢楔充填；当隧洞顶部遇到不良地质段时，采用预设在顶护盾中的钢筋排配合钢支撑联合受力，确保初期支护的质量。

5.7.4　质量控制效果

依托工程的两台 TBM 的 4 个掘进段（TBM2-1、TBM2-2、TBM1-1、TBM1-2）已分别于 2014 年 12 月 4 日、2016 年 3 月 8 日、2015 年 4 月 20 日、2016 年 4 月 5 日实现了贯通，在洞轴线、开挖洞径及初期支护三个质量控制方面取得良好效果，受到业主和监理单位的好评，质量控制情况分别如下。

5.7.4.1　洞轴线质量控制效果

招标文件规定的"TBM 掘进洞段洞轴线水平和垂直方向的施工允许偏差分别控制在 ±60mm 和 ±40mm"要求。

4 个掘进段贯通后，依托工程的 4 个掘进段贯通时的洞轴线偏差为：

TBM2-1 段洞轴线水平和垂直方向偏差分别为 +56mm、+7mm，TBM2-2 段洞轴线水平和垂直方向最大偏差分别为 +19mm、+13mm，TBM1-1 段洞轴线水平和垂直方向最大偏差分别为 +31mm、+25mm，TBM1-2 段洞轴线水平和垂直方向最大偏差分别为 +34mm、+17mm。实现高精度贯通，受到业主和监理单位好评。

5.7.4.2　开挖洞径质量控制效果

在 TBM 开挖施工过程中，严格控制 TBM 刀盘边刀的磨损量，在开挖直径不小于 5.5m 的情况下及时对边刀进行了更换，保证了最小开挖直径要求，且未发生因边刀磨损量超标而导致的刀盘卡死的现象。

5.7.4.3　初期支护质量控制效果

依托工程的钢拱架、锚杆、网片、钢筋排、喷射混凝土等初期支护均满足了支护设计规定的尺寸、强度和范围技术要求，支护工作完成后至混凝土浇筑前，初期支护稳定，未发生初期支护变形、垮塌等现象，支护效果良好。

5.8　TBM 作业安全管理

依托工程两台 TBM 施工的安全管理主要内容包括安全管理制度、危险源辨识与评价、应急救援预案等。TBM 从设备组装到拆除，未发生安全事故，实现了安全生产零事故管理目标。

5.8.1　安全管理制度

在依托工程 TBM 组装前，制定了系列安全管理制度，包括《安全生产目标管理制度》《安全生产责任制度》《安全生产委员会工作制度》《安全生产会议管理制度》《安全生产检查制度》《安全生产费用投入及统计管理制度》《安全生产法律法规标准规范管理制度》《安全文件与档案管理制度》《工具器具管理制度》《安全教育培训管理制度》《特种作业人员安全管理制度》《施工机械设备管理制度》《施工技术管理办法》《安全技术措施管理制度》《施工用电安全管理制度》《安全设施和安全标志管理制度》《脚手架搭拆使用安全管理制度》《防火防爆安全管理制度》《消防安全管理制度》《安全施工作业票管理制度》《交通安全管理制度》《防洪度汛安全管理制度》《安全文明施工管理制度》《安全值班领导带班制度》《高处作业安全管理制度》《动火作业安全管理制度》《邻近带电体作业安全管理办法》《爆破器材和爆破作业安全管理规定》《水上作业安全管理制度》《危险作业区域安全管理制度》《相关方安全管理制度》《安全生产变更管理制度》《安全生产考核管理制度》《安全生产奖惩管理办法》《事故隐患排查治理管理制度》《自然灾害及事故隐患预测预警管理办法》《危险有害因素辨识与评估管理制度》《危险物品及重大危险源管理制度》《工伤保险管理制度》《应急管理制度》《安全生产事故和突发事故管理制度》《安全标准化考核制度》《现场紧急撤人避险制度》《安全生产风险抵押金管理办法》《劳动防护用品管理制度》及《职业健康管理制度》等 46 部管理规定，形成了《安全生产及职业健康管理制度汇编》。

在项目 TBM 施工期间，全面落实了各项安全生产管理制度，并圆满完成了各年度考核目标要求。根据《安全教育培训管理制度》及各年度安全生产教育培训计划，员工上岗前均进行了三级教育培训，操作技能培训率达到 100%。"三类人员"、特种设备操作人员、特殊工种等持证上岗人员均达到了国家相关规定的持证上岗要求。

在 TBM 施工过程中，按照《安全检查制度》要求，以周为时间单元进行隐患排查，各类安全事故隐患均依据一般隐患立即整改、重大隐患限期整改的原则，进行了隐患治理，安全事故隐患整改率达到了 100%。

5.8.2　危险源辨识与评价

依托工程的 TBM 施工危险源辨识，参照了《水电水利工程施工重大危险源辨识及评价导则》（DL/T 5274—2012）的规定，结合 TBM 施工特点，进行了 TBM 施工的危险源辨识与评价。危险源辨识与评价内容包括危险源辨识与评价总体情况及危险源控制措施。

5.8.2.1　危险源辨识与评价总体情况

组织管理人员和主要施工人员对《水电水利工程施工重大危险源辨识及评价导则》（DL/T 5274—2012）的内容进行了学习，使现场管理人员和主要施工人员对 TBM 施工过程中的各个危险源有了明确的认识，并在施工中给予足够的重视。

在编制《危险源辨识与风险评价结果一览表》之前，开展了风险辨识预控分析和讨论活动，在每项施工作业开始前，通过交底会讨论现场实际危险源并直接通过讨论会研究预控措施保证作业安全。按照编撰单位对危险源管控的要求，结合 TBM 施工特点，编制了《危险源识别与风险评价结果一览表》，见表 5.8-1。

表 5.8－1　　　　　　　　　危险源识别与风险评价结果一览表

序号	危险源名称	所 在 部 位	可能导致的事故或职业病	作业条件危险性评价				风险级别	是否重要危险源	现有控制措施
				L	E	C	D			
1	机械设备操作人员无证上违规操作	场区设备物资装卸使用龙门吊、汽车吊/洞内桥机运行	起重机械伤害/设备损坏	3	6	15	270	II	是	制定特种设备操作人员持证上岗制度
2	机械设备检修保养不及时，带病作业无行走、起升及限重保护装置	场区设备物资装卸使用龙门吊、汽车吊/洞内桥机运行	起重机械伤害/设备损坏	3	6	15	270	II	是	严格按照安全操作规程运行设备；定期检查维修保养设备；制定应急预案
3	驾驶人员无证操作	场内物资、人员运输	车辆伤害事故	3	6	15	270	II	是	制定车辆运行管理制度
4	道路坑洼不平、狭窄	场内物资、人员运输	车辆伤害事故	3	1	1	3	V	否	严格按照安全操作规程运行驾驶车辆
5	酒后驾驶	场内物资、人员运输	车辆伤害事故	3	6	15	270	II	是	严格按照安全操作规程运行驾驶车辆
6	车辆维护保养不及时，带病运行	场内物资、人员运输	车辆损坏/车辆伤害事故	3	6	15	270	III	是	定期检查维修保养设备；制定应急预案
7	超速行驶，疲劳驾驶	场内物资、人员运输	车辆伤害事故	3	6	15	270	II	是	严格按照安全操作规程运行驾驶车辆
8	暴雨、暴雪、雾霾天气能见度低	场内物资、人员运输	车辆伤害事故	3	1	1	3	V	否	严格按照安全操作规程运行驾驶车辆
9	电工作业人员未持证上岗，非工作人员随意接线	施工现场/宿办区	触电	3	6	15	270	II	是	制定特种操作人员安全管理制度
10	用电线路接设混乱，发生短路现象，未设一机一闸，一闸多用	洞内维修	触电/火灾	3	6	15	270	II	是	严格按照安全操作规程运行设备；定期检查维修保养设备；制定应急预案；定期进行专项检
11	线路老化、接头裸露、开关破损	施工现场/宿办区	触电/火灾	3	6	15	270	II	是	定期检查维修保养设备；制定应急预案；定期进行专项检查
12	配电盘及高压装置无防护设施及警示	TBM 掘进机/宿办区	触电	3	6	15	270	II	是	定期检查维修保养设备；制定应急预案；定期进行专项检查
13	电气设备、电动工具维修保养不及时，带病运行，无接地保护装置	洞内维修	触电	3	6	7	126	III	否	严格按照安全操作规程运行设备；定期检查维修保养设备；制定应急预案；定期进行专项检查

序号	危险源名称	所在部位	可能导致的事故或职业病	作业条件危险性评价				风险级别	是否重要危险源	现有控制措施
				L	E	C	D			
14	架设高度不够、落地线	施工现场/宿办区	触电	3	6	7	126	Ⅲ	否	制定应急预案；定期进行专项检查
15	电工作业人员防护用品不符合规范，使用工器具没有绝缘防护等	洞内维修	触电	3	6	7	126	Ⅲ	否	严格按照安全操作规程运行设备；定期检查维修保养设备；制定应急预案；定期进行专项检查
16	起重人员无证作业指挥	洞内/场内材料设备装卸	起重伤害/设备损坏	3	6	15	270	Ⅱ	是	制定特种操作人员持证上岗制度
17	吊具、吊带、绳索磨损等缺陷超标	洞内/场内材料设备装卸	起重伤害/设备损坏	3	6	15	270	Ⅱ	是	定期检查维修保养
18	捆绑重物不在重心或绑扎不牢	洞内/场内材料设备装卸	起重伤害/设备损坏	3	6	15	270	Ⅱ	是	严格按照安全操作规程作业
19	绳索、吊耳、吊具选择不当超负荷使用	洞内/场内材料设备装卸	起重伤害/设备损坏	3	6	15	270	Ⅱ	是	严格按照安全操作规程作业
20	雨、雪及大风天气	场内材料设备装卸	起重伤害/设备损坏	3	6	15	270	Ⅱ	是	严格按照安全操作规程作业；定期检查维护；制定应急预案；定期进行专项检查
21	登高作业人员不挂安全带	洞内维修	高处坠落	3	6	15	270	Ⅱ	是	严格按照安全操作规程作业；定期检查维护；制定应急预案；定期进行专项检查
22	交叉作业无防护隔离措施	洞内维修	物体打击	3	6	7	126	Ⅱ	是	严格按照安全操作规程作业
23	作业人员带病或者酒后登高	洞内维修	高处坠落	3	6	15	270	Ⅱ	是	严格按照安全操作规程作业
24	焊接设备保护绝缘装置老化，接线不规范、电源线破损	洞内维修	触电、火灾	3	6	15	270	Ⅱ	是	严格按照安全操作规程作业；定期检查维修保养设备；制定应急预案；定期进行专项检查
25	焊、切割作业场所有易燃、易爆物品	洞内施工	火灾	3	6	15	270	Ⅱ	是	严格按照安全操作规程作业；定期检查维修保养设备；制定应急预案；定期进行专项检查

序号	危险源名称	所在部位	可能导致的事故或职业病	作业条件危险性评价				风险级别	是否重要危险源	现有控制措施
				L	E	C	D			
26	焊、切作业完毕火源未清理、熄灭	洞内施工	火灾	3	6	7	126	Ⅱ	否	严格按照安全操作规程作业；制定应急预案；定期进行专项检查
27	氧气、乙炔瓶间隔距离未达到 5m 或周边 10m 范围内有明火	洞内施工	火灾、爆炸	3	6	15	270	Ⅱ	是	严格按照安全操作规程作业；制定应急预案；定期进行专项检查
28	乙炔瓶未安装回火装置和无防震装置	洞内施工	火灾、爆炸	3	6	7	126	Ⅲ	否	严格按照安全操作规程作业；制定应急预案；定期进行专项检查
29	作业场所通风不良	洞内掘进	窒息、中毒	3	6	7	126	Ⅲ	否	严格按照安全操作规程作业；制定应急预案；定期进行专项检查
30	作业人员防护用品不全或不正确使用防护用品	洞内维修	人身伤害	3	6	7	126	Ⅲ	否	严格按照安全操作规程作业；定期检查维修保养设备；制定应急预案；定期进行专项检查；进行全员安全培训
31	用电线路接线凌乱，线路破损，用电保护装置不齐全	洞内维修	触电	3	6	15	270	Ⅱ	是	严格按照安全操作规程作业；定期检查维修保养设备；制定应急预案；定期进行专项检查；进行全员安全培训
32	照明不全	洞内维修	人身伤害	3	6	7	126	Ⅲ	否	严格按照安全操作规程作业；定期检查维修保养设备；制定应急预案；定期进行专项检查；进行全员安全培训
33	风、水管路接头不牢	洞内维修	人身伤害/设备损坏	3	6	1	18	Ⅳ	否	严格按照安全操作规程作业；定期检查维修保养设备；制定应急预案；定期进行专项检查；进行全员安全培训

序号	危险源名称	所在部位	可能导致的事故或职业病	作业条件危险性评价				风险级别	是否重要危险源	现有控制措施
				L	E	C	D			
34	无班前交底及检查不到位	洞内掘进、维修	人身伤害/设备损坏	3	6	15	270	Ⅱ	是	严格按照安全操作规程作业；定期检查维修保养设备；制定应急预案；定期进行专项检查；进行全员安全培训
35	危险部位警示标示、防护设施不全	洞内维修	人身伤害	3	6	15	270	Ⅱ	是	严格按照安全操作规程作业；定期检查维修保养设备；制定应急预案；定期进行专项检查；进行全员安全培训
36	工器具、电动工具不符合安全要求	洞内维修	人身伤害	3	6	7	126	Ⅲ	否	定期检查维修保养设备
37	无安全技术交底及安全操作规程	施工现场	人身伤害/设备损坏	3	6	15	270	Ⅱ	是	严格按照安全操作规程作业
38	噪声超限	洞内掘进	职业病（噪声性耳聋）	0.5	6	1	3	Ⅴ	否	安全措施及管理办法
39	粉尘超限	洞内掘进	职业病（尘肺病）	6	6	7	252	Ⅱ	是	安全技术措施及管理办法
40	违章开机	洞内掘进	伤人	6	6	3	108	Ⅲ	否	严格按照安全操作规程作业
41	锚杆安装不合格	洞内掘进	空顶、冒顶	6	6	3	108	Ⅲ	否	严格按照安全操作规程作业
42	空顶空帮超过规定	洞内掘进	冒落、片帮伤人	6	6	3	108	Ⅲ	否	制定应急预案；定期进行专项检查；进行全员安全培训
43	不开水幕及不开除尘风机	洞内掘进	职业病（尘肺病）	6	6	1	36	Ⅳ	否	制定应急预案；定期进行身体检查；进行全员安全培训
44	皮带跑偏及断头	洞内掘进	伤人	6	6	3	108	Ⅲ	否	严格按照安全操作规程作业；定期检查维修保养设备
45	皮带超负荷运转	洞内掘进	皮带断头或起火	6	6	3	108	Ⅲ	否	严格按照安全操作规程作业；定期检查维修保养设备
46	各转载点无喷雾	洞内掘进	职业病	6	6	1	36	Ⅳ	否	制定应急预案；定期进行健康检查；进行全员安全培训

续表

序号	危险源名称	所在部位	可能导致的事故或职业病	作业条件危险性评价				风险级别	是否重要危险源	现有控制措施
				L	E	C	D			
47	不设过桥或通行不走过桥	洞内掘进	伤人	6	6	1	36	Ⅳ	否	制定应急预案；定期进行专项检查；进行全员安全培训
48	不按要求清理皮带	洞内掘进	火灾、伤人	6	6	1	36	Ⅳ	否	严格按照安全操作规程作业；定期检查维修保养设备
49	皮带防护不全	洞内掘进	设备损坏、伤人	6	6	1	36	Ⅳ	否	严格按照安全操作规程作业；定期检查维修保养设备
50	皮带支架歪斜	洞内掘进	设备损坏、伤人	6	6	1	36	Ⅳ	否	严格按照安全操作规程作业；定期检查维修保养设备
51	皮带误操作（违章）	洞内掘进	伤人	6	6	3	108	Ⅲ	否	严格按照安全操作规程作业；定期检查维修保养设备
52	皮带带病运行	洞内掘进	设备损坏、伤人	6	6	1	36	Ⅳ	否	严格按照安全操作规程作业；定期检查维修保养设备
53	违章坐皮带	洞内掘进	伤人	6	6	3	108	Ⅲ	否	严格按照安全操作规程作业；进行全员安全培训
54	截割刀盘附近站人	洞内掘进	伤人	6	6	3	108	Ⅲ	否	严格按照安全操作规程作业
55	电气设备失爆	洞内掘进	火灾、爆炸伤人	6	6	1	36	Ⅳ	否	严格按照安全操作规程作业；定期检查维修保养设备；制定应急预案；定期进行专项检查；进行全员安全培训
56	清渣铲臂下站人	洞内掘进	伤人	6	6	3	108	Ⅲ	否	严格按照安全操作规程作业
57	掘进机进退、调转误操作、不规范操作	洞内掘进	伤人	6	6	3	108	Ⅲ	否	严格按照安全操作规程作业
58	防尘设施不全洒水冲尘不彻底	洞内掘进	尘肺病	6	6	1	36	Ⅳ	否	严格按照安全操作规程作业；定期检查维修保养设备
59	风带破损、风流短路	洞内掘进	伤人	6	6	1	36	Ⅳ	否	制定应急预案；定期进行专项检查；进行全员安全培训

序号	危险源名称	所在部位	可能导致的事故或职业病	作业条件危险性评价				风险级别	是否重要危险源	现有控制措施
				L	E	C	D			
60	不佩戴个人防护用品	洞内掘进	伤人	6	6	1	36	IV	否	严格按照安全操作规程作业；进行全员安全培训
61	工具歪斜	洞内掘进	伤人	6	6	3	108	III	否	安全技术措施及管理办法
62	打干眼	洞内掘进	职业病（尘肺病）	6	6	1	36	IV	否	安全技术措施及管理办法
63	风水管路连接不牢	洞内掘进	伤人	6	6	1	36	IV	否	安全技术措施及管理办法
64	断杆	洞内掘进	伤人	6	6	3	108	III	否	安全技术措施及管理办法
65	不按要求进行锚网	洞内掘进	掉干、冒落、片帮	6	6	3	108	III	否	安全技术措施及管理办法
66	不按规定检查敲帮问顶	洞内掘进	冒落、片帮	6	6	3	108	III	否	安全技术措施及管理办法
67	锚杆掉落	洞内掘进	物体打击伤人	6	6	3	108	III	否	安全技术措施及管理办法
68	喷浆区域周边站人	洞内掘进	伤人	6	6	1	36	IV	否	安全技术措施及管理办法
69	输料管绑扎不牢	洞内掘进	伤人	6	6	1	36	IV	否	安全技术措施及管理办法
70	堵管处理不合格	洞内掘进	伤人	6	6	1	36	IV	否	安全技术措施及管理办法
71	不用工具清理喷浆机内杂物	洞内掘进	伤人	6	6	1	36	IV	否	安全技术措施及管理办法
72	轨枕、轨距、接头等敷设质量不合格	洞内掘进	掉轨、设备损坏、伤人	6	6	1	36	IV	否	严格按照安全操作规程作业；定期检查维修保养设备
73	照明、警报损坏，通信系统故障	洞内掘进	设备损坏、伤人	6	6	1	36	IV	否	严格按照安全操作规程作业；定期检查维修保养设备
74	制动装置失灵	洞内掘进	设备损坏、伤人	6	6	3	108	III	否	严格按照安全操作规程作业；定期检查维修保养设备
75	乘车人员肢体或头部探出车外	洞内掘进	伤人	6	6	3	108	III	否	严格按照安全操作规程作业；制定应急预案；定期进行专项检查；进行全员安全培训

续表

序号	危险源名称	所在部位	可能导致的事故或职业病	作业条件危险性评价				风险级别	是否重要危险源	现有控制措施
				L	E	C	D			
76	司机离开驾驶室不取下钥匙，不按信号指令行车，违章操作	洞内掘进	设备损坏、伤人	6	6	3	108	Ⅲ	否	严格按照安全操作规程作业；定期检查维修保养设备；制定应急预案；定期进行专项检查；进行全员安全培训
77	起吊电葫芦、回转吊设备缺陷超负荷使用	洞内掘进	设备损坏、伤人	6	6	3	108	Ⅲ	否	安全技术措施及管理办法
78	绳索吊具缺陷	洞内掘进	设备损坏伤人	6	6	3	108	Ⅲ	否	安全技术措施及管理办法
79	操作不当，违规操作	洞内掘进	设备损坏、伤人	6	6	3	108	Ⅲ	否	安全技术措施及管理办法
80	起吊运输捆绑不牢	洞内掘进	设备损坏、伤人	6	6	3	108	Ⅲ	否	安全技术措施及管理办法
81	人员配合动作不协调	洞内掘进	伤人	6	6	3	108	Ⅲ	否	安全技术措施及管理办法
82	更换工具缺陷	洞内掘进	伤人	6	6	3	108	Ⅲ	否	安全技术措施及管理办法
83	作业区域内片帮掉落	洞内掘进	伤人	6	6	3	108	Ⅲ	否	安全技术措施及管理办法
84	更换开关、逆变器、控制器停电接地不好误送电或未停电、停电没有专人看守、未挂停电牌	洞内掘进	触电	3	6	15	270	Ⅲ	否	安全技术措施及管理办法
85	调试液压系统表失灵、液压系统不卸载	洞内掘进	伤人	6	6	3	108	Ⅲ	否	安全技术措施及管理办法
86	检修、更换零部件不按规定操作	洞内掘进	设备损坏、伤人	6	6	3	108	Ⅲ	否	安全技术措施及管理办法
87	不按规定清理皮带机滚筒处积渣	洞内掘进	设备损坏、伤人	6	6	1	36	Ⅳ	否	安全技术措施及管理办法
88	设备电缆老化、电气短路、过流保护失效	洞内掘进	火灾	6	6	3	108	Ⅲ	否	安全技术措施及管理办法
89	办公室消防器材布置不满足要求	办公室/宿舍	火灾事故	3	6	15	270	Ⅱ	是	对员工进行消防培训教育，提高员工消防防范意识；按规范配备足够数量灭火器；定期检查消防设施

序号	危险源名称	所在部位	可能导致的事故或职业病	作业条件危险性评价				风险级别	是否重要危险源	现有控制措施
				L	E	C	D			
90	离开时没有切断用电电器电源	办公室/宿舍	火灾事故	3	6	1	18	V	否	制定办公室/宿舍安全用电管理制度
91	办公室宿舍堆放易燃易爆化学危险品	办公室/宿舍	火灾事故	3	1	15	45	V	否	办公所用纸张按规定离电源设施 1m 以上距离
92	用电设施电源电线接线不规范线路老化破损	办公室/宿舍	触电/火灾	3	6	15	270	Ⅱ	是	对全体员工进行用电安全培训
93	使用大功率及不合格电器	办公室/宿舍	触电/火灾	3	6	15	270	Ⅱ	是	制定办公室/宿舍用电管理制度

《危险源辨识与风险评价结果一览表》中的危险源评价采用作业条件危险性评价法，即 LEC 法，表中的 D 为危险性大小值，其值计算公式为 $D = L \times E \times C$。式中：L 为发生事故或危险事件的可能性大小，其值与作业类型有关；E 为人体暴露于危险环境的频率，与工程类型无关，仅与施工作业时间长短有关。L 值与 E 值按表 5.8 - 2 规定确定。

表 5.8 - 2　　事故发生的可能性 L 值与暴露于危险环境的频繁程度 E 值对照表

L 值	事故发生的可能性	E 值	暴露于危险环境的频繁程度
10	完全可以预料	10	连续暴露
6	相当可能	6	每天工作时间内暴露
3	可能，但不经常	3	每周1次，或偶然暴露
1	可能性小，完全意外	2	每月1次暴露
0.5	很小可能，可以设想	1	每年几次暴露
0.2	极不可能	0.5	非常罕见暴露
0.1	实际不可能	—	

C 为危险严重程度，与危险源（危险因素）在触发因素作用下发生事故时产生后果的严重程度有关。C 值按表 5.8 - 3 取值。

表 5.8 - 3　　　　　　　　危险严重度因素 C 值对照表

C 值	危险严重度因素	C 值	危险严重度因素
100	大灾难，很多人死亡，或造成重大财产损失	7	严重，重伤，或较小的财产损失
40	灾难，数人死亡，或造成很大财产损失	3	重大，致残，或很小的财产损失
15	非常严重，一人死亡，或造成一定的财产损失	1	引人注目，不利于基本的安全卫生要求

危险性等级划分以作业条件危险性大小 D 值作为标准，按表 5.8 - 4 的规定确定。

根据施工单位《危险有害因素辨识与评估管理制度》有关规定，属于Ⅰ级、Ⅱ级重大危险源的，除由项目管控外，还应报上一级安全管理部门备案。表 5.8 - 1 中辨识出Ⅱ级

表 5.8 - 4　　　　　　　　　　　　　　危 险 性 等 级 划 分

D 值区间	危险程度	危险等级	D 值区间	危险程度	危险等级
D＞320	极其危险，不能继续作业	Ⅰ	70≥D＞20	一般危险，需要注意	Ⅳ
320≥D＞160	高度危险，需立即整改	Ⅱ	20≥D	稍有危险，可以接受	Ⅴ
160≥D＞70	显著危险，需要整改	Ⅲ	—	—	—

重大危险源共有 28 项。与钻爆法施工相比，TBM 施工危险源主要增加了大坡度的大件运输、大吨位起重吊装、TBM 及后配套运动部件（包括检修时的刀盘运转）、带式输送机运动部件及轨道运输作业等。

《危险源辨识与风险评价结果一览表》具有代表性，可为类似敞开式 TBM 施工安全管理提供借鉴。

5.8.2.2　危险源控制措施

严格落实安全生产责任制，以签订安全目标责任书等方式进一步明确了各部门、工区及作业队相关责任人的责任，并实行目标管理，定期进行检查考核；分部分项工程施工前，安全环保部门和工程管理部门应联合对作业人员进行安全技术交底，按照规定交底人和接受交底人应进行签字，并注明交底时间；施工过程中所需的安全设施、设备及防护用品等应提前进行验证和检查；现场临时用电应严格按照《施工现场临时用电安全技术规范》（JGJ 46—2005）执行；施工现场动火作业应按照动火作业相关规定严格执行，落实动火作业审批手续，并在动火区足额配置有效的消防器材，设专人负责管理；施工现场入口处、施工起重机械、临时用电设施及出入通道口等危险部位，应设置明显的安全警示标志，定期对安全警示标志进行全面检查，更换破损、废旧的安全警示标志。

5.8.3　应急救援预案及现场处置方案

依托工程的 TBM 施工结合 TBM 的特点，编制了应急救援工作的实施性方案，即应急救援预案和现场处置方案。

应急救援预案包括《生产安全事故和自然灾害综合应急预案》《地震灾害应急救援预案》《森林火灾事故应急救援预案》《安全用电事故应急救援预案》《防洪度汛应急救援预案》《消防应急救援预案》《机械伤害事故应急救援预案》《交通事故应急预案》《大规模群体性事件应急预案》《食物中毒事件救援预案》《隧道高空作业安全事故应急救援预案》《大面积停电事件应急预案》《特种设备安全事故应急救援预案》《冬季安全施工应急救援预案》《强台风专项应急救援预案》《隧道主体施工突发事故应急救援预案》《隧道涌水专项应急救援预案》《地质灾害应急预案》《环境污染和生态破坏事故应急救援预案》，共19 部。

现场处置方案包括《触电事故现场应急处置方案》《高处坠落事故现场处置方案》《环境污染事件现场处置方案》《火灾事故现场处置方案》《机械伤害现场处置方案》《脚手架坍塌事故现场处置方案》《车辆交通事故现场处置方案》《隧道坍塌事故现场处置方案》《隧道涌水事故现场应急处置方案》《特种设备安全事故现场应急处置措施》《物体打击事故现场处置方案》《自然灾害事故现场处置方案》，共 12 部。

5.9 TBM 掘进作业人力资源配置

依托工程的 TBM 掘进与维护保养共设掘进队、维护保养队、洞内运输队、洞外运输队、拌和站及综合队，各队人力资源配备情况详见表 5.9-1～表 5.9-5，单台 TBM 作业人员共 186 人（不含油样监测工程师）。

表 5.9-1　　　　　掘进队人员配置一览表（每台每班，两班制）

序号	工　种	人数	工　作　内　容	备注
1	工班长	1	组织掘进作业	
2	TBM 操作人员	2	TBM 操作	
3	机械、液压工程师	1	设备巡检和故障处理	
4	电气工程师	1	电气巡检和故障处理	
5	地质工程师	1	地质勘查和分析	
6	锚杆支护组	4	锚杆、挂网、钢拱架支护作业	
7	混凝土喷射组	6	混凝土喷射作业	
8	清渣、轨道铺设组	6	洞底清渣、延伸轨道铺设	
9	风水电及皮带架延伸组	3	风、水、电及皮带延伸	
10	主、支洞皮带机巡查	3	连续皮带机和支洞皮带机检查调整	
合　计		28		2 班共 56 人

表 5.9-2　　　　　维护保养队人员配置一览表（每台每班，单班制）

序号	工　种	人数	工　作　内　容	备注
1	工班长	1	组织维修保养	
2	TBM 操作人员	1	TBM 操作	
3	机械工程师	1	维修方案及维修作业	
4	液压工程师	1	维修方案及维修作业	
5	电气工程师	1	维修方案及维修作业	
6	焊工及机修工	5	焊接与机修	
7	电工	5		
8	液压工	4		
9	润滑工	1	润滑油、脂加注	
10	测量工程师及测量员	2	测量及激光导向倒点	
11	皮带机检修	1	TBM 皮带机检修、调整	
12	刀具组	9	刀具检查、更换、维修	
13	风、水、电组	3	风、水、电延伸	
合　计		35		单班 35 人

表 5.9－3　　　　洞内运输队人员配置一览表（每台每班，三班制）

序号	工　种	人数	工 作 内 容	备注
1	工班长	1	组织协调人员、进料运输	
2	机车司机	2	机车驾驶	
3	领车员	2	辅助机车司机	
4	起重工	2	起重机操作	
	合计	7		3 班共 21 人

表 5.9－4　　　　拌和站人员配置一览表（每台每班，三班制）

序号	工　种	人数	工 作 内 容	备注
1	工班长	1	组织协调人员、进料运输	
2	打料员	1	运输调度	
3	装载机司机	1	机电设备检修	
4	上料员	2	机车驾驶	
5	维护工	1	辅助机车司机	
	合计	6		3 班共 18 人

表 5.9－5　　　　综合队人员配置一览表（每台每班，两班制）

序号	工　种	人数	工 作 内 容	备注
1	工班长	1	组织协调人员	
2	皮带检修	3	胶带机检修	
3	皮带运行	4	胶带机运行巡查	
4	润滑工	1	注脂	
5	起重工及司机	4	起重及运输	
6	金结工	6	小型金属结构制作	
7	出渣	9	洞外出渣	
	合计	28		2 班共 56 人

5.10　机械系统

5.10.1　主轴承密封挡圈断裂

5.10.1.1　故障现象

2015 年 7 月 31 日凌晨 03：11，TBM1 夜班掘进队在掘进过程中发现机头架处有异常声响，于是停机进行检查，刀盘作业人员进入刀盘区域检查。在刀盘人员点动操作刀盘时，机头架部位的检查人员发现，机头架隔尘板左上部损坏，外密封挡圈从中穿出，情况如图 5.10-1 所示。拆卸后将挡圈运至加工车间，发现挡圈有三处断裂、严重扭曲，扭曲不平整度高达 740mm，断裂情况如图 5.10-2 所示。同时对密封圈压环、外密封、轴承腔进行了耐压试验和润滑油油质检测，该部分状态正常。但挡圈必须进行更换。在处理事故过程中，对以下项目进行了详细检查。

图 5.10-1　外密封挡圈从隔尘板穿出　　　　　图 5.10-2　挡圈断裂情况

1. 密封圈压环检查情况

压环内环表面有局部划痕，压环固定螺栓完好，压环未发生变形、位移和损坏。

2. 外密封检查情况

外密封完好。

3. 轴承腔耐压试验结果

轴承腔能够正常承压。

4. 润滑油油质检测结果

润滑油与事故发生前检测结果无明显变化，油液质量完好。

5. 转接座螺栓孔内螺栓断裂后残留情况

检查发现转接座上 30 个螺栓连接孔中 12 个螺栓孔内无残留螺栓，18 个螺栓孔内螺栓断裂残留长度在 0~26mm。

5.10.1.2　原因分析

1. 紧固螺栓松动

未按照 TBM 制造厂家的维护手册要求，进行挡圈螺栓紧固性检查，未及时发现紧固螺栓松动。

2. 紧固螺栓组装质量不过关

可能由于 TBM 制造商在挡圈紧固螺栓组装时的组装质量所致。

3. 紧固螺栓设计缺陷

可能由于供货商提供的密封挡圈的紧固螺栓设计存在缺陷，防松措施不到位，在机器掘进过程中，由于正常的震动，加剧了螺栓松动，导致挡圈因振动脱落，刀盘转动而断裂。

据了解，由该 TBM 制造商生产的国内其他 TBM 设备也发生过类似现象，说明存在装配缺陷。

5.10.1.3　处理措施

处理前，经过 TBM 制造商、业主单位、设计单位、监理和施工单位联合技术讨论，拟定了整体挡圈和分段挡圈两种方案。分段挡圈方案是指将整体制造的挡圈进行分割（分割为 4 段），分段运输与安装。整体挡圈方案是指整体制作的挡圈进行整体运输与安装。

对两种方案的优缺点进行了比较，经过讨论，决定实行分段挡圈方案，同时制定了方案的重点和难点、实施措施。

1. 两种方案优缺点比较

处理前对整体挡圈方案和分段挡圈方案的优缺点进行了比较，结果见表 5.10 - 1。

表 5.10 - 1　　　　　　　　整体挡圈方案和分段挡圈方案的优缺点比较

优缺点	整体挡圈方案	分段挡圈方案
优点	1. 外密封挡圈整体性好，易保证设计间隙。 2. 作业空间大，便于安拆外密封挡圈及第一道密封，质量易保证。 3. 容易取出所有断裂的螺栓。 4. 与 TBM 制造设计保持一致	1. 采用分段安装方案，不需要拆卸刀盘，对掌子面岩石完整性要求低，不需要开挖导洞，工程量小。 2. 方案所需周期短，仅为整体挡圈方案的 5% 左右。 3. 方案造价低，与整体挡圈方案相比，造价仅为其 1% 左右
缺点	1. 需要将刀盘与机头架脱离，且对掌子面岩石完整性要求高。 2. 需要额外消耗 85 套刀盘双头螺柱，额外增加的螺栓到货周期为 3 个月。 3. 为了挡圈整体运输安装，需要开挖导洞，工程量大。 4. 方案所需修复工期长，严重影响工程进度。 5. 方案造价高，估计造价不低于 1500 万元	1. 由于安装空间狭小，安装质量难以控制。 2. 采用分段安装，在机头震动大的环境下可靠性低于整体挡圈

2. 分段挡圈方案施工重点和难点

修复安装前，针对分段挡圈方案安装质量难以控制的特点，制定了分段施工重点难点及措施，具体如下：

严格控制焊接变形，防止外密封压条和挡圈间的出水出油缝隙消失。严格控制焊接温度，防止焊接时的高温损伤密封。严格控制焊接时的电流，防止烧伤主轴承配合面。无法彻底地检查外密封情况。

3. 实施措施

在挡圈外圈加工锥面补偿焊接变形，焊接完成后再用塞尺检查缝隙大小。采取小电流焊接，通过先间隔焊（每段长 3～5cm，间隔 3～5cm），后填补空隔的方法控制焊接时间。采取就近搭接地线，防止电流经过主轴承。

4. 新挡圈安装

新挡圈加工完成后，切割为 4 段，段与段接口处做坡口处理，外圆面加工为锥面以补偿焊接变形。安装时首先分段固定在转接座上，随即检测挡圈与压环间隙，间隙调整合理后进行焊接，完成一段的安装后，点动操作刀盘旋转，进行下一段的焊接处理。分段焊接

完成后进行衔接处理,将其焊接为整圆,清理焊接产生的焊渣后挡圈安装完成。具体步骤如下:

(1) 固定螺栓。组合面打磨清洗后,先将 M16 螺栓拧入螺栓孔中,并将螺栓焊在转接座上,焊脚高度不超过 5mm。

(2) 新挡圈就位及丝杆封焊。将新挡圈分段套入安装位置,微调后用千斤顶固定,在丝孔中将丝杆和挡圈进行封焊。

(3) 挡圈段节间焊接。将挡圈段与段之间的接缝处进行焊接。

(4) 挡圈内圈角焊缝段焊。对挡圈内圈的角焊缝进行分段焊接,每段长 100mm,间隔 300mm,焊脚高 10~15mm。

(5) 支撑柱加固、焊接。用 ϕ40 圆钢做支撑柱,支撑在刀盘与挡圈间进行加固,并焊接圆钢的两端,焊脚高 15mm。

5.10.1.4 处理资源消耗

材料费用约 80000 元。人工 15 人,用时 15 天,按 150 元/(天·人)计,人工费合计 33750 元。总费用为 113750 元。

5.10.1.5 处理周期

2015 年 7 月 31 日挡圈断裂,从挡圈安装方案的确定、挡圈重新制作至 2015 年 8 月 15 日挡圈焊接完毕,TBM 正常掘进,耗时 15 天。

此次处理故障直接导致 TBM 停机 16 天。

5.10.1.6 处理效果

事故发生后,项目部编制了《主轴承外密封挡圈断裂脱落的事故报告》;经过比较,选用了分 4 段的挡圈方案。

经案例实践证明,焊接处周围温度不超过 45℃,可有效防止焊接时的高温损伤密封及烧伤主轴承配合面。利用当时的现场既有条件和设施,采用油样化验和主轴承打压试验等方法,结合目测观察,对密封进行了全面的检查,结果为密封并未污染及破损。

自挡圈更换完成至掘进约 8km 期间,TBM 掘进过程中,按维护保养规程每周进行一次检查,过程中均未发现挡圈脱落现象。TBM 完成掘进任务拆机后,经检查发现挡圈完整,说明创新性的挡圈分段洞内安装方案不仅相较于传统解决方案具有速度快、成本低的优点,而且在可靠性方面也经受住了考验。

5.10.1.7 小结

事故发生后,组织有关专家召开了相关专题会议。TBM 生产厂家、业主、设计单位以及国内有关行业的专家教授共 20 余人受邀参加了会议。

该专题会议提出的分段挡圈方案,在国内为首创。与整体挡圈方案相比,节省工期至少 3 个月,节省费用至少 1500 万元。该故障的成功处理,体现了本书编写单位的 TBM 技术水平,是 TBM 故障修复的经典范例。

该技术方案解决了依托工程 TBM 主轴承密封挡圈出现的故障,可供其他类似工程借鉴，并且可用于新 TBM 设计中。在施工中，该技术经提炼、申请，获得了国家知识产权局授权的"分瓣组合式 TBM 密封挡圈"实用新型专利，专利号为 ZL 2016 2 0911617.3。

5.10.2　TBM 左侧撑靴掉落

5.10.2.1　事故现象

2015 年 10 月 7 日凌晨 03：40，撑靴在经过洞壁塌腔处时，由于偏转角过大，造成撑靴球座与撑靴油缸连接螺栓拉断，撑靴从撑靴油缸处脱离掉落，如图 5.10 - 3 所示。

5.10.2.2　事故原因分析

岩石过软，造成左侧撑靴塌腔过大，使用沙袋填充撑靴塌腔处，TBM 主机向前掘进时，斜向的主推油缸推动撑靴向斜后方施力，撑靴紧贴洞壁，与岩石接触面集中在撑靴后侧，使撑靴严重偏载，扭矩过大，导致撑靴球座与油缸之间连接螺栓剪断，在行程结束后进行换步时撑靴掉落。

图 5.10 - 3　左侧撑靴脱落

5.10.2.3　处理措施

事故发生后，操作人员及时停机，但由于撑靴体积和重量较大，在短时间内仅用洞内的工器具难以修复，因此须制定专项安装方案。经研究决定，用 H150 型钢焊接制作专用撑靴起升吊架，吊架应满足起吊撑靴的强度及所需的净空要求。由于撑靴掉落部位空间狭小，撑靴自身吊耳无法实现起吊，因此在撑靴两侧中部焊接两处吊耳。使用磁力钻在断裂螺栓中心钻孔，旋入反向丝锥将断丝取出，用丝锥修复螺纹并清洁螺栓孔。拆除撑靴球座并固定在撑靴油缸上。在专用吊架上悬挂 2 个 20t 和 2 个 10t 起升捯链，分别钩住撑靴吊耳进行起升。起升至撑靴球头卡入球座，用法兰盘进行固定，完成修复。

5.10.2.4　处理资源消耗

设备材料费用为 18161 元。人工 20 人，用时 4 天，按 150 元/(天·人) 计，人工费用合计 12000 元。总费用为 30161 元。

5.10.2.5　处理周期

2015 年 10 月 7 日撑靴掉落，自撑靴安装方案的讨论及确定，至 2015 年 10 月 10 日撑靴修复完成 TBM 正常掘进，共耗时 4 天。

此次故障修复导致 TBM 停机 4 天。

5.10.2.6　教训

此次故障的教训是，在 TBM 通过存在塌腔的岩面时，为保证撑靴不受到偏心荷载损伤或破坏，须对塌腔部位进行填充处理，且填充材料在撑靴撑紧后不应发生变形，确保撑靴表面均匀受力。TBM 通过时，应安排专人观察撑靴受偏载的情况，及时反馈相关信息，以便为 TBM 操作人员提供准确的信息。

5.10.3 底部支撑焊缝开裂

5.10.3.1 事故现象

2015 年 7 月 28 日晚，TBM 巡检人员发现底部支撑与机头架之间法兰面轻微漏油，但未处理。2015 年 7 月 29 日早上，维护期间，排查漏油时发现，底部支撑与机头架之间连接螺栓的 2 颗 M42 螺栓存在松动现象，导致漏油。在排查的过程中，同时发现底部支撑侧封口板、前部凹型封口板及内部格栅板焊缝开裂（开裂情况见图 5.10-4），存在机械结构损坏的隐患，因此，TBM 停机，进行修复。

图 5.10-4 底部支撑内部格栅板焊缝开裂

5.10.3.2 事故原因分析

TBM 项目部与 TBM 设备生产厂家驻场代表协商后，初步决定进行开裂焊缝的气刨处理工作。在气刨过程中，发现底部支撑工厂加工时的焊缝存在质量缺陷，具体表现为焊缝未熔合，出现空腔、夹渣及部分区域焊接高度不满足设计要求等缺陷，在 TBM 长时间强振动环境下，导致焊缝开裂。

5.10.3.3 故障处理

经项目部与 TBM 设备制造厂家驻场代表会议研究后，制定了专项修复措施。底部支撑开裂焊缝修复主要步骤如下。

1. 采用气刨去除原外围焊缝焊渣

采用气刨方法，去除原所有的外围焊缝焊渣，按照原焊缝设计要求进行焊接修复处理。

2. 前底支撑外围凹型板焊缝处理

前底支撑外围凹型板坡口尺寸为 60mm×45°，焊缝修复完成后，加焊 400mm×200mm×50mm 筋板，焊缝坡口尺寸为 45mm×45°。

3. 内部栅格板焊缝处理

内部栅格板焊缝切割 20mm，坡口开 70mm。切割口后部加衬板。切割完成后，进行焊接作业。焊缝修复完成后，加焊 400mm×200mm×50mm 筋板，焊缝坡口尺寸为 45mm×45°。

4. 前侧栅格板焊缝处理

由于上述焊缝基本完成，内部前栅格板仅有约 50mm 长度焊缝出现开裂，检查发现，后焊缝未裂透，属于表层焊缝开裂。因此，前侧栅格板焊缝仅做加强处理，焊接为 45mm×45°角焊缝。

5. 焊接要求

焊接严格按照焊接相关技术要求作业，焊前预热，焊后保温。焊接前焊缝打磨光滑，无夹碳、碳渣堆积，焊接面出现金属光泽。

6.焊缝探伤检查

焊接作业修复完成后，进行全部焊缝的液体渗透焊缝探伤检查。

5.10.3.4　处理资源消耗

底部支撑开裂焊缝修复处理的各类资源配置与消耗情况见表5.10-2。

表5.10-2　底部支撑开裂焊缝修复处理的各类资源配置与消耗情况一览表

序号	名　称	单位	数量	每日工作时间/工时	合计/工时
一	人工				
1	工长	人	1～3	10～12	396
2	高级工	人	4～8	10～12	1072
3	中级工	人	8～15	10～12	2016
4	初级工	人	8～15	10～12	2016
二	设备及材料使用情况			台时	台时
1	乙炔割具	套	2	24	48
2	焊机（NBC-500）	台	1～2	24	480
3	焊机（鑫杰630）	台	1	24	288
4	手动捯链（6t）	台	9	24	288
5	手动捯链（3t）	台	3	24	864
6	皮卡车	台	1	24	288
7	小火车	台	2	24	576
8	风动扳手（2000N·m）	台	1	24	288
9	液压扳（5m）	部	1	24	288
10	吊带	台	若干	24	288
11	碳棒（10mm）	盒	1	—	—
12	氧气/乙炔	瓶	2	—	—
13	焊丝（1.2mm）	盘	2～2.5	—	—
14	角磨机	台	1	12	132
15	直磨（直径100）	台	1	12	132

5.10.3.5　处理周期

从2015年7月29日8：00发现底部支撑焊缝开裂，掘进停止，至2015年8月10日8：00，底部支撑开裂焊缝修复完成，恢复掘进，耗时12天。

此次故障修复导致TBM停机12天。

5.10.3.6　处理效果

事故发生后，因涉及TBM的质量问题，2015年7月29日至2015年8月6日，项目部与 TBM 制造商相关人员进行了责任划分及研究处理方案等方面的工作，于 8 月 2 日和 8 月 4 日召开了责任划分专题会议，并形成了会议纪要。处理过程中，项目部对此事向 TBM 制造商发函进行了备忘记录，该函件记录了修复期每天的施工人员、设备窝工统计情况和修复资源消耗。

全面修复工作于 2015 年 8 月 7 日进行，修复结束后，效果良好，至本台 TBM 掘进任务完成，底部支撑焊缝未出现二次开裂。

此次事故的教训说明，虽然该缺陷属制造商的责任，但使用方在出厂检验时工作存在疏漏，导致 TBM 带病出厂。因此，在 TBM 工厂验收期间，应对 TBM 主要结构件的焊缝进行逐一检查。

5.10.3.7　小结

在事故发生后，项目部会同 TBM 制造商进行了事故责任界定，编制了专项修复措施，对修复期每天的窝工和修复资源消耗进行了记录，并将记录以备忘录的形式发至 TBM 制造商。整个修复工作组织有序，记录证据清楚，是 TBM 故障修复的优秀范例。

5.11　电气系统

5.11.1　高压电缆接头击穿故障

5.11.1.1　事故现象

2015 年 10 月 24 日上午 10：10，20kV 的 TBM 供电高压电缆接引完成后，TBM 掘进时突然发生断电事故，经检查，多处电缆接头被击穿，被击穿的电缆情况如图 5.11－1 所示。

5.11.1.2　事故原因分析

由于洞内温度较低，湿度较大，通电后的电缆温度高于周围环境温度，当需断电接引 20kV 高压电缆时，由于电缆接头处绝缘填充不饱满，受冷吸潮，当恢复 TBM 送电时，产生电弧，导致电缆被击穿。

图 5.11－1　高压电缆被击穿情况

5.11.1.3　处理措施

先对 TBM 及后配套区域的线路进行排查，发现没有故障后，判断应该是主洞及支洞区域内的高压电缆接头存在问题。

由于支洞长 1900m，主洞口到 TBM 长度为 2700m，长度较长，因此若盲目排查，很难排查到故障。工作人员在考虑到主洞洞段存在渗水严重，湿度相对较大的因素，故优先对主洞的高压电缆接头进行排查。在排查到第 5 个高压电缆接头时，发现接头呈现焦黑状态，判断接头被击穿。重新制作接头后，对整条供电线路进行绝缘测试，结果电阻值仍然过低，达不到送电标准，说明电缆还存在其他的击穿点。在工作人员的努力下，找出了主洞内电缆的其余两个被击穿的高压电缆接头。经电阻测试，绝缘电阻满足送电要求的最低值。

5.11.1.4　处理资源消耗

材料费用为 8000 元；人工为 5 人 [150 元/（天·人）]，共计 750 元。总费用为8750 元。

5.11.1.5　处理周期

从 2015 年 10 月 24 日 10：10 断电事故发生，至 2015 年 10 月 24 日 22：00 恢复供电，判断故障原因及修复故障共耗时 11h50min。

此次处理故障致使 TBM 停机 11h50min。

5.11.1.6　小结

高压电缆是 TBM 掘进的"动脉"，在敷设 TBM 电缆时，应做好电缆接头的防水、防潮处理，确保电缆接头的安装质量，对洞内渗水严重的地方多注意巡查。

5.11.2　刀盘钥匙开关弹簧松动故障及急停按钮线路接地故障

5.11.2.1　事故现象

2015 年 11 月 30 日 14：16，发生 M11 及 M12（编号为 PSE170 - 600 - 70）软启动器报错（即在操作室的控制显示屏上出现"闪红"故障提示）现象，在工作人员尝试更换M11 及 M12 两个软启动器后该启动器被烧，在恢复安装原有的上述两个软启动器后，桥架带式输送机（即 2 号带式输送机）、M11、M12、M13 软启动器继续频繁报错，后将M11、M12、M13 软启动器短接（即跳过软启动器直接启动电机），在约掘进 3 个行程后，桥架带式输送机软启动器仍然出现报错现象。后虽经多次尝试修复，仍出现液压泵站、润滑泵站电机软启动器报错现象。

5.11.2.2　事故原因分析

通过分析发现，当出现软启动器报错现象时，不能简单地通过更换软启动器消除报错现象。此次造成软启事故报错的主要原因是，刀盘点动柜中刀盘钥匙开关有两处线路接地。

5.11.2.3　处理过程

在处理此次故障过程中，当掘进过程中发现操作面板中的刀盘钥匙控制柜报错时，分析认为由急停开关所致。但急停开关数量众多，逐一排查工作量极大，故优先从易受振动损坏的急停开关开始排查。因此，将 TBM 的 PLC 主程序打开，在掘进中观察 PLC 的运行状态。在 PLC 状态图中发现刀盘钥匙开关报错，偶尔急停线路也会报错。工作人员在对刀盘控制柜线路及开关检查后，发现刀盘钥匙开关弹簧松动，且刀盘控制柜急停开关有两处线路接地。在将刀盘钥匙开关弹簧松动故障及急停按钮线路接地故障处理后，此次故障被排除。

5.11.2.4　处理资源消耗

材料费用为 3400 元，人工为 5 人/天 ［150 元/（天·人）］，共计 750 元，总费用为4150 元。

5.11.2.5　处理周期

从 2015 年 11 月 30 日发现软启动器报错，至 2015 年 12 月 2 日完成修复，历时 3 天。此次故障影响 TBM 正常掘进 5h。

5.11.2.6　小结

由于刀盘钥匙开关弹簧松动故障及急停按钮线路接地故障，刀盘动力系统被强制停止运行，刀盘钥匙被"假插"。

总结此次处理事故经验，发现当 TBM 软启动器报错时，不一定是软启动器损坏所致，可能是信号线路损坏所导致的报错。排查时，应优先从易受振动损坏的急停开关排查。

工作人员平时应该对线路的盲区、刀盘内的电路及配电柜，定时进行检查，以免发生线路接地、松动，开关损坏等故障。

5.12　液压系统

事故情况：液压泵站油箱液压油进水乳化。

5.12.1　事故现象

液压主泵站 1 号柱塞泵压力输出降低，导致 TBM 掘进停止。对 1 号泵进行拆解检查后发现柱塞磨损，更换该泵后暂时正常掘进，但掘进 8 个行程后，1 号泵压力输出再度降低，导致 TBM 再度停止掘进。

5.12.2　故障原因

液压泵站热交换器密封损坏，冷却水在热交换器内渗入液压油路，导致液压油乳化，液压油黏度降低，润滑效果下降，并导致柱塞泵柱塞磨损加剧，造成 1 号泵损坏，TBM停机。

5.12.3　处理措施

对已经渗漏的热交换器进行更换，放空油箱中的液压油，更换液压油。考虑到在液压部件及液压管路中的液压油难以彻底更换，在更换液压油后，新配置了 1 台真空滤油机，将其安装在液压泵站油箱回路中，定期开启进行液压油过滤。滤油机的工作原理为，根据水、油沸点不同，将油水混合物加热后使水气化排出液压系统，同时还可滤除液压油中的杂质，达到进一步净化液压油的目的，确保系统中的液压油达到使用标准要求。

5.12.4　处理资源消耗

设备材料费用为 87980 元，人工为 10 人 3 天 [150 元/（天·人）]，共计 4500 元，总费用为 92480 元。

5.12.5　处理周期

从 2014 年 8 月 25 日 1 号液压泵损坏，至 2014 年 8 月 27 日完成换油过滤，TBM 正常稳定运行，共耗时 3 天。处理此次故障，对 TBM 液压系统进行换油过滤，造成停机 3 天。

5.12.6　小结

液压系统运行时，其油质与液压系统各部件的正常运行有直接关系。总结此次故障处理经验，除定期换油、增加滤油设备等措施确保油质达标外，还应建立液压油及润滑油定期监测制度，采取自购设备检测或抽样送检的方法，定期对液压油及润滑油油质进行分析检测，实时掌握油质信息，谨防油质不达标对系统内其他部件造成损坏。此次事故后，项目部采购了水分检测仪和运动黏度检测仪等油分析设备，以便项目部及时对油质进行检测。

5.13　带式输送机系统

5.13.1　胶带滚筒摩擦片损坏

5.13.1.1　事故现象

2015 年 3 月 22 日凌晨，TBM1 主洞带式输送机驱动装置频繁报警，显示为胶带打滑，导致带式输送机系统频繁停机。经对主洞带式输送机驱动滚筒检查后发现，主洞带式输送机驱动 A 电机所驱动的驱动滚筒表面存在大面积耐磨陶瓷摩擦片脱落现象，胶带打滑，无法驱动胶带，导致 TBM 无法正常掘进出渣。

2015 年 9 月 17 日凌晨，TBM2 主洞胶带驱动装置频繁报警，显示为胶带打滑，系统无法正常启动，TBM 停止掘进。经过技术人员现场察看、分析，确定导致胶带机启动过程中频繁打滑的主要原因为 B、C 驱动电机滚筒由于长时间使用，滚筒表面的陶瓷防滑片脱落，导致滚筒胶面被严重磨损，最深深度达 6mm，滚筒与胶带之间的摩擦力系数急剧降低，滚筒对胶带的驱动力下降，无法提供足够的胶带转动所需的动力。驱动滚筒的摩擦片损坏情况如图 5.13 - 1 所示。

图 5.13 - 1　驱动滚筒的摩擦片损坏情况

5.13.1.2 事故原因分析

造成故障的原因为摩擦片超过使用寿命而引发脱落,且未及时补贴摩擦片,导致驱动滚筒表面与胶带之间的摩擦系数降低,无法提供驱动胶带运行的动力,引发胶带打滑,导致 TBM 无法正常出渣。

5.13.1.3 处理措施

为了最大限度地减少带式输送机对 TBM 的正常施工影响,TBM2 相关工作人员曾在 2015 年 9 月 17 日上午提高了 B、C 主驱动电机滚筒与胶带间的压力,加大了 B、C 驱动电机的转速,启动带式输送机后,仍不能正常工作。因此,使用增加压力的方法不能从根本上解决问题。

由于主洞带式输送机滚筒耐磨陶瓷片严重磨损,大部分已经脱落,因此对带式输送机主驱动滚筒耐磨陶瓷片全部进行恢复性粘贴,施工步骤如下。

(1)滚筒表面处理。剔除滚筒上已磨损的胶板,打磨滚筒至金属本色,清洁滚筒表面。

(2)胶板制作。驱动滚筒长度为 1066.8mm,直径为 1016mm,滚筒外表面周长为 3190.24mm。新贴的胶板下料宽度与驱动滚筒的宽度一致,均为 1066.8mm,共分 7 块制作,其中标准块长度为 500mm,共 6 块,凑合节长度为 191.8mm,共 1 块。

(3)胶板黏合。使用的 SK313 滚筒专用包胶,均匀涂抹于打磨光滑的滚筒表面,新的胶板与滚筒黏合,并用 SV-1015 冷硫化修补填充膏对缝隙填充。修复作业在厂家人员指导下完成。

(4)胶体黏结等强。胶体黏结等强时间为 12h。

5.13.1.4 处理资源消耗

(1)TBM1 设备材料费为 3300 元,人工为 6 人 6 天 [150 元/(天·人)],共计 5400 元,总费用为 8700 元。

(2)TBM2 材料消耗及工器具配置详见表 5.13-1,施工人员投入详见表 5.13-2。

表 5.13-1　　　　　　　　TBM2 材料消耗及工器具配置表

序号	工器具及材料	单位	数量	备注	序号	工器具及材料	单位	数量	备注
1	陶瓷胶板	m²	3.5	厂家提供	7	角磨机	台	1	厂家自带
2	UT-R40 硬化剂	桶	1		8	毛刷	把	4	
3	SK313 冷硫化胶粘剂	桶	6		9	暖风机	台	1	
4	SK363 金属底漆	桶	5		10	橡胶锤	把	2	
5	RAMIMTECH 清洗剂	桶	4		11	钢卷尺	把	2	
6	美工刀	把	2		12	角尺	把	1	

表 5.13 - 2 施工人员投入表

序号	人员统计	数量及工时	序号	人员统计	数量及工时
1	胶带检修工	4 人 10h	3	安全员	1 人 15h
2	电工	1 人 3h	4	硫化黏结工	3 人 4h

5.13.1.5　故障周期

TBM1 从 2015 年 3 月 22 日凌晨，主洞带式输送机报错，导致 TBM 停机，至 2015 年 3 月 27 日，胶带主驱动滚筒摩擦片重新粘贴，TBM 重新掘进，影响 TBM1 掘进 6 天；TBM2 从 2015 年 9 月 17 日凌晨，主洞带式输送机报错，导致 TBM 停机，至 2015 年 9 月 18 日晚，胶带主驱动滚筒摩擦片重新粘贴，TBM 重新掘进，影响 TBM2 掘进 41h。

主驱动滚筒摩擦片重新修复的纯作业时间一般不超过 4h，TBM1 修复耗时较长的主要原因，为等待厂家材料及粘贴后的材料强度；TBM2 修复耗时较长的主要原因，为滚筒降温，等待 12h。

TBM1 影响掘进 6 天，TBM2 影响掘进 41h。

5.13.1.6　小结

由于胶带驱动滚筒摩擦片的使用寿命较短，一般情况下，在长距离隧洞施工时，与 TBM 配套的驱动滚筒摩擦片必须进行中途更换，因此在完成掘进任务前，更换滚筒摩擦片是无法避免的。总结本次故障处理经验，应提前准备摩擦片更换的材料，以便及时更换。同时，还应做到下列几点，以便延长摩擦片的使用寿命。

（1）及时更换滚筒摩擦片。建立对胶带驱动滚筒摩擦片的月检查制度，合理确定滚筒摩擦片的更换周期，并及时更换。

（2）及时更换刮渣板。胶带背面刮渣板应及时巡检更换，防止石渣进入胶带与驱动滚筒的间隙，造成非正常磨损。

（3）及时调整胶带卷扬机的张紧力。根据掘进里程合理设置胶带卷扬机的张紧力，防止驱动滚筒空转（即胶带打滑）情况的发生。

（4）尽量避免带式输送机系统急停停机。尽量避免带式输送机系统的急停停机，尤其是胶带系统出渣量较大时的急停停机。

修复后的 TBM1 及 TBM2 胶带滚筒陶瓷胶板，在后续掘进段未出现打滑现象，直到完成掘进任务，效果良好。

5.13.2　连续带式输送机控制电器元件遭遇雷击损毁

5.13.2.1　事故现象

在 TBM 运行过程中，连续胶带出渣通信系统因信号电压不稳定，多次出现通信故障，造成 TBM 停机。特别是在突发雷雨天气时，雷电引起胶带系统中的通信模块损坏，导致胶带系统停止运行，无法掘进。该故障频率随隧洞长度增加而增大。

5.13.2.2 故障原因分析

原设计的 CC-LINK 电缆的电信号传输方式不稳定,不能有效地预防雷电侵入波,且衰减过大,设计不合理。

5.13.2.3 处理措施

将 CC-LINK 电缆的电信号通信改为光信号通信,利用洞内已有光纤作为光信号通信电缆。为了与改造前的 TBM 和带式输送机的 Profibus 通信协议相兼容,加入了 TCC-801 光电转换模块。

5.13.2.4 处理资源消耗

设备材料费用为 13000 元,人工为 4 人 3 天 [150 元/(天·人)],共计 1800 元,总费用为 14800 元。

5.13.2.5 处理周期

从 2015 年 4 月 10 日,连续带式输送机通信方式的改造开始,至 2015 年 4 月 19 日改进完毕,TBM 正常运行,耗时 9 天。

此次处理故障致使 TBM 停机 1 天。

5.13.2.6 小结

此次故障处理是在原设计基础上,对 TBM 连续带式输送机系统的通信方式进行了改进,提高了胶带通信系统保障率。与电信号通信相比,光信号通信具有衰减小、防雷可靠等优点,降低了连续带式输送机系统的故障率。

第 6 章

TBM 转 场 与 检 修

转场与检修工作是 TBM 作业的有效组成部分，高质量的检修是 TBM 掘进安全高效作业的基本保障。本章总结了依托工程的两台 TBM 转场主要施工组织设计内容、运输保障措施、安全专项措施及转场期间的典型案例分析，检修前的设备性能评价、检修方案、检修计划、检修周期和资源配置、检修的保障措施、主轴承与刀盘等主要部件的检修、转场与检修的经验。

在依托工程的 TBM 转场与检修中，技术人员自行研究设计了胶带自动收放装置，该装置每天可完成 5km 的胶带收装工作，极大地提高收装工作效率。自行研制的特殊的有轨板车，运输连续胶带主驱动、支洞胶带尾端、胶带储存仓等超重超大件技术措施，避免了"支洞内—支洞外公路—支洞内"运输环节，利用已掘进段的轨道进行洞内运输，避免了超重超大件的拆除与恢复安装工作，使转场期间的超重超大件运输工作安全高效。

两台 TBM 在掘进段中部均设有组装洞室和检修洞室。TBM1 和 TBM2 的组装洞室分别位于 2 号和 4 号施工支洞与主洞交叉处的主洞段，检修洞室分别位于 1 号和 3 号施工支洞与主洞交叉处的主洞段。检修洞室总长 430m，其中施工服务区长 145m，设备组装洞室长 80m，通过洞段长 180m，始发洞段长 25m，检修洞段尺寸为 10.9m×9.5m（宽×高），可进行刀盘拆卸检修。

在依托工程的 TBM1 和 TBM2 的始发时的交通运输支洞分别为 2 号施工支洞和 4 号施工支洞，TBM1 转场施工的主要任务是完成 TBM1 掘进机施工配套系统从 2 号施工支洞转移至 1 号施工支洞的拆除、运输和安装工作；TBM2 转场施工的主要任务是完成 TBM2 掘进机施工配套系统从 4 号施工支洞转移至 3 号施工支洞的拆除、运输和安装工作。中间检修维护工作，在中间检修洞室进行。本项目的两台 TBM 在检修洞室内主要对刀盘耐磨板和刀座进行了修复，对喷射混凝土设备进行了改造，更换了鞍架十字销轴轴承，修复了锚杆钻机系统及钢拱架安装器等。

转场与检修工作紧密联系，因此，经常将两者一起进行叙述。

随着我国 TBM 保有量的增加，TBM 的再制造已是未来发展的必然趋势。TBM 再制造前，应对拟利用的 TBM 设备进行可利用性评估。

TBM 拆机与可利用性评估是指 TBM 在完成掘进任务后，TBM 设备的拆除、对部件的可利用性统计和评估。本章还包括对可利用部件进行保养维护以及封存。

依托工程项目的两台 TBM 完成合同内的掘进任务，在相应的拆卸洞室完成主机、后配套设备的拆解后，存放在专用的场地内。

TBM 在完成所有掘进任务后,步进至 TBM 组装洞室拆除。拆除的项目包括主机、桥架、后配套、带式输送机系统、通风系统及配电系统。两套 TBM 分别按主机、后配套、大件、特大件分类贮存,液压部件、电气控制柜、电气元件、电动机、电缆及阀门等存贮在专用仓库中,其他的大型金属结构件存放在露天专用存放场。

从完成掘进任务至部件的保养维护及封存工作结束,TBM1 及 TBM2 分别历时 205 天和 145 天。

拆除前进行了精心策划,编制了《TBM 拆机施工组织设计》以及《TBM 拆机专项措施》。提前对存放场地进行了合理规划。拆除过程中,利用 TBM 再制造概念,对 TBM 所有部件进行了"完全可利用""修复后可利用"及"不可利用"三种状态的评估和统计。封存前,对可利用部件进行了清洁、防锈、防潮、防鼠处理及包装。封存工作完成后,为便于检索和查找,编写了设备存放记录及清单。

TBM1 与 TBM2 部件的拆除、保养维护及封存工作做到了精益求精,组织优良,工作到位。TBM 制造厂家实地察看了设备保存情况,对 TBM1 和 TBM2 保养封存工作给予了高度评价,认为公司专业化、精细化的保养封存工作水平前所未有,已达到世界领先水平,成为公司 TBM 专业领域中的工作亮点,为 TBM 全寿命周期的管理画上了圆满的句号。

6.1 转场

一般情况下,TBM 的掘进距离较长,根据地质条件和设备的可靠性,可分为不分段掘进和分段掘进两种形式,分段掘进设中间检修洞室及其相应的交通运输支洞。与不分段形式相比,分段掘进形式为更换或检修主轴承提供了起吊设备运行空间,同时缩短了掘进段的出渣、通风、给水排水及交通距离。依托工程项目的两台 TBM 均采用了分段掘进形式。

依托工程项目的 TBM1 和 TBM2 两台 TBM 施工均分为第 I 掘进段及第 II 掘进段。TBM1 总掘进长度 15.34km,其中第 I 掘进段长度为 8.83km,第 II 掘进段长度为 6.51km。TBM2 总掘进长度 15.48km,其中第 I 掘进段长度为 7.28km,第 II 掘进段长度为 8.20km。

依托工程项目的 TBM1 和 TBM2 转场作业计划工期均为 60 天,实际耗时分别为 82 天和 56 天。TBM1 转场周期较长的主要原因是 1 号支洞 66kV 施工变电所送电滞后 32 天。

6.1.1 主要工作内容

依托工程的 TBM 转场主要工作内容包括设备的拆除、转运和安装。

TBM 步进至上游掌子面后,拆除连续带式输送机系统和支洞固定带式输送机系统,拆除一次通风系统和供电系统。

拆除工作完成后,将拆除的设备及施工材料,从第 I 掘进段转移至第 II 掘进段相应部位。完成拆除设备的安装工作后,进行 TBM 系统联机调试。

为了缩短转场工作周期，在 TBM 转场期间，采用边转场、边安装、边检修、边步进的工作模式，转场与检修工作同步进行。

转场前应编制相应施工组织设计及安全专项措施。

6.1.1.1　编制施工组织设计

转场前编制了《施工组织设计》，其主要内容包括目的、编制依据、适用范围、TBM 转场总体概述、转场准备工作、TBM 转场方案、转场施工保证措施、安全文明施工措施等 8 部分内容。转场的主要工作项目及各工作的次序见图 6.1-1。

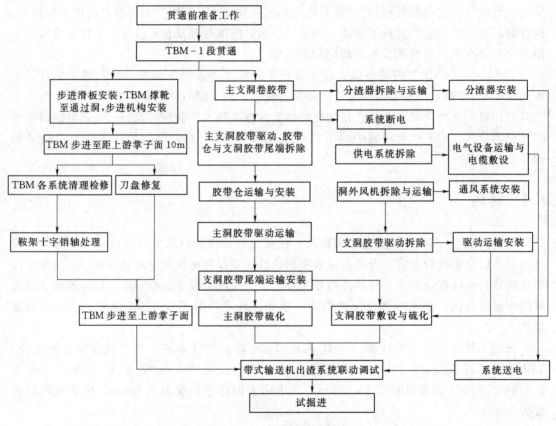

图 6.1-1　转场工作流程图

6.1.1.2　办公生活设施转场

在拟转场的工作营地修建相应的设施，应满足所有与 TBM 作业相关人员的生活和办公需要。根据实际情况，转场人员一般包括 TBM 作业人员、出渣人员、钢结构制作人员、钢筋加工人员、混凝土拌和站人员及食堂后勤人员。依托工程的单台 TBM 作业总人数不小于 220 人。

6.1.1.3　土建工程和基础设施准备

为保证 TBM 能顺利通过由钻爆法施工的洞室段，在 TBM 拟步进通过的隧洞底板混凝土浇筑完成后，采用 1：1 的钢管样架（直径 8.6m 的圆样）模拟 TBM 通过，以检查隧洞开挖的欠挖情况。

为保证 TBM 掘进贯通精度，在 TBM 第 I 掘进段贯通前 100m 时，对掌子面的轴线坐标进行符合性测量，并与贯通断面的坐标进行比对。

在贯通前，应完成支洞胶带、一次通风机支架、分渣楼、变压器等基础的施工任务。应完成排水系统安装，连续带式输送机、连续带式输送机储存仓和支洞胶带尾端支架的螺栓孔施工任务。为了避免拌和站基础的开挖作业与 TBM 转场步进作业交叉，在贯通前，应完成其基础开挖。为了避免该基坑影响 TBM 的步进通过，应提前完成对预留的拌和站基坑进行加固处理，加固措施应满足 TBM 步进通过需要。

6.1.1.4 施工供排水准备

依托工程的两台 TBM 的营地均紧邻河边，其河流的水量达 80m³/h，TBM 施工用水量约为 50m³/h。经测验，完全可满足施工要求。在河流水源处设置过滤设施，泵送至集水池后向 TBM 施工给水。主洞和支洞内的输水管道直径为 150mm。

排水采用一级排水，外加一组辅助泵的方式，其中主泵 3 台，辅泵 3 台。主泵选用卧式多级离心泵，功率 $N=45kW$，流量 $Q=50m^3/h$，扬程 $H=210m$。辅泵选用潜污泵，功率 $N=3kW$，流量 $Q=60m^3/h$，扬程 $H=13m$。在检修扩大洞末端右侧设 60m³ 集水井一个。

6.1.1.5 供电设备的转场准备、收装与运输

依托工程的相应营地均设有专用变电站，供输电等级为 66kV/10kV，即电网供给专用变电站的电压等级为 66kV，专用变电站供给施工用电的电压等级为 10kV。TBM 设备要求的直接供电电源额定电压为 20kV。因此，在支洞口附近设置升压变压器，将电压从 10kV 升至 20kV。在支洞口附近的升压变压器侧采用 YJV23-20kV 型号 3×120 铜芯高压电缆与 TBM 后配套高压电缆卷筒相连，接入 TBM 主机和后配套供电系统，为 TBM 施工进行供电。

依托工程的 TBM 的主洞连续带式输送机和支洞固定带式输送机要求的供电电压等级为 0.4kV。因此，在带式输送机的驱动装置附近设置降压变压器，降压变压器为箱式变压器，型号为从 S11-1250kVA-10/0.4kV。从专用变电站至箱式降压变压器的输送电缆电所采用 YJV23-3×25mm²。TBM1 与 TBM2 的施工用电的变压器和电缆型号相同。TBM 设备、与 TBM 配套的主洞连续带式输送机和支洞固定带式输送机、一次通风机、混凝土拌和站、衬砌施工用电、给水排水水泵、照明、厂区和生活用电变压器配置表 6.1-1。

表 6.1-1　　　　　　　　　TBM 施工用电主要变压器配置表

变压器编号	变压器型号	供电位置	电力来源
TBM-1 变	ZBW20-6300kVA-10/20kV	TBM1 全断面掘进机	66kV 施工变电所
TBM-2 变	S11-1250kVA-10/0.4kV	主洞连续带式输送机	66kV 施工变电所
TBM-3 变	S11-1250kVA-10/0.4kV	支洞固定带式输送机	支洞洞口 10kV 高压分接箱

续表

变压器编号	变压器型号	供电位置	电力来源
TBM-4 变	S11-500kVA-10/0.4kV	通风机	支洞洞口 10kV 高压分接箱
TBM-5 变	S11-500kVA-10/0.4kV	Ⅱ段洞内混凝土拌和站	检修间下游 10kV 高压分接箱
		Ⅰ段衬砌施工用电	
TBM-6 变	S11-315kVA-10/0.4kV	Ⅱ段排水照明用电	检修间下游 10kV 高压分接箱
TBM-7 变	S11-315kVA-10/0.4kV	TBM 厂区用电	支洞洞口 10kV 高压分接箱
		生活区用电	

在 TBM 完成第 Ⅰ 掘进段作业且连续带式输送机系统的胶带收装工作完成后，陆续对电缆进行收装和运输。

6.1.1.6　步进工作

在第 Ⅰ 掘进段贯通前 50m 时，对 TBM 方向进行进一步复测，保证贯通时 TBM 水平方向误差在 10cm 以内，垂直方向最底端高于 TBM 步进通过段的底板顶面 7cm。

临近贯通时，减慢 TBM 推进速度，提高转速，掌子面向前坍塌后，继续向前推进直至完全贯通。在隧洞贯通瞬间，TBM 刀盘将会推动松散岩体塌落，滞留在贯通部位的隧道底板和导向槽内部，应予清理。测量 TBM 底护盾与贯通地面的高差，调整地面高度，安装并固定步进装置的托板和滑板。

TBM 依靠撑靴提供的反力，缓慢推进，直至整个主机的底护盾全部进入步进装置的滑板；安装步进装置的举升机构，TBM 依靠撑靴提供的反力，推动 TBM 向前步进，直至撑靴的前端与贯通面相平；推动 TBM 向前步进一个掘进循环的长度（依托项目的 TBM 掘进循环长度为 1.8m）；放下后支撑，收起撑靴，撑靴向前平移 1.8m 至步进通道；安装步进支撑装置的拉杆和鞍架支撑架，使步进机构具备完整的工作功能，TBM 沿步进导向槽滑行至指定工位。步进装置结构部件的有关名称详见本书第 9 章有关内容。

依托工程项目的 TBM 转场的步进距离总长为 430m，计划平均每天步进 100m。

6.1.1.7　胶带系统拆除、收装、运输

1. 胶带系统拆除、收装与运输

带式输送机系统拆除包括急停装置、胶带、连续带式输送机的主驱动、连续带式输送机的储存仓、支洞固定带式输送机的尾端和驱动装置、胶带托辊、带式输送机架的拆除。在第 Ⅰ 掘进段贯通后，即开展上述拆除工作。

主洞连续胶带在胶带硫化平台处割开。拆除硫化平台后，将胶带收放器推至胶带仓与驱动之间，利用主驱动滚筒作为动力，将胶带逐渐卷到带式输送机收放器上。胶带的分割点为原硫化接头。单卷胶带的长度为 600m，卷好后用拖行至桥机起吊辐射区，打包吊装，运至洞外 TBM 材料区。支洞胶带的拆除方法和主洞基本相同。

为了降低转场的大件运输难度，将连续胶带主驱动、支洞胶带尾端、胶带储存仓等超重超大件的设备地脚螺栓拆除后，各系统不进行解体，采用整体运输的方式。转场运输

时，利用千斤顶顶升并平移至有轨拖板车上，从第Ⅰ掘进段的主洞内的轨道，运至转场后的相应安装工位。

在拆除期间，应对拆除的部件进行整理、清洗和分类，并做好标识标记，编号入库。

在拆除 TBM 前，先进行胶带的收装。依托工程的连续带式输送机的胶带长度最长约 17km，胶带的收装工作任务量巨大。

在依托工程施工中，技术人员自行研究设计了胶带自动收放装置，该装置每天可完成 5km 的胶带收装工作，极大地提高收装工作效率。自行研制的运输连续胶带主驱动、支洞胶带尾端、胶带储存仓等超重超大件的特殊有轨板车，避免了"支洞内—支洞外公路—支洞内"运输环节，直接利用已掘进段的轨道进行洞内运输，避免了超重超大件的拆除与恢复安装工作，使转场期间的超重超大件运输工作安全高效。

2. 电气系统的拆除、收装与运输

由于在收装连续带式输送机的胶带时，需要连续带式输送机的驱动装置为回收胶带提供动力，在 TBM 第Ⅰ掘进段贯通后，连续带式输送机的驱动装置应运行至胶带全部收装前。因此，应在胶带收装工作完成后，才能开始对电气系统进行拆卸。电气系统拆卸主要程序为切断电源、回收电缆、电机与变频器配电柜。在电机与变频器配电柜拆卸前，应做好防水保护措施。

（1）电缆的拆除回收。在胶带收装工作完成后，切断带式输送机供电系统的电源，拆除供电电缆接头、相关的变压器和配电柜。拆除前应做好标识标号工作，标识的名称以电缆两端所接设备名称命名。

（2）变频柜及电机的回收。拆除带式输送机驱动系统的变频柜及电机的电缆后，进行变频柜及电机接线盒防水密封处理，将变频柜整体拆除，电机应与变速箱整体运输。

3. 连续带式输送机的安装

当 TBM 步进通过检修洞以后，即进行转场的连续带式输送机安装。安装的顺序为带式输送机主驱动、胶带仓以及拉紧装置。随着 TBM 不断向前步进，再进行洞内胶带支架和托辊的安装。

4. 固定带式输送机的安装

第Ⅰ掘进段贯通后，将固定带式输送机从第Ⅰ掘进段运至第Ⅱ掘进段之前，为缩短转场施工周期，需要提前完成固定带式输送机的基础螺栓孔施工。

安装的顺序为带式输送机支架、托辊、带式输送机主驱动以及拉紧装置。

6.1.1.8　通风系统转场

通风系统的转场包括风机转场和风带转场。

TBM 步进到检修洞室后，即开始风机的拆除转场，风机由 TBM 始发时的交通运输支洞口转运到中间检修时的交通运输支洞口，采用 20t 运输车辆通过洞外公路运输，汽车吊配合完成。

TBM 施工的一次通风系统的风带布置在施工支洞和主洞内，施工支洞内的地面交通为无轨交通，主洞内的地面交通为有轨交通，因此，风带的拆卸分为有轨段和无轨段。有轨段风带的收装的作业平台为移动式，采用"轨道平板车＋液压升降平台"的模式，作业平台由轨道牵引机车牵引。除移动式作业平台外，跟随三台平板车收装风带。采用边走边拆，边拆边收的模式进行作业，拆下后叠放在另一台跟随的平板车上后运出；无轨段风带的收装采用移动式工作平台，边走边拆，拆下后把风带叠放在汽车内后运出。在拆除风带的同时，拆除挂设风带所用的钢丝绳。采用此种模式进行风带的收装，极大地减少了因风带落地带来的污染，作业效率高，安全性高。

风带的挂设方式沿用原第 I 掘进段方式，综合考虑胶带支架和地面施工车辆的通行情况进行布设。

6.1.2 运输保障措施

转场前应编制设备和材料的转场运输方案。

6.1.2.1 运输准备

由于在转场期间，拆卸后的设备要经过多次的装卸，才能到达重新安装的目的地，为保证设备在运输、装卸过程中完好无损，采用具有减振、防冲击作用的包装材料。为确保在转场过程中设备和材料不受到损坏和腐蚀，根据设备和材料的类型及其特点，采取相应的防潮、防霉、防锈、防腐蚀等保护措施。在包装外，使用泡沫塑料、海绵、雨布等材料进行适当的防护和遮盖，尽量减少设备和材料运送过程中的震动、磕碰、划伤和污损。专用工具要单独包装。包装时，按类别、尺寸分别进行装箱，并在箱外进行标注。装卸前后检查包装的完整性，防止遗漏。

因洞内空间有限，现场不宜堆放过多的转运设备和材料，须合理安排转运的数量和顺序。

6.1.2.2 运输方案

运输方案包括装卸车要求和运输过程控制。

装车前通过测量合理规划设备装车位置，确保装车后不超限；按技术要求尽量将设备的重心与转运车辆的中心吻合。装车时，设备的下方用枕木垫衬，防止设备和车板直接摩擦造成损伤；设备的两侧用刹木和耙钉加固，防止设备滚动。重、大型设备需要用捯链固定在转运车辆上，防止通过陡坡或急刹车时设备发生移位，并指定专人在运输途中检查捯链，发生松动及时加固。

重、大型设备起运前，转运的运输车辆的四周应安装警示灯，车辆的制动系统应安全有效。应严格控制运输车辆的行车速度，严禁在整个运输过程中急刹车或急加速，通过桥梁时匀速前进；通过路况较差的路面时，应慢行通过，以减少颠簸震动。

6.1.2.3 运输路线

在具体的运输安排中，往往有多种运输方法和运输路径可以选择。合理的选择，能够减少运输时间，降低运输费用，提高经济效益，最大限度地节约人力、物力。在依托工程的设备转场工作中，通过自行研制的特殊有轨板车，利用已掘进段的轨道进行洞内运输，直接运输连续胶带主驱动、支洞胶带尾端、胶带储存仓等超重超大件和超长件材料，避免了"支洞内—支洞外公路—支洞内"运输环节，避免了超重超大件的拆除与恢复安装工作，使转场期间的超重超大件运输工作经济且安全高效。

在转场施工区域的路段，应设置必要的安全防护设施，设置安全警告标志。

6.1.3 安全专项措施

转场前编制了《TBM 转场安全专项措施》，该措施的主要内容包括组织架构、安全投入、危险源辨识、安全措施及应急预案等。

《TBM 转场安全专项措施》针对转场及检修的特点，对转场，步进作业，带式输送机系统拆除、检修和刀盘焊接等作业进行了危险源辨识，编制了 TBM 转场与检修作业危险源辨识表，见表 6.1－2。

表 6.1－2　　　　　　　　TBM 转场与检修作业危险源辨识表

序号	作业内容	伤害类别	产生的原因
1	转场准备	高处坠落	无安全通道、照明不足、攀爬梯架安全设施不全或有缺陷等
		触电	地面积水、潮湿、接线方式或灯具使用不当等
		物体打击	交叉作业产生的坠物等
		机械伤害	起重机械钢丝绳及转动部件挤压、缠绕，机、电动作不一致及施工人员不听指挥等
		火灾	焊接、切割产生的火花引燃易燃物，吸烟或乙炔泄漏及距离山林过近造成山林起火等
		车辆伤害	车辆未定期检修或保养人为操作错误、装载物体捆绑不牢、施工场地狭小、施工人员自身防护意识不足等
2	步进作业	触电	灯具、线路等不符合规定，漏电保护装置失效等
		物体打击	TBM 上下层交叉作业产生的坠物等
		火灾	焊接、切割产生的火花引燃易燃物，吸烟或乙炔泄漏等
		机械伤害	行走转动部件不运转，机、电、液动作不一致及施工人员不听指挥等
3	胶带系统拆除	起重伤害	操作、指挥人员失误，捆绑方式不当，绳索、吊具缺陷或选择错误、吊装物品未固定牢靠就松钩或未按作业指导书施工等
		车辆伤害	车辆未定期检修或保养人为操作错误、装载物体捆绑不牢、施工场地狭小、施工人员自身防护意识不足等
		高处坠落	照明不足、安全防护设施不全或有缺陷、攀爬未系安全带等
		触电	线路破损、灯具漏电、漏电保护装置失效等
		物体打击	交叉作业及吊装碰撞产生的坠物等
		火灾	焊接、切割产生的火花引燃易燃物，吸烟或乙炔泄漏及距离山林过近造成山林起火等
4	检修	高处坠落	照明不足、安全防护设施不全或有缺陷、攀爬未系安全带等
		物体打击	来自孔口或交叉作业产生的坠物等
		触电	线路破损、带电设备或电动工具及灯具漏电，漏电保护装置失效接线错误等
		火灾	电气短路引燃易燃物等。焊接、切割产生的火花引燃易燃物，吸烟或乙炔泄漏等
		设备损坏	焊把线接地不牢靠及安装方法错误等

续表

序号	作业内容	伤害类别	产生的原因
5	刀盘焊接	高处坠落	照明不足、攀爬未系安全带、安全防护设施不全或有缺陷等
		物体打击	交叉作业产生的坠物等
		中毒窒息	通风不良、安全防护用品欠缺等
		火灾或爆炸	动火作业引燃易燃、易爆物等
		触电	线路破损、带电设备或电动工具及灯具漏电，漏电保护装置失效接线错误等

根据可能发生的安全事故，配备了应急救援资源，其配置详见表6.1-3。

表6.1-3　　　　　　　　　应急救援资源配置

序号	名称	单位	数量	序号	名称	单位	数量
1	担架	副	1	5	九座轿车	辆	1
2	急救箱	个	4	6	45座大客	辆	1
3	轿车	辆	3	7	厢式货车	辆	1
4	皮卡	辆	1	8	8t自卸	辆	1

6.1.4　资源配置

TBM转场（包括检修）的主要资源配置包括人力资源配置、设备配置及工器具配置、材料配置。

6.1.4.1　人力资源配置

依托工程项目的两台TBM转场（包括检修）的人力资源配置基本相同，包括项目管理人员和作业人员，单台TBM转场（包括检修）的人力资源配置共180人，见表6.1-4。

表6.1-4　　　　　单台TBM转场（包括检修）的人力资源配置表

序号	班组名称	人员数量	序号	班组名称	人员数
1	步进队	50	4	带式输送机、通风等系统拆卸与安装	50
2	检修队	30	5	管理人员	16
3	洞内外转运班	34		合计	180

与掘进作业期不同，依托工程TBM转场（包括检修）期间，对所有人员及班组重新进行了责任分工。负责人组织架构如图6.1-2所示。作业班组组织架构如图6.1-3所示。

6.1.4.2　设备配置

依托工程项目的两台TBM转场（包括检修）的主要设备配置基本相同，主要包括内燃机车、平板车和面包车等，单台TBM转场（包括检修）的主要设备配置见表6.1-5。

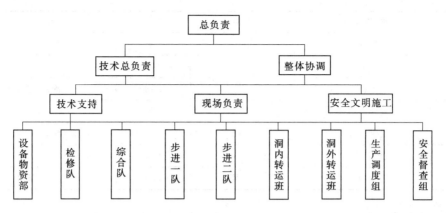

图 6.1-2 TBM 转场（包括检修）负责人组织架构图

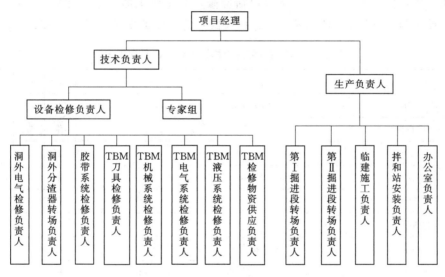

图 6.1-3 TBM 转场（包括检修）作业班组组织架构图

表 6.1-5 单台 TBM 转场（包括检修）的主要设备配置表

序号	设 备 名 称	规 格	数量	备 注
1	内燃机车	25t	3 辆	恒通
2	罐车	6m³	4 辆	
3	风机	2×200kW	1 台	
4	开闭所		1 套	高压供电系统
5	汽车吊	25t	1 辆	洞外吊大件
6	叉车	3t	1 辆	倒运小型设备、材料
7	双排	依维柯	1 辆	材料运输车
8	9 座面包车	福特	1 辆	人员乘坐车
9	大巴	44 座	1 辆	人员乘坐车

序号	设 备 名 称	规格	数量	备 注
10	装载机	6m³	2辆	
11	出渣车	20t	6辆	
12	平板车	20t	3辆	设备、材料运输
13	直流电焊机	400A	6台	配电焊用具
14	交流电焊机	500A	2台	配电焊用具
15	液压升降平台	8m，500kg	1台	
16	水泵	90kW	1台	施工排水

6.1.4.3　工器具配置

依托工程项目的两台 TBM 转场（包括检修）的主要工器具基本相同，包括钢丝绳、扳手及千斤顶等，单台 TBM 的转场（包括检修）的主要工器具配置见表6.1-6。

表 6.1-6　　　　单台 TBM 转场（包括检修）主要工器具配置表

序号	名称	规　　　　格	单位	数量	备注
1	钢丝绳（带耳）	$\phi43\times4m$；$\phi25\times4m$；$\phi16\times4m$	条	16	
2	重型开口扳手	27～65、75	套	3	
3	重型梅花扳手	46～65	套	3	
4	内六角扳手	10pc套装；1.5～10in；14～32	套	8	
5	快速扳手	3/4in	套	1	
6	开口扳手	美国得力 10pc 6.5～32	套	3	
7	梅花扳手	美国得力 10pc 6.5～32	套	3	
8	活动扳手	6in、8in、10in、12in、15in、18in、24in	套	8	
9	扭矩扳手	250～1000N·m、750～2000N·m	把	4	
10	风动冲击扳手	3/4 寸方头、1寸方头	4套		
11	液压扭矩扳手	凯特克MXT-3、5	各1		
12	机械千斤顶	10t、20t、50t	个	6	
13	液压千斤顶	10t、50t	个	3	
14	吊环（卸扣）	55t、25t、12t、5t	个	28	
15	扁平吊带	1t×3m、3t×3m、3t×6m、5t×3m、5t×6m、10t×6m	条	40	
16	手扳葫芦	6t×3m、3t×3m、1t×3m	个	10	
17	手拉葫芦	1t×3m、1t×6m、3t×3m、3t×6m、5t×6m、5t×3m、10t×6m	个	24	
18	滑轮	5t	套	2	
19	砂轮机	江苏金鼎 200	台	1	

序号	名称	规　　格	单位	数量	备注
20	直磨机	3mm	台	2	配电磨头
21	铝合金作业梯	直（8m）；人字（3m）	把	5	
22	重型套筒	M8～M42	套	3	1in 方头
23	重型套筒内六角	M8～M36	套	3	1in 方头
24	套筒	6～32mm	套	2	
25	24 件套筒套装	32pc，8～32in	套	2	
26	26 件套筒套装	32pc，8～32in	套	2	
27	变径头	1in 变 3/4in；3/4in 变 1in；1/2in 变 3/4in	套	7	
28	管钳	18in、24in、36in、48in	套	2	
29	水泵钳	12in（管径钳口）32mm	把	2	
30	台虎钳	10in	台	2	
31	电工专用工具	美国得力 DL1050	套	4	
32	十字螺丝刀	0～3 号	套	5	
33	一字螺丝刀	0～3 号	套	5	
34	万用表		个	2	
35	卡簧钳	内卡外卡	套	4	
36	断线钳	900mm	把	4	
37	电工斜嘴钳	150mm	把	4	
38	电工平嘴钳	175mm	把	8	
39	多用尖嘴钳	150mm	把	6	
40	手动液压钳		把	2	
41	裁纸刀		把	40	配25大盒刀片
42	大锤	8 磅、12 磅	把	4	
43	钢卷尺	3m、5m	把	各 5	
44	皮尺	100m	把	2	
45	钢板尺	2m	把	2	
46	直角靠尺	300mm	把	2	
47	游标卡尺		套	2	
48	水平尺	C－mart 1.8m	把	2	
49	热缩枪	美国得力	把	2	
50	摇表	500V、2500V	个	4	

序号	名称	规　　格	单位	数量	备注
51	撬棍		支	10	
52	手电钻	配钻头	部	2	
53	冲击钻		部	3	
54	手动黄油枪		把	4	
55	缆风绳		m	200	
56	毛刷		把	10	
57	油灰刀		把	10	
58	气动黄油泵		台	1	
59	斧头		把	3	
60	电烙铁		块	2	
61	钢锯弓		把	2	
62	割枪	100、300	把	13	
63	气管	氧气、乙炔管	卷	各 10	
64	枪嘴	100、300	个	25	
65	丝锥	18in、20in、22in、24in、27in、30in、36in	套	2	配专用扳手
66	板牙	M16～M32	套	2	配专用扳手
67	清洗铁盆		个	2	
68	对讲机		个	8	
69	碳弧气刨枪		把	2	
70	电焊钳	800A、600A	把	50	
71	三爪拉马		套	2	
72	焊工眼镜		个	10	
73	焊帽		个	10	
74	焊接手套		双	20	
75	安全带		副	20	
76	角磨机	125mm	个	10	备耗材
77	切割机		台	1	
78	固定式打磨机	200mm	个	1	

6.1.4.4　材料配置

依托工程项目的两台 TBM 转场（包括检修）的主要材料基本相同，包括普通焊条、耐磨材料焊条、汽油、砂轮片、润滑油及切割片等，单台 TBM 转场（包括检修）的主要材料配置见表 6.1-7。

表 6.1-7　　　　　　　　　单台 TBM 转场（包括检修）的主要材料配置表

序号	名　　称	规　　格	单位	数量	备注
1	焊条	422，506	件	各 10	
2	耐磨打底焊条	7018	包	15	
3	汽油		升	1000	
4	砂轮片	100mm、150mm	个	各 100	
5	润滑油	220	升	2000	
6	切割片		个	100	
7	电磨头		个	30	
8	砂纸	80 目、180 目、280 目	张	各 80	
9	百叶片		个	100	
10	化油器清洗剂		箱	3	
11	擦机布		kg	100	
12	乐泰胶	242、271	瓶	各 5	
13	钢钉		kg	10	
14	二保焊焊丝	1.2/1.6	盘	5	级别等同于 506
15	绝缘胶带		包	100	
16	防水胶带		包	100	
17	焊锡		盒	5	
18	自动喷漆	红、白	箱	各 5	
19	液压油	VG 46	升	3000	
20	油脂	2 号锂基脂	升	1000	
21	生胶带		箱	1	
22	氧气、乙炔		瓶	若干	
23	钢锯条		根	若干	
24	快速接头	1/2in、3/4in、1in	套	各 10	
25	油性记号笔	白、红	大盒	各 10	
26	石棉布		块	10	
27	绑扎带	500mm	包	10	
28	氮气		瓶	1	
29	透明胶带		卷	10	
30	彩条布		捆	5	
31	钢丝刷		把	10	
32	保温棉		卷	5	
33	硅胶	Loctite 5290	箱	2	
34	石笔		盒	10	

6.1.5　典型案例

TBM1 转场步进过程中，在通过步进路面上的预留拌和站基坑区域时，发生了地面不均匀沉陷，导致 TBM 主机发生侧偏，具体情况如下：

在 TBM1 步进段中的扩大洞室地面，在洞轴线的单侧预留有拌和站安装基坑。在步进前，该坑用碎石进行了回填，但由于碎石体的压缩弹性模量较大，在步进侧向油缸顶升时，导致该部位基础下沉量大，使侧向油缸行程达到极限值时仍无法顶升 TBM 主机脱离地面，造成步进底板无法复位，导致 TBM 主机发生侧偏，可能发生主机倾覆的重大安全事件。为了消除该隐患，用 20mm 厚钢板铺设在碎石表面上，但防沉降作用有限。实际步进过程中，仍需要多次用钢板填充因碎石沉降产生的缝隙，耗费了大量时间，虽然 TBM 步进通过了该预留基坑，但该方法带来的步进风险极高，应引以为戒。

因此，为避免发生类似情况，应对预留基坑采用刚性材料进行临时回填，保证 TBM 主机通过时地面不产生较大的沉降。

6.2　检修

由于在第Ⅰ掘进段作业过程中，两台 TBM 的混凝土喷射系统均出现了混凝土喷射伸缩臂油缸、喷嘴、爬车马达频繁损坏现象，鞍架十字销轴的轴承副破损，但在掘进过程中无法进行彻底修复。因此，除常规的检修项目外，须对喷射混凝土系统进行改造，对鞍架十字销轴的轴承副进行更换。

转场期间的检修项目主要包括主轴承的剩余使用寿命及其密封检测与更换，刀盘耐磨板及刀座的修复，喷射混凝土系统改造，更换鞍架十字销轴的轴承付，对锚杆钻机、钢拱架安装器、润滑泵站及液压泵站检修。

检修工作主要包括检修准备、系统检测、更换备件、更换润滑油及恢复性检修等 5 项。系统检测工作任务主要包括对液压系统实施功能性校核，保证各阀组动作灵活，系统的输出压力及流量无误；对电气系统实施功能性校核，保证系统的输出电压无误；更换备件工作主要任务包括更换损坏的部件（如本项目 TBM 的水平撑靴十字销轴的轴承副）或达到使用寿命的备件（如各系统滤芯）；更换润滑油液压油的主要部件包括液压泵站、润滑泵站、主轴承减速箱、带式输送机减速箱、驱动系统减速箱等；恢复性维修工作任务包括对在掘进期间难以进行更换的磨损部位进行恢复性维修（如刀盘、刀座及刮渣板耐磨板及耐磨条磨损修复）。

TBM 转场检修工作分为检修准备和检修两个阶段。检修准备阶段的主要工作任务为检测并全面掌握 TBM 设备性能状况，制定合理检修方案及检修计划，完成检修过程中的人员、设备、配件、材料等资源准备工作。

在依托工程 TBM2 第Ⅰ掘进段掘进过程中，由于地质原因，出现了两侧刀具大面积偏磨，刀盘边块弧形块全部磨损，铲齿底座弧形段全部损坏的情况。因此，TBM2 检修的重点为刀盘的修复，与 TBM1 不同。

6.2.1　设备性能评定

检修前，对设备各部件的性能评定是制定检修方案的基础，只有掌握了设备的性能状况，才能制订合理的检修方案及检修计划。

为了完成设备各部件的性能评定工作，在第Ⅰ掘进段贯通前的1km内，逐步开展对各系统、各部件运行状况进行检查和检测。设备检查是通过对设备前期运转情况进行调查，判断设备运行是否正常；检测工作是通过一定的技术手段对每个部件、每个系统进行检测，检测方法主要是使用检测仪器进行带载、空载检测，外观目测，抽样拆检等方法。典型部件（如主轴承及刀盘）的检测方法及检测项目见表6.2-1、表6.2-2。

表6.2-1　　　　　　　　　　掘进中期TBM主轴承检测报告

部件名称	主轴承	数量		1	所属系统	刀盘驱动系统	
检测责任班组		检测责任人		检测人员		检测日期	
运转情况调查结果描述							
检测项目		密封性能，油样分析					
检测方法		外观目测，油样铁谱、光谱分析					
检测结果							
性能评价原因分析							
建议措施							

表6.2-2　　　　　　　　　　掘进中期TBM刀盘检测报告

部件名称	主轴承	数量		1	所属系统	刀盘驱动系统	
检测责任班组		检测责任人		检测人员		检测日期	
运转情况调查结果描述							
检测项目		板材厚度（磨损情况），变形情况，裂纹					
检测方法		外观目测，游标卡尺测量，裂纹着色剂，钢卷尺测量					
检测结果							
性能评价原因分析							
建议措施							

全部部件和系统检测完毕后，汇总形成《掘进中期TBM设备性能检测报告》，为TBM检修方案的制定提供依据。

6.2.2　方案与计划

以《掘进中期TBM设备性能检测报告》为依据，组织相关专家及技术人员，逐系统、逐部件进行科学、细致的分析，制定每一个系统、每一个部件的详细检修方案及检修计划，计划应包括主要大件的检修、单项设备检修、电气系统检修、液压系统润滑系统的油脂跟换等。

为了顺利完成中间检修工作，确保 TBM 以良好状态投入下一阶段掘进，必须进行充分的检修准备工作。检修前的准备工作主要包括设备清理及人员准备、设备准备、备件准备、物资准备。

6.2.3　设备清理

彻底清理整台 TBM 各部位、各部件表面、各角落的混凝土结块、渣石、灰尘、变质润滑脂等附着物，清理后的各部件表面应干净、整洁，避免金属部件的氧化、腐蚀；彻底清理整台 TBM 各电气配电柜里各元件表面的灰尘及其他附着物，保证各元件功能发挥不受污染物的影响；彻底清理整台 TBM 各液压阀站及相关部件表面的油脂、灰尘等附着物；彻底清理胶带及相关机构件表面的灰尘、积渣及其他附着物，保证各部件表面的干净、整洁；彻底清理设备的散热器的灰尘；彻底清理掘进机上的水箱及水冷却系统，去除水箱及冷却系统内的沉积泥沙、水垢等。清理部位、方法及标准见表 6.2-3。

表 6.2-3　　　　　　　　　　　　清理部位、方法及标准

部件名称	清理部位	清理方法	清理标准
刀盘	刀盘表面、所有刀箱、所有螺栓连接处	1. 用手持式电镐、铁锤、铁锹、铁钎等工具清理积渣； 2. 用高压水、高压风冲洗各结构件表面、缝隙里的松散渣石和灰尘； 3. 用钢丝刷擦处各角落的残留物	保证各机构件表面、每个角落干净、整洁，无残留的积渣。保证各结构件功能不受污染物影响
L1 区	机头架内部左右两侧的各空腔、护盾、钢拱架安装器、10 个主驱动电机、锚杆钻机、锚杆钻机齿圈及移动轨道、主梁上层平台、推进缸保护盖、润滑泵站、锚杆钻机泵站	1. 用铁锹、铁镐将空腔、结构件表面的虚渣清除掉； 2. 用手持式电镐、大铁锤、铁钎清理部件表面的凝结的混凝土，大的渣石； 3. 用适量的高压风吹除主驱动电机、其他部件表面的灰尘、积渣及相关附着物； 4. 用铲刀、钢丝刷、棉纱清理和擦拭油缸表面的附着物	保证各部件表面、机器各角落干净、整洁，无残留混凝土、积渣等附着物。保证各结构件功能不受污染物影响
L2 区	喷锚大车行走环形梁、前后喷锚大车。除尘风机、除尘器	1. 用手持式电镐、铁锤、铁锹、铁钎等工具清理清理附在顶棚、环形梁上的喷射混凝土回弹料； 2. 用高压水、高压风冲洗各部件表面的水泥浆液，积渣，灰尘等； 3. 用钢丝刷、小铁铲轻轻敲击喷锚大车表面的附着物	保证各部件表面、机器每个角落干净、整洁，无残留混凝土、积渣等附着物。保证各结构件功能不受污染物影响
后配套	1 号、2 号输送泵，1 号、2 号罐车吊机，1 号、2 号空压机，液压泵站	1. 用手持式电镐、铁锤、铁锹、钢钎等工具清理附在储料罐四周、输送泵料斗、缸内的混凝土； 2. 利用高压风、高压水吹除附储料罐、混凝土输送泵内的混凝土积渣和灰尘等附着物； 3. 清理空压机及液压泵站	保证各结构件表面、每个角落干净、整洁，无残留混凝土、积渣等附着物。保证各结构件功能不受污染物影响

部件名称	清理部位	清理方法	清理标准
带式输送机	1号胶带及相关的结构件、1号胶带回程底部、2号胶带及相关的结构件、2号胶带回程底部、3号胶带结构件及回程底部	1. 利用手持式电镐、铁锹、铁锤、铁钎等工具清理胶带下的积渣； 2. 利用高压风、高压水冲洗松散的积渣等附着物	保证胶带底部干净、整洁，无残留积渣；保证各结构件功能不受污染物影响
电气部分	主液压阀站配电柜、主电柜、锚杆钻机配电柜、喷锚机械手配电柜、变压器、VFD控制柜、空压机控制柜、高压电缆卷筒、三相柜等	1. 首先用吸尘器清理积尘； 2. 继续用高压风吹净配电柜内的电气元件表面的灰尘； 3. 用毛刷刷电气元件表面灰尘	保证电气元件表面干净、整洁，特别是接触部分；保证各结构件功能不受污染物影响
液压阀站	主液压阀站、主润滑阀站、凿岩机阀站、喷锚机械手阀站等液压控制阀	1. 用钢丝刷、铲刀清除控制阀外表面的污垢； 2. 用棉纱、柴油擦拭外表面，并对接管处用合适的堵塞加以封堵	保证外部干净、整洁，便于封装、储存

清理作业禁止使用铁锤等硬工具敲打电气元件、接线柱、液压阀件、油缸等重要部件的表面，禁止用高压水冲洗电气元件、电磁阀、配电柜等部件。

6.2.4 设备检修

根据检修工作的性质，检修的内容包括恢复性能性维修和备件更换。

由于在第Ⅰ掘进段作业过程中，TBM处于运行状态，检测和维修空间受限，无法全部对运转部件进行检测，需要停机拆检，如主轴承密封，应在TBM步进至检修洞室后，对密封及其配合部件进行拆检，如磨损情况不能保证下一阶段掘进，则需要更换密封系统。

6.2.4.1 主轴承检修

在掘进途中更换TBM主轴工程量大、工期长、成本高、作业难度大，一般不考虑掘进中途更换主轴承。鉴于此，在转场检修前，应综合第Ⅰ掘进段TBM主轴承运行情况，会同施工有关单位（包括业主、监理及制造单位），联合进行分析与评估后，做出科学的判断和寿命预测。判断标准主要为TBM轴承的运行时间和润滑油的油样检测分析。若油样检测分析表明主轴承故障严重，则在转场期间在检修洞室对其进行拆卸检查，以进一步确定是否更换主轴承及密封组件，否则，进行必要的维护和密封更换，以确保主轴承满足TBM在第Ⅱ掘进段掘进需要。

为了准确判断主轴承运行状态，在TBM1的第Ⅰ掘进段剩余600m时，每200m进行一次油质加密频次化验，为判断提供定性和定量的依据。油质化验至少包括油样的铁谱、光谱分析和含水率检测。

根据贯通前油质化验报告分析结果和主轴承的已运行时间，会同工程各参建方进行了联合分析与判断，依托工程的两台TBM的主轴承工作状况良好，不需要更换，但应进行必要的维护工作。

维护工作的主要内容为对主轴承组件，包括对轴承腔进行气密性检测，内窥镜检查主轴承外观状况。经检测与检查，依托工程的两台 TBM 各部件状态良好，可满足第Ⅱ掘进段的掘进作业需要。检修过程中对主轴承润滑油进行了更换。

6.2.4.2　刀盘检修

在刀盘前搭设脚手架，对残留耐磨材料进行剔除，剔除采用碳弧气刨设备。脚手架应独立于刀盘面，以免影响刀盘的转动。由于在刀盘检修期间，刀盘驱动装置无 20kV 电力供应，刀盘不能依靠主驱动电机进行转动，当刀盘需要转动时，将捯链挂在护盾上与刀盘，对刀盘进行旋转，以满足刀盘各方位的作业需要。捯链起吊能力为 10t。

刀盘检修的主要内容为耐磨板、耐磨条和耐磨钉的修复，刀盘表面鱼尾块的修复，刀座的修复，刀盘喷水系统的修复。为了加快修复进度，预订耐磨材料和耐磨焊条，在第Ⅰ掘进段贯通前，联合 TBM 制造单位，对缺损的耐磨材料进行评估与测绘，确定耐磨材料的尺寸与形状，提前组织耐磨材料的订货。

在 TBM 检修洞室段步进过程中，拆除刀盘上的所有面刀、边刀、中心刀，检查刀座，对刀盘进行检修，焊接修复已严重磨损的耐磨片、耐磨条、耐磨钉，对部分磨损的铲斗齿齿座进行焊接修复，更换磨损严重的铲斗齿齿座和铲斗齿。对刀盘出渣受料斗进行焊接修补。对楔块接触面进行磨损量测量，对其缺陷焊接、打磨修复或更换。检修刀盘上的喷水嘴、喷水嘴供水液压管、旋转接头，对损坏的进行更换。更换 1～4 号中心刀座，更换 42 号刀刀座。

刀盘的修复在 TBM 制造单位的技术人员指导下完成。修复工作为两班工作制，项目部配班长 1 名，各班配电焊工 2 名，安全员及质量员各 1 名。

依托工程项目的 2 台 TBM 刀盘修复的耐磨板和耐磨条等的检修直线工期约 15 天，刀盘的耐磨板、耐磨材料和耐磨焊条的采购未影响修复工作。

6.2.4.3　撑靴鞍架的水平十字销轴检修

依托工程项目的 TBM2 在第Ⅰ掘进段施工过程中，水平撑靴十字轴轴承前后轴承座（即轴承付）全部异常损坏，但十字轴未受到破坏，其功能正常，即需要更换轴承付，包括该轴承的外轴承、轴承座和隔圈。更换件由 TBM 制造单位提供，提前运至备件仓库。

TBM 步进状态条件下，更换十字轴承前，可利用鞍架支撑架对撑靴鞍架进行支撑，采用专用钢结构对撑靴进行固定；由于内轴承与轴为两丝过盈配合，拆除鞍架的前后缓冲弹簧和前后挡板时，作业人员应在 TBM 制造单位的技术人员指导下进行拆除作业，拆除时采用焊刨法将其刨出或利用扒轮机原理将其从轴承拔出。安装轴承时采用热胀冷缩法，加热轴承内套使其膨胀至过盈配合，将其安装至轴承上。

6.2.4.4　锚杆钻机检修

由于依托工程的两台 TBM 所配的锚杆钻机，在第Ⅰ掘进段施工故障率较高，主要表现为液压管路经常发生爆管，管路之间相互摩擦磨损严重，液压、电气关系布置不太合理，维护检修不便，因此，在转场检修期间，需重新调整布置不合理的管线。同时对锚杆钻机存在的其他问题进行修复，包括补充蓄能器的氮气，使其压力达到规定的数据要求。更换左侧锚杆钻机前后两条走行滑道，检修推进机构大梁相应损坏部件。修复前应提前采购钻机的水封、铜衬套及其他密封件，在转场期间进行了必要的更换。

6.2.4.5 钢拱架安装器检修

拱架安装器的大车行走机构的滑动轴承磨损变形，摩擦力增大，造成大车行走时卡顿；齿圈旋转驱动马达故障频出。检修时更换了拱架安装器的大车行走轮的滑动轴承和齿圈旋转驱动马达。检修后大车行走功能恢复正常，提高了拱架支护速度。

6.2.4.6 混凝土喷射设备检修

在第Ⅰ掘进段，依托项目的两台 TBM 混凝土喷射系统故障频繁，主要表现在混凝土喷射伸缩臂油缸、喷嘴、爬车马达频繁损坏等。

由于混凝土喷射系统伸缩臂油缸的活塞杆为多级空心活塞杆，安装在伸缩臂内，其强度较低。当伸缩臂伸长时，由于伸缩臂结构刚度较小，伸缩臂受弯，导致油缸受剪，造成混凝土喷射伸缩臂油缸频繁损坏；混凝土喷射爬车马达动力不足，不能满足行走需要，导致混凝土喷射爬车运动不畅，频繁出现密封渗油或密封泄漏故障，混凝土喷射爬车马达频繁损坏；喷嘴直径与喷射混凝土料粒径不匹配，导致频繁堵管。

针对混凝土喷射系统存在的上述故障，经与业主和设备制造商协商后，在设备转场检修期间，重新更换和改造混凝土喷射系统。改造工作在 TBM 制造单位技术人员指导下进行，改造作业分为两班工作制，项目部配班长 1 名，各班配电焊工 1 名，安全员及质量员各 1 名，安装工各班配 5 名，电工 2 名，液压工和起重工各 1 名。

改造后的混凝土喷射系统为桥式结构，对混凝土喷射系统伸缩臂油缸进行了改造，加大了爬车马达的动力，情况明显好转。

6.2.4.7 空压机检修

根据空压机的产品使用说明书规定的运行小时数和保养要求，更换了压缩机油、油滤、空气滤芯等。

6.2.4.8 机头架检修

对机头架的主梁、底座和基座连接销轴、螺栓进行了检修。

6.2.4.9 带式输送机系统检修

检修前，应对带式输送机系统驱动装置的主动滚筒和从动滚筒的表面进行检查，检查内容包括各辊筒的耐磨瓷片和橡胶耐磨层完整性。对缺损的耐磨瓷片的补装，对磨蚀的橡胶耐磨层进行硫化补胶；对胶带仓内各滚筒、带式输送机托辊的表面完整性和变形情况进行检查并进行修复与更换。

6.2.4.10 电气系统检修

电气系统检修主要工作内容为电机检查，传感器及电线电缆的检查和更换，电器柜的检修和防尘处理，检测开关及通信设备运行情况。

通过模拟量校验台、精密电阻测定仪（精度为 0.01Ω），检查主电机的所有接头，测量绝缘值和电机线圈的精密电阻值并记录分析数据，判断电机绝缘损坏情况；对电机振动加速度/速度值测定，进行工作温度测试和听诊器测试，记录数据并分析，判断设备运行状况，若温度、噪声超标，应立即停机，拆检轴承，拆检时，若发现轴承表面部分发黑、变粗糙或被磨损，则应更换电机轴承及传动轴。检查胶带转速、润滑脂脉冲计数、油箱油位、水位、压力、流量、温度等的传感器，在贯通前对需要更换的设备进行订购。

应对 TBM 主机及后配套系统相应的主要电动机、电动机的轴承及其密封进行检修，这些系统主要包括连续带式输送机驱动装置的减速机、液压泵站、润滑系统、空气压缩机与增压风机、除尘风机和水泵等，更换不符合要求的轴承及密封件。

逐根检查电缆的损伤情况，必要时进行修理或更换；清理电缆支架上的混凝土及渣石；拆除电缆保护套，清理内部石渣，清理完成后重新安装保护套；电路（包括控制与信号线路）逐根进行开路导通测试和绝缘测试，在频繁弯折处增加护套连接，安装时合理规划、规整线缆布置。

电气开关柜及干式变压器（主电机 VFD 变频柜、带式输送机变频柜、TBM 各开关柜、PLC 控制柜、冷却系统控制柜等）的检查方式为拆除防尘滤芯和盖板，高压风吹扫，毛刷、手动鼓风器等仔细清除浮尘，彻底清理，并进行防尘处理。检查各电机控制开关、控制器和螺线管、急停开关、速度开关和拉线开关是否工作正常或损坏。

检查通信电缆及冷却系统电气控制部分运行情况，进行修理或清理。

6.2.4.11　液压系统检修

转场期间液压系统检修与保养内容主要为管线的规整，磨损管线的更换与保护，阀组、阀块、阀的清洁，滤芯的更换等。

检查各液压系统的泵站工作状态和油路外泄漏状况。根据各液压系统的油泵和电机的振动、噪声和工作温度等记录值，以及工作参数（各回路压力、油缸和马达运动速度、温升）的明显变化，判断泵站工作状况优劣。液压系统主要包括喷锚、锚杆钻机、润滑系统、主液压系统（包括撑靴、推进、拱架安装、护盾的液压系统）和罐车吊机等。提前订购需要更换的各类油管和扣件接头。

液压系统检修前应提前卸压，以防止高压油意外喷出，伤害作业人员；油的排放回收严格执行国家环保规定；加油时尽量一次性加完一桶油，剩余油应妥善密封桶盖，以防止污染；油的排放应在油尚未冷却时进行；新油不得加注到严重老化或污染的油液中；若油液严重老化或污染，应放空，并清洗管路、油箱，更换所有滤芯和油液。

检修液压系统时应保证必要的清洁，擦拭液压系统元件、裸件尽量使用无纤维制品或专用纸巾，禁止使用棉纱。更换处于振动、易磨损部位受损的油管；对于达到寿命的液压元件，应及时更换，换下的液压元件可送至专业维修机构进行检验或维修后才能继续使用。

6.2.4.12　除尘系统检修

清理除尘风机及除尘器内部滤芯板，修复或更换从主机到后配套风管的漏风空隙，更换破损的折叠风管。

6.2.4.13 通风系统检修

通风系统的检修主要是对风机的检修和柔性风带的检查修补。风机检修过程中，对风机各部件进行功能评估，对不能满足后续通风要求的老化部件进行更换。

风机检查方法为，将两端消声器与风机电机分离后，检查风扇叶片缺损、扭转和扫膛情况；检查叶片导角固定螺栓，松动时紧固；利用高压风对叶片和消声装置进行除尘清理。风带的检查主要依据风带维护记录，对维护过程中破损较严重、修补较多的风带进行标记。同时检查新的漏风点，并做好标记，在风带拆下后进行修补。

6.2.4.14 主要连接件螺栓扭矩及焊缝检查

在 TBM 检修期间，应检查所有关键部位螺栓的紧固扭矩值，重点检查主梁与刀盘、主梁之间等螺栓的扭矩值，各种螺栓的扭矩值应符合表 6.2 - 4 的规定。

表 6.2 - 4 　　　　　　公制螺栓扭紧力矩（ISO 898 - 1：2009）

螺栓规格	强度等级 8.8			强度等级 10.9			强度等级 12.9		
	夹持荷载/N	扭矩		夹持荷载/N	扭矩		夹持荷载/N	扭矩	
		磅·英尺	N·m		磅·英尺	N·m		磅·英尺	N·m
M6	9280	6.4	8.6	13360	9.2	12.4	15600	10.7	14.5
M8	16960	16	21	24320	22	30	28400	26	35
M10	26960	31	42	38480	44	60	45040	51	70
M12	39120	54	73	56000	77	104	65440	90	122
M14	53360	85	116	76400	122	166	89600	143	194
M16	72800	133	181	104000	190	258	121600	222	302
M18	92000	189	257	127200	262	355	148800	306	415
M20	117600	269	365	162400	371	503	190400	435	590
M24	169600	465	631	234400	643	872	273600	751	1018
M30	269600	925	1254	372800	1279	1734	435200	1493	2024
M36	392000	1613	2187	542400	2232	3027	633600	2608	3535
M39	468800	2090	2834	648000	2889	3917	757600	3378	4580
M42	537600	2581	3500	743600	3570	4840	869100	4173	5658
M45	626800	3225	4372	867000	4460	6047	101300	5210	7065

在 TBM 检修期间，应检查所有关键结构件的焊缝情况。关键结构件包括主梁、刀盘、后支腿、撑靴、护盾、运动件的支架等。

6.2.5 依托工程 TBM 主要检修项目及效果

在依托工程的检修期，主要完成了喷射混凝土系统改造，更换鞍架十字销轴的轴承，刀盘耐磨板修复，变形刀座的更换，修复锚杆钻机和钢拱架安装器，检修润滑泵站及液压泵站等，更换所有的润滑油和液压油，检修的主要项目及其内容、原因、效果评价见表

6.2 – 5。

表 6.2 – 5 　　　　　主机及后配套主要检修项目及其内容、原因、效果评价表

序号	检修项目名称	主要检修内容	检修原因	检修效果
1	主轴承检修	油样检测分析，轴承腔气密性检测，内窥镜检查主轴承外观	长时间的运行，可能导致主轴承受损	油样达标，气密性良好，内窥镜检查轴承外观完好
2	刀盘耐磨板修复	更换磨损的耐磨板及耐磨条，更换磨损的燕尾块	刀盘耐磨板、耐磨条及燕尾块经过长时间的磨损，已经起不到保护刀盘主体及刀座的作用，否则将会对刀盘造成严重的磨损，同时也会造成刀具的非正常损坏	检修后的刀盘和刀座满足了后续掘进的需要，刀具非正常磨损量在可控范围
3	刀座修复	对开裂的中心刀刀座进行更换	刀座开裂后产生的微小变形会造成刀具固定不紧的情况，从而在掘进时引发刀具震动，造成刀具的非正常损坏	检修后的中心刀刀座定位准确，焊接牢靠，满足了后续掘进的需要
4	喷射混凝土系统改造	配合 TBM 制造单位将原有的伸缩式大臂混凝土喷射机械手改造成大臂加小车式结构	伸缩式大臂对日常清理的要求太高，混凝土残留及大臂自重会使大臂无法正常伸缩，进一步造成伸缩油缸憋压密封坏	改造后的混凝土喷射机械手显著地提高了支护速度和支护质量
5	更换鞍架十字销轴	更换损坏的十字销轴横轴两端的球面轴承及修复轴承座	十字销轴横轴两端的球面轴承在前序掘进过程中破碎，轴承座受到冲击变形	更换后的十字销轴承付消除了轴承座破损的隐患
6	修复锚杆钻机	更换破损的液压软管，更换凿岩机磨损件，氮气包加注氮气	凿岩机的纤尾套、水封由于长时间使用磨损严重，氮气包氮气压力不够，已影响锚杆钻机的正常使用	检修后锚杆钻机各功能正常，满足锚杆支护需要
7	钢拱架安装器	更换拱架安装器的大车行走轮的滑动轴承	拱架安装器的大车行走机构的滑动轴承磨损变形，摩擦力增大，造成大车行走时卡顿	检修后大车行走功能恢复正常，提高了拱架支护速度
8	润滑泵站检修	清洁润滑泵站油箱，更换润滑油，更换润滑泵站滤芯；更换 2 号齿轮泵	由于长时间循环运行，润滑油油质已达到使用标准的临界点，应对润滑系统进行换油和检修；润滑泵站的 2 号泵密封磨损，导致流量和压力不能满足使用要求	检修后的润滑泵站能输出满足设计要求的流量及压力
9	液压泵站检修	清除液压油箱内的沉渣，更换液压油，更换液压泵站滤芯	由于长时间循环运行，液压油箱底部积有沉渣，液压油油质已达到使用标准的临界点	检修后液压泵站能输出设计流量和压力

6.2.6　典型案例

在 TBM1 转场检修期间，由于 TBM1 主轴承外密封未按要求检查，导致后期掘进过程中出现问题，具体情况如下：在 TBM1 转场结束后，掘进第 14 天时，由于固定螺栓松动脱落，导致 TBM1 外密封挡圈脱落并被扭断成 3 段，造成停机，影响正常掘进达半个月。分析原因，虽然固定螺栓的紧固状态不易检查，但应严格按照设备制造厂家的要求进行检修，当时应全部更换内外密封压环挡圈固定螺栓，使用螺纹紧固剂，并把螺栓紧至规

定扭矩。

6.3 转场及检修周期

由于前期准备充分，TBM1 和 TBM2 转场实现了交叉作业，TBM1 转场周期除去业主原因影响的 32 天，实际仅用了 50 天，TBM2 转场周期为 56 天，达到了行业内先进水平。

TBM1 计划转场/检修时间为 2015 年 4 月 21 日至 2015 年 6 月 9 日，计划工期为 50 天。实际转场/检修时间为 2015 年 4 月 22 至 2015 年 7 月 12 日，周期为 82 天。由于业主原因，1 号新支洞 66kV 施工变电所送电滞后，造成实际转场工期滞后 32 天。

TBM2 计划转场/检修时间为 2014 年 4 月 21 日至 2014 年 6 月 4 日，计划工期为 45 天。实际转场/检修时间为 2014 年 12 月 4 日至 2015 年 1 月 28 日，周期为 56 天。

TBM2 转场及其设备检修进度的重点工作为刀盘修复和带式输送机系统的转场。

由于原设计 3 号支洞检修洞室内没有配置专用起吊设备，转场期处于冬季，受冬期施工降效的影响，转场工作难度较大。

6.4 转场与检修保障措施

长隧洞 TBM 的中间检修和转场的有序安排和正确实施，对尽快成功进入下一阶段掘进十分重要。制定合理的转场检修方案和高效的生产组织安排，能够有效保障转场和检修顺利完成。

在依托工程项目的 TBM 第 I 掘进段贯通前，提前组织相关专家对 TBM 状态进行检测和评估，确定检修项目和维修方式，制定周密的 TBM 检修计划、步进计划、始发计划、转场计划，进行场地规划，准备施工机具、材料和人员等，优化 TBM 步进、中间检修、转场工作内容，使整体工序安排合理，缩短工期。因在国外采购的备件交付周期较长，需提前制定备件采购计划，并进行订购，确保在检修工作过程中满足备件更换的需要。

依托工程项目的 TBM 转场和检修期间，项目部成立安全质量进度控制管理小组，小组主要任务为决策重大施工问题，确定重大施工方案，分析施工进度，分解施工任务到每天，落实责任到个人。以保证工程转场和检修工作安全高效地完成。

根据 TBM 转场并行性和连续性的施工特点，合理设计各作业工序之间的相互关系，以步进作业为核心，安排步进、检修、拆卸、运输、安装等各生产队作业间的协调，避免或最大限度地减少工序间的延误，做到高效运转。

6.5 转场和检修总结

转场和检修严格执行《转场及检修施工组织设计》中的方案及工期安排，安全高效地如期完成，满足了下一步掘进条件。

6.5.1　提前筹划

依托项目的 TBM 在第Ⅰ掘进段贯通前 3 个月开始进行转场准备筹划工作，编制了施工组织设计，确定了施工方案，梳理了流程图，制定了计划工期。同时，组成转场先期施工队，提前进行了转场第Ⅱ掘进段胶带支架安装、风带挂装、照明安装及洞外设备基础等前期工作，有效地缩短了转场检修的直线工期。

6.5.2　培训

组织人员前往相关施工单位进行考察学习，积累经验。针对专业性要求较高的刀盘焊接，邀请 TBM 制造单位专业人员对施工技术人员和焊工进行培训。

6.5.3　资源组织

提前对各队进行转场工作分工，统计转场所需人员、设备、材料、工器具等。

6.5.4　提前订货

对于供货周期长的材料，如十字销轴球面轴承、刀盘耐磨板及焊条、鞍架耐磨板等，联系设备供应商提前采购。根据供货及制造周期，在第Ⅰ掘进段贯通前两个月，对刀盘进行检查，并测量需更换的耐磨板的尺寸，由设备供应商提前加工制作并运至工地，使 TBM 步进到位后即可更换耐磨板，节省了检修工期。

6.5.5　优化洞外出渣方案

依托工程 TBM 在寒冷季节（最低气温达−37℃）施工中，积雪较厚，夜间运输出渣难度较大，且出渣支洞出料口及带式输送机支架立柱结冰严重，减少了料堆的有效容积，影响了 TBM 的掘进。经过优化，提升了带式输送机出渣点的高度，增加了料堆的有效容积，提高了 TBM 掘进作业利用率，最大限度地减少了洞外出渣对 TBM 作业的影响因素。依托工程施工实践表明，在寒冷地区设置洞外出渣系统时，应尽可能增加料堆高度，紧邻料堆的带式输送机立柱应尽可能后移，以减少结冰对有效容积的影响，使出渣作业不影响 TBM 掘进作业。

6.5.6　优化连续带式输送机运输方案

为提高转场效率，自行研制了运输连续胶带主驱动、支洞胶带尾端、胶带储存仓等超重超大件的特殊有轨板车，将连续带式输送机主驱动等超重超大件一次性由洞内运输至转场后的安装工位，省去了连续带式输送机主驱动等超重超大件拆解作业，简化了作业流程，避免了"支洞内—支洞外公路—支洞内"运输环节，缩短了运输周期，减少了运输费用，降低了拆、运、安各环节的作业安全风险。

6.5.7　优化连续带式输送机布置方案

优化胶带仓与连续带式输送机头部落料点的安装距离，在第Ⅱ掘进段作业时，将胶带仓的安装位置在原设计的基础上前移 20m，能满足同时对带式输送机两头进行硫化作业，缩短胶带硫化时间，提高 TBM 作业利用率。

6.6　TBM 拆机

TBM 的拆卸是一项系统性的工作。在 TBM 第 II 掘进段贯通后，TBM 依靠步进机构步进至相关的洞室进行拆卸。拆机的次序为主机→连接桥→后配套。其中，后配套采用牵引设备逐节牵引至桥机覆盖区域后，进行拆卸后，运至洞外储存场地。在拆卸主机和后配套台车的同时，拆除连续带式输送机系统、TBM 通风及高压电缆供电系统。

6.6.1　拆机施工组织设计

编写单位在开始拆除依托工程的 TBM 前，编制了《TBM 拆机施工组织设计》以及《TBM 拆机专项措施》，其主要内容包括编制依据、适用范围、TBM 拆卸总体概述、拆卸准备工作、主机后配套及其附属系统的拆卸、带式输送机系统拆卸、通风系统拆卸、高压供电系统拆卸、其他辅助设施的检修及拆卸、标识方案、运输和仓储保障措施、质量保证措施及安全文明施工措施等 13 部分内容。以下叙述了依托工程具体的 TBM 拆卸过程和内容。

为了便于运输和吊装，拆机时必须拆卸、分解后才能运至洞外存放。洞内拆解工作主要包括刀盘中心块与边块、机头架与转接座、驱动电机与转接座、护盾与护盾、主梁构件间、后配套台车与单体设备等。

由于拆卸洞室桥机辐射范围仅为 80m，故只能对 TBM 主机及后配套进行分段拆分。将 TBM 主机的 1 号桥架和 2 号桥架之间的连接销断开，1 号桥架随 TBM 主机步进至拆卸洞室后拆解，将 TBM 主机的 2 号桥架与 1 号后配套台车牵引至拆卸洞室后拆解，其他后配套台车每两节一组牵引至拆卸洞室拆除。

带式输送机系统、通风系统、高压供电系统现地拆除。主、支洞带式输送机系统拆除受洞室空间限制，无法利用起吊设备，全部由人工拆卸，工作难度大，强度高，除胶带回收外，工作点分散，需借助小火车完成。

在第 II 掘进段完成始发后，步进滑板装置存留在相应的检修洞室中，但由于步进滑板装置的宽度、长度尺寸较大，支洞断面较小，在安装支洞固定带式输送机后不能满足滑板装置运输的净空要求，故在向洞外运输滑板装置前需拆除相应支洞的固定带式输送机支架。

6.6.2　拆机流程

拆机的主要工作项目及各项工作的次序如图 6.6-1 所示。

6.6.3　拆机的一般顺序

拆机应遵守以下次序原则：先电器，后液压，再机械；先强电，后弱电；先上后下，先外后内；先主干，后分支；先总成，后部件，再零件。

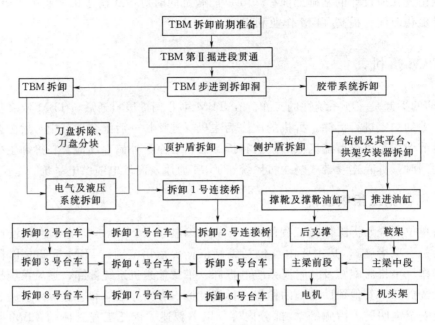

图 6.6-1　拆机流程图

6.6.4　拆机准备

　　TBM 拆机准备主要包括人力资源准备、工器具准备、土建工程和基础设施准备以及 TBM 拆卸前工作安排。

6.6.4.1　拆机资源配置

　　TBM 拆机资源配置包括人力资源配置、材料配置、设备配置及工器具配置。

　　1. 人力资源配置

　　(1) 人员组织架构。拆机人员组织架构如图 6.6-2 所示。

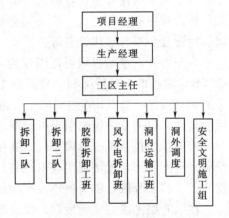

图 6.6-2　拆机人员组织架构图

　　(2) 拆机人员配备。TBM 拆机人力资源配备见表 6.6-1。表中数据为单班人数，实际作业有两班。

　　2. 拆机材料配置

　　拆机主要材料为型钢、焊条、汽油及柴油等。

　　3. 拆机设备配置

　　单台 TBM 拆机设备配置见表 6.6-2。

　　4. 拆机工器具配置

　　拆机工器具主要有钢丝绳、扁平吊带、千斤顶及扳手等。

表 6.6-1   单台 TBM 拆机人员配备

名　称	序号	工种	人数	名　称	序号	工种	人数
TBM 主机、后配套拆卸队，单班人数为 30 人	1	工班负责人	1	胶带拆卸前期（胶带回收）单班人数 10 人	3	机械工	3
	2	机械工程师	2		4	力工	4
	3	机械工	6		5	电工	1
	4	桥吊操作工	1		小计		10
	5	力工	6	胶带拆卸后期（胶带架拆除）单班人数 20 人	1	工班负责人	1
	6	电气工程师	2		2	机械工程师	3
	7	电工	4		3	机械工	4
	8	液压工程师	2		4	电工	2
	9	液压工	4		5	辅助工	10
	10	机车司机	1		小计		20
	11	安全员	1	风水电拆卸人数 16 人	1	工班负责人	1
	小计		30		2	机械工	3
胶带拆卸前期（胶带回收）单班人数 10 人	1	工班负责人	1		3	电工	2
	2	机械工程师	1		4	辅助工	10

表 6.6-2   单台 TBM 拆机设备配置

序号	设备名称	规格	单位	数量
1	桥式起重机（主机拆卸用）	2×100t	台	1
2	电动葫芦（后配套拆卸用）	15t	台	4
3	捯链（后配套拆卸用）	10t	台	2
4	叉车	5t	台	1
5	液压升降台车	8m	台	1
6	空压机	0.8~1.0MPa	台	2
7	直流电焊机	MIG 300~500A	台	2
8	焊机	SMAW 400A 500A	台	4
9	碳弧气刨	直流弧焊机 ZX7	套	4
10	风动扳手	系列	套	4
11	手持式打磨机	100-175-225	台	10
12	手电钻	手持式	台	2
13	对讲机	手持式	对	4
14	电线延长卷盘	100m	个	6
15	切割锯	直径 100mm	台	1
16	变压器	500kVA	台	1
17	机车	25t	台	2
18	液压扭矩扳手	5MXT/3MXT	台	1/1

6.6.4.2 土建工程和基础设施准备

1. 拆卸洞室

拆机沿用原组装期间的起重机（1台2×100t的桥式起重机）与吊具。在桥式起重机使用前，按照规范要求，做好桥机的检查、检验工作，确保拆卸时桥机处于良好的工作状态。

2. 洞内临时拌和站

在TBM第Ⅱ掘进段贯通前，按照计划，有序拆除影响设备运输通畅的洞内临时拌和站，将拌和站拆运至洞外。

3. 基础设施准备

在TBM第Ⅱ掘进段贯通前，按照计划，逐步对施工通风及用风，施工用水，施工用电等基础设施进行必要的容量改造，确保满足拆卸工作的需要。

施工用风采用2台3m³的空压机供风，主机及后配套区域各布置1台；施工用水使用TBM第Ⅱ掘进段主供水管，在主支洞交叉口供水管处，安装阀门与管路，接至拆卸洞；拆卸洞TBM主机停靠处附近，布置1台500kVA变压器，靠拆卸洞室入口左侧布置，进行防水处理，3台简易配电柜分别布置于洞壁两侧。拆卸洞室桥机轨道梁处采用200W白炽灯照明，安装间距为5m，离地面4m；在桥吊两侧轨道下部约5m处采用防水灯照明，间隔5m，以满足洞内拆卸照明的要求。拆卸洞TBM后配套停靠处从主机处接引电源，并布置配电柜。

6.6.4.3 TBM拆机前的准备工作

1. 设备清理

同TBM转场时设备清理要求相同，清理部位、内容、原则、注意事项、标准等与转场时一致，详见本书6.1节相关内容。

2. 设备维护

为避免因洞内潮湿环境对设备造成可能的损坏，在长时间停机期，应安排TBM操作人员定期对TBM系统进行空转运行，空转时间不少于2h。

3. 制定工艺流程和作业规范

根据TBM的设备组成和结构以及施工组织的统一规划和安排，编制拆机的工艺流程和规范。

制定流程的目的是使TBM的每一项拆解工作和过程，均在科学、合理的分析基础上进行，力求做到准确、优质、高效。同时，在拆卸过程中，注意发现、研究TBM已发生和潜在存在的问题，保证TBM再制造时不降低其性能。

作业规范包括技术、安全、标识、记录及重要报告等的规则规定，内容包括不同类型设备、构件的拆解规范和技术要点，顺序、步骤和主要参数。设备状态的检查鉴定及其标准，拆机时间横道图，资料的整理及存档规定等。

4. 技术资料准备

技术资料准备主要包括人员培训、设备资料准备、设备标识。人员培训是在拆卸前安排相关技术人员熟悉拆卸流程及具体拆卸方案、标识，拆卸的标准及要求，人员培训在拆机前一周内完成。设备资料准备为准备拆卸部位相关图纸、组装期间资料及照片。设备标识是指提前安排专人制作电气（电缆、电柜、电机）、机械、液压标识方案。

6.6.5　拆机注意事项

1. 拆卸原则

（1）拆卸前，首先必须切断并拆除设备的电源、水源、气源等和动力联系的部位。

（2）从实际出发，可不拆的尽量不拆，对于某些设备总成、液压泵站等自身连接的线路和管路，只要不影响吊装、运输，尽量不拆，维持原状。

（3）液压系统拆卸时，应特别小心、谨慎，注意元件外表及环境的清洁，尤其是管路接头随时拆卸，随时装上堵头和防护帽，以免污染。

（4）拆卸中应避免破坏性拆装（如气割等），否则须经主管工程师同意。

（5）所有的电线、电缆不准剪断，拆解的线头均应做好标识，拆线前要进行"三号"（内部线号、端子板号、外部线号）对照，确认无误后，方可拆卸。

（6）拆卸过程中应选用合适的工机具，不得随便代用。

（7）热装零件需利用加热来拆卸。一般情况下不允许进行破坏性拆卸。

（8）必须对拆卸过程进行记录，以便设备再利用时"先拆后装"；拆卸精密或复杂的部件，应画出装配草图或拆卸时做必要的记号，避免设备再利用误装。

（9）吊装中设备不得磕碰，要选择合适的吊点慢吊轻放，钢丝绳和设备接触处要采取保护措施。

（10）运输设备时应将设备捆牢、绑紧，以免在下坡或受震动时掉落。

（11）拆开后的零件，均应分类存放，以便查找，防止损坏、丢失或弄错。存放时按照"总成、部件、零件"，"电气、液压、机械"，"大件、小件"，"粗糙、精密"分开的原则，分类存放。

（12）同一系统，专人负责到底，以保持工作的连续性。

2. 拆卸工具和设备

对于高压拆装设备（如液压预紧螺栓的拆卸装置和气动、液压扭矩扳手等），没有经过操作检验，一律不得投入使用。

拆卸螺母时，优先选用梅花扳手或套筒扳手，其次选用开口扳手和活动扳手。依照紧固力矩量程由小到大排列，可以使用的工具分别为扭力扳手、可调式小扭矩扳手、套管式可调扭矩扳手、比例放大（行星轮式）扳手、冲击式电动扳手、冲击式气动扳手、气推油式液压扳手和气推油式液压张紧成套工具。

3. 拆卸前必须完成的工作

（1）拆卸设备总成前，应对拆卸场地进行除污（油污、油泥、脏污）、擦干并铺垫、遮盖，防止人员滑倒。

（2）拆卸前，须断开设备电源，释放 TBM 运行时形成的封闭油箱的气压、油压和其他弹性构件的预压缩力，必要时放油。对易氧化和易锈蚀的零件进行保护。

（3）安排专人在拆卸部位做标识和记号，内容包括系统类别、名称、装配图号、原始安装方位、接口符号等。填写拆卸登记表，以便了解拆卸顺序，掌握进度，利于交接。

（4）对于高空、容易坠落的结构件和大件，在拆卸之前，必须采取一定的支承和起重措施，拴绑牢靠，悬挂可靠，才能拆卸和起吊。

（5）准备好摄影、摄像器具，用于记录拆卸过程。

6.6.6 主机、后配套及其附属系统拆卸

主机拆卸前首先由贯通位置步进至拆卸（组装）洞预定位置。步进工作与转场时类似。

主机拆卸前应在前主梁和后主梁下做好支撑，拆卸由刀盘开始，再拆除顶护盾、钻机、拱架安装器、刀盘电机、主推油缸、撑靴、鞍架、主机带式输送机及平台等，拆完主机上的所有附属设备后，由后支腿至机头架依次拆卸，完成所有的主机拆卸工作。

因 TBM 设备重量较大，在拆卸时应根据大件的重量和尺寸配置合适的起重设备。TBM 主机及其后配套主要大件、重件参数见表 6.6-3。

表 6.6-3　　　　　　　TBM 主机及其后配套主要大件、重件参数

序号	设 备 名 称	外形尺寸（长×宽×高）/mm	重量/t
1	刀盘	外径 8300	约 160
2	刀盘中心块	4810×4810×1657	64
3	刀盘边块	5854×1745×1657	4×23
4	机头架及主轴承	外径 5700×2100	105
5	底护盾	3881×1920×1748	21.2
6	顶护盾	4383×4534×1257	13.8
7	下支撑护盾	4532×2637×592	3.5
8	左右侧护盾	6177×2508×1675	25.6
9	刀盘主驱动电机	1263×820×880	10×1.9
10	支撑油缸	4989×1320×1638	34.2
11	主梁	15082×3670×4570	54.6+52.5
12	前主梁	7577×3630×4562	54.6
13	后主梁	7505×3670×2896	52.5
14	撑靴	2170×1503×4199	23.3
15	推进油缸	3784×586×586	7.2
16	后支撑	4472×3563×5418	30.6
17	溜渣槽	2800×2608×2185	6.5
18	操作室	3600×1600×2264	10.7
19	带式输送机尾架	2775×2137×806	1.8
20	2200kVA 变压器	3200×1500×2250	
21	1500kVA 变压器	3000×1300×2000	

6.6.6.1　刀盘拆卸

（1）停机前将刀盘转正，焊接刀盘吊装吊耳。

（2）在步进至桥机覆盖区域后，使用 2×100t 桥机起吊刀盘，拆除刀盘与转接座连接螺栓，起吊刀盘离地 30cm，大车向上游行走 3m 后缓缓降落刀盘，刀盘正面朝下、背面向上，气刨刀盘背面的所有焊缝。

（3）背面焊缝刨除完毕，刀盘翻身，并刨除正面所有焊缝，刨除挡渣条。

（4）拆除刀盘边块与边块，边块与中心块之间的连接螺栓。

（5）对称拆除刀盘边块。

刀盘拆卸步骤如图 6.6-3 所示。

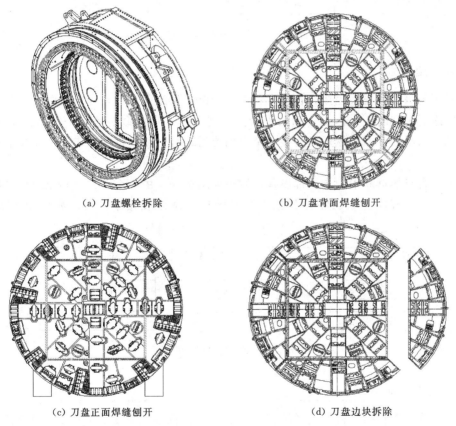

(a) 刀盘螺栓拆除　　　　　　　　　　(b) 刀盘背面焊缝刨开

(c) 刀盘正面焊缝刨开　　　　　　　　(d) 刀盘边块拆除

图 6.6-3　刀盘拆卸步骤图

6.6.6.2　侧护盾拆卸、顶护盾拆卸

将两侧护盾伸出，确保顶护盾有空间吊出；将侧护盾用临时支撑（在护盾外侧）固定；拆除顶侧护盾销轴，拆除顶侧护盾，拆除顶护盾油缸与机头架连接销轴，将顶护盾拆除直接装车运至洞外存储场地；拆除侧护盾油缸，将侧护盾吊稳，固定好楔块油缸，拆除连接销，整体吊出。

6.6.6.3　连接桥拆卸

连接桥的拆卸遵循从后到前，先附属部件后主要部件的原则进行。连接桥拆卸流程如图6.6-4所示。

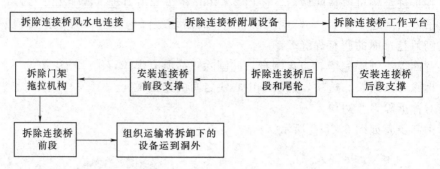

图6.6-4　连接桥拆卸流程图

6.6.6.4　后配套拆卸

拆卸洞起吊设备安装完成，各项准备工作和配套设施完成后，即开始由后至前拆卸后配套。拆除后配套时，先拆除各节后配套间的连接销，用装载机牵引一节后配套至拆卸洞，装载机与后配套间用钢丝绳连接，牵引到位后进行拆除，拆卸完成后再开始下一节的拆卸。

后配套台车的拆卸采用先局部设备，后整体结构件，由上至下，拆卸原则是尽量保持构完整。拆卸过程需将小的结构件集中装到箱内，做好装箱单。具体流程如图6.6-5所示。

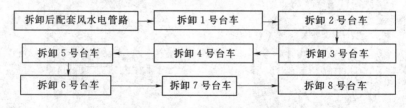

图6.6-5　后配套拆卸流程图

6.6.6.5　电气系统拆卸

电气系统主要包括主机控制系统、动力系统、钻机电气系统、喷射混凝土电气系统、后配套独立设备动力系统。拆卸时按系统拆除，主要是电缆及电柜的拆卸，拆除过程中做好标记。

无论是高压电力设备，还是低压控制设备或信号传感器，切断电源都应该是拆卸工作的第一步。

电气设备的拆卸工作按设备属性可分为电缆的拆卸、电器元件的拆卸、配电箱及独立设备的拆卸。

由于在TBM上会使用大量的电缆，且电缆型号多样，故将电缆回收时，要对电缆进行标识。在电缆的两头贴上事先做好的标签，标签名称为电缆两头所接设备的名称简写。

电器元件数量较多且绝大部分安装在 TBM 主机上，用于实现信号监测等功能，故需要等到刀盘拆除后方能拆除。安装于阀块上的传感器，拆除时需要保证液压泵已关闭，以免高压液压油伤人。

待接入配电箱或独立设备的电缆拆除后，将配电箱或独立设备整体拆除，拆除时，需要保证配电箱的完整性，不可用割枪或其他设备破坏配电箱的完整性。拆除后，需对配电箱做防水处理，将配电箱电缆入口用玻璃胶封闭。

6.6.6.6 液压系统拆卸

液压系统包括主机液压及润滑系统、钻机液压系统、喷射混凝土液压系统，拆卸主要是管路、阀、泵站的拆除。根据拆卸流程需求，后配套台车上的液压系统首先进行拆除。

液压系统拆卸前，尽量将油缸全部收回，以便液压油可返回至油箱。然后开始按照不同油路逐个拆除油管及控制阀，并进行标识。风、水系统在后配套拆卸时逐节进行拆卸。

6.6.7 带式输送机系统拆卸

带式输送机系统的拆卸同转场时类似，包括急停装置、胶带、连续带式输送机的主驱动、连续带式输送机的储存仓、支洞固定带式输送机的尾端和驱动装置、胶带托辊、带式输送机架的拆除。在 TBM 第Ⅱ掘进段贯通后，即开展上述拆除工作。

6.6.7.1 收卷胶带

首先将连续胶带在硫化台处断开，按照 600m 一卷把所有胶带卷出，同时可拆除 CC-link 电缆及拉线开关等。

胶带拆除时，在每个硫化接头处断开胶带，在硫化台处安装卷胶带机器。在卷胶带时，需同时点动 1 台驱动电机辅助卷胶带。所有胶带拆除后再把大卷捯成两小卷，便于运输和存放。

6.6.7.2 带式输送机电气拆卸

连续带式输送机在 TBM 停止掘进后，仍需要运行至胶带回收完毕。在胶带回收工作完成后，方可对电气系统进行拆卸。拆卸过程为切断电源、拆除 VFD 配电柜、回收电缆与电机。拆除 VFD 配电柜和电机前应进行防水包装。

1. 电缆拆除与回收

在确认带式输送机系统无需再次启动后，切断驱动电机的电源，为了防止工作人员错误合闸造成触电事故，应先把主电源彻底从变压器配电柜内拆除。

电机电缆及控制电缆从配电柜内拆除并进行标识，以电缆两端所接设备名称命名。

2. 变频柜及电机拆卸

将电缆从变频柜和电机上拆除，对变频柜及电机接线盒进行防水密封后，整体拆除变频柜。

6.6.7.3 机械结构件拆卸

胶带全部拆除后，分三段拆除胶带托辊及支架，主驱动滚筒在分解后，利用 8t 的汽车吊吊装并运至指定的洞外储存场储存。

1. 胶带仓拆卸

拆除牵引钢丝绳，清理并涂抹液压油后，将钢丝绳与小车分离，点动卷扬机将钢丝绳缠绕在卷筒上，整体拆除卷扬机。拆除胶带仓顶部框架、胶带仓小车及底座框架。

2. 主驱动拆卸

拆除 3 个主驱动电机及减速箱后，整体拆除主驱动结构架和底座。

6.6.8　洞内高压电缆回收

在拆除电缆前首先要将电源切断。TBM 上储存电缆的卷盘内应卷满电缆 300m。自 TBM 移动尾端向下游方向拆除主电源电缆，拆卸时应随即做好电缆线快速接头的防水防潮处理。电缆收卷时采用有轨机车平板上放置收卷装置，边运行边收卷，避免机车运行和电缆收卷不协调，造成电缆的绝缘保护与洞壁摩擦破损。存储时 TBM 电缆卷盘上的电缆应做好防潮、防水措施，并架空存放至 TBM 电气仓库。

6.6.9　拆机记录及资料要求

拆机过程中应核对设备及构件数量，整理编码标识及存放位置并进行记录；记录损坏、不可利用设备及构件的状态和处理结果；记录可利用设备必须配置配件的名称、规格和数量；记录报废部件的处理情况。

6.6.10　拆卸过程及储存资料要求

为了完整记录拆卸和储存过程，应将拆卸过程各环节资料进行收集整理，内容包括TBM 拆后维修计划、拆卸中专题会议备忘录、各班组拆卸记录、运输装车记录、TBM 拆卸及整修过程中缺损件统计、TBM 拆卸中各类螺栓装机统计、库存统计及订购清单、TBM 液压资料（包括液压系统标识登记表、照片登记表、图片资料、布管图和 TBM 油管装箱登记表）汇总、TBM 电气资料（包括电气系统标识记录、图片目录、拆卸登记表和装箱登记表）汇总、TBM 备件装箱统计、TBM 裸放件标识及整理、TBM 委外维修与加工计划、TBM 备件装箱统计记录。

6.6.11　拆机周期

6.6.11.1　TBM1

TBM1 于 2016 年 4 月 5 日完成掘进任务，于 2016 年 4 月 6 日开始步进准备工作，于 2016 年 5 月 16 日步进至 0 号支洞拆卸（组装）洞室后开始拆机，步进周期为 40 天，2016 年 6 月 13 日拆机工作结束，从完成掘进任务至拆机工作结束历时 69 天。

TBM1 在完成所有掘进任务后，计划从相邻标段的组装洞室拆除。但 TBM1 在 2016 年 4 月 5 日完成第Ⅱ掘进段掘进任务后，相邻标段的第Ⅰ掘进段尚未完全完成转场工作，与之相配套作业的拌和站尚未拆除，导致 TBM1 不能按原计划拆除。该拌和站的拆除影响 TBM1 拆除工期 40 天。

6.6.11.2 TBM2

TBM2 于 2016 年 3 月 8 日完成掘进任务，步进至 2 号支洞拆卸（组装）洞室后，于 2016 年 3 月 22 日开始拆机，2016 年 4 月 30 日拆机工作结束，拆机周期为 40 天，从完成掘进任务至拆机工作结束历时 53 天。

6.6.12 拆机优秀工法

拆机过程中，技术人员充分发挥才智，研究出了高效的大件集中运输、台车倒置拆除、卷扬机牵引等优秀工法。

6.6.12.1 大件集中运输

TBM1 拆机进行到主机拆解阶段时，将后支撑、主梁中段（鞍架）、主梁前段、机头架、刀盘中心块五大件依次拆除，拆除时并未立即组织运输，而是合理利用组装洞内空间，依次摆放，至五大件同时具备运输条件后集中进行运输。集中运输具有以下优点：缩短工期，运输成本最小化，大件起吊运输的风险最小化，运输过程中的道路安全、交通疏导压力最小化。

6.6.12.2 后配套台车倒置拆除

TBM1 后配套台车为双层结构，若按由上至下的顺序进行拆解，工作面不易展开。因此先对下层平台进行临时支撑，随后拆除立柱与下层平台的连接螺栓。将上层平台与立柱作为整体，利用洞内 2×100t 桥式起重机对其进行翻身，翻身后上平台与下平台可同时展开拆解，缩短了工期。

6.6.12.3 利用卷扬机牵引后配套

在拆卸洞室的桥式起重机下方，安装 15t 卷扬机，将后配套台车牵引至桥式起重机下方进行拆解，实现了集中拆卸，避免了大范围布置拆卸起重机，措施安全可靠。

6.7 可利用性评估

TBM 完成掘进作业任务后，在拆除前和拆除过程中，按照"完全可利用""修复后可利用"及"不可利用"进行了评估和统计。"完全可利用"是指没有损坏且在使用寿命内，经过简单处理即可使用的部件。"修复后可利用"是指结构损坏、功能缺失或超过使用寿命，需要经过专业人员进行修复后方可利用的部件。"不可利用"指已严重损坏，无法修复的部件。"完全可利用"及"修复后可利用"的部件属于 TBM 再制造范围，应妥善保养及储存。

在拆除前和拆除过程中，有关技术人员按照上述可利用性评估的原则，在国内首次开展了 TBM 设备可利用性评估工作。TBM1 及 TBM2 部件可利用性评估分别见表 6.7-1 及表 6.7-2。

表 6.7 - 1 　　　　　　　　　　　　TBM1 部件可利用性评估

序号	完全可利用	修复后可利用	不可利用
1	刀盘主驱电机（2号除外）	刀盘	刀盘2号主驱电机
2	机头架	主梁中段（鞍架）	—
3	顶护盾、侧护盾、底部支撑	撑靴	—
4	主梁前段	润滑泵站	—
5	后支撑	独立小泵站	—
6	主推、水平支撑、扭矩油缸	空气压缩机	—
7	液压泵站	水管卷筒	—
8	1号、2号、3号变压器	混凝土喷射机械手	—
9	电气柜	钢拱架安转器	—
10	1号、2号、3号带式输送机	锚杆钻机	—
11	后配套台车钢结构	—	—
12	电缆卷筒	—	—
13	除尘风机、增压风机	—	—
14	风带储存仓卷扬机	—	—

表 6.7 - 2 　　　　　　　　　　　　TBM2 部件可利用性评估

序号	完全可利用	修复后可利用	不可利用
1	刀盘主驱电机	刀盘	—
2	机头架	主梁中段（鞍架）	—
3	顶护盾、侧护盾、底部支撑	撑靴	—
4	主梁前段	润滑泵站	—
5	后支撑	独立小泵站	—
6	主推、水平支撑、扭矩油缸	空气压缩机	—
7	液压泵站	9号主驱变频柜	—
8	1号、2号、3号变压器	混凝土喷射机械手	—
9	电气柜	钢拱架安转器	—
10	1号、2号、3号带式输送机	锚杆钻机	—
11	后配套台车钢结构	—	—
12	电缆卷筒	—	—
13	除尘风机、增压风机	—	—
14	风带储存仓卷扬机	—	—
15	水管卷筒	—	—

6.8 标识方案

6.8.1 拆卸前的标识、拍照与登记

机械、液压及电气系统的标识、拍照与登记等工作，是再次组装时最具参考价值的资料，必须给予高度重视。TBM 机械部分零部件相互之间差异较大，根据各部分的不同特点分别采取不同的标识方案。

以 TBM 的技术文件为依据，充分保留原有标识，结合实际情况和习惯标识方法，对连接电缆与电气设备进行编码与登记，标识应简单易懂、方便易查。

在 TBM 拆卸之前，根据随机技术文件中的液压系统布管图及系统图，制定泵站、油管、阀件及执行机构的标识方案，对于技术文件中没有布管图的系统，应参照液压系统图及实际管路布置，绘制布管图。为简化标识码，布管图图号以英文字母代替。

标识工作由熟悉 TBM 液压系统的人员来进行，同时仔细、认真填写标识登记表。泵站、阀件、油缸、马达标识登记表中应包括部件名称、规格型号、标识码、安装位置等 4 项内容。油管标识登记表中应包括图名、图号、图代码、油管标识码、管径、型号、长度、起止位置与走向等 8 项内容。

为便于再制造组装时查看，TBM 拆卸前，应对机械、电气、液压系统的位置、相互关系、管路布置情况选取适当角度进行拍照，以准确表现位置关系，如有必要，一个部位可拍 3~4 张照片。拍照过程应做好记录，照片登记表应包括照片编号、拍照部位或元件名称、标识码或标识牌、所在位置等 4 项内容。

6.8.2 机械结构件标识

大结构件的标识字体采用标准字体（大、小 2 种：大字体 10cm，小字体 5cm），罐装油漆喷涂，颜色为红、白两种。标识在明显部位，至少 3 处；散件采用红白油漆笔标识，字迹工整，在明显部位，1 处。

6.8.3 液压标识

由于 TBM 将大量的控制阀安装于液压泵站和润滑泵站中，并完成了相互连接。在安装和拆卸时可进行整体吊装，无须拆卸。因此，仅对各液压（润滑）回路中从泵站延伸至油缸、润滑点、外部控制阀的管路进行标识。

6.8.3.1 标识标准

被标识的管路分为液压系统、润滑系统和小系统，分别以英文首字母 H（液压系统）、L（润滑系统）、W（水系统）表示；由于各系统管路较多，为了再制造安装方便，在液压图纸中，做好与实物对应的管路标识。

6.8.3.2 标识牌

管路的标识使用带字式电缆标识牌，做好标识后用扎带固定于管路两端，并用透明胶

布包裹；阀块用油漆笔和标签纸标识，标识内容为阀块的编号及油口。

6.8.4　电气与电缆标识

配电柜的标识以电气图纸中的命名为准，图纸中没有的，以配电柜安装位置及作用进行描述。配电柜采用标签纸标明件号，标识数量为一处。

电气元器件以其在电气图纸中的编号或作用进行标识，包括所有配电柜外部的电气元器件。

电缆的标识以图纸设计为准，主动力电缆以两端所接设备或配电柜进行标识。例如：电机电缆 VFD1 - M1，表示电机的动力电缆从 VFD1 电柜到 M1 电机，即电缆的一头接入 VFD1，另一头接入 M1 电机，在电缆的两头贴上标签。控制电缆以图纸设计为准，总线电缆以模块编号标识。电缆的标识牌与油管相同，固定于电缆两端。

6.9　包装

6.9.1　包装要求

比照 TBM 设备出厂时的包装方法、要求等，所有设备和材料应满足多次搬运和装卸的要求，内包装应有减振、防冲击的措施，保证在运输、装卸过程中完好无损，防止丢失。按照设备特点，包装按需要分别采取防潮、防霉、防锈、防腐蚀的保护措施。应采用泡沫塑料、海绵、雨布等材料对内包装进行适当的防护和遮盖，防止或减轻运送过程中的震动、磕碰、划伤、污损。在包装货物时，按货物类别进行装箱。备品备件在包装箱外加以注明，专用工具也要分别包装。各种设备的松散零部件采用合适的包装方式，装入尺寸适当的包装箱内。

6.9.2　包装的标识

按规定对货物进行包装。每个包装箱或货物的适当位置用不可擦除的油漆和明显的中文做出标记。标记内容包括发货标记、目的地、货物名称、箱号、毛重净重、体积、安装位置等。

按照货物的特点和装卸、运输的不同要求，包装箱上应明显地印刷有"轻放""勿倒置""防雨"等字样。

6.9.3　包装

设备及材料的包装形式包括裸件与装箱件（木箱）两种。

6.9.3.1　裸件

对结构件脱漆部位，打磨清理干净后，进行喷漆恢复。涂装修复作业在 TBM 存放场地进行；结构件结合面及螺纹孔须涂抹黄油，并进行贴膜；钢丝绳回卷后，表层涂抹黄油。

6.9.3.2 装箱件（木箱）

用于包装木箱的材料应坚固，能适应多次运输和吊装转运的要求。小型机械部件（包括螺栓、螺母、垫片等），液态部件（包括油管、油缸、阀块等），电气部件（包括配电柜、电缆、传感器、模块等）均应采用木箱包装。

6.10 存储

6.10.1 储存场概况

TBM1 和 TBM2 设备储存场为 TBM1 第 I 掘进段营地 2 号营区。该营地为业主征用的永久用地。

该营地可使用面积约 23 万 m²，场内建有 2 座仓库，面积分别为 900m² 及 600m²。场地设有大门并装有门禁，四周设有围墙。场地内及场地外四周均设有排洪渠。设备储存场有专人巡逻看管。

在存放前，应对存放场进行规划，对露天场地进行平整、硬化及排水处理。大件存储区设有专门的大件起重、运输通道以便二次运输。

6.10.2 设备储存与维护保养

TBM 设备储存分为仓库存放及露天存放两种。

仓库主要存放电气元器件、液压阀体、液压管路、电缆等。在入库后，对需要防潮、防鼠件进行涂油和塑料膜进行保护和二次包装，包装内应放置干燥剂。仓库内应设有防鼠、灭鼠设施。鉴于 TBM 避险室的可靠性和密封性好，为了充分利用空间，将部分精密元器件存放于避险室。

露天场地主要存放金属结构大件，如刀盘、机头架、护盾、主梁、撑靴、TBM 后配套台车、储气罐、混凝土喷射轨道及步进装置等。为了防雨防晒，在堆放完成后，应对所有部件表面带进行覆盖。

存放前，应对所有可利用部件进行清洗和干燥处理。对所有部件的螺栓连接结合面，在清洗和干燥处理后，用黄油进行涂抹防腐，用塑料膜密封防潮；应对电动机的接线端口、液压泵/马达/油缸/活塞杆的接管端口及液压管路和电缆的两端端口进行密封胶密封处理，用丝堵密封液压部件，用硅胶密封电动机接线端口。连接销轴归位并固定，螺丝孔口用黄油封堵，油漆严重缺损的部位做补漆处理。

为便于检索和查找，在保养工作完成后，应编写保养封存记录，对各储存单元进行拍照和标识，编写设备存放清单。

TBM1 于 2016 年 9 月 12 日开始部件的保养维护及封存，2016 年 10 月 28 日部件的封存工作结束，周期为 46 天。TBM2 于 2016 年 5 月 10 日开始部件的保养维护及封存，2016 年 7 月 31 日部件的封存工作结束，周期为 82 天。部分设备存储状态如图 6.10-1～图 6.10-6 所示。

图 6.10-1　胶带主驱动仓储保存照片

图 6.10-2　液压主泵站仓储保存照片

图 6.10-3　钻机控制阀组仓储保存照片

图 6.10-4　同步油缸仓储保存照片

图 6.10-5　液压油管压管机及泵站仓储保存照片

图 6.10-6　湿喷机泵站仓储保存照片

第7章

卡机与不良地质处理技术

影响 TBM 施工进度的最主要因素是地质条件，当遇到卡机或不良地质时，合理的施工方案与资源配置，是安全、高效作业至关重要的必备条件。

本章从编写单位施工的 TBM 项目精选了 10 个案例，10 个案例包括 1 个刀盘被卡、2 个护盾被卡、3 个不良地质支护和不良地质超前处理、突涌水、岩爆及有害气体各 1 个。这 10 个案例涵盖了 TBM 不同类型的卡机和不良地质处理的各个方面，具有典型性、先进性和代表性。在实施方案过程中，制定了科学的施工方案，在最短的时间内完成了卡机脱困和不良地质处理，而且在处理过程中未发生任何安全事故，取得了一些工程实践经验和经济效益，这些经验可供类似工程参考和借鉴。

本章卡机与不良地质处理技术均通过了工程实践，体现了编写单位的最新工程实践成果。编写过程中，遵照实事求是的原则，力求反映工程实事，同时通过工程实践，提出了一些卡机与不良地质处理新理论。

一般意义上的 TBM 卡机是指刀盘和/或护盾被卡，刀盘在设计脱困扭矩、护盾在设计最大推力工况时，刀盘不能旋转，护盾不能前移。刀盘不能旋转但护盾可以前移，称为"刀盘被卡"；刀盘可以旋转但护盾不能前移，称为"护盾被卡"；刀盘不能旋转且护盾不能前移，称为 TBM "主机被卡"。

在 TBM 施工条件下，一般意义，TBM 掘进时或掘进后岩石不能自稳、待掘进岩体存在空腔、岩石收敛、存在有害气体或高地温等导致 TBM 不能正常掘进的，需要进行超前地质处理或不良地质段开挖后支护处理后，TBM 才能掘进的地质段，称为"不良地质"，包括流泥流沙、溶洞、突涌水、围岩收敛、围岩大变形（包括软岩、膨胀岩、疏松砂岩、蚀变岩引起的变形）、岩爆、高地温、有害气体等现象。

近年来，我国长距离隧道围岩地质条件越来越复杂，TBM 施工过程中经常会遇到断层、破碎带，停机/卡机事件发生。当造成停机/卡机时，一般会经过犹豫期、方案制定期、资源准备期和方案实施期 4 个阶段。通常前两个阶段耗时较长，如何缩短前两个阶段的周期，快速制定合理的方案和提前准备资源，是安全、快速掘进的关键。

编写单位承担的 ABH 工程存在深埋软弱大变形、大断层破碎带、深埋高地应力强岩爆、突涌水、高地温等施工技术难题，是目前国际在建施工最复杂的项目。该工程的 TBM 开挖直径为 6.53m。在 TBM 开挖前，全过程实施了超前地质钻孔，有效地配合了其他超前地质预报手段，增加了超前地质预报的可靠性。该工程全程超前地质钻孔属国内首例，国际鲜见，是 TBM 施工超前预报的范例。

本章的突涌水处理案例，采用的预压方法，为增加浆液在裂隙内的滞留时间和减小涌水流速创造了有利条件，有效地减少了涌水的流速和流量，极大地降低了处理难度。该方法在国内属首创，为处理高水头的集中涌水提供了新思路、新方法。

本章的岩爆和有害气体处理实例的工程，是我国正在施工的 TBM 中为数不多的同时存在岩爆和有害气体的项目。编写单位及时总结了应对措施和施工经验，可为今后的类似工程提供借鉴。

7.1　突泥涌水刀盘被卡脱困技术

编写单位承担的兰州第二水源地工程输水隧洞，主洞采用双护盾 TBM 施工，其中一台 TBM 施工段长度为 13.45km，开挖直径为 5490mm。该台 TBM 为国产首台双护盾 TBM。

2017 年 9 月 13 日，该工程 TBM 掘进至 T19＋747 处时，遭遇松散、破碎岩体，刀盘被卡，TBM 掘进受阻。超前地质预报探测到掘进前方 30m 范围内为破碎带，开挖掌子面渗水严重，导致 TBM 掘进被迫停止。

7.1.1　工程地质情况

该 TBM 施工段地层岩性复杂多样，主要有前震旦系马衔山群（AnZmx4）黑云石英片岩、角闪片岩，奥陶系上中统雾宿山群（O2－3wx2）变质安山岩、玄武岩，白垩系下统河口群（K1hk1）砂岩、泥岩、砂砾岩和第四系（Q）风成黄土及松散堆积物，侵入岩主要为加里东期花岗岩、石英闪长岩。输水隧洞沿线岩性不一，构造较发育，工程地质条件较复杂。

隧洞突泥涌水段桩号为 T19＋723～T19＋747，埋深为 670～720m，地表为沟状地形，无明显地表流水。在洞内，通过 TBM 盾体的 6 个观察窗取样分析，该段洞身围岩节理裂隙极为发育，软弱破碎，地下水渗流，临近掌子面洞段已揭露区域时常有掉块、塌落发生，整体围岩稳定性极差。超前地质预报显示刀盘亦进入挤压破碎带区域约 3～4m，掘进前方 30m 范围以内为破碎带，掌子面围岩极不稳定，前方上部已形成塌腔，且伴有较大突泥涌水，测算突泥涌水量为 1100～1200m³/d，即 45～50m³/h。

TBM 掘进受阻后，采用三维地震法探查了掌子面前方地质围岩情况。三维地震是隧道地震波反射层析成像技术的简称，该技术的基本原理为当地震波遇到声学阻抗差异（密度和波速的乘积）界面时，一部分信号被反射回来，一部分信号透射进入前方介质。根据信号反射的差异，并与基准面进行对比，预判前方围岩的地质情况，如图 7.1－1 和图 7.1－2 所示。

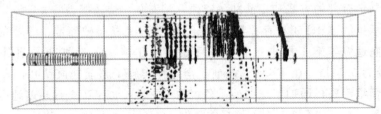

图 7.1－1　三维地震主视图

通过勘测区域的地震波反射扫描成像三维图、P 波波速、掌子面地质观测信息，分析遇到的该段破碎带的地质预报结果，预报结论见表 7.1-1。

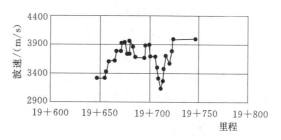

图 7.1-2 三维地震波速分布图

7.1.2 卡机情况

经人工清理紧邻刀盘前方区域积渣后，启动刀盘并推进 1.2m，出渣量约 700m³，刀盘再次被卡，继续人工清渣。在此过程中突泥涌水呈阵发性，持续时间为 5～15min。经钻孔灌注聚氨酯浆液对掌子面上前方进行加固，采取封闭刀盘刀箱与铲斗等措施，以控制出渣量。2017 年 9 月 28 日至 2017 年 10 月 3 日再次尝试掘进，推进 4m，出渣量约 500m³，掌子面突泥涌水量增大到约 1920m³/d，即 80m³/h。

表 7.1-1 地 质 预 报 结 论

序号	里 程	长度/m	推 断 结 果
1	19+747～19+727	20	该段波速平均 4000m/s 左右，波速较平稳，推断该段落与掌子面类似，围岩较破碎，节理裂隙发育，软硬交替，易发生掉块或塌腔
2	19+727～19+687	40	平均波速在 3600m/s 左右，出现明显的正负反射，局部平稳，推断该段落围岩完整性差，局部较破碎，易发生掉块或塌腔
3	19+678～19+648	40	平均波速在 3700m/s 左右，出现连续的正负反射，推断该段落围岩较破碎，节理裂隙发育，易发生掉块或塌腔

停机时掌子面围岩极为松散且不稳定，基本是粒径为 2～100mm 的细微碎石，未见有大块石渣，地下水压力约 0.3MPa。经分析认为易发生突泥涌水、形成塌腔。详细情况如图 7.1-3 和图 7.1-4 所示。

图 7.1-3 现场岩渣

图 7.1-4 突泥涌水

7.1.3 卡机原因分析

一般情况下，双护盾被困常见的原因有三种：一是刀盘前方破碎体及泥水混合物无法自稳进入刀盘，出渣量异常偏大，导致主机皮带被压停，TBM 无法继续掘进；二是刀盘被上方或前方的坍塌物挤压使其无法转动而被卡，无法继续掘进；三是刀盘能转动，软弱围岩塑性收敛变形过快，造成护盾被卡。

结合本案例的超前地质预报结果、掌子面围岩的岩性、出渣量及掘进参数等综合因素，判定本案例卡机属于破碎体及泥水混合物，岩体无法自稳，瞬间出渣量过大，主机皮带超出运行负荷，不能正常掘进。

7.1.4 处理方案

本案例的 TBM 施工遭遇恶劣地质条件、断层破碎带后，参照国内外隧道工程遇类似地质情况的施工经验，拟采取三种处理方案：方案一是 TBM 退机法人工处理破碎带，方案二是利用超前钻机施工管棚，方案三是在掌子面前方布置辐射状钻孔利用化学水泥组合灌浆方法灌浆。开挖旁洞法仅适用于 TBM 完全被压死且其他脱困方法均失败的极端情况，因此暂未考虑。实施前，经过专家讨论，对可行的方案细节、可能发生的意外及应对措施进行了推演、分析和方案比较。

7.1.4.1 TBM 退机法人工处理破碎带

该方法实施的要点是 TBM 后退，采取钻孔灌浆或人工开挖的手段达到稳定 TBM 前方和上方的岩体的目的。由于本台设备已进入破碎带，实施的最大难点和重点在于 TBM 安全后退。双护盾 TBM 为防止卡机，主机一般都采用阶梯形递减设计，自前至后逐渐缩小。本台设备为国产首台双护盾式，其主机结构设计也沿用了这种理念，如图 7.1-5 所示。

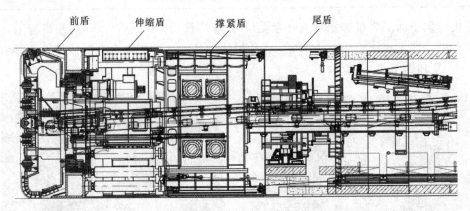

图 7.1-5 国产首台双护盾 TBM 主机结构

停机时，TBM 已进入破碎带地层，结合该设备主机设计结构、超前地质预报结果、洞身已揭露围岩及管片安装情况，该方案存在以下风险：

刀盘和前盾顶部区域存在台阶，在破碎地层条件下，台阶区域岩体松散，当刀盘后退时，存在卡刀盘风险，如图 7.1-6 所示；前盾尾壳、内外伸缩盾及撑紧盾之间存在台阶，TBM 在破碎带后退时容易堆积岩渣，卡住盾体，如图 7.1-7 所示。

尾盾与管片之间存在台阶，TBM 在破碎带后退时容易堆积岩渣，卡住尾盾，同时管片与洞壁之间填充的豆砾石、水泥浆等填充物，影响 TBM 后退，如图 7.1-8 所示；由于管片之间存在错台，当尾盾后退时，容易受卡，如图 7.1-9 所示。尾盾外部拆除管片，安全风险较大，容易产生塌方。

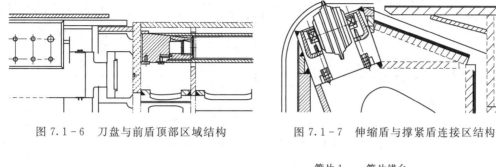

图 7.1-6 刀盘与前盾顶部区域结构　　　　图 7.1-7 伸缩盾与撑紧盾连接区结构

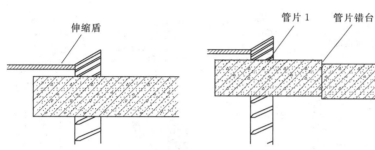

图 7.1-8 尾盾与管片区结构　　　　　　图 7.1-9 管片区结构

掌子面围岩极不稳定，前方上部已形成塌落拱，伴有较大突泥涌水，退机后施工人员在掌子面作业存在较大的安全风险。

7.1.4.2 超前钻孔管棚

在 TBM 管片喂片机处搭设脚手架，凿除隧洞顶岩体，以形成管棚钻孔工作坑，采用超前钻机向掌子面钻进，形成管棚，使待开挖段顶拱围岩稳定，具备 TBM 掘进条件。

该方案受超前钻的因素影响较大，主要表现为：首先超前钻机在 TBM 制造厂内未进行预组装，安装位置和钻孔角度也没有经过调试。其次支撑盾上方仅布置 6 个超前钻预留孔，数量过少，仅有 2 个与钻机角度相匹配具备钻杆入孔条件。再者由于洞径小，受尺寸限制钻机选型受限，钻机功率过小，钻孔能力不能满足管棚跟管钻进作业需要（套管外径 $\phi 110 \sim \phi 130$，跟管钻进深度为 30m）。

7.1.4.3 化学与水泥相结合掌子面前方辐射状钻孔灌浆

综合现场 TBM 设备的特点及能力、岩层性质等情况，实际施工时采取了"化学灌浆＋水泥灌浆"的方法。该方法为：利用化学灌浆在短时间内凝结并达到一定强度、抗渗性能好的特点，首先在刀盘通过刀箱等实现手风钻向掌子面前方钻孔，钻孔深度为 2～2.5m，以一定角度倾斜呈辐射状，尽量实现掌子面前方固结范围全覆盖。通过化学灌浆在掌子面形成防渗止浆墙后，再在掌子面前方 25m 范围进行水泥固结灌浆。本方法的孔位布置、钻孔深度、灌浆分序及效果如图 7.1-10～图 7.1-12 所示。

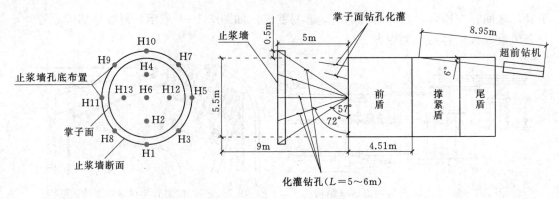

图 7.1-10 掌子面化学灌浆示意图

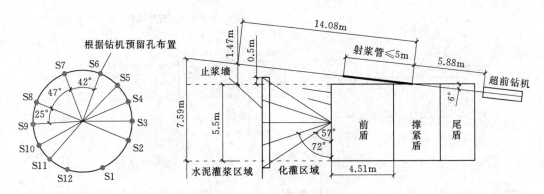

图 7.1-11 水泥灌浆示意图

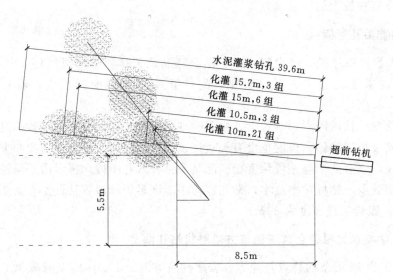

图 7.1-12 化学灌浆结合水泥灌浆实施效果图

7.1.4.4 实施方案的选择

针对本案例的卡机的实际情况，在选择方案时，主要考虑了围岩状况所带来的地层影响风险、国产首台双护盾设备性能以及现场操作的可行性等因素。方案一 TBM 退机人工处理的方法存在较大的安全风险且施工效率低，断层长度大需要的处理周期较长。方案二利用超前钻处理岩层的方法施工安全，效率高，可保证快速通过破碎带，但受设备缺陷影响较大，要达到实施效果需要更换超前钻机，同时需在护盾上开孔，以满足各种钻孔角度的需要。方案三"化学灌浆＋水泥灌浆"组合的方法虽然施工效率比方案二略低，但所需设备要求相对简单，操作方便，安全风险小，比纯化学灌浆成本低，但存在浆液易渗透至刀盘和盾体固结 TBM 的风险。综合考虑后实际采用了方案三。

7.1.5　方案实施情况

7.1.5.1　灌浆材料的选择

实施方案选用的化学灌浆材料为双组分聚氨酯加固材料，浆料 A 组分和 B 组分在孔底混合后，黏度可迅速增长到 200mPa·s，并快速膨胀固结。凝结时间在 20～40s 范围内可调，浆液密度为 1.4g/cm³，膨胀倍率为 2～5 倍，具备在动水条件下快速固化阻水的性能。

水泥灌浆采用 P.O42.5 硅酸盐水泥，絮凝剂采用 KGM－2 型，该絮凝剂具有长链结构、易溶于水，水泥基浆体具有较好的黏附性能，无泌水，抗水流分散能力强，凝结时间可调控、早期强度高，在大黏度值的情况下仍然具备良好的流动度，满足了灌浆施工的需要。

7.1.5.2　钻杆的选用

鉴于灌浆完成后大部分钻杆滞留在岩体内无法拔出，在 TBM 恢复掘进后，存在损坏刀具、伤害刀盘及划伤皮带的风险，因此选用玻璃纤维中空锚杆作为钻杆。其以不饱和聚酯树脂为基础材料，杆体抗拉强度大于等于 300MPa，扭矩大于等于 40N·m，可以切割，易于空间较小的环境使用，刀盘转动时可直接将其破碎。

7.1.5.3　灌浆控制和检查要点

钻孔检查止浆墙前方开挖范围内围岩情况，根据破碎程度确定水泥灌浆深度；水泥灌浆时，掌子面不出现明显漏点，灌浆结束后涌水量明显衰减；灌浆处理结束后，在恢复掘进前须经参建各方评估认可。

7.1.5.4　TBM 通过不良地质段措施

刀盘启动前清理前方堆积的石渣，拆除脱困施工时滞留在待开挖面的铁质锚杆；刀盘低转速掘进，根据围岩情况和掘进参数控制推力和扭矩；多频次检查掌子面的围岩情况；观察所出石渣的形态和大小，并计算实际出渣量与理论出渣量，当掘进出渣量达到正常值的 1.5 倍时，停止掘进，重复进行灌浆处理。

7.1.6　处理资源消耗

处理本次卡机所涉及的人力资源、主要化学灌浆钻孔设备及灌浆材料资源、主要水泥灌浆钻孔设备及灌浆材料资源、主要运输设备资源配置详见表 7.1-2～表 7.1-5。

表 7.1 - 2　　　　　　　　　　　卡机处理人力资源配置一览表

序号	工　种	单班人员	班次	每天人员	备　注
1	钻孔工	6	4	24	分 4 班次作业
2	灌浆工	4	4	16	分 4 班次作业
3	TBM 操作工	2	2	4	配合刀盘旋转
4	空压机工	2	2	4	配合钻孔
5	电工	2	2	4	单班不少于 2 人
6	焊工	2	2	4	灌浆钻孔辅助配合
7	水泵工	2	2	4	洞内排水运行维护
8	通风运行	2	2	4	洞内环境保障
9	技术与质检	2	2	4	现场负责人
10	安全员	2	2	4	负责洞内安全
11	小火车运行	2	2	4	司机、引导员
12	生产调度	2	2	4	洞内洞外协调
13	材料组织	6	2	12	材料供应
14	其他辅助	4	2	16	清渣等
15	TBM 维护人员	10	2	20	防止设备长时间不运转，出现故障
	合计	50		128	

表 7.1 - 3　　　　　卡机处理化学灌浆主要钻孔设备及灌浆材料资源配置一览表

工序	名　　称		型　　号	数量
止浆墙	钻孔设备（布置在刀盘中心块和边块部位）	凿岩机	YT - 28	3 台
		凿岩机	YG - 40	1 台
		中空玻璃纤维自进式锚杆	$\phi25$	200m
		钻杆连接套	$\phi25$	400 个
		钻头	$\phi25$	50 个
		空压机	$2\times90kW$, $2\times15m^3/min$	1 台
	灌浆设备	双组分气动注浆泵	3ZBQS - 16/20	1 台
	化灌材料	加固料 A		5t
		加固料 B		5t
固结刀盘与止浆墙间松散岩体	钻孔设备	超前钻机	MHP - 1800/560L - SX	1 台
		钻杆	$\phi32$	50m
		套管	$\phi73$	12 套
		三环钳	$\phi73$	4 把
		钻头	$\phi80$	12 个
		管靴	$\phi73$	20 个
		无缝钢管	$\phi76$	20m
		空压机	$2\times90kW$, $2\times15m^3/min$	1 台
	灌浆设备	双组分气动注浆泵	3ZBQS - 16/20	1 台
		气压塞	$\phi73$	4 个
	化灌材料	加固料 A	—	25t
		加固料 B	—	25t

表7.1-4 卡机处理水泥灌浆主要钻孔设备及灌浆材料资源配置一览表

设备材料种类与名称		型　号	数量	备　注
钻孔设备	超前钻机	MHP-1800/560L-SX	1台	TBM搭载的钻机
	钻杆	ϕ32	50m	自行采购
	钻杆连接套	ϕ32	50个	普通型
	钻头	ϕ32	10个	普通型
	钻杆	ϕ25	15m	YG-40钻机
	钻头	ϕ50	25个	YG-40钻机、十字形
	空压机	2×90kW, 2×15m³/min	1台	TBM配套设备
水泥注浆设备	单筒储浆桶	600~800L	1台	非TBM设备配置
	注浆泵	B6-10	1台	非TBM设备配置
	灌浆管	ϕ25（两层钢丝软管）	200m	配套接头20个
	压力表	4MPa	4块	防震压力表
水泥注浆材料	速凝剂	粉剂	3t	与水泥配合使用
	硫铝硅酸盐水泥	P.O52.5级	10t	
	减水剂	粉剂	10t	
	普通硅酸盐水泥	P.O42.5级	1000t	
	絮凝剂	KGM-2型	5t	
	水玻璃	硅酸钠	5t	
其他	管钳	24	4把	安装灌浆管
	管钳	36	4把	
	地质罗盘	—	1个	地质描述

表7.1-5 卡机处理主要运输设备配置一览表

序号	设备名称	型　号	单位	数量
1	轨行内燃机车	NRQ-25	台	3
2	轨行平板车	PB20F	辆	6
3	轨行人车	RYC25	辆	4
4	连续皮带	胶带宽700mm	套	1
5	转渣皮带	胶带宽914mm	套	1
6	载重汽车	10t	辆	2
7	载重汽车	20t	辆	1
8	客车	35座	辆	1

7.1.7　处理周期

本案例的卡机处理从2017年9月13日开始，至2017年12月10日TBM主机顺利通过该断层带，历时89天。

7.1.8　处理效果

针对本案例的特殊情况,施工单位参照国内外隧道工程遇类似地质情况的处理方案和经验,制定了双护盾 TBM 退机超前处理破碎带、管棚支护、固结灌浆 3 种处理方案,并对每个方案进行演化分析,确定并实施了"化学＋水泥"组合式灌浆方法对掌子面进行固结。通过实施该方案,使待掘进掌子面达到了自稳效果,经过一次"化学＋水泥"灌浆作业循环,即在预期的工期范围内,顺利地通过了该断层带,实施效果良好。

7.2　破碎性围岩护盾被卡脱困技术

编写单位承担的我国某输水隧洞Ⅲ标 TBM1 工程,主洞采用敞开式 TBM 施工,主洞段施工段长度为 16km,TBM 开挖直径为 6530mm。该台 TBM 为国产敞开式 TBM。

2019 年 1 月 31 日 21:30,TBM 掘进机掘进在桩号 k15＋282,L1 区停机支护,安装钢筋排,支立钢拱架。支立拱架用时 30min,支护作业完成后,TBM 开机掘进,顶护盾压力高限($P_{\text{无杆腔}} \geq 300\text{bar}$)刀盘扭矩 540kN·m,TBM 推进速度为 0,与此同时,顶护盾位移从 35mm,一直降至护盾导向块四周的垫块高度。现场通过尝试逐级加大掘进推力,从 $F_{\text{主推}} = 14500\text{kN}$、$F_{\text{主推}} = 16500\text{kN}$、$F_{\text{主推}} = 18500\text{kN}$ 到 $F_{\text{主推}} = 19500\text{kN}$(设备极限值为 20500kN),虽然推力已经加大至设备极限值,但仍无法向前推进,护盾被卡,导致无法掘进。

7.2.1　工程地质情况

桩号 k15＋245.0 后原岩主要为志留系上统库茹尔组(S3k1)变泥质硅质粉砂岩,灰黑色,致密结构,厚层构造,岩石强度高。受到后期构造影响,大部分变为构造片岩;局部夹有辉绿岩,接触面产状 NW288°SW∠58°,与原岩接触紧密。发育一条小断层,产状 NE5°SE∠65°～75°,向掌子面延伸,表面起伏光滑,断距不详,擦痕发育,可见附近片理被牵引弯曲现象,形成破碎带宽 0.5～2m,主要充填碎裂岩及劈理。该断层上盘一侧发育一组次级裂隙,发育间距为 0.5～0.8m,充填碎裂岩。左壁完整性差,片理发育,以镶嵌结构为主;顶拱及右壁以碎裂结构为主,局部镶嵌结构,围岩破碎,两壁完整性差。

该工程隧洞桩号 k15＋245.0 洞段区域的埋深约 850m,地下水以滴水为主,桩号 k15＋255.0 右壁起拱处有股状流水现象。桩号 k15＋243.0～k15＋252.0 顶拱连续塌方,塌方深度估测在 0.5～2m(近顺洞向小断层及不利组合裂隙切割与构造片岩、劈理发育形成塌方);桩号 k15＋252.0～k15＋262.0 右顶拱塌落,深约 0.5m。

7.2.2　护盾被卡情况

TBM 主机护盾段 5m 发生围岩变形,导致 TBM 掘进过程中阻力增大,通过调整掘进参数、调整姿态、分离后配套、换步推进和逐级加大推力等方法联合尝试脱困,但 TBM 仍无法推进。在尝试过程中,主推力最高达到 19500kN,已接近设备设计辅推力值

（20500kN）。

经现场查看判定，受困部位为顶护盾及两侧的搭接护盾。在护盾前端靠近刀盘区域顶部，有大体积的松散岩块对顶护盾及两侧的搭接护盾造成压迫；在出露护盾后形成塌腔，该塌腔最大高度约 0.5m、沿隧洞方向长约 1m、沿顶拱范围 100°。由于护盾的前端受大块石的压迫和护盾尾端的塌腔形成的空间，导致顶护盾前端盾体与相对刀盘下沉，尾端上翘，护盾发生"前沉后翘"现象。变形后的盾体前端与刀盘相互卡滞，刀盘转动困难，并伴有异响。测量数据显示，护盾前端相对刀盘约 12cm，护盾末端相对前端上翘约 8cm。

7.2.3　护盾被卡原因分析

当 TBM 刀盘掘进时，如遭遇围岩变形、断层大面积塌落时，会出现掘进推力逐渐增大，推进油缸行程无变化，刀盘无明显出渣，刀盘转速、刀盘扭矩、刀盘驱动电机电流、刀盘出渣量逐渐减小的现象，表明 TBM 护盾受到围岩握裹力增加。同时护盾受不均匀荷载的压迫和护盾区域存在空腔，护盾发生"前沉后翘"现象，护盾不能前移，导致 TBM 被迫中断掘进。

7.2.4　处理方案

为了减少松散岩体对护盾的压迫，对护盾造成压迫的岩体进行开挖。开挖的高度为 1.2m，长度为盾体全长（盾体全长 4.3m），顶拱为 150°（范围覆盖顶护盾及搭接护盾）。开挖分为三区进行，每区分两段实施。脱困开挖设计如图 7.2-1 所示。

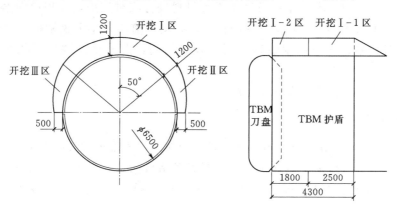

图 7.2-1　脱困开挖设计图（单位：mm）

主要开挖设备为 TBM 搭载的超前钻机，手风钻辅助配合。开挖过程中采用型钢或枕木进行临时支撑，开挖完成后采用喷射混凝土支护。由于开挖空间狭小，因此卡机处理的开挖石渣均采用人工清理方式。开挖作业前，在主梁区搭建脚手架平台，以方便人员作业。详细方案如下。

7.2.4.1　开挖

开挖次序为 Ⅰ-1 区、Ⅰ-2 区、Ⅱ-1 区、Ⅱ-2 区、Ⅲ-1 区及 Ⅲ-2 区。

Ⅰ-1 区开挖。开挖范围为长度方向盾体尾端沿洞轴线向前 2.5m，顶拱为 100°。采用

TBM 搭载的超前钻机。充分利用超前钻机的液压冲击器，击碎盾体上部岩体。

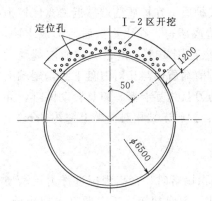

图 7.2-2　定位孔布置示意图
（单位：mm）

Ⅰ-2 区开挖。开挖范围为剩余盾体长度范围，长度为 1.8m，顶拱为 100°。由于该开挖面距超前钻距离过长，超前钻在施钻过程中，开孔时易发生滑钻现象，因此，采用以超前钻孔为主，以手风钻辅助的方法进行本区的开挖，即在超前钻作业前，先采用手风钻钻设定位孔，以避免在超前钻开孔时发生滑钻，定位孔的布置如图 7.2-2 所示。

Ⅱ-1 区和Ⅱ-2 区开挖。Ⅱ区的开挖开挖范围为顶拱右侧（朝掘进方向）50°～90°，Ⅱ-1 区的开挖长度为盾体尾端沿洞轴线向前 2.5m，Ⅱ-2 区的开挖长度为剩余盾体长度范围，长度为 1.8m。Ⅱ-1 区和Ⅱ-2 区开挖方法分别与Ⅰ-1 区和Ⅰ-2 区的开挖方法相同。

Ⅲ-1 区和Ⅲ-2 区开挖。Ⅲ区的开挖开挖范围为顶拱左侧（朝掘进方向）50°～90°，Ⅲ-1 和Ⅲ-2 区开挖范围与开挖方法分别与Ⅱ-1 区和Ⅱ-2 区相同。

开挖完成后对裸露岩面进行挂网，超前混凝土喷射封闭。混凝土的标号为 C30，厚度为 15cm。

7.2.4.2　开挖面的应急支护

开挖过程中采用方木、型钢及厚木板等材料进行临时支护，支护应根据围岩稳定情况进行支撑，重点为第一阶段前 2m 的扩挖段；支护前应采用手风钻机对顶部松散围岩进行清理，对暴露岩面采用素喷射混凝土及时封闭，混凝土的强度等级为 C30，厚度为 10cm。

开挖过程中应加强围岩的变形监测。

7.2.4.3　TBM 设备的防护

为防止石块掉落砸伤设备，开挖作业前，应对顶护盾附近的 TBM 的油缸、管线等采用 50mm 厚木板进行防护；为防止混凝土对设备造成污染，超前应急混凝土喷射前，应采用彩条布对 TBM 的护盾外壳、液压、电气管线、油缸、电机等进行包裹。

7.2.4.4　开挖过程中的尝试推进

为最大限度地减少脱困开挖量，在脱困开挖过程中，不断尝试 TBM 脱困推进，直至 TBM 脱困为止。

7.2.5　方案实施情况

由于本案例中的隧洞开挖断面较小，TBM 搭载的超前钻杆仰角受限，仰角受开挖面岩石的约束，不能满足脱困作业对岩石的扩挖要求。因此，为满足仰角的范围要求，需要对护盾尾端与超前钻之间的顶部岩石进行扩挖。扩挖断面沿隧洞方向呈三角状，最大扩挖高度（紧邻护盾尾端）为 0.8m，范围与各区的开挖范围相一致。

采用上述脱困工法，当完成本方案的第Ⅱ-1区开挖时，达到了TBM脱困条件，恢复了正常掘进。

本方案实施过程中，开挖量约为80m³，喷射混凝土量约28m³。

7.2.6 处理资源消耗

本案例的卡机处理所涉及的人力资源与主要设备资源配置见表7.2-1和表7.2-2。

表7.2-1　　　　　　　　　　　　卡机处理人力资源配置一览表

序号	工　　种	单班人员	班次	每天人员	备　　注
1	液压钻工	2	3	6	分3班次作业
2	手风钻操作工	4	3	12	TBM掘进尝试
3	空压机工	1	3	3	配合开挖
4	电工	2	3	6	单班不少于2人
5	焊工	1	3	3	配合开挖支护作业
6	水泵工	2	3	6	洞内排水运行维护
7	通风运行	2	3	6	洞内环境保障
8	技术与质检	1	3	3	现场负责人
9	安全员	2	3	6	负责洞内安全
10	小火车运行	4	3	12	司机、引导员
11	生产调度	2	3	6	洞内洞外协调
12	其他辅助	10	3	30	清渣等
13	TBM维护人员	12	1	12	防止设备长时间不运转，出现故障
	合计	45		111	

表7.2-2　　　　　　　　　　　　卡机处理主要设备配置一览表

序号	设备名称	型　　号	单位	数量
1	液压凿岩机	HD1838	台	1
2	空压机	$2\times90kW$，$2\times15m^3/min$	台	1
3	手风钻	T38	台	2
4	轨行内燃机车	牵引力28t	台	3
5	轨行平板车	PB20F	辆	6
6	轨行人车	RYC25	辆	4
7	连续皮带	胶带宽914mm	套	1
8	转渣皮带	胶带宽914mm	套	1
9	载重汽车	10t	辆	2
10	载重汽车	20t	辆	2
11	客车	28座	辆	1

7.2.7 处理周期

本案例的卡机处理从 2019 年 2 月 1 日开始，至 2019 年 2 月 21 日 TBM 主机顺利脱困，历时 20 天。

7.2.8 处理效果

实践证明，在破碎围岩段采用上述处理方法安全、可靠、高效。

7.3 收敛性围岩护盾被卡脱困技术

编写单位承担的兰州第二水源地工程输水隧洞，主洞采用双护盾 TBM 施工，其中一台 TBM 施工段长度为 13.45km，开挖直径为 5490mm。该台 TBM 为国产首台双护盾 TBM。

2018 年 2 月 22 日，该工程 TBM 掘进至桩号 T17＋406.119 时，TBM 掘进阻力骤增。经过调整掘进参数，仍无法推进，但刀盘可以旋转，表明 TBM 护盾被卡，导致 TBM 掘进被迫停止。经综合判定，受困部位为前盾及前盾尾壳部位。

7.3.1 工程地质情况

该 TBM 施工段地层岩性复杂多样，主要有前震旦系马衔山群黑云石英片岩、角闪片岩，奥陶系上中统雾宿山群变质安山岩、玄武岩，白垩系下统河口群砂岩、泥岩、砂砾岩和第四系（Q）风成黄土及松散堆积物，侵入岩主要为加里东期花岗岩、石英闪长岩。输水隧洞沿线岩性不一，构造较发育，工程地质条件较复杂。

该工程隧洞桩号 T17＋406.119 洞段区域的埋深约 876m，岩石的岩性为互层状的泥质粉砂岩及砂砾岩，岩石表面干燥，无裂隙水。

7.3.2 护盾被卡情况

TBM 主机护盾段发生围岩收敛变形，导致 TBM 掘进过程中阻力增大，经过调整掘进参数，反复交替采用单、双护盾模式推进，辅推力最高达到 29000kN，已接近设备设计辅推力值（29670kN），仍无法推进，经判定，受困部位为前盾及前盾尾壳部位，TBM 护盾被卡，导致 TBM 掘进被迫停止。

7.3.3 护盾被卡原因分析

当 TBM 刀盘掘进时如遭遇围岩收敛变形时，会出现掘进推力逐渐增大，推进油缸行程无变化，刀盘无明显出渣，刀盘转速、刀盘扭矩、刀盘驱动电机电流、刀盘出渣量逐渐减小的现象，表明 TBM 护盾受到围岩握裹力增加，护盾和刀盘均不能前移。

7.3.4 处理方案

本案例脱困处理采用人工开挖"出渣洞室＋水平导洞＋卸压槽"，释放围岩应力的方法进行脱困。卸压槽与岩柱间隔布置，宽度均为约 0.8m。前盾区域水平导洞及卸压槽布置如图 7.3-1 和图 7.3-2 所示。

脱困方案实施前，打开 TBM 护盾观察窗护板，观察围岩情况，利用激光笔、强光手电及钢丝等工具，检查并测量盾体与围岩之间的间隙。

脱困作业程序为对 TBM 设备防护，搭设作业平台，开挖（及支护）出渣洞室，

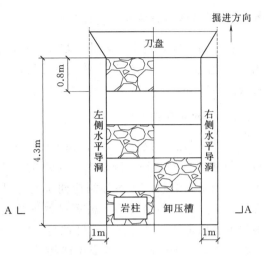

图 7.3-1 前盾区域水平导洞及卸压槽布置俯视图

两侧水平导洞开挖，卸压槽开挖，TBM 掘进，脱困后期处理。由于水平导洞和卸压槽对护盾均有减少护盾握裹力的功能，同时为最大限度减少开挖量，因此在水平导洞和卸压槽开挖过程中，不断尝试 TBM 向前推进，直至 TBM 完全脱困。

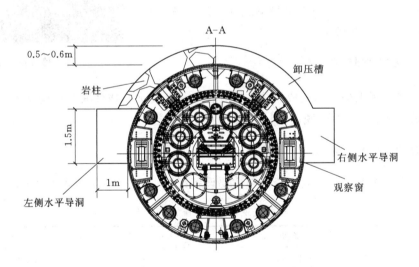

图 7.3-2 前盾区域水平导洞及卸压槽布置断面图

7.3.4.1 TBM 设备防护

开挖前，需要对出渣口附近的 TBM 设备油缸、管线等进行防护，防护材料选用厚 50mm 木板，防止石块掉落砸伤设备。

7.3.4.2 搭设作业平台

为了便于脱困作业，在观察窗口处搭设施工作业平台。

7.3.4.3 开挖（及支护）出渣洞室

打开观察窗，观察围岩的完整性，对比较松散围岩，采用钢钎将观察窗顶部的岩石掏出；对比较坚固的围岩，采用风镐或电镐松动岩石。出渣洞室断面尺寸不小于100cm×80cm。

7.3.4.4 水平导洞开挖

水平导洞的开挖尺寸为4.3m×1m×1.5m，布置在隧洞断面的1点至2点及10点至11点圆弧段的护盾外两侧范围。为防止水平导洞开挖时护盾外侧受到偏载，两侧导洞应同步对称开挖。开挖过程中采用方木、型钢及厚木板等材料进行支护，支护应根据围岩稳定情况进行支撑。开挖与支护必须同步进行，支护距离开挖掌子面最大距离不能超过80cm，开挖过程中应加强支护结构和围岩的变形监测。

7.3.4.5 卸压槽开挖

卸压槽与岩柱间隔布置，宽度约0.8m，高度为0.5~0.6m，长度范围为从拱顶至与水平导洞相贯。开挖所使用工具及支护方法与水平导洞相同。卸压槽开挖支护效果如图7.3-3所示。

图7.3-3 卸压槽开挖支护效果照片

7.3.5 方案实施情况

采用上述脱困工法，当完成盾体左侧开挖量约2.6m³、盾体右侧开挖量约6.4m³，经过掘进尝试，达到了TBM脱困条件，恢复了正常掘进。

7.3.6 处理资源消耗

处理本次卡机所涉及的人力资源与主要设备配置见表7.3-1及表7.3-2。

表7.3-1 卡机处理人力资源配置一览表

序号	工 种	单班人员	班次	每天人员	备 注
1	开挖支护工	12	4	48	分4班次作业
2	TBM操作工	2	2	4	TBM掘进尝试
3	空压机工	2	2	4	配合开挖
4	电工	2	2	4	单班不少于2人
5	焊工	2	2	4	配合开挖作业
6	水泵工	2	2	4	洞内排水运行维护
7	通风运行	2	2	4	洞内环境保障
8	技术与质检	2	2	4	现场负责人
9	安全员	2	2	4	负责洞内安全

序号	工 种	单班人员	班次	每天人员	备 注
10	小火车运行	2	2	4	司机、引导员
11	生产调度	2	2	4	洞内洞外协调
12	其他辅助	4	4	16	清渣等
13	TBM维护人员	11	2	22	防止设备长时间不运转，出现故障
合计		47		126	

表 7.3 - 2　　　　　　　　　卡机处理主要设备配置一览表

序号	设备名称	型 号	单位	数量
1	风镐	G - 20	台	10
2	空压机	$2\times90kW$，$2\times15m^3/min$	台	1
3	电镐	HD - 95A	台	10
4	轨行内燃机车	NRQ - 25	台	3
5	轨行平板车	PB20F	辆	6
6	轨行人车	RYC25	辆	4
7	连续皮带	胶带宽700mm	套	1
8	转渣皮带	胶带宽914mm	套	1
9	载重汽车	10t	辆	2
10	载重汽车	20t	辆	1
11	客车	35座	辆	1

7.3.7　处理周期

本案例的卡机处理从 2018 年 2 月 22 日开始，至 2018 年 3 月 6 日 TBM 主机顺利脱困，历时 13 天。

7.3.8　处理效果

实践证明，在岩体收敛变形的地层中采用上述处理方法可靠、有效。

7.4　破碎性围岩地质超前处理技术

YEGS 二期 SS 工程输水隧洞总长约 285km，根据施工分段规划和施工方案，KS 输水隧洞共采用钻爆法与 TBM 法相结合的施工方法，采用 11 台敞开式 TBM，开挖直径均为 7.030m。编写单位承担的 TBM 施工长度约 20km。

2018 年 2 月 5 日，编写单位承担的项目工程 TBM 施工至桩号 3＋093 段时，遭遇松散、破碎岩体，掌子面上方塌腔最大高度约 28m，刀盘前方及周边大块石将刀盘楔嵌，且刀盘受破碎岩挤压，导致刀盘启动扭矩超过 TBM 设备脱困扭矩（6670kN·m），刀盘不能转动，TBM 掘进被迫停止，需要进行地质超前处理。

7.4.1　工程地质情况

工程勘测设计资料表明，YEGS 二期输水隧洞工程在区域构造上处于某坳陷带（Ⅱ2）和某山优地槽褶皱带（Ⅱ3）内，主要受某挤压带和某优地槽褶皱带及某坳陷带的控制。

编写单位承担的 TBM 施工区域的设计勘探资料表明，该工程区域总地势南高北低、东高西低，由北西向南东缓慢倾斜，海拔高程为 653～627m，地形起伏不大，多为剥蚀残丘，一般高差为 10～20m，局部高差为 45m，基岩大多裸露，主要为戈壁荒漠地貌。隧洞出露的地层岩性主要为：泥盆系（D）凝灰质砂岩；石炭系（C）的凝灰质砂岩、凝灰岩；华力西期（γβ）花岗岩、花岗闪长岩。

工程在区域构造上处于某坳陷带（Ⅱ2）和某山优地槽褶皱带（Ⅱ3）内，主要受某挤压带和某优地槽褶皱带及某坳陷带的控制。分布与工程有关的区域性断裂主要有河流断裂（F9），其次还发育有 f1～f6、f8～f10 共 9 条次级断层。发育有少量小型断层，宽度一般约 3m，带内以糜棱岩及碎裂岩为主。该标段沿线场地 50 年超越概率 10％的地震动峰值加速度为 0.10g～0.15g，对应的地震基本烈度为Ⅶ度。

工程区内地下水径流方向总体上由北向南，最终流向准噶尔盆地中心。工程区内部分低洼的山间小盆地也往往成为区域地下水的排泄区。工程区范围内由于蒸发量远大于降水量，低洼排泄区的地表水及浅埋地下水矿化度往往都比较高。

卡机部位隧洞区域沿线地形为剥蚀丘陵地貌，地形略起伏，多发育丘陵。岩性为石炭系及泥盆系凝灰质砂岩，岩层产状 309°NE∠55°，岩层走向与洞线方向夹角为 24°～52°，洞身段岩体完整、新鲜，呈厚层状，石英含量为 5％～10％，围岩稳定条件较好；该段隧洞段发育一条次级断层（f1），产状 275°NE∠60°～70°，断层走向与洞线方向夹角为 58°～87°，破碎带宽度为 35m，以糜棱岩及碎裂岩为主，岩体稳定性差，为Ⅳ～Ⅴ类围岩。

该段受水库库区影响，隧洞施工过程中以渗水、滴水为主，局部会有线状流水发生，估算该隧洞段总涌水量为 114～508m³/h；地下水中 SO_4^{2-} 含量为 103.4～351.5mg/L，对普通混凝土具有弱腐蚀性，Cl^- 含量为 16.9～177.0mg/L，对钢筋混凝土中的钢筋具有弱腐蚀性。

该段隧洞埋深为 103～165m，均处在新鲜基岩内，为坚硬岩，围岩整体稳定性好，以Ⅲ类围岩为主，局部夹Ⅳ类、Ⅴ类围岩。其中Ⅲ类围岩长 4.235km，占该段总长的 97.58％；Ⅳ类围岩长 0.07km，占该段总长的 1.61％；Ⅴ类围岩长 0.035km，占该段总长 0.81％。由于该隧洞段岩体较完整，透水微弱，地下水径流极为缓慢，隧洞运行后为内水外渗，淡化地下水水质。因此，建议对该洞段一般围岩（Ⅲ类围岩）采用普通水泥处理，对局部断层破碎带及影响带（Ⅳ类、Ⅴ类围岩）、节理密集带和局部线状流水段采用抗硫酸盐水泥处理。

设计地质勘探资料显示的 3+083～3+238 洞线围岩为Ⅲ类围岩，未显示为断层带。

突遇断层后，编写单位组织实施了超前预报工作。超前地质预报采用 TRT 方法探测，根据 TRT 三维成果，结合地质相关信息，综合推断掌子面前方。超前预报报告表明：刀盘前方待开挖段存在 20m（里程 3＋093～3＋113）破碎围岩段，推测相对的纵波波速介于 5691～5924m/s 之间，相对纵波波速存在降低趋势，综合推测该段围岩岩体总体较破碎，易形成大量掉块或较大塌腔；3＋093～3＋108（长 15m）段裂隙极发育，3＋108～3＋113（长 5m）段裂隙较发育，地下水出露以渗水-滴水为主，局部存在线状流水。TRT 成果三维成像如图 7.4-1 所示。

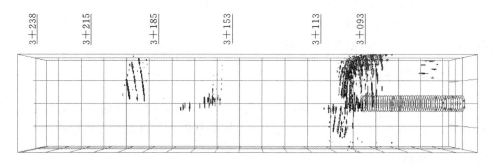

图 7.4-1　TRT 成果三维成像俯视图

突遇断层后，编写单位组织了有关专业人员及专家对断层对应的地表地形地貌进行了测量及察看。察看情况表明：洞轴线桩号 3＋083～3＋238 对应的地形为剥蚀丘陵地貌，多发育丘陵，地形存在冲沟，估计对应的冲沟最小切深至洞轴线，与隧洞已揭露围岩的完整性和地质报告结果基本吻合。断层段对应的地表情况如图 7.4-2 所示。测量情况表明：该段位于砂场取料开挖区，地表存在一处冲沟，最大沟深约 12m，最大沟宽约 40m，与断层对应的洞顶最小埋深为 99m。

根据超前地质预报成果、地表测量与察看及洞内现场塌方，结合设计勘探资料，经综合分析判断认为：

该段围岩为石炭系及泥盆系凝灰质粉砂岩，呈炭黑色、灰色。节理裂隙发育，为节理密集带。岩体破碎，呈碎石、片石状结构，塌方区少量裂隙水。该段围岩不能自稳，受掘进作业扰动引起失稳。刀盘中心刀刀座所围岩破碎情况如图 7.4-3 所示。

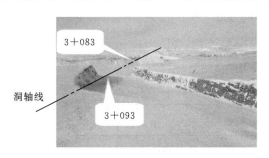
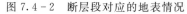

图 7.4-2　断层段对应的地表情况　　　　图 7.4-3　3＋093 中心刀刀座处围岩破碎情况

3＋093～3＋113 段 20m 待开挖段，围岩整体破碎，自稳性差，易形成大量掉块和塌腔；3＋083～3＋093 段 10m 存在大深度塌腔，塌腔由左侧边墙开始向拱顶发展，塌腔深度由浅变深，需要进行超前地质处理。

7.4.2　卡机情况

2018 年 2 月 5 日，TBM 施工至桩号 3+093 时，遭遇松散、破碎岩体，掌子面上方塌腔最大高度约 28m。经业主、设计、监理和施工单位现场判定，3+083～3+093 段围岩为 V 类。

2018 年 2 月 9 日至 2018 年 2 月 27 日先后拆除 8 把刀具，对刀盘前方积渣进行清理，其间累计清渣约 600m³。清渣期间，桩号 3+093（TBM 刀盘位置）的塌方进一步扩展，最大塌空深度为 8～10m，虽然中途尝试多次脱困，但均未成功。

7.4.3　卡机原因分析

刀盘前方及周边塌方石渣量过多，大块石将刀盘楔嵌，导致刀盘启动扭矩超过 TBM 设备脱困扭矩（6670kN·m），刀盘不能转动。因此须停止掘进进行超前地质处理。

7.4.4　处理方案

业主、设计、监理和施工单位对多个可能的施工方案的优缺点比较后，决定实施混凝土止浆墙方案。

混凝土止浆墙方案实施的主要步骤为：拆除 TBM 主机后退区域的一次支护结构、TBM 整机后退、混凝土止浆墙施工、超前固结灌浆和掘进后的围岩支护。

7.4.4.1　TBM 整机后退及混凝土止浆墙设计与施工

为便于混凝土止浆墙施工，需要将 TBM 整机后退。TBM 从掌子面后退的距离为 24m，如图 7.4-4 所示。为 TBM 整机后退需要，须拆除 TBM 后退 24m 区域内的一次支护结构。

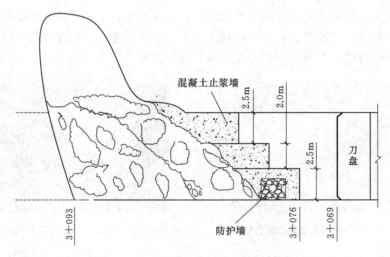

图 7.4-4　TBM 后退区域及止浆墙设计

图中的混凝土止浆墙分 3 层浇筑完成，各层浇筑高度分别为 2.5m、2.0m 和 2.5m，底长（从下至上）分别为 3.2m、3.0m 及 2.3m，混凝土标号为 C30，坍落度为 8～12cm，混凝土配合比为：水泥∶粉煤灰∶水∶砂子∶豆石∶减水剂＝280∶120∶180∶782∶848∶4。

设置防护墙目的为，在底层混凝土止浆墙施工时，防止坡面石渣滚落造成对作业人员的伤害。防护墙的高度为1.2m，沿隧洞方向的长度为0.8m，采用袋装石渣堆砌。

待TBM整机后退至安全区域后，根据塌方体坡脚实际情况，确定止浆墙具体位置。利用刀盘作为模板支撑，采用5cm厚木板作为模板，周边打设插筋，ϕ48钢管固定。木板采用台锯进行弧形边切割，弧形半径为3.5m。在刀盘前方安装模板时，采用脚手架作为施工平台，刀盘中心预留进物孔。

利用洞内HZS75拌和站进行拌制，采用轨行式小火车牵引U型罐车将混凝土由拌和站运输至TBM 2号台车，通过混凝土泵垂直运输至刀盘前方仓号内。

待刀盘前方止浆墙混凝土施工完成并等强12h后，利用止浆墙错台作为施工平台，进行系统固结灌浆钻孔及灌浆。制浆平台布置于TBM主梁下方，材料运输采用TBM配套运输系统。

7.4.4.2　超前固结灌浆设计与施工

根据固结灌浆的作用，超前固结灌浆分别为非开挖面的拱圈固结灌浆和开挖面的松散岩体固结灌浆。非开挖面拱圈固结灌浆的目的，是在TBM开挖时形成一定厚度的固结拱圈，使隧洞围岩稳定；开挖面松散岩体固结灌浆目的，是对松散岩石进行固结，使TBM开挖时，掌子面能基本自稳。

非开挖面拱圈固结灌浆的沿隧洞长度桩号范围为3＋081～3＋098段，共17m，顶拱范围为140°，本方案拱圈设计厚度为5m，沿隧洞方向的总长度为12m，其中深入预测的完好岩石深度为5m。

非开挖面拱圈固结灌浆分四序完成后，Ⅰ序孔外插角为25°，Ⅱ序孔外插角为20°，Ⅲ序孔外插角为15°，Ⅳ序孔外插角为10°，各序孔的布置如图7.4－5和图7.4－6所示。

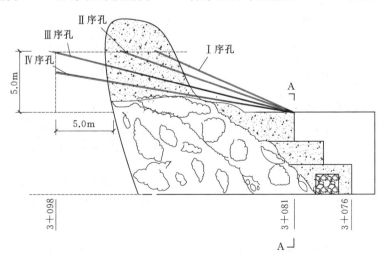

图7.4－5　非开挖面拱圈各序固结灌浆钻孔布置纵剖面图

A-A 断面

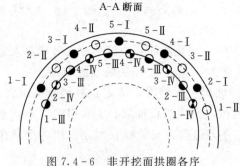

图 7.4 - 6　非开挖面拱圈各序
固结灌浆钻孔布置横剖面图

开挖面松散岩体固结灌浆钻孔布置如图 7.4 - 7 及图 7.4 - 8 所示,图中的 I 序孔外插角为 0°, II 序孔外插角为 5°, III 序孔外插角为 3°,各序钻孔的深度均为 25～30m。

超前固结灌浆工艺流程为超前钻机定位,开孔(孔口管安装),钻孔,下栓塞,钻孔清洗,简易压水试验,灌浆(变换水灰比、压力、浆材等),闭浆封孔,拔管。

注浆方法采用自掌子面向内分段固结的方式。由于钻孔需穿越松散渣体段,成孔较为困难,故采取由外向内逐层固结,逐段扫孔向前钻进的方式成孔,如图 7.4 - 9 所示。一次

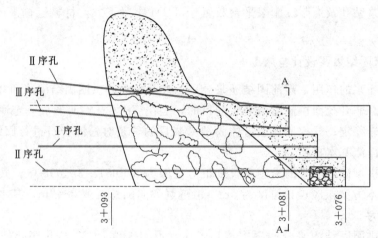

图 7.4 - 7　开挖面松散岩体各序固结灌浆钻孔布置纵剖面图

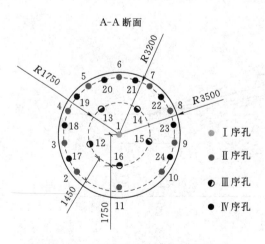

图 7.4 - 8　开挖面松散岩体各序固结灌浆
钻孔布置横剖面图(单位:mm)

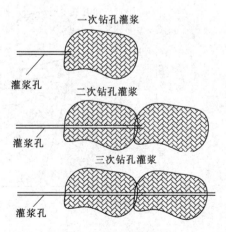

图 7.4 - 9　逐段扫孔向前钻进方法示意图

固结灌浆将前方破碎岩体固结形成整体后，二次钻孔孔位、孔向及外插角不变，只增加孔深，逐段固结后逐段加深。

在施工时，根据需要选择合适的围岩注浆半径和方式。每个注浆段终止处均保证有不小于5m厚的止浆盘。为避免钻孔串浆，钻一孔注一孔，先疏后密，待每一个环节注完后，钻2～3个检查孔检查注浆效果。若未达到预期的灌浆效果，应补充压注浆液比例为1：1的水泥与水玻璃的浆体。注浆孔的施工应按注浆程序分序分段进行。灌浆顺序遵循先低位孔后高位孔，左右交替进行的原则，先注外圈，后注内圈，同一圈由下向上间隔注浆。灌浆前进行压水试验，确定渗水位置，提前采取措施进行补救，防止浆液进入控制区域。

单孔结束标准为当灌浆压力升高达到1.0MPa后，注入率小于10L/min时，继续灌注10min，即可结束灌浆。全段注浆结束标准为所有注浆孔均符合单孔结束条件。

7.4.4.3　TBM穿越处理后的不良地质段TBM掘进措施

当TBM掘进止浆墙段时，由于止浆墙呈台阶状，刀盘在偏载情况下运行，需采用低扭矩、低转速缓慢浆止浆墙段磨平。刀盘转速不大于1r/min，贯入度不大于5mm/r；掘进时需时刻关注刀盘扭矩的变化幅度，变化幅度需控制在10％以内，以防止出现刀具偏磨和刀刃崩裂的现象发生。待掌子面磨平后，逐步提高刀盘转速和推进力。

当TBM掘进固结段时，为防止固结体的抗压强度低于撑靴支撑所需要的最低抗压强度（3MPa），撑靴撑紧力控制在12000kN以内，推进力控制在8000kN以内，刀盘扭矩不宜过大，掘进时，需注意刀盘扭矩的变化幅度，控制在10％以内，刀盘转速不大于3r/min，贯入度不大于10mm/r。

7.4.4.4　TBM穿越处理后不良地质段恢复掘进的暂停条件

为了防止TBM在穿越经过灌浆处理的不良地质段时，出现不利情况，在掘进过程中应谨慎作业，当满足下列条件之一时，应暂时停止掘进，查明原因：

（1）刀盘转矩超限1.5倍时运转时间超过30s。
（2）当掘进时，出渣量大于正常1.5倍时。
（3）当顶护盾无杆腔油压压强超过190bar时。
（4）当出露护盾的岩石不能及时支护时。
（5）当出现突涌水量超过应急排水能力时（即300m³/h）。
（6）当发现主机机头下沉，主机部位岩石的承载能力低于3MPa时。
（7）当发现已开挖段初期支护钢拱架变形可能失稳、应急混凝土喷射明显裂缝时。

7.4.4.5　超前处理段掘进后的围岩支护措施

该段的围岩支护在Ⅴ类围岩设计支护参数的基础上，将钢拱架间距缩减至0.3～0.5m，钢筋排采用ϕ20螺纹钢，环形间距为5cm，顶拱在140°范围布置。

7.4.5　刀盘脱困及不良地质段超前处理工程量

本案例不良地质段超前处理所涉及的主要工程量见表7.4-1。

表 7.4-1　　　　　　　　　　不良地质超前处理主要工程量一览表

序号	项　　目	单位	数量	备　　注
1	C25 豆石混凝土	m³	712.85	一级配，扩展度 50～60cm
2	[10 槽钢	t	4.35	环向间距 0.5m，顶拱 120°范围
3	HW150 型钢拱架	t	38	间距 45cm
4	ϕ20 钢筋排	t	8.4	密排布置，间距 5cm
5	锚杆 ϕ22	t	0.7	砂浆锚杆，$L=2.5$m
6	固结灌浆	m	1656	采用普通硅酸盐水泥
7	C30 混凝土拆除	m³	8	厚度 15cm 顶拱 120°范围喷射混凝土
8	钢筋排拆除	t	2.765	ϕ20@5cm 钢筋排 2 循环
9	钢拱架拆除	t	3.42	HW150 型钢
10	横向连接拆除	t	0.22	[10 槽钢横向连接
11	ϕ25 钢筋束	m	630	由 3 根 ϕ25 组成

7.4.6　刀盘脱困及不良地质段超前处理资源消耗

本案例不良地质段超前处理所涉及的人力资源、主要设备资源、主要材料及工器具资源见表 7.4-2～表 7.4-4。

表 7.4-2　　　　　　　　　　不良地质段超前处理人力资源配置一览表

序号	工　种	单位	数量	备　　注
1	总指挥	名	1	全面负责超前处理工作
2	专家	名	4	方案制定与过程监督
3	技术管理人员	名	15	参与制定并落实方案
4	物资保障人员	名	6	保障物资供应
5	后勤服务人员	名	15	保障后勤服务
6	TBM 操作人员	名	6	每班 2 人，共 3 班
7	工长	名	6	每班 2 人，共 3 班
8	电工	名	6	每班 2 人，共 3 班
9	电焊工	名	6	每班 2 人，共 3 班
10	小火车司机	名	3	每班 1 人，共 3 班
11	调车员	名	3	每班 1 人，共 3 班
12	普工	名	66	每班 22 人，共 3 班，清理、倒运石渣
13	胶带工	名	15	每班 5 人，共 3 班，胶带运行维护
14	水泵工	名	6	每班 2 人，共 3 班
15	司机	名	18	每班 6 人，共 3 班，包括自卸车、装载机、挖机
16	刀具工	名	8	安装、拆卸刀具
17	电气工程师	名	4	负责 TBM 维护

序号	工 种	单位	数量	备 注
18	液压工程师	名	4	负责 TBM 维护
19	机械工程师	名	4	负责 TBM 维护
20	调度	名	5	负责洞内外调度工作
	合计	名	201	—

表 7.4-3　　　　　　不良地质段超前处理主要设备资源配置一览表

序号	名 称	型 号	单位	数量
1	轨行式牵引机车	NRQ25	台	2
2	轨行式平板车	AB-00	辆	1
3	轨行式人员运输车	RC-00	辆	1
4	交流电焊机	500A	台	2
5	装载机（带侧卸功能）	龙工 LG855D	台	2
6	自卸车	陕汽 15t	台	4
7	汽车随车吊	QY12t	台	1
8	桥式起重机	20t	台	1
9	豪华大巴车	47 座	辆	1
10	双排座	5 座	辆	2
11	叉车	合力 3t	辆	2
12	皮卡车	5 座	辆	2
13	依维柯	11 座	辆	1
14	猎豹汽车	5 座	辆	1
15	全站仪	徕卡	台	2
16	混凝土拌和站	HZS75，$Q=75m^3/h$	台	1
17	混凝土罐车	$8m^3$	辆	1
18	H 型钢冷弯机	HLY-H175	套	1
19	钢筋调直切断机	GT5-10	套	1
20	钢筋冷弯机	GW40	套	1
21	砂轮切割机	WJ400-2	套	4
22	摇臂钻床	Z3040×13	套	1
23	圆盘锯	G6014	套	1
24	通风机（TBM 一次通风）	$2×200kW$	套	1
25	移动空压机	$3m^3/min$	套	2
26	卧式离心泵（正常＋应急排水）	ZL250QJ	台	4
27	供水泵（TBM 供水）	4.5kW	台	5
28	排水泵（洞内正常排水）	7.5kW	套	3
29	工业风扇	5kW	台	5

表 7.4 - 4　　　　　　　不良地质段超前处理主要材料及工器具资源配置一览表

序号	名称	规 格 型 号	单位	数量
1	编织袋	$0.4m \times 0.7m$	个	50000
2	镐尖	$L = 0.4m$	个	100
3	铁锹	尖锹	把	5
4	电镐	95 型	台	3
5		38 型	台	3
6	钢板	$\delta = 20mm$（长×宽为 $695mm \times 330mm$）	块	8
7	型钢	HW150	m	8
8	柴油	—35	t	11
9	风动扳手	$1400N \cdot m$	台	2
10	氧气	用于气割钢材	瓶	20
11	乙炔	用于气割钢材	瓶	10
12	割枪	100	把	5
13	角磨机	GWS750 - 100	把	2
14	切割片	100 号	片	200
15	手套	防滑手套、线手套、电焊手套	副	3000
16	防尘面罩	更换滤芯 3000 片	个	200

7.4.7　处理周期

本案例的刀盘脱困和不良地质超前处理从 2018 年 2 月 5 日开始，至 2018 年 5 月 5 日 TBM 恢复掘进，历时 90 天。

7.4.8　处理效果

实践证明，在 TBM 施工中遭遇松散、破碎岩体，采用本案例的超前处理施工方案，方法安全、可靠，但 TBM 整机需要后退的距离较长，施工效率较低。

7.5　破碎性围岩支护技术

编写单位承建的 YEGS 二期 SS 工程的 KS 输水隧洞，在施工过程中，于 2018 年 7 月 26 日，TBM 推进至桩号 3＋384.62～3＋393.82（长度为 9.2m）期间，掘进过程中发生了 TBM 推力由 9000kN 下降至 4200kN、扭矩电流增大、出渣量明显异常增多等现象，判断该区间的围岩完整性较差；2018 年 7 月 27 日，掘进过程中推力进一步下降至 3300kN 左右，判断该段顶拱范围持续塌方，同时 3＋390（塌方起始桩号）处部分塌腔出露护盾，可观察到塌腔集中在顶拱 120°～180°范围，可见塌腔纵深约 9m，高度约 5m，塌渣体为炭黑色，呈碎石状～粉状；2018 年 8 月 7 日，TBM 掘进至桩号 3＋425 时，出露后的隧洞，再次可见纵深 7m，高度约 3.5m 的塌腔，塌腔结束桩号为 3＋419.6。该不良地质段总长度 29.6m，塌落范围集中在顶拱 120°～180°范围，共可见塌腔 2 处，塌腔最大纵深约 9m，最大高度约 5m，其余塌方段塌渣体完全覆盖顶部钢筋排塌腔不可见。

7.5.1　不良地质段情况

该不良地质段塌方段围岩岩性为碎裂化岩屑砂岩，色泽亮黑，块状构造，岩质较软，强度较低，遇水易软化。塌渣体呈碎石块状，粉状。拱顶及上半部均有不同程度坍塌，部分塌渣体透过顶部钢筋排支护掉落。第一处塌腔现场如图 7.5-1 所示，不可见性不良地质段塌渣体如图 7.5-2 所示。

图 7.5-1　可见性塌腔照片　　　　　　　图 7.5-2　不可见性塌方照片

2018 年 7 月 31 日，TBM 掘进至桩号 3+407 处，顶拱开始持续出现股流水～大面积线状流水。现场采用量桶对股流水水量测量，股流渗水点每处测量 3 次，取平均值；大面积线流水随机选取 2 处，采用 1.5m² 塑料板汇集后测量，每处测量 3 次，取渗水量平均值。量测渗流总面积，估算渗流水总渗水量。不良地质段渗水测量共选取 4 个测量点，其中股流水 2 处，大面积线流水 2 处。经过现场实测计算，该不良地质段渗水总量约 30.87m³/h。

7.5.2　处理方案

本处理方案经现场业主、设计、监理和施工单位四方查看并召开方案讨论会共同确定，TBM 在该不良地质段掘进及支护作业应遵循"缓慢掘进，加密支护，快速通过"的原则，即在不良地质段加固处理时，TBM 应缓慢掘进，应加强支护，加强清渣排险工作，钢筋排及钢拱架支护完成后应及时进行混凝土喷射工作，具体方案如下。

7.5.2.1　不良地质段 TBM 掘进

在软弱破碎带掘进时，TBM 推进过程中，TBM 操作人员应时刻观察刀盘扭矩变化、TBM 推力变化、顶护盾压力、出渣量变化、主机胶带压力是否增大（防止出渣量增大，胶带压力超限造成停机）和其他异常情况。如掘进电流浮动过大或出渣皮带输出的石渣中含有大量尺寸过大的岩石时，应立即停机，对刀盘进行检查。

发现推力自动下降、扭矩降低时，操作人员应及时降低推力与刀盘转速，待扭矩等各项参数正常后，调节推力至正常掘进状态，继续掘进。

刀具班每次更换或维护刀具完成后，主操作人员在正式掘进前，应将刀盘在原地空转。在不良地质段，为尽量减少对掌子面岩石的扰动和对刀具造成异常损坏，在刀盘接近掌子面时，刀具与掌子面在正式破岩前，对掌子面进行研磨，让刀盘和掌子面全面接触，防止刀盘受力不均，避免刀具瞬间承受过大，导致刀圈、轴承、密封等零部件异常损坏。

控制刀盘缓慢向前推进，推进速度不大于正常推进度的 50％，刀盘转速应控制在 3～4r/min，空推推力一般控制在 3500kN 左右，空推的距离一般为 20～30cm。

7.5.2.2 一次加密支护

由于设计图纸给出的支护结构不能满足本次不良地质段的支护要求，因此对支护结构进行了修改，将钢拱架间距由 45～90cm 调整为 30～50cm，并且，在顶拱 120°钢拱架范围内，增加了横向连接槽钢，槽钢与钢拱架满焊连接，槽钢的型号为 [12，环向间距为 1m，梅花形布置。为了使槽钢与钢拱架腹板紧密连接，故槽钢的长度比钢拱架间距小 1cm。不良地质段支护的钢筋排参数与原设计相同，即钢筋直径为 20mm（螺纹钢），单根长度为 4m，间距为 3～5cm，顶拱 180°范围布置。由于该段围岩顶拱范围存在塌腔，且塌腔周边岩石破碎，锚杆钻孔无法成孔，故取消原设计的锚杆。

7.5.2.3 排险与清渣

不良地质段受 TBM 掘进扰动、渣体自重和渗流水冲蚀等因素影响，造成二次塌方，塌渣体透过钢筋排间隙掉落，或渣体塌落破坏顶部钢筋排支护造成顶部石渣掉落。在不良地质段岩面出露护盾并待松散岩体塌落稳定后，方能开展危岩排险作业。排险时，采用 4m 长的钢管对挂落在钢筋排之间的石渣轻撬掉落。排险作业过程中，主梁底部严禁人员通过及滞留。排险作业完成后，方能进行一次支护。支护完成后，对掉落在主梁及主梁底部的石渣进行清理，用编织袋收装，用小火车运输至安装洞室，人工卸车，装载机转运，自卸车运输至洞外弃渣场。

7.5.2.4 塌腔体尺寸测量

从可测量性来说，塌腔分为两类：一类为可见性塌腔，另一类为不可见性塌腔。

本案例的不良地质段出露 TBM 护盾后，对可见性塌腔的尺寸进行了测量。测量采用测距仪，对塌腔高度、长度和宽度进行测量，估算塌腔体积，描绘塌腔断面。本案例的 3＋390 处，顶拱第一个可见性塌腔的沿洞轴线的最大长度和高度情况如图 7.5-3 所示，塌腔断面如图 7.5-4 所示。

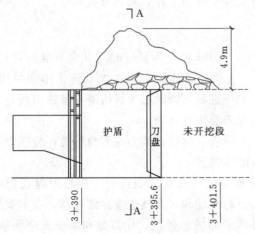
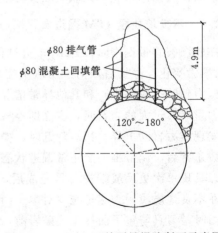

图 7.5-3 3＋390 处可见性塌腔纵断面示意图   图 7.5-4 3＋390 处可见塌腔断面示意图

　　本案例的不良地质段出露 TBM 护盾后，对不可见性塌腔的尺寸利用钻杆进行了感知性间接测量。由于本案例的部分不良地质段出露护盾后，渣体破碎，塌渣体覆盖了顶部的钢筋排，无法用测量工具实现对塌腔尺寸的直接测量，因此，利用 TBM 锚杆钻机进行间接测量。当塌腔高度较小时，对塌腔不可见部位，待一次支护完成后，锚杆钻机操作人员站立在塌方支护段 3～5m 外，采用锚杆钻机在塌渣体部位钻孔，通过钻杆转速，声音等感知塌腔内塌渣体厚度，待钻头钻至完整岩石时，停止钻孔，记录钻杆钻入长度，估算塌腔高度；对塌腔高度较大部位，由于钻探较短，无法探测高度，则采用锚杆钻机顶入 $\phi80$ 钢管，单根钢管长度不足时，焊接加长后再次顶入，直至到完整岩石，记录钻杆和钢管的长度，估算塌腔的高度。利用上述方法，对 3＋401～3＋412.6 段的塌腔高度估算情况如图 7.5－5 所示，对 3＋412.6～4＋419.6 段的塌腔高度估算情况如图 7.5－6 所示。

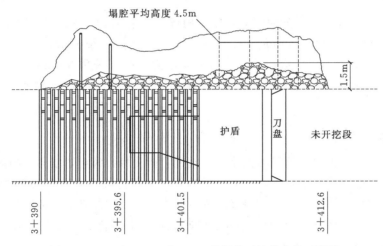

图 7.5－5　3＋401～3＋412.6 处部分可见塌腔段示意图

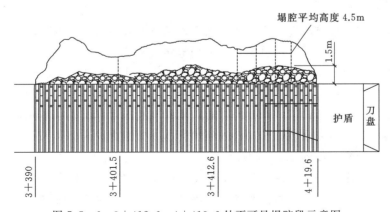

图 7.5－6　3＋412.6～4＋419.6 处不可见塌腔段示意图

7.5.2.5　砂浆及泡沫混凝土回填钢管安装

　　为输送砂浆及泡沫混凝土，应安装钢管。钢管的直径为 80mm，采用锚杆钻机顶入。

单根钢管长度不足时,焊接加长后再次顶入,直至到完整岩石。为了防止混凝土在灌入时,由于孔口距离岩面过近,不利混凝土流动,造成孔口堵塞,当钢管顶至岩面后,再后退钢管,使管口距离岩面约 50cm。

7.5.2.6　超前应急混凝土喷射

塌腔段一次支护完成后,采用 TBM 超前应急混凝土喷射系统,对已支护完成段进行超前应急混凝土喷射。混凝土喷射范围为全圆拱架,强度等级为 C30,厚度为 18cm。应急混凝土喷射作业前,采用废旧蛇皮袋对混凝土回填管的管口进行绑扎封口,以防止混凝土喷射料堵塞回填堵孔,且应采取渗水引流措施。对股状流水,采用 A50 排水管引流。对大面积线流水,采用土工膜或防水塑料板紧贴渗水岩壁,汇集后再使用排水管引流至仰拱,待混凝土喷射完成后封堵。为防止撑靴顶压而破坏钢拱架,撑靴区域的喷射混凝土厚度不应小于钢拱架的高度。

混凝土喷射应自下而上分层喷射,喷射时喷嘴垂直岩面反复缓慢螺旋形运动,螺旋直径为 20～30cm,喷嘴与岩面距离保持在 0.6～1.0m。保证喷射密实、无空腔,喷射后混凝土表面应平整。部分边拱混凝土喷射无法附着时,采用 3mm 厚钢板焊接至拱架外延,形成简易模板后,灌注混凝土喷射料,使最终喷射混凝土层形成连续完整的"保护拱壳"。

7.5.2.7　塌渣体固结

在塌腔完全出露护盾应急混凝土喷射完成后,待 2 号台车到达混凝土喷射区域时,具备回填灌浆施工空间后,通过预埋的 $\phi80$ 回填管,利用注浆泵回填高流态砂浆或 1:1 水泥净浆对塌腔内塌渣体灌注回填,使塌渣体与混凝土喷射层黏结后形成拱壳。

本案例的固结灌浆在长度方向分三段错时完成。固结灌浆的回填高度控制在 1.2～1.5m。注浆压力为 0.5～1MPa。

7.5.2.8　塌腔回填

塌腔内塌渣体固结作业完成后,通过预埋回填管对塌腔分段分层回填泡沫混凝土,回填次序为自小桩号至大桩号。混凝土输送采用泡沫混凝土泵。

空腔回填分两层进行。第一层回填高度为 1.5m,用于承重。第二层回填时,需待第一层混凝土强度达标后进行。第二层回填过程中,须对已回填完成的预埋孔进行封口,防止回填浆液串流。回填至最后一个孔时,应观察排气孔出浆情况,当有水泥浆流出即可结束注浆。所有塌腔回填完成后,切割外露回填管。本案例的 3+390～3+419.6 不良地质段采用分段分层回填,如图 7.5-7 所示。

泡沫混凝土的水泥净浆水灰比为 0.6,水与发泡剂的比为 50:1。回填时待发泡机泡沫管泡沫达到细小均匀时,方可拌和使用。泡沫剂含量控制在 2%～4%(体积比)。

7.5.3　处理资源消耗

该不良地质段处理所需的人力资源配置、主要设备资源配置、主要材料及工器具消耗分别见表 7.5-1～表 7.5-3。

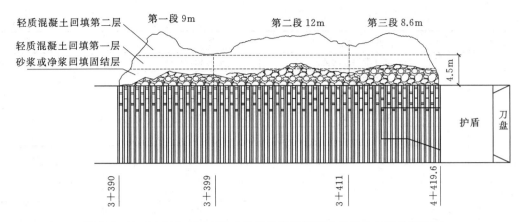

图 7.5-7　3+390～3+419.6砂浆及泡沫混凝土分段分层回填断面图

表 7.5-1　　　　　　　　　不良地质段处理人力资源配置一览表

序号	工　种	单位	数量	备　注
1	组长	名	1	
2	副组长	名	5	
3	技术管理人员	名	10	
4	物资保障人员	名	6	
5	后勤服务人员	名	15	
6	TBM操作人员	名	6	每班2人，共2班
7	工长	名	6	每班2人，共2班
8	电工	名	6	每班2人，共2班
9	电焊工	名	6	每班2人，共2班
10	小火车司机	名	3	每班1人，共2班
11	调车员	名	2	每班1人，共2班
12	普工	名	50	每班25人，共2班，清理、倒运石渣
13	水泵工	名	6	每班3人，共2班
14	司机	名	18	自卸车、装载机、挖机等每班9人，共2班
15	刀具工	名	8	安装、拆卸刀具
16	电气工程师	名	4	TBM维护
17	液压工程师	名	4	TBM维护
18	机械工程师	名	4	TBM维护
19	调度	名	5	
	合计	名	168	

表 7.5-2　　　　　　　　　不良地质段处理主要设备资源配置一览表

序号	名　称	型　号	单位	数量
1	轨行式牵引机车	NRQ25	台	2
2	轨行式平板运输车	AB-00	辆	1
3	轨行式人员运输车	RC-00	辆	1
4	交流电焊机	500A	台	2

序号	名　　称	型　　号	单位	数量
5	装载机（带侧卸功能）	龙工 LG855D	台	2
6	自卸车	陕汽 15t	台	4
7	随车吊	QY12t	台	1
8	桥式起重机	20t	台	1
9	豪华大巴车	47 座	辆	1
10	双排座	江铃	辆	2
11	叉车	合力 3t	辆	2
12	皮卡车	5 座	辆	2
13	依维柯	11 座	辆	1
14	猎豹汽车	7 座	辆	1
15	全站仪	徕卡	台	2
16	混凝土拌和站	HZS75，75m³/h	台	1
17	混凝土罐车	8m³	辆	1
18	H 型钢冷弯机	HLY - H175	套	1
19	钢筋调直切断机	GT5 - 10	套	1
20	钢筋冷弯机	GW40	套	1
21	砂轮切割机	WJ400 - 2	套	4
22	摇臂钻床	Z3040×13	套	1
23	圆盘锯	G6014	套	1
24	一次通风机	2×200kW	套	1
25	移动空压机	3m³/min	套	2
26	卧式离心泵（正常＋应急排水）	ZL250QJ	台	4
27	TBM 供水泵	4.5kW	台	5
28	排水泵（正常排水）	7.5kW	套	3
29	工业风扇	5kW	台	5
30	泡沫混凝土回填泵	JQ - 50	套	1

表 7.5 - 3　　　　不良地质处理主要材料及工器具消耗一览表

序号	名　　称	规 格 型 号	单位	数量
1	装运石渣编织袋	0.4m×0.7m	个	30000
2	镐尖	$L＝0.4m$	个	40
3	铁锹	尖锹	把	5
4	电镐	95 型	台	3
5		38 型	台	3
6	型钢	HW150	榀	70
7	柴油	－35	t	11
8	风动扳手	1400N·m	台	2
9	氧气	气割钢材	瓶	20
10	乙炔	气割钢材	瓶	10

续表

序号	名　称	规格型号	单位	数量
11	割枪	100	把	5
12	氧气乙炔带	气割钢材	套	4
13	角磨机	GWS750－100	把	2
14	切割片	100 号	片	200
15	电焊面罩	劳保防护	个	10
16	防尘面罩	劳保防护	个	20
17	大锤	18 磅	把	2
18	槽钢	[12	m	100
19	钢板	塌腔封闭用，厚度 3mm	m²	100

7.5.4　处理周期

本案例的不良地质段支护处理从 2018 年 7 月 26 日开始，至 2018 年 8 月 6 日 TBM 恢复掘进，历时 11 天。

7.5.5　处理效果

从 2018 年 8 月 6 日完成本段不良地质支护后，未发现围岩不稳定和支护结构变形现象发生。

7.6　高地应力围岩支护技术

编写单位承担的某输水隧洞Ⅲ标 TBM 工程，主洞采用敞开式 TBM 施工，主洞段施工段长度为 16.0km，TBM 开挖直径为 6530mm。该台 TBM 为国产敞开式 TBM。

2018 年 9 月 5 日，在 TBM 掘进至桩号 k14＋218～k14＋233 过程中，围岩受断层、高地应力（构造应力）、高地下水压力影响，引起围岩坍塌，已出露护盾 5m 范围内出现不良地质现象。该现象发生过程中，按照设计的支护结构对松散围岩进行加固。但随着时间延长，至 9 月 6 日凌晨，左侧拱肩部位发生较大塌腔，并向护盾内部延伸约 2m。岩块塌落过程中，造成已支立的钢拱架和护盾扭曲变形。钢拱架发生扭曲且产生位移（最大 28.3cm），左侧护盾钢板（厚 60mm）的端部与底护盾相邻部位发生翘曲变形，最大翘曲高度为 63cm。因此，TBM 需中断掘进，重新对本段不良地质进行加固处理。

7.6.1　地质情况

本案例所遇不良地质段的隧洞埋深约 812.0m，具备大埋深、高地应力条件。

附近地层岩性为志留系上统库茹尔组（S3k1）石英砂岩和变泥质硅质粉砂岩。石英砂岩为灰绿色，致密结构，厚层－块状状构造，岩质硬脆；变泥质硅质粉砂岩为黑灰色，变余粉砂质隐晶结构，厚层状构造，岩质较坚硬，岩体内隐微裂隙较发育，主要分布于右壁及顶拱，与石英砂岩交替出露。由于处于断层破碎带及影响带，该段岩体整体完整性差～破碎。

现场察看，受此断层影响，断层上盘周围派生节理裂隙非常发育，TBM 刀盘前方岩体完整性尚好，护盾右壁处岩体完整性差，左壁盾尾内侧可见岩体破碎，呈块裂结构。综合以上地质条件判断，该范围的岩体处于断层影响带，岩体整体完整性差～破碎。开挖揭露表明，护盾左壁岩体内发育一组 NW355°～NE12°SW/NW∠60°的裂隙，属该断层次级构造裂隙，裂面平整，近平行护盾展布，延伸长，被其他缓倾裂隙切割，有利于滑落、挤压变形，对已支立的钢拱架及护盾部位施加压力。

塌方发生后，进行了超前地质预报工作。超前地质预报表明，该段围岩相对纵波波速介于 4788～6255m/s 之间，综合推测该段围岩总体完整性差，局部较破碎，节理裂隙较发育处易形成较多掉块，可能会出现较大塌腔，地下水出露以滴水-线状流水为主；在桩号 k14+215 正拱顶部位，钻设地质超前钻孔 1 个，孔深 36m，孔径为 76mm。钻孔至 7m 位置处开始有股状出水现象，出水量为 0.05L/s，钻孔完成后，水量逐渐衰减，钻孔过程中未出现卡钻现象，围岩较完整。

现场观察断层面特征和构造岩组成判断其力学属性为压（扭）性，类型为逆冲断层。根据断层引发的主要工程地质问题及规模综合判断，其断裂构造分级属中型断层。该断层主断裂面产状：NW300° NE∠55°～65°，向前方倾斜，左底拱处该断层向护盾底部延伸，产状稍变缓；破碎带宽度：在顶拱约 2.0m，右壁约 0.5m，左壁 1.0～2.0m，断层面夹 2～3cm 的断层泥，带内主要有断层角砾岩、碎裂岩、糜棱岩及断层泥，其中碎屑物粗颗粒以角砾和碎石为主，块石次之，细颗粒主要为岩屑和断层泥；在左边墙发育较多断层泥，与碎石混杂。

不良地质段的掌子面至护盾尾部已揭露段多处出现线状和股状流水及密集滴水，经量测，流量约 18m³/h。在断层带工程处理过程中，经过化学灌浆，断层带内的涌水量减少，但地下水从护盾后部向掌子面转移，总体上水量始终变化不大，据此推测该断层带地下水储量丰富，具高水头。

根据揭露的地质情况，结合超前地质预报成果，业主、设计、监理和施工等单位召开了联席会议，会议认为，揭露断层属突遇性断层，推测该断层影响带宽度约 25m，最终定名为 SF53 断层。

7.6.2 塌方情况

左侧拱肩部位的塌腔沿隧洞方向的最大长度约 3.4m、最大高度约 3.7m、最大深度约 7m，且该塌腔不稳定，呈持续扩大状态。塌腔情况、钢拱架失稳变形、护盾变形及洞顶侧出水情况如图 7.6-1～图 7.6-4 所示。

7.6.3 钢拱架及设备受损情况

已安装的紧邻护盾尾部范围内的 5 榀钢拱架间距均为 0.9m，前两榀钢拱架的型号为 HW150，后三榀钢拱架的型号为 HW125。受围岩挤压，紧邻护盾尾部 5 榀钢拱架发生

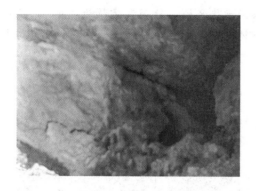

图 7.6-1 塌腔照片

图 7.6-2 钢拱架失稳变形照片

图 7.6-3 护盾变形照片

图 7.6-4 护盾尾部呈线状和股状流水

了不同程度的挤压变形，紧邻护盾尾部的第四榀钢拱架左侧拱肩部位朝隧洞中心方向变形（变形量为 28.3cm），紧邻护盾的第二榀钢拱架的环间距发生移位（第二榀向后移位为 20cm）；左侧护盾钢板（厚度 60mm）的端部与底护盾相邻部位发生翘曲变形，最大翘曲高度为 63cm。

7.6.4 处理措施

本案例的不良地质段的主要加固措施包括已变形的钢拱架临时加固、加密钢拱架、塌腔回填混凝土及喷射混凝土等四部分。加固处理完成后对变形护盾进行修复。

7.6.4.1 已变形钢拱架临时加固

为了快速地抑制钢拱架的进一步变形，同时为后续塌腔混凝土回填提供有利的支撑体系，在不良地质段加固前，对已变形的钢拱架进行临时加固，主要措施为在已安装的钢拱架间增加水平连接结构，将变形的钢拱架连接支撑到主梁、钻机齿圈上。

为增加已安装钢拱架的整体刚度，在已安装的钢拱架间增加水平槽钢。槽钢的规格为[10，环向间距为 1m，梅花状布置，焊接连接。

为防止已安装钢拱架的径向变形，采用型钢将钢拱架分别支撑到主梁和钻机齿圈上，型钢的规格为 HW125，环向间距为 2m，焊接连接。为防止 TBM 主梁受力变形，采用钢管将主梁支撑于隧洞底部，钢管型号为 $DN400$，共 3 根，分布在主梁受力的较大部位。钢拱架与 TBM 主梁和钻机齿圈的临时加固槽钢连接情况见图 7.6-5～图 7.6-8，对主梁的临时支撑情况见图 7.6-8。

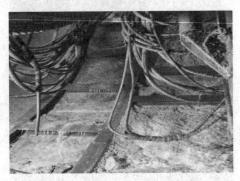

图 7.6-5　护盾尾部钢拱架环向支撑照片　　　图 7.6-6　钢拱架采用型钢连接加固照片

图 7.6-7　护盾尾部钢拱架水平支撑照片　　　图 7.6-8　主梁钢管支撑照片

本案例的不良地质段加固作业过程中，在临时加固措施完成后，对钢拱架进行变形监测，监测结果显示钢拱架未发生变形，表明临时加固措施满足了要求。

7.6.4.2　加密钢拱架

为了加强该段围岩的支撑强度，在已安装的钢拱架间增立钢拱架。增立钢拱架的型号为 HW150，共 3 榀。采用逐榀增立的方法完成三榀钢拱架的安装。在增立各拱架前，分段拆除既有钢拱架间的水平连接槽钢，在增立的钢拱架安装完成后，恢复相应的连接槽钢。

7.6.4.3　塌腔回填混凝土

在塌腔混凝土回填前，钢拱圈外侧安装模板。模板采用厚度为 3mm 的花纹钢板，模板基本覆盖塌腔表面。回填混凝土标号为 C30，利用 TBM 搭载的混凝土输送泵泵送入仓。

7.6.4.4 喷射混凝土

利用 TBM 应急混凝土喷射系统，对已支护和加固的钢拱架的全部范围进行支护。混凝土标号为 C30，厚度与钢拱架的高度相同。施工如图 7.6-9 所示。

7.6.4.5 加固处理完成后对变形护盾进行修复

加固处理完成后采用火焰矫正法对变形护盾进行了修复。

图 7.6-9 加密钢拱架之间喷射混凝土

7.6.5 处理资源消耗

处理本次卡机所涉及的人力资源、主要设备及材料配置详见表 7.6-1、表 7.6-2。

表 7.6-1　　　　　　　　不良地质段处理人力资源配置一览表

序号	工　种	单班人员	班次	每天人员	备　注
1	焊工	2	2	4	单班不少于 2 人
2	电工	2	2	4	L1 区支护辅助配合
3	水泵工	2	2	4	洞内排水运行维护
4	通风运行	2	2	4	洞内环境保障
5	技术与质检	2	2	4	现场负责人
6	安全员	2	2	4	负责洞内安全
7	小火车运行	2	2	4	司机、引导员
8	生产调度	2	2	4	洞内洞外协调
9	材料组织	6	2	12	材料供应
10	L1 区支护人员	8	4	32	清渣等
11	TBM 维护人员	10	2	20	防止设备长时间不运转，出现故障
12	拌和站运行人员	4	3	12	混凝土拌制
13	空压机运行人员	2	3	6	喷射混凝土高压风供应
	合计	44		114	

表 7.6-2　　　　　　　　主要设备及材料配置表

序号	设备名称	型　号	单位	数量
1	输送泵	PM7.5	台	2
2	空压机	$2 \times 90kW$，$2 \times 15m^3/min$	台	1
3	电焊机	NBC-500	台	4
4	气焊割具		套	2
5	轨行内燃机车	NRQ-25	台	3
6	轨行平板车	PB20F	辆	6

序号	设 备 名 称	型　　号	单位	数量
7	轨行人车	RYC25	辆	4
8	拌和站	绿洲 1.25m³	座	1
9	轨行罐车		辆	2
10	焊条	大桥 506	箱	5
11	型钢	HW125	t	1.3
12	型钢	HW150	t	0.6
13	槽钢	10 号	t	0.3
14	花纹钢板	3mm	张	10
15	彩条布		块	3
16	客车	35 座	辆	1

7.6.6　处理周期

本案例的不良地质支护处理过程中，对已变形的钢拱架加固历时 5 天，加密钢拱架历时 2 天，立模及塌腔回填历时 2 天，喷射混凝土历时 2 天，护盾修复历时 0.5 天。处理过程影响 TBM 掘进 13 天。

7.6.7　处理效果

本案例采取的对已变形的钢拱架临时加固、加密钢拱架、塌腔回填混凝土与喷射混凝土等方法，在 TBM 施工过程中未发生变形，解决了本次不良地质支护变形问题。在施工过程中未发生安全事故，取得了良好的效果。

7.7　断层带钢筋排＋钢拱架联合支护技术

编写单位承担的本案例所属工程的主洞采用敞开式 TBM 施工，TBM 施工长度为 15.34km，开挖直径为 8530mm。

2015 年 10 月，该工程 TBM 掘进桩号 T52＋070～T51＋970（长度 100m）及 T51＋710～T51＋360（长度 350m），分别遭遇松散、破碎岩体，需进行支护处理。

7.7.1　地质描述

本案例所涉及工程的 TBM 施工的洞段为元古代巨斑状花岗岩，青灰色～肉红色，由正长石、石英、云母与暗色矿物组成，斑状结构，微风化，岩石为坚硬岩，节理较发育，节理多呈起伏粗糙状，闭合，岩体较完整，局部完整性差，围岩基本稳定。

勘探设计地质资料显示，断层代号分别为 ygf429 和 ygf425。ygf429 断层桩号为 T52＋070～T51＋970，长度为 100m，其中主断层长度为 20m，围岩类别判定为 V 类，上、下游影响带长度分别为 40m，影响带长度共 80m，围岩类别判定为 Ⅳ 类；ygf425

断层桩号为 T51＋710～T51＋360，长度为 350m，其中主断层长度为 150m，围岩类别判定为 Ⅴ 类，上、下游影响带长度分别为 100m，影响带长度共 200m，围岩类别判定为 Ⅳ 类。

勘探设计地质资料显示，Ygf429 为压剪性断层，产状为 NW320°NE∠80°。物探解译中心破碎带宽为 40～50m，钻孔揭露由两个小型的构造面组成，每个构造面垂直宽约 5m 左右，组成物质为断层碎块岩，断层碎裂岩及断层泥，其中断层泥厚 10～30cm，两构造面间巨斑状花岗岩多存高岭土化现象，降低原岩硬度。

勘探设计地质资料显示，Ygf425 断层呈压扭性，产状为 NE30°NW∠80°。物探解译中心破碎带宽 60m，钻孔揭露 230m 未穿透，组成物质主要为断层碎块岩、断层碎裂岩、构造透镜体及断层泥，局部可见构造片岩等，亦可见碳化烘烤现象，其中断层泥呈多层分布，单层厚度一般为 10～50cm，受该构造影响，原岩巨斑状花岗岩主要矿物正长石多高岭土化，且沿构造带有辉绿岩脉侵入。对隧洞稳定影响较大，采用 TBM 施工时，如直接掘进通过时，存在埋机、卡刀盘的可能，因此可先对破碎带采取有效的措施处理，然后再缓慢掘进通过。

超前预报显示，桩号 T51＋543.078～T51＋468 段，结合现场地质情况，推测该段岩体与掌子面基本相似，岩体风化中等，低序次节理较发育，延伸性较差，岩体较破碎，其中 T51＋497～T51＋491 段岩体风化较强烈，围岩相对较软；该段平均波速 2890m/s，预测该段围岩等级为 Ⅳ 级；桩号 T51＋468～T51＋431 段，结合地质情况，推测该段岩体风化相对变弱，岩石硬度变大，贯穿性好的裂隙较发育，岩体较破碎；该段平均波速 3032m/s，预测该段围岩等级为 Ⅳ 级；桩号 T51＋431～T51＋422 段，结合地质情况，推测该段围岩岩性基本均一，弱风化为主，发育少量裂隙，岩体呈块石状结构；该段平均波速 3510m/s，预测该段围岩等级为 Ⅲ 级。

揭露后，隧洞围岩破碎，见花岗岩角砾，风化中等，但贯穿性弱，属低序次子断裂，节理延伸性整体较差，岩体较破碎，呈块石状结构，围岩湿润，未见滴水。隧洞围岩需进行支护处理。

7.7.2　处理方案

本案例的断层支护在 TBM 护盾后部，紧跟掘进，安装钢拱架、钢筋排、钢筋排、锚杆后，喷射混凝土，以实现对断层的联合支护。

7.7.2.1　钢拱架安装

现场安装钢拱架时，TBM 每循环掘进进尺控制在 0.9～1.8m，掘进后立即进行立拱支护，拱架间距不小于 90cm，在围岩较差处，根据实际情况进行拱架加密。为增加该段拱架的整体刚度，形成稳定的受力结构，保证加强拱架整体受力和加强钢筋排受力能力，拱架间采用 ［12 工字钢进行连接，连接范围为拱部 180°。工字钢纵向连接环向间距 1m（视现场情况局部加密），前后交错布置，根据两榀拱架间距不同，现场下料，人工将下好料的工字钢安放在两榀 HW150 型钢拱架之间，工字钢两端端头与拱架腹板紧贴，人工将工字钢与拱架四边焊接牢固。

7.7.2.2　钢筋排安装

钢筋排安装的范围为拱顶 135°，钢筋排预先插入顶护盾的钢筋排插槽内。每处插槽内插 3 根单根 $\phi22$ 钢筋。当施工遇到破碎带时，随着 TBM 向前掘进，钢筋排逐渐露出。钢筋与已安装完成的钢拱架采用焊接的方式搭接。

7.7.2.3　锁脚锚杆安装

在钢拱架安装完成后，采用锚杆钻机安装锁脚锚杆。单节拱架单侧的锁脚锚杆数量不少于 2 根，锚杆采用 $\phi25$ 砂浆锚杆，锚杆长 3m，锚杆与拱架焊接牢固。

7.7.2.4　系统锚杆安装

系统锚杆的安装按设计要求，梅花桩形式布置。Ⅳ类围岩系统锚杆为 $\phi22$，$L=2500mm$，间距为 @1200×1200mm；Ⅴ类围岩系统锚杆为 $\phi25$，$L=3000mm$，间距为 @900×1050mm；锚杆压片规格为 150mm×150mm×8mm，螺帽为高强 M22，8.8 级。锚杆紧固后螺母端头锚杆外漏长度应小于 40mm。锚固剂的安装用量应在锚杆孔深的 2/3 以上，锚固剂挤出孔口。

7.7.2.5　喷射混凝土

拱架与岩面之间需用喷射混凝土充填密实，拱架安装区域混凝土喷射厚度为 15cm，混凝土喷射应均匀密实，拱架全部覆盖，无漏喷、掉块现象。喷射作业分段、分片、分层，由下而上进行。喷嘴垂直于岩面，距受喷面 0.6～0.8m，呈螺旋移动，风压 0.5～0.7MPa。

7.7.3　资源配置

断层的围岩支护期间，所需的人力资源配置和设备资源配置与 TBM 正常掘进相差不大，但应适当增加安装钢拱架、钢筋排、锚杆、钢筋网片和喷射混凝土等作业的人员，混凝土拌和站和混凝土轨道运输车辆在此期间参与支护作业。所需的材料资源按照设计图纸配置。

7.7.4　处理周期

本案例的 ygf429 和 ygf425 断层支护处理Ⅳ类、Ⅴ类围岩分别为 16m 和 88m，ygf429 断层支护处理从 2015 年 10 月 25 日开始至 2015 年 10 月 30 日 TBM 主机顺利通过该断层带，历时 6 天；ygf425 断层支护处理从 2015 年 11 月 8 日开始至 2015 年 11 月 20 日 TBM 主机顺利通过该断层带，历时 13 天。

7.7.5　处理效果

本案例工程的 TBM 在穿越 ygf4 断层时，采用了钢筋排新技术，与安装钢拱架、锚杆、钢筋网片和喷射混凝土形成了对断层的联合支护，成功穿越不良地质段，作业过程中无安全事故发生，实现了安全、快速掘进的目标。

依托工程项目，在我国首次采用了含储存夹层的 TBM 新型顶护盾，利用该顶护盾实施了钢筋排连续封闭支护的新技术，为 TBM 掘进穿越断层破碎带提供了安全快速的技术方法，降低了安全事故风险。现场应用表明，该技术在断层破碎带施工相比传统施工技术大幅度地提高了进尺速度。

7.8　纯压式突涌水处理技术

YEGS 二期 SS 工程输水隧洞总长约 285km，根据施工分段规划和施工方案，KS 输水隧洞共采用钻爆法与 TBM 法相结合的施工方法，采用敞开式 TBM，开挖直径均为 7.030m，共 11 台。编写单位承担的 TBM 施工长度约 20km，TBM 为顺坡掘进，逆坡排水，坡度为 0.38‰。

2018 年 9 月 6 日，编写单位承担的项目工程 TBM 施工至桩号 3＋887 时，在护盾左侧区域出现大股涌水，涌水量高达 380m³/h。由于 TBM 后配套区域水位较高，轨行车辆难以通行，TBM 后配套及小火车轨道难以安装，TBM 作业被迫中止，需要进行突涌水处理。

7.8.1　工程地质情况

本案例所处的工程地质情况与本书 7.4 节所述的"刀盘脱困及不良地质超前处理案例"相同，故不再赘述，对水文地质补充描述如下：

工程设计勘探资料表明，该工程区域主要接受阿尔泰山区的冰雪融水补给，其次为区内的大气降水补给，区内地表水贫乏。地下水径流方向总体上由北向南，最终流向准噶尔盆地中心。工程区内部分低洼的山间小盆地也往往成为区域地下水的排泄区。工程区范围内由于蒸发量远大于降水量，低洼排泄区的地表水及浅埋地下水矿化度往往都比较高。

工程设计勘探资料表明，根据储水介质的不同及地下水的埋藏条件，工程区内地下水类型主要有第四系松散堆积物孔隙潜水、碎屑岩类孔隙裂隙水和基岩裂隙水。孔隙潜水主要分布于区内第四系松散堆积物中，由于区内第四系覆盖层厚度分布不大，且补给水量有限，区内孔隙潜水分布少，且其厚度较薄，储量很小，加之其埋深一般不大，受强烈蒸发的影响。一般在靠近河流的孔隙潜水，水质较好，远离河流的孔隙潜水质较差。基岩裂隙水分布于基岩裂隙中，由大气降水入渗补给。岩石一般坚硬，裂隙不发育，贯通性差，在一些沟谷中以泉水的形式溢出。裂隙水水量大多较小，没有统一的地下水面，水质均较差。根据隧洞沿线钻孔，洞底以上普遍存在基岩裂隙水，无统一地下水位。

地下水水质及腐蚀性在该标段各钻孔内取水样进行分析试验，综合分析并根据《水利水电工程地质勘察规范》（GB 50487—2008）附录 L "环境水腐蚀性评价标准"得出结论：沿工程区除分布于额尔齐斯河左岸约 3.0km 范围内钻孔地下水对混凝土无腐蚀性，对混凝土中的钢筋无腐蚀性外，其他地段地下水对混凝土均具强腐蚀性，对钢结构具中等腐蚀性。由于该隧洞段岩体较完整，透水性差，地下水径流极为缓慢，隧洞运行后为内水外渗，淡化地下水水质；隧洞段一般岩石本身介质基本无硫酸根离子、氯离子，但岩体中局部发育的成矿蚀变带（黄铁矿）、断裂破碎带及影响带、节理密集带，由于这些岩体较为破碎，裂隙贯通性强，在地下水的作用下，富集硫酸盐、氯化物含量较高，对混凝土易产生中等～强腐蚀性，要注意防腐处理。因此，建议对该洞段一般硬质岩围岩岩体（Ⅱ类、Ⅲ类围岩）及渗水、滴水洞段基本采用普通水泥进行处理，局部断层破碎带（Ⅴ类围岩）、影响带（Ⅳ类围岩）及节理密集带（Ⅳ类围岩）、成矿蚀变带和局部线状流水洞段均采用抗硫酸盐水泥进行处理。

设计地质勘探资料显示的 3+887 洞线围岩为Ⅱ类围岩，未显示有断层带。

7.8.2　突涌水情况

2018 年 9 月 6 日 22：00，编写单位承担的项目工程 TBM 施工至桩号 3+887 时，在护盾左侧区域出现大股涌水，含泥，呈土黄色。技术人员进入刀盘内部查看掌子面出水情况，寻找出水点，发现掌子面岩石完整，无出水点，判断出水点集中在护盾左侧岩壁。在确认排水能力满足当前排水需求后，TBM 继续掘进直至岩壁左侧渗水点出露。2018 年 9 月 7 日 3：00，出水点出露左侧护盾，左侧洞壁发育一处裂隙，沿裂隙缝分布两处涌水点，一大一小，呈柱形喷射状，含泥，呈黄色，至上午 9：00 水质变清，但水压、水流量明显增加，水量基本稳定在 380m³/h（根据两台排水系统的流量计统计得出），水压基本稳定在 1MPa 左右，水流流速约 4.2m/s。

涌水点桩号 3+887，该段岩性为凝灰质砂岩，呈青灰色，岩质较硬，围岩完整性、稳定性较好，围岩填充少量石英脉，围岩类别定性为Ⅱ类。该段洞壁左侧发育一条裂隙，长度约 4m，裂隙缝与洞轴线略有夹角，裂隙面光滑，张开度 2～5cm，裂隙内填充土黄色泥质膏状填充物。沿裂隙有两处大股流涌水，呈喷射状流出，突涌水情况如图 7.8-1 及图 7.8-2 所示。

图 7.8-1　桩号 3+887 洞壁左侧涌水照片一　　　图 7.8-2　桩号 3+887 洞壁左侧涌水照片二

7.8.3　突涌水原因分析

涌水点附近的隧洞轴线形状为圆弧形，隧洞转弯半径为 1000m。设计弧形洞轴线的主要目的是使隧洞远离库区，以避免库区渗漏水在开挖隧洞时贯通。隧洞弧形段与库区相对位置如图 7.8-3 所示。图中水库容积约 3 亿 m³。

突涌水发生后，通过补充钻孔，进行了水文勘测。孔位布置在洞轴线桩号 3+887 附近，距洞轴线位置的距离约 15m，孔深 110m，该孔深穿越洞轴线 10m。但经测量，孔内基本无渗水积聚。

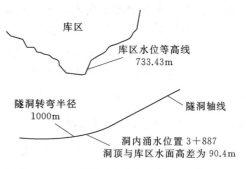

虽然涌水点附近的隧洞围岩完整性较好，但仍然存在 3～4 条较大的裂隙，涌水点发生在这些裂隙部位。本案例所发生的突涌水，开始时水质呈黄色，历时 11h 后，水质变清，水温基本稳定在 17℃左右，从突涌水 2018 年 9 月 6 日发生后至 2018 年 11 月 3 日的 58 天内，涌水量基本稳定在 380m³/h。经综合分析判

图 7.8-3　隧洞弧形段与库区相对位置图

断，本案例所发生的突涌水属隧洞裂隙与库区贯通所致。

7.8.4　处理方案

鉴于突涌水的分布点较为集中，沿裂隙缝分布主要有两处涌水点，一大一小，且水量主要从大的裂隙孔流出，突涌水及渗漏点沿隧洞方向的长度范围约 35m；涌水水压较大，呈柱形喷射状，水压高达 1MPa 左右，水流流速约 4.2m/s；涌水水流量较大，水量高达 380m³/h 等，结合 TBM 及其后配套的特点，制定了本案例的突涌水处理方案。

该涌水处理方案主要包括 TBM 掘进至合适的工位、搭设作业平台、封堵小流量出水点、安装主出水点减流装置、灌浆封堵主出水点等五个步骤。

7.8.4.1　TBM 掘进至合适的工位

由于本案例的突涌水点最早发生在护盾左侧区域，但该区域及 TBM 主机区域设备密集，空间狭小，难以为处理突涌水作业提供所需的空间。TBM 的喷射混凝土桥架区域的空间相对较大，有利用作业所需要的平台和封堵装置的搭设及安装，因此，需要将 TBM 继续掘进，使喷射混凝土桥架位于主出水点出露位置。

由于突涌水量较大，且本案例的 TBM 属顺坡掘进逆坡排水，因此突涌水后，TBM 后配套区域水位较高，轨行车辆通行和 TBM 后配套及小火车轨道安装困难。为了给 TBM 继续掘进创造条件，轨道在后配套的运输、后配套及小火车轨道安装等作业均需在深水中进行，作业难度极大。

自 2018 年 9 月 6 日突涌水发生起，至 2018 年 9 月 24 日 TBM 掘进至喷射混凝土桥架区域，掘进距离约 70m，耗时 18 天。

7.8.4.2　搭设作业平台

采用 φ48mm 钢管，在第二节混凝土喷射桥区域搭设作业平台，作业平台沿隧洞长度方向约 13m，水平方向沿隧洞满铺。该平台满足了封堵小流量孔处理的钻孔灌浆设备安装与人员施工、主涌水点封堵装置安装等作业的需要。

7.8.4.3　封堵小流量出水点

在主涌水点处理前，先将周边发育的小型裂隙水进行封堵处理，防止主涌水点在灌浆

封堵时与周边小型裂隙水贯通，导致灌浆失败。

周边小型裂隙水采用手风钻造孔，纯水泥浆灌浆方式进行封堵。孔径为42mm，孔深约1.5～3.5m，水泥浆水灰比1∶1。周边小型裂隙水共封堵8处，钻孔长度约21m。

经过对小型裂隙水的灌浆封堵处理，在主出水点封堵完成后，无其他较大的渗漏水出现，达到了对小型裂隙水灌浆的预期目标。

7.8.4.4　安装主出水点减流装置

针对主涌水点水压高、流量大及出水集中的特点，在主涌水点灌浆封堵前，先在涌水口处安装涌水减流装置。安装减流装置的目的是减小涌水流速和流量，以最大限度地增加浆液的滞留时间和减少水流对灌浆浆液凝固的影响。

减流装置由封堵钢板和预紧装置两部分构成。封堵钢板的作用为主涌水点进行全面覆盖，便于钢板与岩石面间的止水材料安装，使预紧装置的压力均匀分布在止水材料上。

1. 封堵钢板的制作与安装

封堵钢板尺寸为1.2m×1.2m×0.1m（长×宽×厚），钢板重量约为110kg。封堵钢板四边开设 $\phi22$ 锚固孔，用于钢板的固定。为使封堵钢板尽可能地与洞壁贴合，封堵钢板加工成弧状，钢板外表面弧形半径为3.5m，半径与隧洞开挖洞径相同。封堵钢板制作如图7.8-4所示。

为了减少由于水压造成的封堵钢板安装难度，在封堵钢板的中心开设有泄水孔，孔径100mm。该孔口处焊接有L形 $DN100$ 排水管，以连接排水管路上的球阀。该球阀在预紧装置安装完成后，可控制主涌水点的水量大小。为了减小封堵钢板与岩石表面的渗水通道面积，在封堵钢板与岩石表面之间安装有止水材料。止水材料和止水结构为"3层5mm土工布＋5cm厚棉被＋3层5mm土工布"。L形 $DN100$ 排水管及止水结构如图7.8-5所示。

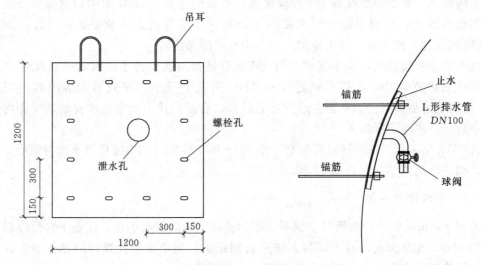

图7.8-4　封堵钢板制作图（单位：mm）　　图7.8-5　L形 $DN100$ 排水管及止水结构图

封堵钢板制作完成并运输至现场，利用钢板顶部吊耳，采用5t捯链进行吊装。吊装前首先在已安装拱架间，涌水点下侧焊接[12槽钢，作为钢板底部放置平台。钢板吊装到位后,四边采用 $\phi22$,$L=50\text{cm}$ 带螺纹的锚杆进行固定。

封堵钢板固定采用"内拉外撑"形式,用螺栓对钢板四周固定;为防止灌浆过程中灌浆压力过大,造成封堵钢板发生"鼓包",在封堵钢板外侧水平方向加设三道 [12 槽钢,以提高封堵钢板的刚度。

2. 预紧装置的结构与安装

预紧装置由井字架和千斤顶装置两部分组成。井字架用于为千斤顶装置提供预紧封堵钢板所需要的反力,千斤顶装置用于为封堵钢板提供预紧压力。千斤顶为机械式,最大提升能力为 25t,共 20 个。

井字架钢结构采用 HW150 型钢作为支撑。安装在混凝土喷射桥部位,与混凝土喷射桥呈垂直交叉状。井字架钢结构与安装设计如图 7.8-6 所示,井字架实物如图 7.8-7 所示,千斤顶装置实物如图 7.8-8 所示。

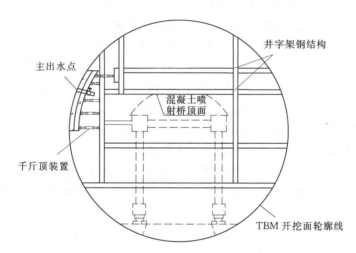

图 7.8-6 井字架钢结构与安装设计图

图 7.8-7 井字架钢结构与安装实物

图 7.8-8 千斤顶装置实物

当止水结构、封堵钢板和井字架安装完成后,安装千斤顶装置。千斤顶安装完成后,即开始千斤顶的预紧。顶升步骤为千斤顶两两对称预紧,各千斤顶的顶升压力为 20t,为封堵钢板提供约 500t 的预紧力,以抵消涌水压力。

7.8.4.5　灌浆封堵主出水点

鉴于涌水点水流流量大、流速高，结合其他项目施工经验及水玻璃的特性，特利用"水泥＋水玻璃"双液进行灌浆处理，灌浆采用"纯压式"灌浆方法。

为了满足快速、灵活的作业需要，将灌浆设备安放在轨行平板车上，水泥堆放在临时搭设的平台上，以便作业人员搬运、装卸水泥。该平台位于 TBM 后配套的 2 号和 3 号台车之间，采用 H 型钢将台车左右连通，型钢上铺设 5cm 木板，形成一个左右相通的整体堆放平台。灌浆作业所需要的风、水、电与 TBM 相应设备对接。

"水泥＋水玻璃"双液灌浆前，先进行润管作业。润管灌浆的浆液水灰比为 2∶1，水泥型号为 P · MSR 42.5，该水泥具有低碱中抗硫性，为袋装。润管灌浆的终止条件为回流管有浆液流出后 1min。

润管注浆达到终止条件后，随即开始堵水灌浆。堵水灌浆的浆液为"水泥＋水玻璃"双液型，浆液的水灰比为 0.5∶1、水泥浆液与水玻璃比例为 1∶1。水泥型号为 P · MSR 42.5，水玻璃型号为 D-30，水泥＋水玻璃的最快初凝时间为 24s。

灌浆设计压力一般为水压＋0.2～0.5MPa，本案例控制的最大灌浆压力为 1.5MPa。"水泥＋水玻璃"灌浆作业从 2018 年 11 月 3 日 18∶30 开始，至 20∶30 主出水孔涌水的颜色由清变浊，至 21∶45 浓浆出现，并伴有缓慢凝结现象，表明"水泥＋水玻璃"灌浆作业基本具备终止条件，持续灌浆 5min 后出水孔孔口再无浆液流出，此时可终止"水泥＋水玻璃"灌浆作业。随后开始纯水泥浆灌浆作业。

由于"水泥＋水玻璃"浆液的凝结时间较短，因此须保证灌浆作业的连续性。"水泥＋水玻璃"灌浆的终止条件为，当灌浆压力达到 1.5MPa 且吸浆量小于 1 L/min 后，持续 10min。终止后随即关闭孔口阀门，进行闭浆。"水泥＋水玻璃"灌浆作业过程中涌水点水流出现黄色的情况如图 7.8-9 所示，灌浆完成后的涌水点堵水效果如图 7.8-10 所示。

图 7.8-9　"水泥＋水玻璃"灌浆作业过程中　　　　图 7.8-10　灌浆完成后的
涌水点水流出现黄色　　　　　　　　　　　涌水点堵水效果

7.8.5　处理资源消耗

本案例突涌水处理所涉及的人力资源配置、主要设备资源配置与主要材料消耗见表 7.8-1～表 7.8-3。

表 7.8 - 1　　　　　　　　突涌水处理人力资源配置一览表

序号	工　种	单位	数量	序号	工　种	单位	数量
1	组长	名	1	12	普工	名	50
2	副组长	名	5	13	水泵工	名	6
3	技术管理人员	名	10	14	司机	名	18
4	物资保障人员	名	6	15	刀具工	名	8
5	后勤服务人员	名	15	16	化灌中级工	名	8
6	TBM 操作手	名	6	17	化灌初级工	名	6
7	工长	名	6	18	水泥灌浆中级工	名	8
8	电工	名	6	19	水泥灌浆初级工	名	6
9	电焊工	名	6	20	架子工	名	6
10	小火车司机	名	3	21	专职安全员	名	2
11	调车员	名	2	22	兼职安全员	名	4
合计							188

表 7.8 - 2　　　　　　　　突涌水处理主要设备资源配置一览表

序号	名　称	型　号	单位	数量
1	轨行式牵引机车	NRQ25	台	2
2	轨行式平板运输车	ΦB - 00	辆	1
3	轨行式人员运输车	RC - 00	辆	1
4	交流电焊机	BX500	台	2
5	单缸双液泵	A、B 组分化学灌浆	台	1
6	工业风扇	5kW	台	5
7	中压大流量化灌泵	HS - B2 单组分化学灌浆	台	1
8	三缸灌浆泵	水泥灌浆	台	1
9	空压机	4m^3/min	台	1
10	手风钻（钻孔 ϕ50）	YT28	台	4
11	轻型化灌泵	DH - 999	台	1
12	博世调速角磨机	GWS6 - 100E	台	1
13	混凝土浇筑泵	TBM 自带混凝土喷射泵	台	1
14	压力表	3MPa	个	2

表 7.8 - 3　　　　　　　　突涌水处理主要材料消耗一览表

序号	名　称	规格型号	单位	数量
1	型钢（钢拱架）	HW125	榀	3
2	氧气	用于气割钢材	瓶	15
3	乙炔	用于气割钢材	瓶	15
4	割枪	100	把	3

序号	名　称	规 格 型 号	单位	数量
5	氧气乙炔带	用于气割钢材	套	4
6	角磨机	GWS750－100	把	2
7	切割片	100 号	片	200
8	电焊面罩	劳动防护	个	10
9	防尘面罩	劳动防护	个	50
10	大锤	18 磅	把	2
11	槽钢	[12	m	50
12	弧形钢板	厚度 10mm	m²	5
13	钢板	厚度 10mm	m²	5
14	土工布	厚 5mm	m²	50
15	高效堵漏剂	5kg	袋	500
16	引水管	ϕ40 黑色胶管	m	300
17	球阀	ϕ32	个	30
18	球阀	ϕ100	个	2
19	架子管	ϕ48	m	2000
20	H 型钢	HW150	t	10
21	锚固钢筋	$L=0.6$	根	50
22	化灌材料	聚氨酯 A、B 组分	t	5
23	化灌材料	油溶性聚氨酯	t	10
24	化灌材料	水溶性聚氨酯	t	10
25	袋装水泥	中抗低碱（50kg）	t	1000
26	沙袋	0.4m×0.7m	袋	2000
27	球阀	ϕ100	个	1
28	直角弯头	ϕ100	个	1
29	消防水带	ϕ200	m	30
30	水压塞	ϕ32	个	10

7.8.6　处理周期

本案例自 2018 年 9 月 6 日晚 22：00 突涌水发生后，为了给突涌水处理作业创造更好的空间条件，在突涌水状态下，TBM 向前艰难掘进，至 2018 年 9 月 24 日喷射混凝土桥架区域到达突涌水点位置，TBM 向前掘进距离约 70m，耗时 19 天；从 2018 年 9 月 25 日开始，进行了各种灌浆方案试验和可能实施的方案研究与编制工作，于 2018 年 10 月 13 日决定采用"预紧＋水泥浆＋水玻璃"的灌浆方法，耗时 19 天；2018 年 10 月 14 日开始安装井字架钢结构和千斤顶装置，与 2018 年 11 月 1 日安装完成，历时 18 天；于 2018 年 11 月 2 日开始进行"水泥浆＋水玻璃"灌浆作业，至 2018 年 11 月 4 日凌晨 1：55 封堵处理完成，历时 3 天。整个涌水处理总历时 59 天，期间 TBM 掘进约 70m。

7.8.7 处理效果

本案例中突涌水处理期间，曾采用多种聚氨酯化灌材料（水溶性聚氨酯、油溶性聚氨酯和 AB 组分聚氨酯）进行了试验，但由于涌水水压大、流量大、流速高，导致化学浆液基本被水流完全冲失，难以滞留在被灌岩体的缝隙中，化灌作业产生的废水污染较大。化灌试验花费了大量的施工时间，未能取得理想的效果。

本案例中采用的"预紧＋水泥浆＋水玻璃"灌浆方法，有效地减少了涌水流速和流量，最大限度地增加了浆液的滞留时间和减少了水流对灌浆浆液凝固的影响，极大地提高了浆液的利用率，减少了浆液对环境的污染，缩短了突涌水处理周期，取得了良好的经济效益。

7.9 岩爆处理技术

编写单位承担的我国某输水隧洞工程，主洞全长 41.823km，设计输水流量为 70m³/s，洞径为 5.3m，圆形断面，无压流，采用现浇钢筋混凝土衬砌。主洞采用钻爆法和 TBM 法相结合的施工方法，两台敞开式 TBM 相向掘进，单台 TBM 最大主洞施工长度为 18km。TBM 开挖直径为 6530mm，为国产 TBM。

隧洞埋深基本大于 500m，小于 500m 埋深的洞段约占 1.3％；埋深大于 1000m 的洞段长度约占 76.3％，埋深大于 2000m 的洞段长度约占 15.2％，最大埋深为 2268m。隧洞沿线地层岩性复杂，穿过多条断层破碎带，断层及不整合接触带地下水发育。隧洞围岩岩石抗压强度基本在 30～200MPa 之间，大多在 80～180MPa 之间，主要为坚硬岩。隧洞沿线存在有高外水压力与突涌水、隧洞围岩大变形、岩爆、断层破碎带、高地温等工程地质问题。

编写单位负责施工的 TBM，掘进至主洞 k12+480～k12+560 段过程中，伴有岩石撕裂声响及岩爆闷雷声响，在桩号 k12+494～k12+496 左顶拱、k12+506 左起拱线、k12+581 顶拱、k12+550 左起拱线发生岩爆，可见岩体孤立的表面片状剥落现象，以及诱发结构面崩裂、掉块；在桩号 k12+499～k12+599 段出现的岩爆现象，可见局部岩块弹射及产生岩粉现象，导致岩体板裂掉块，掉块以大范围片帮为主，影响深度可达 0.3～0.4m。

本工程项目所遇岩爆，属围岩受不利裂隙组合、高地应力集中及应力释放、卸荷影响，形成不稳定破碎岩体所致，为中等岩爆。

7.9.1 工程地质情况

7.9.1.1 工程地质情况

编写单位承担的输水隧洞洞段由南向北依次穿过某著名北山的南麓中～高山区及分水岭、北麓中～高山区及第三系断陷盆地区等。输水隧洞地处的某著名北山强烈隆升区，褶曲和断裂发育，地震活动强烈，地应力高，沿线分布有花岗岩、凝灰岩、浅变质的厚层～

巨厚层状砂岩、灰岩、大理岩等硬脆性岩石，具备发生岩爆的地质条件。

通过宏观定性分析法、经验判据法和工程类比法综合判定，本标段隧洞除断层破碎带及影响带、构造剪切带、节理发育带、薄～中厚层状、板状、软硬相间的地层岩组及地下水较多部位不具备发生岩爆的条件外，其他洞段具有轻微岩爆条件；埋深大于 1000m 的岩体完整洞段以中等岩爆为主，局部洞段存在发生强烈岩爆的可能性。

7.9.1.2　发生岩爆的 k12＋480～k12＋560 段地质情况

本案例发生岩爆的洞段埋深 858～918m；地层岩性为华力西晚期（γδ43）花岗岩与志留系粉砂质硅质岩混杂出露，花岗岩呈肉红色～青灰色，中细粒结构，坚硬；硅质岩暗灰色，局部花岗岩化，岩质较坚硬；隧洞围岩较完整，岩体具镶嵌结构、次块状结构及碎块结构，为Ⅲ类围岩。

该洞段洞室整体呈干燥状，局部潮湿；在 12＋545 右顶拱有滴水现象，桩号 12＋544～12＋548 右洞壁有岩裂隙渗水现象。

7.9.2　岩爆情况

编写单位承担的 TBM 隧洞施工的岩爆预测预警采用微震监测系统进行，截至 2018 年 11 月 28 日，累计监测微震数据报告 99 期，共采集到微震事件 1385 个，其中震级和能量较大的微震事件有 420 个，经过与实际揭露围岩岩爆情况对比分析，基本符合实际岩爆范围和级别，对岩爆的预警有一定的作用。

随着掌子面推进，微震事件大部分分布在掌子面前后 30m 范围内。截至 TBM 掘进至桩号 k13＋400，现场统计的岩爆发生次数为 115 次，中等岩爆 29 次，轻微岩爆 86 次。

2017 年 10 月 28 日至 2018 年 9 月 24 日，在 TBM 掘进进入主洞桩号 k10＋352 后，岩爆现象频繁，主要以轻微岩爆为主，局部发生了中等岩爆。从主洞桩号 k10＋352～k13＋400，总长 3048m，发生轻微岩爆段的总长度为 1460m，占该掘进段长度的 47.9%。中等岩爆 171m，占 5.6%。无岩爆洞段距离 1417m，占 46.5%。k10＋352～k13＋400 段岩爆的震级和能量分布如图 7.9－1 所示。各震级分布与埋深变化的关系如图 7.9－2 所示。

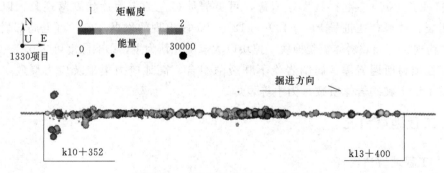

图 7.9－1　岩爆的震级和能量分布

2018 年 5 月 10 日 10：00，编写单位负责运行的 TBM 掘进至桩号 k12＋500 时，在 TBM 停机检修期间，TBM 主机区域可听见有轻微的岩石劈裂声，引起现场技术人员的

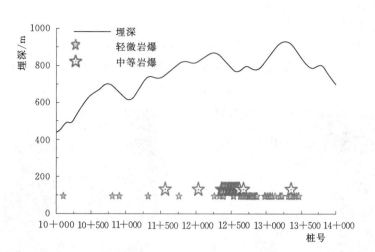

图 7.9 - 2　各震级分布与埋深变化

高度警觉，遂安排专人对可能发生的岩爆点进行监视。监视采用视频录像仪器，以捕捉和记录岩爆发生过程。2018 年 5 月 10 日 10：08，视频录像仪捕捉到桩号 k12＋489～k12＋492（距掌子面 8m）区域发生岩爆，岩爆过程伴随有岩石撕裂声响及岩爆闷雷声响，并有大量气灰喷出。感知的岩爆声响估计为 120dB，岩爆声响持续约 2s，岩爆灰尘约在 5min 后散尽。岩爆视频截图如图 7.9 - 3 所示。岩爆发生在拱肩部位（10 点钟方向），范围约 3m。该部位掘进后采用钢筋排与钢拱架联合支护，但未喷射混凝土。钢筋排的直径为 20mm，间距为 50mm。钢拱架的型号为 HW125，榀间距为 900mm。岩爆发生时，岩爆点相邻的钢拱架出现左右微幅晃动现象。岩爆发生后，可见钢筋排有局部变形，但变形量不大。该部位岩爆发生后钢拱架及钢筋排变形情况如图 7.9 - 4 所示。

图 7.9 - 3　k12＋489～k12＋492 现场
岩爆视频截图

图 7.9 - 4　k12＋489～k12＋492 钢拱架
及钢筋排变形图

2018 年 5 月 13 日 17：06，编写单位负责运行的 TBM 掘进至桩号 k12＋532 时，在桩号 k12＋506～k12＋508（距掌子面 24m）区域发生岩爆。岩爆发生在隧洞右侧拱腰部位，爆坑长度约 1.6m，高度约 0.8m，最大深度约 0.4m。该部位掘进后采用钢筋排与钢拱架联合支护，未喷射混凝土。钢拱架的型号为 HW125，榀间距为 900mm。但岩爆部位未在钢筋排的覆盖范围（顶拱 120°）。岩爆发生后，由岩块散落在隧洞底部，岩块的最大粒径约60cm，如图7.9-5所示。

2017年12月3日至2018年8月24日，TBM掘进桩号k10+560~k14+040（约3480m）过程中，护盾内岩爆现象频繁发生。该部位的岩爆发生时，多数具有局部岩块弹射现象，影响深度可达0.3~0.4m。护盾区域典型岩爆发生后的情况如图7.9-6所示。

图7.9-5　k12+506~k12+508爆裂岩块　　图7.9-6　护盾区域典型岩爆

7.9.3　隧洞岩爆对人员、TBM设备可能造成的危害分析

岩爆的冲击能量和塌落的块石容易砸伤洞内工作人员，造成设备损坏。使隧洞掌子面凸凹不平，影响TBM掘进效率，严重时可能损坏刀具。强烈岩爆时，造成岩体大规模坍塌，使TBM掘进困难，甚至将机体掩埋，导致卡机事故和人员伤亡，严重拖延工期。岩爆造成的塌腔和大量的石渣，往往需要采用人工方式处理，进一步增加了现场处理岩爆的难度和安全风险。

7.9.4　岩爆段安全施工技术措施

岩爆洞段的施工安全技术措施以"预防为主，防治结合，综合治理"为总体思想，充分利用岩爆微震检测技术，对已掘进和待掘进段岩爆发生的概率和岩爆的能量等级进行预报。根据预测预警成果，提出超前处理方案和及时对出露护盾的围岩支护，确保施工安全。针对岩爆段施工风险，施工前制定了岩爆段"两不掘进"原则，即"前方地质条件不明不掘进，围岩支护不到位不掘进"，杜绝冒进，以确保人员和设备的安全。

7.9.4.1　岩爆微震监测系统构成及监测断面布置

本案例的岩爆预警系统，采用加拿大ESG微震监测技术，对岩爆进行实时的预测预警。按照监测技术要求，建立TBM掘进现场岩爆微震监测系统。

微震监测基本原理为在特定位置布置3组传感器，将微震能量信号转化为电信号，传输至Paladin数据采集系统并转化为数字信号，通过ESG HNAS DUT软件识别数字信号并根据信号强弱判定岩爆强度，最后通过ESG SeisVis软件对发生岩爆位置进行定位。

微震监测系统共采用 1 个 Paladin 数据采集仪、6 个传感器。在监测区域共布置 2 个监测断面，每个断面安装 3 个传感器。两个监测断面之间的距离不宜大于 35m，可根据围岩完整情况进行适当调整。紧邻掌子面的检测断面，距离掌子面不宜大于 40m。监测主机系统和接收分站布置在 TBM 后配套台车合适区域，传感器和分站之间采用通信电缆连接，分站和主机处理系统之间用光纤连接。微震监测系统的组成如图 7.9-7 所示，现地监测主机保护箱如图 7.9-8 所示，监测断面布置如图 7.9-9 所示。

为尽量减少对 TBM 正常作业的影响，卸压孔利用 TBM 锚杆钻机造孔。卸压孔也可用于安装微震传感器。

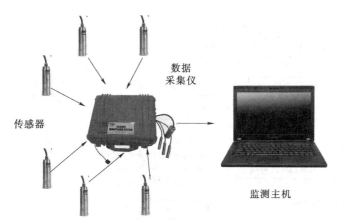

图 7.9-7　微震监测系统组成　　　　　　图 7.9-8　现地监测主机保护箱

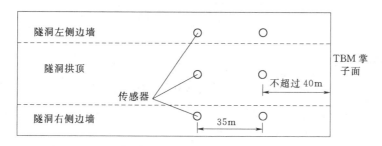

图 7.9-9　监测断面布置图

7.9.4.2　根据监测结果划分岩爆等级

根据微震监测结果，追踪 TBM 掘进过程中隧洞围岩的微破坏分布及演化规律，寻找围岩应力集中区，确定围岩的能量聚集区，进而判定岩爆孕育区。根据微震监测圈定潜在的岩爆危险区域，结合围岩应力、变形等参量的监测数据，提出隧洞岩爆分级分区预警技术，对岩爆可能发生的区域、时间和危险等级进行预测，将岩爆等级划分为轻微岩爆、中等强度岩爆、强烈岩爆和极强岩爆四个等级。为采取有针对性的控制措施提供技术支撑，保证 TBM 的安全顺利掘进。

7.9.4.3 岩爆处理流程

制定岩爆处理流程的目的是使岩爆处理措施规范化、程序化，并便于现场人员的快速响应。本项目吸取了国内外典型工程的岩爆预测预警管理经验，结合项目特点，制定了适宜本项目的岩爆处理流程，如图 7.9 - 10 所示。

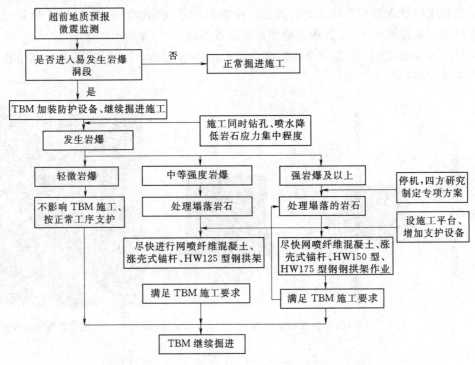

图 7.9 - 10 岩爆处理流程图

7.9.4.4 岩爆处理措施

当根据微震监测成果判定岩爆等级为中等时，充分利用 TBM 配备的 L1 区锚杆钻机（距掌子面 6m 左右）、混凝土喷射设备、钢筋排与钢拱架安装器、超前钻机及注浆设备，对围岩进行及时支护，保证岩体稳定。

当岩爆确定为中等时，本案例在掘进过程中，严格控制 TBM 推进速度，以便围岩充分释放应力。当围岩出露一榀钢拱架距离时，立即停机，进行钢筋排和拱架等支护，确保岩爆地段的施工安全，将岩爆发生的危害降到最低。

本案例中等岩爆的设计支护措施为：全圆型钢拱架，钢拱架的规格为 HW125，榀间距 1.8m；当无钢筋排时，顶拱 180°范围设置涨壳式预应力中空注浆锚杆，锚杆的直径为 25mm，长度为 2.5m，间排距 1.0m，梅花形布置。当有钢筋排时，锚杆在钢筋排范围内随机布设，锚杆各型号及长度不变；顶拱喷射混凝土，为合成尼龙纤维混凝土（掺加量为 8kg/m³），范围为顶拱 270°，厚度为 15cm，强度等级为 C30；局部设纵向钢筋排，钢筋排直径为 20mm，环间距 100mm。中等岩爆段设计支护结构如图 7.9 - 11 所示。

依照原设计支护方案，对岩爆能量较高的中等岩爆洞段进行支护后发现，钢拱架、钢

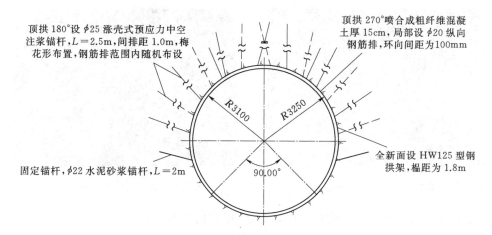

图 7.9-11 中等岩爆段设计支护结构图（单位：mm）

筋排存在局部变形、失稳现象，支护结构不能满足安全施工的要求，因此，在实际施工中，将钢拱架的型号变为 HW150，榀间距缩短至 0.9m，在钢拱架的榀间增加了水平连接型钢。型钢的型号为 HW100，环向间距为 1.0m，交错布置。

7.10 有害气体处理技术

本案例所涉及的工程情况和工程整体地质情况与本书 7.9 节案例相同，故不在此赘述。

2018 年 12 月 19 日 18：04，TBM 掘进至桩号 k14＋564.0 时，停止掘进，进行钢拱架焊接、安装作业时，突然看到从顶护盾下部油缸位置喷出一簇火焰，并伴有轰隆声。在 18：20 现场施工人员闻到异味，技术人员即时判断，认为可能是 TBM 主机故障引起明火所致。19：20 技术人员进入护盾内部对设备进行排查时，从护盾尾部至掌子面区域突然发生巨响，护盾尾部与岩石结合面有强大的气流及灰尘喷涌，主机皮带机检查孔盖板被气浪掀起，护盾尾部 15m 范围内充满了灰尘。随后，按照岩爆的支护方式，对围岩进行了支护，并继续进行掘进施工。

2018 年 12 月 20 日 9：30，在出露护盾的约 1.4m 处发现明火，火焰呈淡蓝色，火焰高约 5cm。着火点共 3 处，随岩石裂隙出现。着火点中心距护盾尾端约 1.4m，分布在右侧（掘进方向）4～5 点钟位置。1 号着火点位置较高，2 号位置较低，3 号位于 1 号、2 号之间。着火点情况如图 7.10-1 所示。

发现着火点后，立即暂停现场所有施工作业，撤离该区域所有施工人员，并加大隧洞供风量。随即对洞内的气体进行了检测（人员现场检测情况见图 7.10-2）。检测结果表明，火焰周围 CO 含量为 14ppm，CH_4 含量在 0.6％～4％之间。燃烧点附近 CO 含量在 350～560ppm 之间，H_2S 含量在 0～1ppm 之间，CH_4 含量在 0.6％～4％之间。

根据《水工建筑物地下开挖工程施工规范》（SL 378—2007）相关规定，隧洞施工容许的有害气体最大浓度分别为：CH_4，1％；CO，24ppm；H_2S，6.6ppm；CO_2，0.5％。与现场检测结果对比，CH_4 和 CO 严重超标。

| 图 7.10-1　着火点情况 | 图 7.10-2　人员现场检测作业 |

在上述出现的爆炸声和着火过程中，TBM 搭载的有害气体监测设备（测头分布在距刀盘前端 3m 及 20m 处，共 8 个）均未出现报警现象。

7.10.1　逸出气体洞段地质情况

工程勘探资料表明，逸出有害气体洞段围岩主要为志留系上统库茹尔组（S3k1）石英细砂岩，灰绿色，致密结构，厚层～块状构造，岩质坚硬。层间断续分布有变泥质灰黑色硅质粉砂岩。岩体以镶嵌结构、次块状结构为主，部分为碎裂结构。该洞段内无出水点，洞壁及洞顶呈干燥状，围岩类别为Ⅲ类。

工程勘探资料未显示本有害地质洞段存在瓦斯等有毒有害气体，隧洞洞线以下 1000m 左右为志留系地层，该地层内无含煤层夹层。设计勘测资料显示"隧洞深部存在含煤层的可能性不大"。

7.10.2　现场察看与检测

本次有害气体逸出事件发生后，设计单位、政府机构、专业机构和施工单位等单位的专家分别进行了现场察看与检测，并提出了相应意见。

7.10.2.1　设计单位

2018 年 12 月 22 日上午，设计单位专家组进洞对有害气体进行检测。检测结果见表 7.10-1。

表 7.10-1　　　　　设计单位对各着火点有害气体检测结果纪录表

测试位置	测试时间	有害气体含量			O_2 含量 /%
		CO/ppm	H_2S/ppm	CH_4/%	
1 号着火点	12 月 25 日 1：03	1000	1	1.07	20.3
	12 月 25 日 4：11	773	1	0.94	20.5
	12 月 25 日 7：06	690	1	0.82	20.4
1 号着火点以外 10cm 处	12 月 25 日 1：04	271	0	0.16	20.3
	12 月 25 日 4：12	312	0	0.17	20.5
	12 月 25 日 7：07	149	0	0.22	20.4

测试位置	测试时间	有害气体含量			O₂含量/%
		CO/ppm	H₂S/ppm	CH₄/%	
1号着火点以外50cm处	12月25日1：05	23	0	0	20.3
	12月25日4：13	26	0	0	20.5
	12月25日7：08	17	0	0.07	20.4
1号着火点以外100cm处	12月25日1：06	0	0	0	20.3
	12月25日4：14	0	0	0	20.5
	12月25日7：09	0	0	0	20.4
2号着火点	12月25日1：09	504	0	0.4	20.4
	12月25日4：17	1000	0	0.68	20.4
	12月25日7：12	522	1	0.26	20.4
2号着火点以外10cm处	12月25日1：10	34	0	0.14	20.4
	12月25日4：18	188	0	0.15	20.4
	12月25日7：13	134	0	0.13	20.4
2号着火点以外50cm处	12月25日1：11	0	0	0	20.4
	12月25日4：19	16	0	0	20.4
	12月25日7：14	21	0	0.06	20.4
2号着火点以外100cm处	12月25日1：12	0	0	0	20.4
	12月25日4：20	0	0	0	20.4
	12月25日7：15	0	0	0	20.4

设计单位分析认为，天然气按形成条件可分为5种类型，分别为生物气、早期成岩气、油型气、煤气型及无机成因的天然气。根据目前掘进洞段地质条件，基本可以排除隧洞有害气体为生物气和油型气。根据区域地质资料，本隧洞附近的煤系地层主要为侏罗系地层，距有害气体逸出点较远。侏罗系地层大部分位于出现有害气体的15km以外的喀什河附近的J1+2kb地层，地表高程为1310～1440m，高出隧洞有害气体逸出点（1240m）70～200m；本隧洞附近的豫西煤矿距有害气体逸出点约18km；某水库附近分布的J1+2kc地层，地表高程为1400～2140m，高出隧洞有害气体逸出点（1240m）160～900m；邻近本隧洞进口的河流上游的露天煤矿距有害气体逸出点直线距离大于30km。

隧洞附近深部地层含煤可能性不大。根据1：100000地质图绘制的隧洞剖面可知，隧洞洞线以下1000m左右均为志留系地层，该地层内无含煤层夹层。因而判断隧洞深部存在含煤层的可能性不大。

输水隧洞穿越侵入岩地层时，未发现有害气体；附近的温泉距离有害气体逸出点距离约18km，因而可以判断有害气体不属于无机成因的天然气。

根据隧洞附近的地质条件，初步判断隧洞出现的有害气体属于早期成岩气，其来源多元，极有可能为深部地层中存在的灰岩、泥页岩等灰黑色的地层富含有机质，在其沉积成岩过程中形成了有害气体，积聚在深部地层中。岩体中的裂隙成为有害气体运移的通道和贮存的空间。

深部岩体中的裂隙是有害气体运移的通道和贮存的空间，目前 TBM 隧洞施工位置附近的洞段岩体埋深大，裂隙张开度小，初步判断前方出现大范围的有害气体富集区的可能性不大。

7.10.2.2　工程所在地政府专门机构

2018 年 12 月 20 日 22：00，地方政府的矿山救护支队到达现场，对洞内有害气体进行了检测，检测结果见表 7.10-2。2018 年 12 月 21 日 11：00，派队员再次进入隧洞进行二次侦查，在附表所述地点除机头架下 k14＋577 外，未发现 CO 及 CH_4。机头架下 k14＋577 处测得 CH_4 含量 0.66%，CO 含量 102ppm。2018 年 12 月 21 日下午 15：00 项目部组织召开会议，初步确认洞内逸出的有害气体主要成分为 CH_4 和 CO。

表 7.10-2　　　　　　　　　矿山救护支队对有害气体检测结果记录表

检测地点	CH_4/%	CO/ppm	风速/(m/s)
支洞 0＋800	0	0	1
支 1＋500	0.06	0	0.5
主洞（蓄水仓）	0	0	0
k9＋800	0.08	0	1.3
k11＋000	0.06	0	1
k12＋000	0.04	0	1
机头架下 k14＋577	1.4	0	—
刀盘 k14＋582	1.2	0	—
护盾左侧 k14＋575	1.4	0	—
TBM 风筒口混合风流处上部 k14＋563	0.9	0	0.7
掌子面 47m 上部 k14＋536	1.82	0	—
放喷浆设备处 k14＋533	1.58	0	—

矿山救护支队专家预测分析认为，掘进作业地点上部覆盖层近千米，隧洞距周边的煤炭资源富集区较近，且隧洞发生明火点处桩号的底板高程与煤层富集区高程仅相差 100m 左右，初步判断，下部有煤炭赋存，所含 CH_4 气体随岩层裂隙渗透，作业面具备提供引火温度条件，导致逸出气体被引燃。

7.10.2.3　工程所在地的煤炭局

2018 年 12 月 23 日，工程所在地的煤炭局通风专家组一行 3 人对有害气体逸出洞段进行了检查与检测，检测结果见表 7.10-3。

煤炭局专家分析认为，通过现场检查，CO 浓度最高达 670ppm，但涌出量小。通过与 12 月 20 日现场侦测结果对比，CH_4、CO 等有害气体经过释放浓度显著降低。通过对超前钻孔（深 18m）孔口进行检测，证明前方仍存在 CO 气体。

表 7.10-3　　　　　　　　　　煤炭局对有害气体检测结果记录表

序号	检测地点	$CH_4/\%$	CO/ppm	$O_2/\%$
1	1 号测点（TBM 护盾后 1.4m）	0.3	670	20.2
2	2 号测点（TBM 护盾后 2.4m）	0	5	20.2
3	主支洞交叉段（拌和顶部）	0	0	19.7
4	主支洞交叉段（砂堆存放点）	0	0	19.9
5	主支洞交叉段（蓄水仓处）	0	0	19.8
6	主洞桩号 9+900 处	0	12	20.2

7.10.2.4　施工单位

事件发生后，施工单位多次对明火点、超前探孔处、TBM 主机区域进行了气体检测，CH_4 气体含量和 CO 气体含量有明显降低趋势。1 号着火点的 CO 浓度随时间变化的趋势如图 7.10-3 所示，1 号着火点的 CH_4 浓度随时间变化的趋势如图 7.10-4 所示，2 号着火点的 CO 浓度随时间变化的趋势如图 7.10-5 所示，2 号着火点的 CH_4 浓度随时间变化的趋势如图 7.10-6 所示。

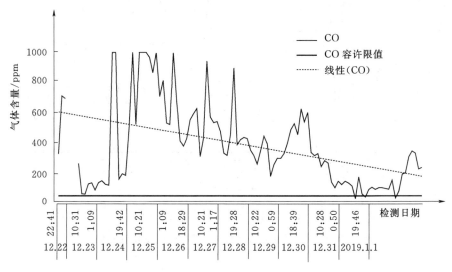

图 7.10-3　1 号着火点的 CO 浓度随时间变化的趋势图

7.10.3　综合分析与判断

各参与方在独立检测和分析的基础上，召开了联席会议，会议对各方的意见进行了讨论和综合分析，会议认为：洞内逸出的有害气体主要为 CH_4、CO 及 H_2S。有害气体超标准值的区域主要集中在有害气体逸出点和超前钻孔孔口，有害气体浓度有明显衰减趋势，但不排除在未来洞段仍有有害气体的存在的可能性，因此，要求做好有害气体应对措施。

7.10.4　应对措施

综合各方专家的建议和意见，有害气体的应对措施应包括有害气体监测与检测、明确

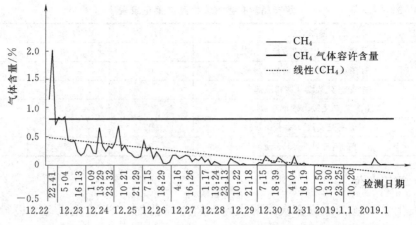

图 7.10 - 4　1 号着火点的 CH_4 浓度随时间变化的趋势图

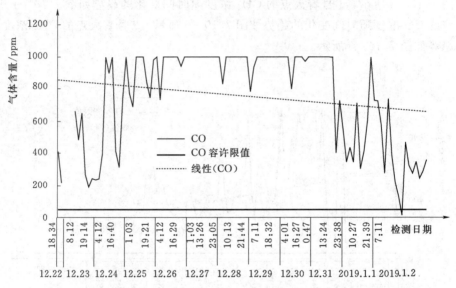

图 7.10 - 5　2 号着火点的 CO 浓度随时间变化的趋势图

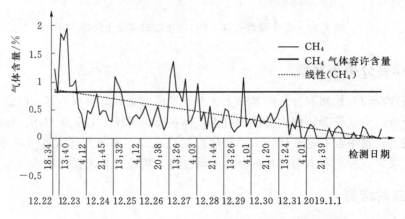

图 7.10 - 6　2 号着火点的 CH_4 浓度随时间变化的趋势图

深埋长距离洞段施工作业的有害气体监测指标、加强隧洞通风防止有害气体二次集聚、采用超前钻孔预探有害气体赋存情况、加强作业人员的安全教育等。

7.10.4.1 有害气体的监测和检测

根据已出露洞段有害气体的逸出及检测情况、TBM 施工特点和主支洞的结构特点，监测/检测划分为 4 个区域，分别为 TBM 设备区、主洞段（包含已出露洞段有害气体逸出区域）区、主支洞交叉段区和支洞段区，TBM 设备区为重点监测与检测区。

TBM 设备区内布置 6 个测点，分布在刀盘内、L1 区、超前钻孔孔口、操作室、4 号台车和 7 号台车。刀盘内的检测点为手持移动式，其他为固定式，并附着在 TBM 设备上。各检测点检测的气体种类、检测频次和记录频次见表 7.10-4。

表 7.10-4　　TBM 设备监测/检测区有害气体及氧气检测种类及频次一览表

项目监测点	刀盘内	L1 区	超前钻孔孔口	操作室	4 号台车	7 号台车
监测点序号	1	2	3	4	5	6
检测气体种类	CH_4、CO、CO_2、H_2S、O_2					
检测频次	每掘进 1 循环检测 1 次；停机时，每 2h 检测 1 次	实时监测				
记录频次	检测一次，记录一次	一般情况下，每 2h 记录一次；电焊作业及气体浓度达到控制上限的 75% 时，每 0.5h 记录一次	钻孔过程中，每 10m 一次；钻孔完成后 12h 内每小时记录一次；当气体浓度达到控制上限的 75% 时，每 0.5h 记录一次	每 3h 记录一次，当气体浓度达到控制上限的 75% 时，每 1h 记录一次	每 5h 记录一次，当气体浓度达到控制上限的 75% 时，每 1h 记录一次	每 5h 记录一次，当气体浓度达到控制上限的 75% 时，每 1h 记录一次

主洞段（包含已出露洞段有害气体逸出区域）检测区内布置有 5 个测点，分布在桩号 k14+577 已发现的三处逸出点，主洞沿线从主洞桩号 k9+800 起向掌子面方向每 2000m 设置一处移动检测点，即桩号 k11+800 和桩号 k13+800。各检测点检测的气体种类和检测频次见表 7.10-5。

表 7.10-5　　主洞段检测区有害气体及氧气检测类别及频次一览表

项目监测点	桩号 k14+577 右侧 1 号气体逸出点	桩号 k14+577 右侧 2 号气体逸出点	桩号 k14+577 右侧 3 号气体逸出点	桩号 k11+800	桩号 k13+800
监测点序号	1	2	3	4	5
检测气体种类	CH_4、CO、CO_2、H_2S、O_2				
检测频次	每 3h 检测一次；当气体浓度达到控制上限的 75% 时，每 1h 检测记录一次	每 3h 时检测一次；当气体浓度达到控制上限的 75% 时，每 1h 检测一次	每 3h 记录一次，当气体浓度达到控制上限的 75% 时，每 1h 记录一次	每 4h 记录一次，当气体浓度达到控制上限的 75% 时，每 1h 记录一次	每 4h 记录一次，当气体浓度达到控制上限的 75% 时，每 1h 记录一次
记录频次	检测一次，记录一次				

主支洞交叉段检测区内布置 4 处检测点，主支交叉段 2 处，骨料仓和蓄水仓各布置 1 处，主要监测有害气体是否存在二次集聚。所有有害气体测点均为移动式测点，各检测点检测的气体种类均为 CH_4、CO_2、H_2S、O_2，检测频次均为 1 次/4h。

支洞段检测区检测区内布置 1 处固定检测点，在桩号 k0＋965 处，主要监测有害气体是否存在超限。检测点检测的气体种类和检测频次与主洞相同。

掘进中若出现的塌腔深度大于 0.8m 时，在塌腔部位设置临时检测点。检测的气体种类均为 CH_4、CO_2、H_2S、O_2，检测频次为 1 次/4h。

7.10.4.2　深埋长距离洞段施工作业的有害气体监测指标

依据《水工建筑物地下开挖工程施工规范》（SL 378—2007）相关规定，空气中有害物质的容许浓度为 CH_4 1％、CO 24ppm、H_2S 6.6ppm、CO_2 0.5％，见表 7.10-6。

表 7.10-6　　　　　　　　　　空气中有害物质的容许浓度

名　称	容许浓度		说　明
	按体积 /％	按重量 /(mg/m³)	
二氧化碳（CO_2）	0.5	—	CO 的容许含量与作业时间：容许含量为 50mg/m³ 时，作业时间不宜超过 1h；容许含量为 100mg/m³ 时，作业时间不宜超过 0.5h；容许含量为 200mg/m³ 时，作业时间不宜超过 20min。反复作业的间隔时间应在 2h 以上
甲烷（CH_4）	1	—	
一氧化碳（CO）	0.00240	30	
氮氧化物换算成二氧化氮（NO_2）	0.00025	5	
二氧化硫（SO_2）	0.00050	15	
硫化氢（H_2S）	0.00066	10	
醛类（丙烯醛）	—	0.3	
含有 10％以上游离 SO_2 的粉尘	—	2	含有 80％以上游离 SO_2 的生产粉尘不宜超过 1mg/m³
含有 10％以下游离 SO_2 水泥粉尘	—	6	
含有 10％以下游离 SO_2 的其他粉尘	—	10	

本隧洞具有埋深大、距离长、地质条件复杂，TBM 在滚压破碎岩石过程会产生火花，通风难度大，隧洞内作业人员多的特点，《水工建筑物地下开挖工程施工规范》（SL 378—2007）对有害气体的容许含量不能完全满足本隧洞安全施工需要，因此，对刀盘内、L1 区、超前钻孔孔口等重点监测区域的有害气体容许浓度调整如下：CH_4 浓度为 0.8％、CO 浓度为 24ppm、H_2S 浓度为 5.2ppm、CO_2 浓度为 0.5％。

7.10.4.3　通风措施

为了加强在有害气体洞段施工的通风，在 TBM 设备出风口处延接 2 根 ϕ110mm 的风带至护盾尾部。施工期间未经批准，严禁拆除。为防止施工过程中风带破损，在现场至少储存 2 节备用风带。

将隧洞作业的一次通风电动机输出功率由 40％上调至 80％，保证 TBM 作业面供风量不低于 1500m³/min，应定期对主洞和支洞通风量进行测定，频次为周。同时做好风管的维护工作，安排专人对风管进行巡检，并及时修补破损风带，以降低沿途风量损失。

当钻孔内 CH_4、CO 等有害气体大于容许浓度的 75% 时，应进一步加大风量，直至工作区域有害气体浓度小于容许浓度的 50% 时，现场才能作业。

7.10.4.4　超前钻探预测

利用超前钻机在工作面顶部施工超前探测孔，钻孔过程中必须采用湿式作业方法。超前钻孔深度不得小于当日掘进进尺的 3 倍，单个超前钻孔的深度不应小于 30m。

在超前钻孔过程中，出现卡钻与顶钻等异常情况以及换接钻杆时，应及时检测有害气体含量，当孔口处实测 CH_4 浓度大于 0.8% 时，必须停止施钻，加强通风。

为确保钻探时作业人员安全，检测人员、钻机操作人员作业时，须佩戴防毒面具实施作业。

7.10.4.5　应急演练

组织作业人员、技术人员及管理人员进行有害气体防治措施及相关知识培训，培训内容包括有害气体特性、危害、中毒症状辨别、中毒后自救、互救知识，个人防护用品使用及注意事项。

开展应急演练，使员工熟悉设备逃生通道、紧急避险舱位置及舱内救护用品种类和使用方法。

7.10.4.6　其他措施

在日维护过程中，应检查 TBM 的刀盘喷嘴的完好度。在开展刀具检查作业前，应首先检测刀盘内有害气体的浓度，其浓度未达到限值时，作业人员方可进入刀盘，人员在进入刀盘内作业期间，须派专人实时监测刀盘内部有害气体浓度。掘进前，应先打开刀盘喷水装置，待掌子面充分湿润后方能开始掘进。

现场电焊、切割等明火作业前，由专职检测人员进行 CH_4 气体浓度检测。当 CH_4 浓度大于 0.5% 时，严禁动火作业；当 CH_4 浓度低于 0.5% 时，在进行明火作业前，应经负责人书面批准。动火期间，必须安排专人实时检测，并配备足够的消防器材。

在进入有害气体隧洞段施工前，应将有害气体易聚集区的易产生电火花的电气设备移至相对安全位置，主要为 TBM 机头架下的用电设备的电源接线端子和开关控制装置等，移至 L2 支护区或 1 号台车通风良好的部位。

对隧洞内明接头等供电设备进行全面检查，杜绝出现明接头和电器设备线路外漏现象，并将各种用电设备电缆接头采用阻燃胶布进行绝缘密封；应定期对电气柜内部空间的有害气体含量进行检测，检测频次为 1 次/d。在打开柜门后，应先进行通风，后进入作业。

严禁将手机、对讲机、电子手表、充电器等电子产品及火种带入施工现场。在 TBM 操作室等设置有线电话，以保证与洞外的通信。

分施工区域、分岗位编制可操作性强的工作手册或作业指导书，并组织全体施工人员学习，培训结束后，进行考核。考核达不到合格标准的，重新组织学习，直到合格后，方可进洞作业。

7.10.5　新增资源配置

为了便于检测有害气体，除既有的 TBM 检测仪器和人员外，进入不良地质洞段施工后，增加检测人员数量和检测仪器。新增检测人员 12 名，三班制，24h 值班，每班 4 人。新增检测仪器 20 台，仪器名称、规格和数量见表 7.10－7，仪器数量根据掘进情况适度增加。

表 7.10－7　　　　　　　　　　　　新增检测仪器资源配置一览表

仪 器 名 称	规格型号	数量/台	仪 器 名 称	规格型号	数量/台
CO 测定器	CTH1000	4	多参数气体测定器	CD4 型	4
O_2 测定器	CTH25	1	CO_2 测定仪	CTH2000	2
便携式 CH_4 检测报警仪	JCB4	5	CO 测定仪	CTH2000	1
矿用 H_2S 检测报警仪	CLH100	3	合计		20

7.10.6　实施效果评价

采用上述安全技术措施，效果良好。施工过程中，有害气体浓度一直控制在容许浓度内，未发生安全事故。

第 8 章

混 凝 土 衬 砌

依托工程的第一个输水工程第四部分引水隧洞总长约 32.6km，开挖形式包括 TBM 掘进和钻爆法施工。TBM 掘进段长约 30.8km，采用 TBM1 和 TBM2 两台 TBM 施工。TBM 掘进段分为 TBM1 - 1、TBM1 - 2、TBM2 - 1、TBM2 - 2 段，与此相对应，混凝土的浇筑亦分为四段；扩大洞室段分为 TBM 拆卸/组装洞、施工服务区、中转检修洞、通过洞、始发洞段，相应 TBM 掘进段分别设置了两组扩大洞室，两台 TBM 共设置四组扩大洞室。

混凝土衬砌施工部位包括 TBM 掘进段和 TBM 扩大洞室段。隧洞混凝土衬砌长度共 13km，非衬砌长度 17.8km，成洞洞径包括 7.3m、7.7m、8.4m、8.5m 四种。混凝土量共计 34.5 万 m³。隧洞混凝土衬砌从第 I 掘进段贯通后即开始，历时 42 个月。

如何利用 TBM 开挖形成的有利条件，组织混凝土衬砌作业，是超长隧洞敞开式 TBM 安全高效施工的有效组成部分。在依托工程的隧洞混凝土衬砌中进行了有益的实践，系统性地发挥了 TBM 掘进的优势，取得了良好的效果。

TBM 施工法与钻爆法开挖的隧洞混凝土衬砌相比，隧洞距离长，具有对围岩扰动小、开挖超挖量极小、清基清渣工作量小，可以利用 TBM 施工时的轨道进行洞内混凝土运输，因此，施工条件相对较好。

本章对隧洞仰拱、边顶拱及扩大洞室的衬砌混凝土的施工顺序、模板设计、拌和站设置、运输方案、施工进度与周期浇筑、资源配置及施工管理经验进行了详细阐述。

在依托工程的第一个输水工程第四部分引水隧洞边顶拱混凝土施工过程中，充分利用了 TBM 特有的施工条件，采用了洞内洞外两期拌和站，轨行混凝土罐车直接在拌和站受料，减少了混凝土运输距离和转运环节，保证在寒冷地区的混凝土全年施工，极大地降低了冬期施工费用。充分利用了 TBM 掘进期的轨道运输系统，提高了运输速度，减少了施工运输的安全隐患，为隧洞混凝土安全快速施工奠定了坚实的基础。

依托工程的主洞混凝土衬砌内径有两种，直径分别为 7.3m 和 7.7m。传统的设计方法为两种直径分别采用不同的台车施工，通过优化，在实际施工中，将传统的边顶拱标准段钢模台车优化为自行设计并获得专利的可变径钢模台车，同时满足了两种断面的混凝土浇筑需要，减少了台车数量和台车的移动距离；过渡段混凝土衬砌采用了自行设计并获得专利的自行式过渡段台车，模板就位速度快，过渡段混凝土表面成型好。施工过程全面履行了"月考核、月兑现"考核制度，极大地促进了混凝土衬砌的安全高效施工。以上的创新优化，为衬砌施工安全高效作业打下了良好的基础。施工创造了单台钢模台车单月浇筑

26 仓的施工成绩，刷新了国内同洞径边顶拱衬砌施工进度的最高纪录，保证了施工质量，提高了施工速度，为国内长距离 TBM 隧洞混凝土衬砌施工典型范例。

8.1　混凝土衬砌总体施工方案

依托工程的第一个输水工程第四部分引水隧洞的混凝土衬砌具有三大特点，分别为混合运输、洞内拌和站及施工同时采用多种变径台车，混凝土衬砌变径台车的种类共有两类四种。仰拱段衬砌混凝土运输采用"轨行"方式，边顶拱采用"有轨＋无轨"方式；混凝土拌和站的设置采用"洞内＋洞外"方式；由于隧洞衬砌混凝土的设计为非连续衬砌方案，即Ⅱ类及Ⅲa类围岩段不衬砌混凝土，衬砌率仅为 42.2%，且衬砌段间断频繁。衬砌混凝土内径有两种，且衬砌与非衬砌段之间设有混凝土过渡段，因此，衬砌台车种类为标准段混凝土衬砌钢模台车和过渡段钢模台车两类。标准段混凝土衬砌台车（衬砌分段长度为 12m）设置为可变径台车，分别适用于混凝土衬砌内径为 7.3m 和 7.7m 的浇筑段。过渡段衬砌台车（衬砌分段长度包括 1.5m 和 3.0m 两种）共有三种规格，分别适用于混凝土衬砌内径由 $\phi7.3$m 过渡到 $\phi7.7$m、由 $\phi7.3$m 过渡到 $\phi8.5$m 和由 $\phi7.7$m 过渡到 $\phi8.5$m，其复杂性国内鲜见。

隧洞的仰拱和边顶拱混凝土的标号为 C35，混凝土的分段长度均为 12m。仰拱混凝土的矢高为 0.821m，顶宽为 5.022m。边顶拱混凝土衬砌结构的内径为 7.3m 和 7.7m，Ⅳ类及Ⅴ类围岩段的混凝土衬砌厚度为 0.45m，Ⅲb 类围岩段的混凝土厚度为 0.3m，Ⅱ类及Ⅲa 类围岩段无混凝土衬砌结构。为了减少输水隧洞混凝土衬砌结构的频繁变径带来的局部阻力损失，在不同直径的洞身混凝土段衬砌段的结合处，在非混凝土衬砌段和混凝土衬砌段的结合处，均设有变径过渡段。因此，边顶拱衬砌结构复杂，施工难度相对较大。施工前应编制边顶拱混凝土浇筑仓位位置图，提前规划边顶拱混凝土衬砌的各仓位浇筑顺序。

依托工程的第一个输水工程第四部分引水隧洞的 TBM 掘进段分为 TBM1-1、TBM1-2、TBM2-1、TBM2-2 段，共四段。根据支洞位置和洞内混凝土拌和站的布置特定条件，混凝土的浇筑亦分为四段，各段名称仍沿用 TBM 掘进期的名称。

在依托项目的第四部分引水隧洞施工中，4 个扩大洞室内均设有拌和站，各拌和站的混凝土生产能力均为 75m³/h，可满足 TBM 掘进期喷射混凝土和隧洞混凝土衬砌同时作业需要。4 座拌和站均在 TBM 步进完成后安装，在相应控制段隧洞的主要衬砌混凝土完成后拆除。对阶段性 TBM 贯通有影响的，在其贯通前，应先行拆除，在相应的 TBM 步进通过后恢复安装。

依托项目的 TBM1-1、TBM2-1 和 TBM2-2 段的仰拱及边顶拱混凝土分别由 1 号及 2 号、3 号及 4 号和 2 号及 3 号洞内的拌和站负责供料，TBM1-2 段仰拱及边顶拱混凝土分别由 0 号及 1 号与 1 号洞内的拌和站负责供料。在洞内拌和站拆除后，主洞的剩余混凝土由洞外拌和站拌制供料。

隧洞混凝土的衬砌方案主要取决于混凝土的运输方式。依托项目隧洞的 4 段仰拱混凝土浇筑方式均相同，各段设两个工作面，起始点从相应段的中点开始，采用分别向隧洞的上下游方向相背而行的方式进行衬砌，利用轨行式罐车进行运输。

依托项目隧洞的4段边顶拱混凝土浇筑模板共采用7台门架式钢模台车，其中 TBM1-1 段为1台，其他段均为2台。台车使用前，均在相应的 TBM 组装或检修洞室内组装。TBM2-1 段和 TBM2-2 段的边顶拱的两台台车，由两端起始并采用相向而行的方式进行衬砌作业。TBM1-1 段采用1台台车，由隧洞的下游端起始向上游端依次进行衬砌作业。TBM1-2 段采用两台台车，由隧洞下游端起始至隧洞上游端相随跳仓浇筑，跳仓的仓数为5～10仓；隧洞台车完成混凝土浇筑任务后，行走至不封堵的支洞与主洞的交叉口处进行拆卸。

8.1.1 施工程序

隧洞混凝土总体施工顺序为先仰拱后边顶拱，先掘进段后扩大洞室段。

相应掘进段完成隧洞开挖后，进行仰拱混凝土施工。各段仰拱混凝土衬砌作业设两个工作面，起始点均从相应段的中点开始，采用分别向隧洞的上下游方向相背而行的方式进行衬砌。仰拱混凝土完成后进行边顶拱混凝土施工；边顶拱台车使用前，均在相应的 TBM 组装或检修洞室内组装。TBM2-1 段和 TBM2-2 段的边顶拱的两台台车，由相应混凝土施工段的两端起始，采用相向而行的方式进行衬砌作业。TBM1-1 段采用1台台车，由隧洞的下游端起始向上游端依次进行衬砌作业。TBM1-2 段采用两台台车，由相应混凝土施工段的下游端起始至隧洞上游端相随跳仓浇筑，跳仓的仓数为5～10仓；隧洞台车完成混凝土浇筑任务，拆除相应的拌和站，进行扩大洞室的混凝土施工和支洞封堵混凝土施工。

根据依托工程的第一个输水工程第四部分引水隧洞的衬砌结构设计和隧洞开挖后围岩的完整性，在主洞混凝土衬砌前，对所有混凝土浇筑仓号进行了规划，编制了混凝土仓位图，典型洞段的混凝土浇筑仓位图如图 8.1-1 所示。

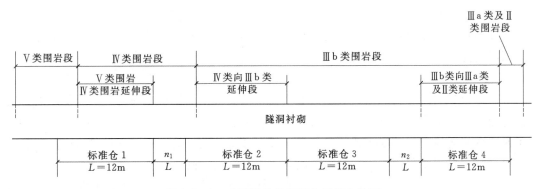

图 8.1-1 典型洞段的混凝土浇筑仓位图

8.1.2 仰拱混凝土施工

采用有轨运输，混凝土泵送入仓，浇筑工艺采用插入式振捣器平仓、振捣，自制振捣梁（平板振捣器）结合铁抹子进行收面。

8.1.2.1 施工工艺流程

仰拱混凝土施工流程主要包括测量放线、排水、清基交面、堵头模板安装、钢筋制作和安装、混凝土浇筑及养护等，其工艺流程如图8.1-2所示。

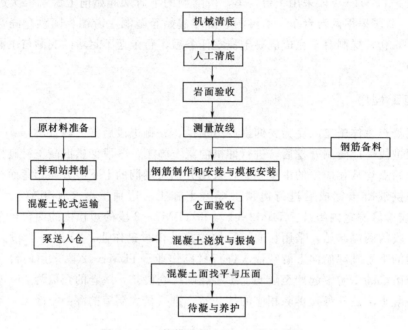

图 8.1-2　仰拱混凝土施工工艺流程图

8.1.2.2 施工辅助工作

1. 测量放线

在分界点桩号处用全站仪做标记，划分浇筑单元。在分界点桩号处用水准仪确定混凝土表面浇筑高程，并在洞壁的两侧做好标识。

2. 施工供电

采用2台200kVA变压器，分别为2个仰拱块混凝土浇筑作业面的施工提供用电。变压器的最大供电距离为1km，当大于供电距离时应转移变压器，以满足供电距离要求。为了便于变压器的安装，变压器位置尽量选择在隧洞开挖时的钢拱圈支护段。应保证变压器接地良好。变压器高压电缆由相邻支洞的扩大洞室内的高压分支箱接入。

仰拱混凝土施工主要用电设备包括混凝土泵车（75kW/台）、振捣器（约10kW）、照明（约5kW）、排水（30kW），总功率约120kW。因此，配备电容量200kVA的变压器，可满足用电需要。

3. 施工排水

为了减少隧洞渗漏水对混凝土浇筑质量的影响，在浇筑前应将掘进段围岩的线状出水点和较严重的渗滴出水点，进行阻水灌浆处理。

8.1.2.3 施工方法

1. 钢筋制作与安装

钢筋的制作在洞外钢筋加工厂完成。根据设计图纸要求，在环向筋安装前，应预埋架立筋。架立筋安装孔造孔采用冲击钻打。

2. 止水带预埋

止水带的材质为橡胶，Ⅲb 类围岩地段全环止水带长度为 25.1m，Ⅳ 类、Ⅴ 类围岩地段全环止水带长度为 24.1m，止水带的搭接长度不小于 20cm，止水带备料长度规格为 25.5m 和 24.5m 两种。在安装堵头模板时，止水带一侧紧贴堵头模板安装，并按要求固定，以免混凝土浇筑作业时发生移位。

3. 堵头模板

堵头模板采用厚度为 6mm 钢板作为面板、ϕ48 钢管作为竖带、10 号槽钢作为上下肋板。模板采用锚筋进行固定，锚筋为 ϕ22，入岩长度 30cm，外露长度 20cm。

4. 浇筑

仰拱混凝土的分缝长度均为 12m，矢高为 0.821m，顶宽为 5.022m，单仓混凝土 33.6m³。浇筑均采用跳仓的方式，该方式的优点为 6 仓混凝土分序连续浇筑，可避免混凝土拆除模板等强时间。采用定型分仓模板，以提高模板安装和拆除速度，降低模板成本。施工时入仓混凝土分两次摊铺至设计厚度，振捣采用插入式振捣棒和平板式振捣器联合使用的方式。混凝土表面精平收面采用 5cm×7cm 方钢刮杠沿高程控制架立筋滑行。

8.1.3 标准段边顶拱混凝土施工

依托工程的第一个输水工程第四部分引水隧洞的混凝土衬砌具有如下特点，分别为混合运输、洞内拌和站及采用变径台车。边顶拱采用"有轨＋无轨"的混合运输方式，混凝土拌和站的设置采用"洞内＋洞外"方式。由于隧洞衬砌混凝土的设计为非连续衬砌方案，即Ⅱ类及Ⅲa 类围岩段不衬砌混凝土，其他洞段均进行混凝土衬砌，衬砌的混凝土段称为标准段混凝土，相应的衬砌用台车称为标准段边顶拱衬砌混凝土台车，其混凝土衬砌结构内径有两种，即直径为 7.3m 和 7.7m，相应的衬砌厚度分别为 0.45m 和 0.3m，衬砌分段长度均为 12m，采用可变径式台车，称为标准段可变径混凝土衬砌台车，其型号为 BZBJ7.3/7.7-12，编号的含义为"标准段（BZ）变径（BJ）台车　小断面衬砌混凝土内径/大断面衬砌混凝土内径－标准段衬砌混凝土长度"。

8.1.3.1 施工工艺流程

输水隧洞标准段边顶拱混凝土施工流程主要包括测量放线、台车就位、混凝土浇筑、脱模及养护等，其工艺流程如图 8.1-3 所示。

8.1.3.2 施工辅助工作

1. 测量放线

在仓位分界点桩号处用全站仪做标记，划分浇筑单元。

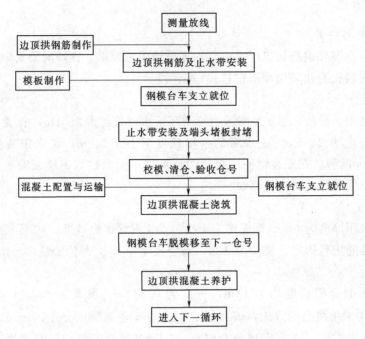

图 8.1-3　TBM 边顶拱衬砌施工流程图

2. 凿毛与清理

采用电锤进行边顶拱范围内的毛面处理，人工清理松动骨料及灰浆，并用水冲洗干净。

3. 施工供电

主要用电设备包括钢模台车（26kW/台）、混凝土泵车（75kW/台）、振捣器总功率（约 15kW）、照明（约 5kW）、排水（5.5kW），总功率约 126.5kW。因此，配备电容量 200kVA 的变压器，可满足用电需要。

采用 2 台 200kVA 变压器，分别为 2 个边顶拱混凝土浇筑作业面的施工提供用电。变压器的最大供电距离为 1km，当大于供电距离时应转移变压器，以满足供电距离要求。为了便于变压器的安装，变压器位置尽量选择在隧洞开挖时的钢拱圈支护段。应保证变压器接地良好。变压器高压电缆由相邻支洞的扩大洞室内的高压分支箱接入。

8.1.3.3　标准段边顶拱混凝土衬砌变径钢模台车

主洞边顶拱衬砌采用边顶拱钢模台车，其型式、数量充分考虑隧洞内Ⅲb 类和Ⅳ类、Ⅴ类围岩两种不同衬砌内径的情况。台车模板的设计、制造、安装和质量控制应按《水电水利工程模板施工规范》（DL/T 5110—2013）的有关规定执行，并将相关文件报请监理人审批。

1. 主要技术参数

以 7.7m 断面尺寸为标准，实现成洞洞径分别为 7.7m、7.3m 两种可变径衬砌施工作业。相关尺寸参数见表 8.1-1。

表 8.1-1   变径钢模台车制作相关尺寸参数

序号	项　　目	参　　数
1	台车枕木下表面标高	圆心以下 3429mm
2	台车边模底边标高	圆心以下 3429mm
3	混凝土衬砌厚度及超挖情况	混凝土衬砌厚 300～450mm
4	台车纵向模板长度	12200mm
5	有效衬砌长度	12000mm
6	枕木高度	200mm
7	钢轨型号	≥43kg/m
8	过车净空	（宽×高）2m×3.2m
9	行走方式	电动自行式
10	立、收模方式	液压式
11	灌注管型号及数量	直径 125，数量 3 个
12	工作窗尺寸、布置	高×宽＝45cm×50cm，按梅花形布置

2. 设计思路

一台模板台车在不变换模板的情况下满足 $R3650$ 和 $R3850$ 两个断面的二次衬砌；将模板环向分为 7 块，其中顶模由 3 块组成，单侧边模由 2 块组成，保证在同时满足 $R3650$ 和 $R3850$ 断面情况下，拟合误差不大于 10mm；变换处面板不断开，以保证模板衬砌成型混凝土的平顺性；变换调节处采用快速销接，降低频繁变换断面的劳动强度、提高施工效率。

3. 结构及功能简介

边顶拱衬砌钢模板台车主要由钢结构系统、液压系统及电气系统三部分组成。各系统构成及功能简要介绍如下：

（1）钢结构系统。

模板部分：模板部分主要由面板、拱板、模板内筋板和角钢组成。模板之间由螺栓连接、定位销定位。台车模板纵向由 8 节模板（7 节 1.5m 模板和 1 节 1.7m 模板）组成，模板面板厚度为 δ10mm。模板之间由螺栓连接、定位销定位。在模板顶部安装有与输送泵相接的灌注口。

主体骨架部分：主要由门梁、立柱、横撑等组成，纵梁通过螺栓连接，立柱之间用剪刀撑连接。门型架的总榀数为 9 榀，主要结构件由钢板组焊，门梁和立柱采用钢板组焊成工字钢截面，底纵梁采用钢板组焊成箱型截面。

调心平移机构：每台模板台车前后端均设置一套调心平移机构，它通常支撑在主骨架前后端门型架横梁上。就位时通过平移油缸的伸缩来实现模板的左右平移，使模板的中心与隧道中心一致。

行走机构：台车行走机构由 4 个主动机构及两个从动机构组成。电动机功率为 $4×7.5kW$，行走速度约为 7m/min。

支撑机构：主要由支撑丝杠及千斤顶组成，通常包括边模支撑丝杠、地脚支撑丝杠、门架支撑千斤顶等。

边模支撑丝杠：安装在边模通梁与门架之间，用来支撑、调节模板定位，承受灌注混凝土时产生的侧压力。

地脚支撑丝杠：作用是把浇筑混凝土时产生的侧压力通过地脚支撑丝杠系统，使模板与主骨架形成封闭的受力支撑环，从而改善模板台车的整体受力情况，增强边模稳定性。

门架支撑千斤顶：连接在门架底纵梁下面，台车工作时，它支撑在轨道上，与行走机构共同承受台车自重和混凝土的重量，改善门架纵梁的受力情况，保证台车工作时门架的稳定性和可靠性。

（2）液压系统。台车的液压系统采用三位四通手动换向阀进行换向。来实现油缸的伸缩，左右边模采用两个换向阀控制两侧水平油缸的动作，4 个升降油缸各采用一个换向阀控制其动作。调心平移油缸各采用一个换向阀控制。利用液压锁对 4 个升降油缸进行锁闭，保证模板在定位标高处不下滑。采用单向节流阀调节油缸的运动速度。当换向阀处于中位时，系统处于卸荷状态，以防止系统发热，直回式回油滤清器和集成阀块简化了系统管路。

（3）电气系统。电气系统主要对行走电机的起、停及正、反向运行控制，并为液压系统提供动力，行走电机设有正反转控制及过载保护。

8.1.3.4　施工方法

1. 钢筋制作与安装

钢筋在营区钢筋加工厂加工后，利用载重汽车运至扩大洞室后，采用载重汽车或轨道平板车运送至作业面。洞内钢筋安装作业平台为移动式钢筋台车，钢筋台车布置在钢模台车前方。

2. 止水预埋

将边顶拱的橡胶止水带与仰拱块预留的橡胶止水带进行连接，连接采用硫化方式。硫化连接段不得有气泡、夹渣或硫化不充分等现象发生。接头抗拉强度不应低于母材强度的75％；止水带按照施工图纸要求，安装准确、牢固。安装好的止水带在浇筑过程中，应加以固定和保护。止水带安装时，采用钢筋固定，固定钢筋的直径为 8mm，其间距不大于1m。固定所用钢筋一端与隧洞衬砌钢筋焊接，另一端根据止水带尺寸做成环形，将其固定。

3. 混凝土浇筑

边顶拱混凝土模板采用自行式门架钢模台车，采用轨行式或胶轮式混凝土输送泵入仓。为了避免台车在混凝土浇筑过程中受到洞壁两侧混凝土不均侧压力的影响导致台车位移，采用两侧对称上升浇筑方法，需同步均衡上升，入仓后两侧的混凝土表面高差不大于50cm，混凝土上升速度一般控制在 50cm/h。台车共设有 24 个进料口，供混凝土入仓，进料口随混凝土上升逐层关闭。

混凝土振捣以附着式振捣器振捣为主，局部采用软轴振捣棒辅助，振捣棒的直径为50mm，振捣应防止出现漏振。在混凝土浇筑过程中，由专人负责模板的变形观测和模板漏浆观察，及时发现台车模板上浮及侧移情况，堵头模板漏浆情况，及时止损。

8.1.4 过渡段边顶拱混凝土施工

为减少由于过流断面突变所产生的水力阻力，在衬砌断面之间或衬砌与非衬砌断面之间设置斜面过渡段，称为衬砌过渡段。

8.1.4.1 过渡段规格及数量

依托工程的第一个输水工程第四部分引水隧洞的混凝土衬砌沿水流方向，当洞体衬砌结构由Ⅴ类/Ⅳ类向Ⅲb类过渡时，混凝土过渡段长度为1.5m；当洞体衬砌结构由Ⅲb类向非衬砌段过渡时，隧洞的边顶拱过渡段总长度为2.0m，由混凝土过渡段和填充材料过渡段组成。其中混凝土过渡段长度为1.5m，两端厚度分别为0.3m及0.15m，填充材料过渡段长度为0.5m，两端厚度分别为0.15m及0.1m；当洞体衬砌结构由Ⅴ类/Ⅳ类向非衬砌段过渡时，过渡段总长度为3.5m，由混凝土过渡段和填充材料过渡段组成。其中混凝土过渡段长度为3.0m。

隧洞的边顶拱过渡段衬砌台车（衬砌分段长度包括1.5m和3m两种）共有三种规格，分别适用于混凝土衬砌内径由ϕ7.3m过渡到ϕ7.7m、由ϕ7.3m过渡到ϕ8.5m和由ϕ7.7m过渡到ϕ8.5m，其型号分别为GDBJ-WG-7.3/7.7-1.5、GDBJ-WG-7.3/8.5-3.0及GDBJ-ZX-7.7/8.5-1.5，其含义为"过渡段（GD）变径（BJ）-外挂式（WG）或自行式（ZX）台车-小端圆直径/大端圆直径-过渡段衬砌混凝土长度"。

依托工程的第一个输水工程第四部分引水隧洞的各衬砌段的变径过渡段共160段，各衬砌段的变径过渡段数量详见表8.1-2。

表8.1-2 施工的各衬砌段的变径过渡段数量统计表

衬砌段编号	过渡段 $L=3m$	过渡段 $L=1.5m$		合计
	7.3~8.5m	7.7~8.5m	7.3~7.7m	
TBM1-1	9	15	7	31
TBM1-2	7	34	5	46
TBM2-1	2	15	3	20
TBM2-2	1	58	4	63
小计	19	122	19	160

8.1.4.2 过渡段混凝土施工所使用的钢模台车

1. 使用台车的规格及数量

依托工程的第一个输水工程第四部分引水隧洞的各过渡段所使用的钢模台车规格见表8.1-3。

2. 台车设计

隧洞的边顶拱过渡段台车的设计分为两类：一类为外挂式，另一类为自行式。外挂式是指过渡段模板附着在标准段可变径混凝土衬砌台车上进行行走和定位，实际施工时采用的台车型号为GDBJ-WG-7.3/7.7-1.5和GDBJ-WG-7.3/8.5-3.0两种，其外挂方式如图8.1-4所示；自行式的主梁结构为门形，该台车不需外挂在标准段可变径的边顶拱混凝土衬砌台车上，可独立行走，实现不同混凝土衬砌断面之间的斜面连接，实际施工时采用的台车型号为 GDBJ-ZX-7.7/8.5-1.5，其结构如图 8.1-5 所示。

表 8.1-3　　　　　　各过渡段混凝土衬砌施工所使用的钢模台车规格型号表

衬砌段编号	过渡段 $L=3m$	过渡段 $L=1.5m$	
	7.3～8.5m	7.7～8.5m	7.3～7.7m
TBM1-1	GDBJ-WG-7.3/8.5-3.0	GDBJ-WG-7.3/8.5-3.0	GDBJ-WG-7.3/7.7-1.5
TBM1-2		GDBJ-ZX-7.7/8.5-1.5	
TBM2-1		GDBJ-WG-7.3/8.5-3.0	
TBM2-2		GDBJ-ZX-7.7/8.5-1.5	

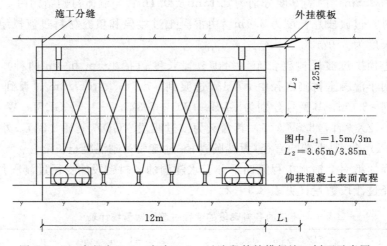

图 8.1-4　内径由 7.7m 变为 8.5m 过渡段外挂模板施工剖面示意图

3. TBM2-2 段

TBM2-2 段 7.3～8.5m 共计 1 个、7.7～8.5m 共计 58 个。考虑到过渡段施工占直线工期较长，采用一台 1.5m 过渡段的钢模台车。

7.7～8.5m 过渡段则采用订制过渡段台车配合订制 0.433m 外挂散装模板联合拼装，从 3 号洞方向紧跟边顶拱钢模台车，与边顶拱混凝土同步进行施工。7.3～8.5m 过渡段还是利用边顶拱钢模台车和定型钢模板联合施工。

8.1.5　扩大洞室

8.1.5.1　运输道路

在各洞内拌和站拆除之前，均采用相应洞内拌和站进行相邻上下游的施工，先行拆除 4 号拌和站，4 号洞内下游服务区扩大洞室的施工混凝土来源于 3 号洞内拌和站，其他拌和站拆除后，均利用相应洞外拌和站供料。在洞内拌和站拆除前，混凝土由相应的拌和站运输至各浇筑仓位工作面，混凝土及各类施工材料通过相应的施工支洞和主洞运输至各工作面；在洞内拌和站拆除后，混凝土及各类施工材料由洞外拌和站经相应支洞和主洞运至

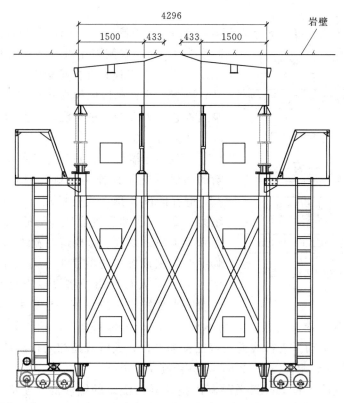

图 8.1-5　7.7～8.5m 自行式过渡段台车纵向示意图（单位：mm）

浇筑工作面。

8.1.5.2　施工用水用电系统及通信系统

施工用水沿用 TBM 掘进时安装的供排水管路供水。施工排水期间，在工作面采用污水泵抽排至主支洞交叉处的集水坑内，由集水坑内污水泵抽排至洞外。

拌和站拆除前，施工用电采用主洞变压器供电，拆除后，采用支洞内的变压器供电。

混凝土作业人员及管理人员之间的通信同时采用三种方式，分别为对讲机、数控有线电话及移动电话。对讲机通信方式主要用于洞内作业人员的相互联络，数控电话布置在管理部门、调度部门和洞内各工作面，用于管理人员和作业人员的相互联络，移动电话用于所有有关人员之间的联络。

8.1.5.3　施工内容及方法

扩大洞室二次衬砌混凝土施工内容主要包括的仰拱、边墙、边顶拱顶拱空腔混凝土回填施工。各衬砌段的扩大洞室包括组装洞（或检修洞）、通过洞、始发洞及施工服务区。

1. 仰拱施工

施工服务区、通过洞及始发洞仰拱，采用单仓满幅一次性浇筑，浇筑宽度分别为10.5m 和 6.67m，浇筑高度均为 0.89m。混凝土采用轮式混凝土罐车运输，泵送入仓，人工振捣。

2. 边墙施工

组装间边墙单边长度为 80m，浇筑厚 1.7m、总高度 8.97m，每仓长度为 10m，分层高度为 1.8m，双侧采用跳仓浇筑方法。边墙混凝土采用 P3015 小模板和支撑排架内拉外支的支撑模板体系，配置 2 个衬砌段的模板和支撑排架。混凝土采用泵送入仓、人工振捣进行浇筑。其施工工艺流程如图 8.1-6 所示。

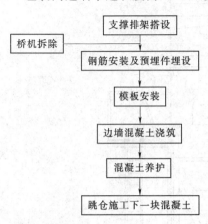

图 8.1-6 组装间边墙混凝土施工工艺流程图

组装间边墙混凝土施工排架主要利用组装洞已浇筑的铺底混凝土面作为基础进行搭设。脚手架采用 ϕ48 钢管搭设 3 排，立柱横距、纵距均为 0.9m，步距为 1.2m，底部设置底座。为施工方便，分别在梁底和梁顶高处设置人行栈道，宽约 1.05m，并在施工脚手架外侧设置"之"字形人行斜道，宽为 1m，坡度为 1:3，人行斜道的搭设要充分利用施工脚手架的横向水平杆和立杆，并与连墙件链接牢固。人行栈道和人行施工平台上铺设木板，并用不小于 1.8mm 的钢丝将木板与钢管脚手架绑扎连接，以防木板发生滑动。人行栈道拐弯处设置平台，人行栈道和人行斜道两侧和平台外围均设置围栏和挡脚板，围栏高 1.2m，挡脚板高 18cm。

组装间边墙混凝土施工排架主要利用组装洞已浇筑的铺底混凝土面作为基础进行搭设。脚手架采用 ϕ48 钢管搭设 3 排，立柱横距、纵距均为 0.9m，步距为 1.2m，底部设置底座。为施工方便，分别在梁底和梁顶高处设置人行栈道，宽约 1.05m，并在施工脚手架外侧设置"之"字形人行斜道，宽为 1m，坡度为 1:3，人行斜道的搭设要充分利用施工脚手架的横向水平杆和立杆，并与连墙件连接牢固。人行栈道和人行施工平台上铺设木板，并用不小于 1.8mm 的钢丝将木板与钢管脚手架绑扎连接，以防木板发生滑动。人行栈道拐弯处设置平台，人行栈道和人行斜道两侧和平台外围均设置围栏和挡脚板，围栏高 1.2m，挡脚板高 18cm。

组装间边墙直面模板采用 P3015 钢模拼装成 2m×3m 大块模板，用 ϕ48 钢管将散装模板连接成型。支立时，通过 8t 汽车吊将其就位，在下层混凝土内预埋锚筋，用拉筋结合内撑的方式将其固定。拉筋采用 ϕ12 钢筋，拉筋间距为 1m×1m。为了拆模方便，模板安装前先涂刷脱模剂。组装间支撑架及模板主要材料使用量见表 8.1-4。

表 8.1-4　　　　　　　　　　组装间支撑架及模板主要材料使用量

序号	材料	规格	单位	数量
1	ϕ48 钢管	6m	根	120
2	ϕ48 钢管	4m	根	432
3	ϕ48 钢管	2m	根	432
4	模板	P3015	块	320
5	模板	P2015	块	80
6	丝杆	ϕ8，丝牙 10cm	个	500

序号	材料	规格	单位	数量
7	钢管扣件		个	800
8	丝杆扣件	蝶形	个	600
9	木板	5cm×30cm×600cm（厚×宽×长）	块	80
10	竹条板	200cm×20cm	块	200
11	拉筋	$\phi 16$	kg	2154

3. 边顶拱施工

施工服务区、TBM 通过洞及始发洞段的边顶拱衬砌混凝土浇筑采用钢模台车一次浇筑成型。钢筋绑扎在前，混凝土浇筑在后。钢筋绑扎采用钢筋台车，混凝土浇筑采用泵送方式入仓。

4. 顶拱回填混凝土施工

组装洞段顶拱混凝土回填高度为 7.83m，长度 80m，采用 C20 素混凝土回填，分层平铺浇筑，分层厚度为 2m，分段长度为 10m，堵头模板采用 P3015 和 P2015 钢模板现场拼装支立，固定方式为内拉外撑，混凝土通过末端封口处边顶拱顶板的预留孔，连接输送泵管泵送入仓，插入式振捣器振捣。

8.1.6 支洞堵头

按照设计要求，依托工程的 1 号、3 号及 4 号施工支洞与主洞的交叉处，设置了堵头混凝土。2 号支洞为永久检修运输通道。堵头长度为 12m，分两段施工，每段长度为 6m。堵头混凝土强度为 C30，沿支洞周边围岩设插筋，插筋直径为 22mm，入岩及出露长度均为 0.75m。

模板采用 P3015 小钢模，混凝土入仓采用混凝土输送泵。

混凝土施工完成后进行接触灌浆，灌浆管沿洞壁纵向通长布设，间距为 1.5m，管径为 40mm，灌浆压力为 0.2～0.3MPa。水泥为普通硅酸盐水泥，标号 P.O42.5，水灰比为 0.5:1 和 1:1。当灌浆压力为 0.2MPa 时，浆液的水灰比为 1:1，当灌浆压力为 0.3MPa 时，浆液的水灰比为 0.5:1。

8.1.7 支洞进洞口封堵

按照设计要求，对依托工程的 1 号、3 号及 4 号施工支洞口的洞门进行封堵，2 号支洞为永久检修运输通道。洞门封堵结构从洞内至洞外为"浆砌石＋素混凝土"结构，浆砌石的长度为 2m，混凝土的长度为 1.5m。浆砌石的砂浆标号为 M10，混凝土强度等级为 C30。

8.2 拌和站

8.2.1 各阶段拌和站的设置

根据依托工程的第一个输水工程第四部分工程施工的拌和站安装位置不同，与拌和站位置相对应，将工程施工划分为三个阶段。第一阶段为支洞开挖和主洞扩大洞室开挖期，第二阶段为主洞的 TBM 开挖和混凝土施工期，第三阶段为部分主洞混凝土施工和支洞堵头混凝土施工期。

第一阶段的拌和站设置在相应支洞口的规划场地内，为洞外一期拌和站，主要供应支洞的开挖施工的喷射混凝土、支洞衬砌混凝土、主洞扩大洞室开挖的喷射混凝土及一期混凝土衬砌。在相应支洞口，各设置 1 座拌和站，同期共设置 4 座拌和站。

第二阶段的拌和站设置在相应的主洞扩大洞室的端部，为洞内拌和站，主要供应主洞的 TBM 开挖喷射混凝土、仰拱浇筑混凝土和主洞的大部分边顶拱衬砌混凝土。在相应的主洞扩大洞室内，各设置 1 座拌和站，同期共设置 4 座拌和站。在浇筑 TBM1-2 段的上游段仰拱混凝土时，借用了相邻的 0 号支洞内的拌和站。由于洞内的 0 号及 2 号拌和站设置在贯通的掌子面附近，影响 TBM 的贯通，因此在相应的 TBM 掘进段贯通前，应先行拆除拌和站，在 TBM 步进通过后恢复安装。

第三阶段的拌和站设置在相应支洞口的规划场地内，为洞外二期拌和站，安装工位与洞外一期拌和站相同，为洞内拌和站移出。该拌和站主要供应扩大洞室与主洞的剩余混凝土、支洞堵头混凝土及支洞洞口封堵混凝土。在相应支洞口，各设置 1 座拌和站，同期共设置 3 座拌和站，由于 3 号和 4 号支洞口公路里程较短，因此，3 号和 4 号支洞相应的扩大洞室与主洞的剩余混凝土及支洞封堵混凝土由 3 号洞外二期拌和站供应。

8.2.2　拌和设备

根据依托工程的第一个输水工程第四部分工程施工的拌和站安装位置和使用阶段不同，将拌和站分为洞内拌和站、洞外一期拌和站和洞外二期拌和站。洞内拌和站名称分别为 BHZ-DN-0、BHZ-DN-1、BHZ-DN-2、BHZ-DN-3、BHZ-DN-4；洞外一期拌和站名称分别为 BHZ-DW-1-01、BHZ-DW-2-01、BHZ-DW-3-01、BHZ-DW-4-01；洞外二期拌和站名称分别为 BHZ-DW-1-02、BHZ-DW-2-02、BHZ-DW-3-02。以上各编号拌和站的含义为"拌和站（BHZ）洞内（DN）或洞外（DW）-支洞编号-拌和站分期序号（01 或 02）"。洞内及洞外各期拌和站的平面布置如图 8.2-1 所示。

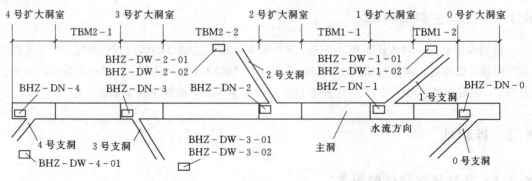

图 8.2-1　洞内及洞外各期拌和站的平面布置示意图

8.2.2.1 洞外一期拌和站

依托工程的第一个输水工程第四部分工程施工的洞外一期共设置 4 座拌和站，各拌和站的设备型号和生产能力均相同。各拌和站配置了 JS500 强制式混凝土搅拌机，单次出料方量为 $0.5m^3$，单次循环搅拌时间 72s，生产能力为 $25m^3/h$，与混凝土配料机（为 PLD 系列）组成混凝土搅拌站。JS500 是一种被广泛使用的高效型混凝土搅拌机，采用机动出料，可与装载机配套使用。该类拌和站的配料与拌和独立设置，其间采用斗式提升机将称量后的骨料送到拌和机内，拌和机内置涡流搅拌机，可防止物料结团，拌和站采用电气集中自动控制装置。拌和站的料仓共 3 个，总容量为 $3 \times 10 = 30m^3$。胶凝材料罐共 3 个，总容量为 $3 \times 100 = 300t$。该机采用自动出料方式，整机具有加水量控制方便、动力强大、用电量小、功率强劲等特点，满足了工程施工需要。

8.2.2.2 洞内拌和站

依托工程的第一个输水工程第四部分工程施工的在相应的主洞扩大洞室内，各设置 1 座拌和站，同期共设置 4 座拌和站，各拌和站的设备型号和生产能力均相同。各拌和站配置了 HZS75 型强制式搅拌机，单次出料方量为 $1.2m^3$，单次循环搅拌时间 90s，搅拌设备额定生产能力为 $75m^3/h$。该拌和站为集物料储存、计量、搅拌于一体的中型混凝土搅拌设备，配套的主机采用 MAO2250/1500 型双卧轴强制式搅拌机，混凝土出料高度为 4.0m。可搅拌各种类型的混凝土。在洞内，拌和站的储料仓采用"一"字形排列，可同时储存 4 种骨料，骨料仓由带式输送机供料，尾部设骨料受料斗，由装载机上料，骨料计量配料斗内自动计量，计量好的料由带式输送机输送至楼顶的骨料储料斗中。共设置 4 个骨料储存仓，总容量为 $4 \times 15m^3 = 60m^3$。粉料配料系统分别配置一个水泥仓、粉煤灰仓和硅粉仓，粉料分别由相应的螺旋输送机送到各自计量斗中。水、液状外加剂由相应水泵送到计量斗中。微机控制，电子秤计量，计量精度高、误差小。具有屏幕显示、配比储存、落差自动补偿、砂石含水率补偿等功能，可实现搅拌过程的手动与自动控制。该设备配有打印系统和监控系统，可实现整个设备的集中控制、整体管理。

8.2.2.3 洞外二期拌和站

依托工程的第一个输水工程第四部分工程施工的洞外二期拌和站同期共设置 3 座拌和站，各拌和站的设备型号和生产能力均相同，设备型号及布置方式与洞内拌和站完全相同。

8.2.3 拌和站布置

8.2.3.1 洞外一期拌和站

依托工程的第一个输水工程第四部分工程施工的洞外混凝土拌和站布置在相应支洞口的规划施工场地内，邻近支洞口灵活布置。

各拌和站主要设置有成品料堆及骨料预热仓、水泥罐、粉煤灰罐，称量系统、外加剂系统、拌和机及操作室等，拌和系统包括搅拌机和配料机。根据冬期施工需要，采用彩钢板保温棚，将拌和系统整体封闭。骨料预热仓共 4 个，并排布置，总长 12m，宽 5m，可储存 468m³ 骨料，满足 3 天施工混凝土拌制需要。拌和系统设的最大高度 8.65m，长度为 13m，宽度为 11.25m。拌和站保温棚内设外加剂罐 2 个（总容量为 2×3＝6m³），钢制水箱 2 个（总容量为 2×5＝10m³），常压热水锅炉 2 套（总供热水能力为 2×0.5＝1t/h），故保温棚的尺寸为 36m 长×24m 宽。拌和站保温棚外设有 2 个水泥罐（总容量为 2×100＝200t），1 个粉煤灰罐（容量为 100t），4 个成品料堆可储存 2000m³ 砂石骨料。拌和站的各类混凝土原材料可满足 3 天的混凝土拌制需要。

拌和站用水采用井水，保温棚基础及拌和站地面采用 C15 混凝土硬化。典型的洞外拌和站平面布置如图 8.2－2 所示。

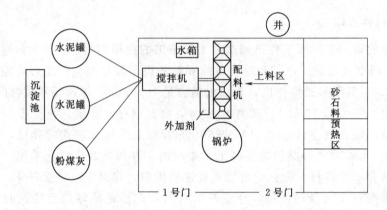

图 8.2－2　典型的洞外拌和站平面布置示意图

8.2.3.2　洞内拌和站

依托工程的第一个输水工程第四部分工程施工的洞内混凝土拌和站共 5 座，其中 1 座为借用相邻 0 号支洞的拌和站。

各洞内拌和站均沿隧洞方向"一"字形布置，各个拌和站的总长度均为 62m。各拌和站主要设置有洞内成品料仓、水泥罐、粉煤灰罐，称量系统、外加剂系统、拌和机及操作室等，拌和系统包括搅拌机和配料机。洞内成品料仓共 4 个，并排布置，单个料仓总长 16m，宽 4m，可储存 200m³ 骨料，满足 2 天施工混凝土拌制需要。设外加剂罐 2 个（总容量为 2×3＝6m³），钢制水箱 2 个（总容量为 2×5＝10m³），设有 1 个水泥罐（容量 100t），1 个粉煤灰罐（容量为 60t）。

拌和机的砂石骨料配料仓底部低于洞内地面 2m，采用装载机给料。加高的骨料仓由胶带机经犁式卸料器将相应的骨料分别卸到各料仓中；拌和站下料口距洞内地面 4m；拌和机另一侧布置 1×100t 水泥卧罐和 1×60t 粉煤灰卧罐。其底部低于洞内地面 1.5m，相应螺旋输送机加长。典型的洞内拌和站平面布置如图 8.2－3 所示。

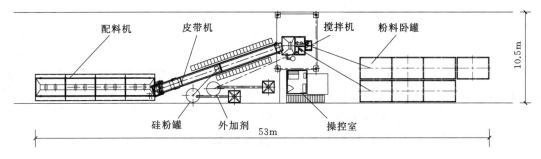

图 8.2-3 典型的洞内拌和站平面布置示意图

8.2.4 拌和能力计算

8.2.4.1 洞外拌和站

1. 现浇/喷射混凝土小时强度计算

洞外拌和站承担主洞扩大洞室及支洞喷射混凝土、支洞仰拱衬砌混凝土、主洞部分仰拱混凝土及支洞堵头及支洞洞口封堵混凝土的拌制任务。支洞开挖、支护完成后，再进行铺底（即支洞仰拱）混凝土施工。由于洞内拌和站设置在主洞段，因此，该部分的主洞段的混凝土在洞内拌和站拆除后由洞外拌和站负责供应混凝土，并承担支洞堵头及支洞洞口封堵混凝土拌制任务，各洞室的洞外拌和站混凝土最大拌和能力按承担的相应喷射混凝土和现浇混凝土施工强度考虑。

（1）喷射混凝土作业小时强度计算。喷射混凝土小时强度按下式计算：

$$A_1 = n \times \sum V_1 \times L_1 / T_1 \times (1-\xi)$$
$$= 2 \times 1.4 \times 3 / 1 \times (1-20\%)$$
$$= 6.72(m^3/h)$$

式中：n 为支洞混凝土喷射工作面，在部分工作时段，支洞混凝土喷射会出现 2 个工作面同时展开施工的情况，取值 2；A_1 为喷射混凝土小时强度，m^3/h；V_1 为支洞每延米喷射混凝土工程数量，$V_1 = 1.4m^3/$延米；L_1 为每循环喷射混凝土工程段落长度，$L_1 = 3m$；T_1 为每循环喷射混凝土工程段落施工时间，$T_1 = 1h$；ξ 为隧洞喷射混凝土回弹率，遵守《喷射混凝土应用技术规程》（JGJ/T 372—2016）中的第 7.5.3 条。一般按照按 20%取值。

（2）单位时间现浇混凝土最大用量。单位时间现浇混凝土最大用量按下式计算：

$$A_2 = 2 \sum V_2 \times L_2 / T_2$$
$$= 2 \times 10.5 \times 10 / 12$$
$$= 17.5(m^3/h)$$

式中：A_2 为单位时间现浇混凝土最大用量；V_2 为支洞每延米现浇混凝土工程数量，$m^3/$延米；L_2 为混凝土单元分段长度，m；T_2 为每段现浇混凝土工程施工时间，h。

2. 单位时间拌和站生产能力

单位时间拌和站生产能力按下式计算：

$$A_3 = n \times V_3$$
$$= 1 \times 25$$
$$= 25(\text{m}^3/\text{h})$$

式中：A_3 为单位时间混凝土拌和站生产能力；n 为混凝土搅拌机投入数量，取值为 1；V_3 为混凝土搅拌机生产能力，m^3/h。

3. 混凝土拌和站产量与用量测算结果分析

混凝土拌和站生产能力若满足施工要求，必须满足下式：

$$A_3 \geqslant A_1$$
$$A_3 \geqslant A_2$$

将上述数值代入，满足要求。

4. 混凝土拌和站生产与运输情况的测算

混凝土拌和站投入运输设备的数量，能够满足施工生产需要，必须满足下式：

$$T_1 \geqslant T_2$$

其中
$$T_1 = V/A$$
$$= 6/40$$
$$= 0.15(\text{h})$$
$$T_2 = L/[(n-1) \times W]$$
$$= 0.5/[(2-1) \times 10]$$
$$= 0.05(\text{h})$$

式中：T_1 为单台运输车拉运混凝土的数量泵送入模所需时间，h；V 为单台运输车拉运混凝土的数量，m^3；A 为混凝土输送泵生产能力，m^3/h；T_2 为混凝土运输车行走时间，h；L 为混凝土运输车行走距离，km；n 为混凝土运输车数量，取值 2；W 为混凝土运输车行走速度，km/h。

由上述公式计算得到的结果符合 $T_1 \geqslant T_2$，生产满足施工需要。

8.2.4.2 洞内拌和站

1. 单位时间现浇/喷射混凝土最大用量

洞内拌和站为 TBM 掘进洞段喷射混凝土、仰拱、边顶拱及扩大洞室上游段回填混凝土提供料源。TBM 掘进洞段开挖贯通后，先施工仰拱二衬，再施工边顶拱二衬，最后施工扩大洞室上游段回填混凝土。TBM 掘进期间喷射混凝土只能按 1 个工作面计算最大用量，现浇混凝土高峰期扩大洞室上游段边墙和 TBM 掘进段边顶拱平行施工，按 2 个工作面计算最大用量。

（1）单位时间喷射混凝土最大用量。单位时间喷射混凝土最大用量按下式计算：

$$A_1 = n \sum V_1 \times L_1/T_1 \times (1-\xi)$$
$$= n \sum V_1 \times L_1/T_1 \times 80\%$$
$$= 2 \times 2 \times 6.4/1 \times 80\%$$
$$= 20.48(\text{m}^3/\text{h})$$

式中：n 为支洞混凝土喷射工作面，在部分工作时段，支洞混凝土喷射会出现 2 个工作面同时展开施工的情况，取值 2；A_1 为喷射混凝土小时强度，m^3/h；V_1 为支洞每延米喷射混凝土工程数量，$V_1 = 1.4 m^3/$延米；L_1 为每循环喷射混凝土工程段落长度，$L_1 = 3m$；T_1 为每循环喷射混凝土工程段落施工时间，$T_1 = 1h$；ξ 为隧洞喷射混凝土回弹率，遵守《喷射混凝土应用技术规程》（JGJ/T 372—2016）中的第 7.5.3 条。一般按照按 20% 取值。

（2）单位时间现浇混凝土最大用量。单位时间现浇混凝土最大用量按下式计算：

$$A_2 = 2\sum V_2 \times L_2/T_2$$
$$= 2 \times (9 + 6.8) \times 12/12$$
$$= 31.6 (m^3/h)$$

式中：A_2 为单位时间现浇混凝土最大用量，m^3/h；V_2 为支洞每延米现浇混凝土工程数量，$m^3/$延米；L_2 为混凝土单元分段长度，m；T_2 为每段现浇混凝土工程施工时间，h。

2. 单位时间拌和站生产能力

单位时间拌和站生产能力按下式计算：

$$A_3 = n \times V_3$$
$$= 1 \times 75$$
$$= 75 (m^3/h)$$

式中：A_3 为单位时间混凝土拌和站生产能力，m^3/h；n 为混凝土搅拌机投入数量，取值 1；V_3 为混凝土搅拌机生产能力，m^3/h。

3. 混凝土拌和站产量与用量测算结果分析

混凝土拌和站生产能力若满足施工要求，必须满足下式：

$$A_3 \geqslant A_1$$
$$A_3 \geqslant A_2$$

将上述数值代入，满足要求。

4. 混凝土拌和站生产与运输情况的测算

混凝土拌和站投入运输设备的数量，能够满足施工生产需要，必须满足下式：

$$T_1 \geqslant T_2$$

其中
$$T_1 = V/A$$
$$T_2 = L/[(n-1) \times W]$$

式中：T_1 为单台运输车拉运混凝土的数量泵送入模所需时间，h；V 为单台运输车拉运混凝土的数量，m^3；A 为混凝土输送泵生产能力，m^3/h；T_2 为混凝土运输车行走时间，h；L 为混凝土运输车行走最大距离，km；n 为混凝土运输车数量，取值 3；W 为混凝土运输车行走速度，km/h。

将上述数值代入公式得：$T_1 = 0.17h$，$T_2 = 0.13h$，$T_1 \geqslant T_2$。生产满足施工需要。

8.2.5　各拌和站的使用时段和混凝土拌制量

根据依托工程的第一个输水工程第四部分施工的拌和站安装位置和使用阶段不同，将拌和站分为洞内拌和站、洞外一期拌和站和洞外二期拌和站。洞内拌和站名称分别为 BHZ-DN-0（相邻支洞的拌和站）、BHZ-DN-1～4；洞外一期拌和站名称分别为 BHZ-DW-1-01、BHZ-DW-2-01、BHZ-DW-3-01、BHZ-DW-4-01；洞外二期拌和站名称分别为 BHZ-DW-1-02、BHZ-DW-2-02、BHZ-DW-3-02。各拌和站的供应时段及拌制量详见表 8.2-1。

表 8.2-1　　　　　各拌和站的供应时段及拌制量一览表

拌和站名称	规格型号	拌制能力/(m³/h)	拌制量/m³	供　应　时　段
BHZ-DW-1-01	JS500	25	15906	2011 年 9 月至 2015 年 4 月
BHZ-DW-2-01			18866	2011 年 9 月至 2013 年 9 月
BHZ-DW-3-01			15796	2011 年 8 月至 2014 年 11 月
BHZ-DW-4-01			18594	2011 年 7 月至 2013 年 4 月
BHZ-DN-0	HZS75	75	10000	2016 年 8 月至 2016 年 12 月
BHZ-DN-1			51000	2015 年 6 月至 2018 年 9 月
BHZ-DN-2			49000	2014 年 3 月至 2018 年 10 月
BHZ-DN-3			66000	2015 年 2 月至 2018 年 8 月
BHZ-DN-4			70000	2013 年 11 月至 2018 年 8 月
BHZ-DW-1-02			9000	2018 年 6 月至 2018 年 10 月
BHZ-DW-2-02			10000	2018 年 5 月至 2018 年 11 月
BHZ-DW-3-02			11000	2018 年 4 月至 2018 年 10 月

8.3　运输方案

按施工先后顺序，依托工程的第一个输水工程第四部分引水隧洞的衬砌混凝土可分为 TBM 掘进段仰拱混凝土运输、TBM 掘进段边顶拱混凝土运输和扩大洞室混凝土运输。

洞内混凝土运输分为轨行式运输和无轨运输两种。砂石骨料由自卸车从砂石加工厂先运至洞外拌和站混凝土砂石骨料成品料堆，再进行二次倒运至洞内拌和站。钢筋及止水等原材由厂家发货运至相应支洞外仓库临时存放，采用自卸汽车运输至扩大洞室存放点，扩大洞室至各工作面的运输采用有轨或无轨运输。

8.3.1　原材运输

混凝土原材包括砂石骨料和水泥、粉煤灰、外加剂等胶凝材料，其中骨料由自建碎石厂提供。采用 25t 自卸车先运至洞外成品堆放场，根据洞内混凝土衬砌施工进度，再逐步二次倒运至洞内临时堆放场。洞内成品堆料储量按满足高峰期 3 天用量设计。混凝土拌和时，采用 ZL40 侧翻装载机给配料仓喂料，经犁式分离器卸入相应的成品料仓中。

水泥和粉煤灰均采用散装储运形式，由 70t 散装车运抵相应混凝土拌和站后，接入风源，卸装至相应胶凝材料罐中；钢筋及止水等材料采用 13m 平板钢筋运输车，从厂家运至支洞外的钢筋加工厂。钢筋原材长度 12m，加工成型后由工地平板运输车运至扩大洞室存放场，扩大洞室至各工作面的运输采用有轨或无轨运输。

8.3.2 TBM 掘进段仰拱施工运输

依托项目隧洞的 4 段仰拱混凝土浇筑方式均相同，各段设两个工作面，起始点从相应段的中点开始，采用分别向隧洞的上下游方向相背而行的方式进行衬砌，利用轨行式罐车进行运输。利用 TBM 掘进阶段的轨道线路，轨道形式为双轨单线，中心轨距 97cm，轨道规格为 43kg/m，单根轨道长度 12.5m，轨道随着仰拱混凝土的浇筑速度提前分段拆除，分段长度按照 72m/6 仓考虑，拆除的轨道临时固定在两侧洞壁上。运输设备包括混凝土运输设备、原材料运输设备和人员运输设备，各种轨行式运输设备技术参数见表 8.3-1。

表 8.3-1 单个掘进浇筑段（两个浇筑作业面）轨行式运输设备技术参数一览表

名称	型号	数量/台套	外形尺寸（长×宽×高）	用途
内燃机车	NRQ25	4	7m×1.412m×1.85m	牵引机车
平板拖车	16t	2	6.572m×1.6m×0.56m	原材料运输
搅拌运输车	6m³	4	9.4m×1.6m×2.55m	混凝土运输
U 型运输车	6m³	2	9.1m×1.6m×1.8m	砂浆运输
人员车	25 人	2	6.3m×1.6m×2.2m	人员运输

8.3.3 TBM 掘进段边顶拱施工运输

依托项目隧洞的 TBM2-1 段和 TBM2-2 段的边顶拱的两台台车，由两端起始并采用相向而行的方式进行衬砌作业。TBM1-1 段采用 1 台台车，由隧洞的下游端起始向上游端依次进行衬砌作业。TBM1-2 段采用两台台车，由隧洞下游端起始至隧洞上游端相随跳仓浇筑。

边顶拱采用"有轨＋无轨"的混合运输方式。利用架设在仰拱混凝土表面的轨道线路，轨道形式、轨间距、和轨道的规格与仰拱混凝土运输的轨道相同。边顶拱混凝土施工完成后轨道逐段拆除，拆除顺序由内而外，通过平板拖车运至扩大洞室，再由工地钢筋平板汽车运至洞外。边顶拱混凝土施工运输设备采用轮式混凝土罐车和轨行式搅拌运输车。

8.3.4 扩大洞室施工

TBM 掘进段隧洞主要衬砌混凝土施工完成后，扩大洞室混凝土的施工顺序由始发洞段向主支交叉口方向，混凝土及砂浆采用轮式混凝土罐车，混凝土和砂浆采用 HBT60 型混凝土泵泵送入仓。钢筋及止水等采用轮式平板车运输。

8.4　钢筋

8.4.1　材料

混凝土结构用的钢筋和锚筋的规格与质量遵守《水工混凝土钢筋施工规范》（DL/T 5169—2013）的规定。各批钢筋使用前，按该规范第4.2.2条的规定，分批进行钢筋的机械性能检测。检测合格者才准使用。对钢号不明的钢筋，按该规范第4.2.3条的规定进行钢材化学成分和主要机械性能的检验，经检验合格，并经监理人批准后，方可使用。

8.4.2　钢筋的质量检查和检验

钢筋的机械性能检验遵守《水工混凝土钢筋施工规范》（DL/T 5169—2013）第4.2.2条的规定。钢筋的接头质量检验遵守该规范第6.2节的规定，其中气压焊遵守第6.2.8条的规定；机械连接遵守按第6.2.9条的规定。钢筋架设完成后，按施工图纸的要求进行检查和检验，并做好记录，若安装好的钢筋和锚筋生锈，则进行现场除锈，对于锈蚀严重的钢筋予以更换。在混凝土浇筑施工前，检查现场钢筋的架立位置，如发现钢筋位置变动则及时校正，严禁在混凝土浇筑中擅自移动或割除钢筋。钢筋的安装和清理完成后，在混凝土浇筑前进行检查和验收，并做好记录，经监理人批准后，才能浇筑混凝土。

8.4.3　钢筋的保管

钢筋按不同等级、牌号、规格及生产厂家分批验收、挂牌堆放，避免混杂。堆放尽量安排在棚内，如要露天堆放时，垫高并加遮盖，以免锈蚀污染。

8.4.4　钢筋的代用

由于供货等客观原因造成某种钢号（或直径）的钢筋缺乏时，需用另一种钢号（或直径）的钢筋代替设计图纸规定的钢筋时，须经建设、设计及监理单位批准，并遵守有关规定。

8.4.5　钢筋加工

TBM隧洞等工程项目的钢筋加工制作约1.5万t、锚杆（桩）约12.6万根、钢支撑3534t等。钢轨枕、零星钢结构、临建钢结构的加工、制作，根据施工总进度的安排，钢筋加工车间加工能力为班产32t，两班制生产。钢结构加工能力班产6t，一班制生产。

相应的支洞洞口均设有钢筋加工车间，车间内设钢筋加工工棚一座，为12m跨轻型钢屋架结构，上铺天蓝色彩钢波形瓦，钢管立柱，柱间距4.5m，共计4间，其建筑面积为$12 \times 4.5 \times 4 = 216 m^2$。内设钢筋切割机、钢筋弯曲机、电焊机等，在其两侧分别设钢筋原材料堆放场和成品钢筋堆放场。

8.4.6　钢筋运输

根据钢筋长度或形式采用不同的运输车辆。钢筋在钢筋加工厂加工后，利用载重汽车运至洞内，然后转由轨行式运输车运至施工部位。钢筋吊运、装卸时，根据施工部位，钢筋形式、重量等，采用不同的吊运设备和吊运方法，注意避免钢筋在吊运时发生变形。

8.5 止水工程

本工程橡胶止水带 34452m，橡胶止水条 23733m。

8.5.1 橡胶止水带

橡胶止水带按照制造商的说明书进行加热拼接或搭接。橡胶止水 1/2 宽度骑缝布置，在模板校正后进行固定。止水设施的型式、尺寸、埋设位置和材料的品种规格应符合本工程施工图纸的规定。止水材料的质量符合《水工建筑物止水带技术规范》（DL/T 5215—2005）的要求，其安装应防止变形和撕裂。

橡胶止水带在使用前不得出现变形、裂纹和撕裂。橡胶止水带连接采用硫化热黏结。止水接头逐个进行检查，不得有气泡、夹渣。接头抗拉强度应遵守《水工建筑物止水带技术规范》（DL/T 5215—2005）中第 5.5.1-4 条文说明，一般橡胶止水带的接头强度与母材强度之比可达 0.5～0.7，故接头抗拉强度不应低于母材强度的 70％。止水带安装准确、牢固，安装好的止水带加以固定和保护。

8.5.2 橡胶止水条

8.5.2.1 主要性能指标

膨胀率：150％～180％（无溶解析出物）。

粘贴延伸率：≥440％。

抗渗性能：1.0～1.8MPa。

抗拉强度：≥70kPa。

抗剪切强度：≥0.14MPa。

耐高温性能：＋80℃（外观有光泽，任意弯折柔软，无裂纹）。

耐低温性能：－35℃（外观光泽，无变形柔性良好，没有皱纹裂口）。

抗冲刷性能：良好。

8.5.2.2 施工工艺

对有预留式的粘贴方式，在先浇混凝土中需预留上止水条安放槽（可在模板中钉木条预留），拆除先浇混凝土模板后，清除表面，使缝面无水、干净、无杂物。将止水条嵌入预留槽内。如无预留槽，对垂直缝可加用胶粘剂全长粘贴，或用水泥钉加木条固定止水条。对水平缝可直接粘贴于混凝土表面。止水条粘贴以后尽快浇筑混凝土。

8.5.3 止水的检验

进入施工场地的止水材料必须验证合格证、质检报告等资料，核对性能、型号、规格及数量。止水材料以不超过 50t 作为 1 个验收批次进行检验。止水带材料的检验项目包括外观检查和物理性能检验。

外观检查时，从每批中抽 10％的数量且不应少于 10 捆，检查其外观质量和外形尺寸；按产品技术条件确定是否合格。所抽全部样品均不得有裂纹出现，当有 1 捆表面有裂纹时，则本批逐个检查，合格者方可进入后续检验组批。

物理性能检验时，从每批中抽取 3％的样品且不少于 3 组样品，按产品设计规定的物理性能指标做物理性能检验。有 1 组样品不合格时，则另取双倍数量重做检验。仍有 1 组样品不合格时，则对本批产品逐个检验，当同一批次数量中不合格数量超过 15％以上时，则该批次产品评定为不合格。

8.5.4　运输、储存及保护措施

止水材料架空存放。在运输、储存过程中，不得与硫化物、氯化物、氟化物、亚硫酸盐、硝酸盐等有害物质直接接触或同库存放，表面不得沾染油污。

浇筑混凝土时，安排专人看护止水片，防止混凝土下料或振捣等原因导致止水片折扭、偏移，如发现折扭、偏移，即时纠正。

8.6　浇筑

8.6.1　一般混凝土

为防止混凝土侧压力造成钢模台车移位或变形，在浇筑混凝土时，使混凝土均匀上升。斜面上浇筑混凝土从最低处开始，浇筑面保持水平。混凝土浇筑时，采用平铺施工，根据仓面大小配备足够数量的振捣器，对边角、止水、止浆附近以及钢筋密集部位的混凝土加强振捣。混凝土采用分层浇筑，在上层混凝土浇筑前，对下层混凝土的施工缝面，进行冲毛或凿毛处理。浇筑混凝土时，严禁在仓内加水，当混凝土和易性较差时，采取加强振捣等措施；仓内的泌水必须及时排除，同时避免外来水进入仓内。模板、钢筋和预埋件表面粘附的砂浆随时清除。浇筑时使用振捣器将混凝土捣实至不再显著下沉、不出现气泡并开始泛浆，同时应避免振捣过度。浇入仓内的混凝土不得堆积。仓内若有粗骨料堆叠时，则均匀地振捣，不得用水泥砂浆覆盖，以免造成内部蜂窝。严禁振捣器直接碰撞模板、钢筋及预埋件。振捣器距模板的垂直距离不应小于振捣器有效半径的 1/2，并不得触动钢筋、止水及预埋件。两次卸料后的接触处应加强振捣。

8.6.2　洞内边顶拱衬砌施工工艺

浇筑边顶拱混凝土时，从台车侧面进料口接泵管进料，混凝土下料时在仓内用橡胶软管接泵管，人工拖动橡胶软管向左右方向调整，以避免下料集中。浇筑顶部混凝土时，从顶部预设的进料口进料，混凝土浇筑方向由里向外（即向堵头模板）进行，浇筑至顶拱堵头模板处时，采用退管法进行下料浇筑施工，并且通过堵头模板上开设的监视窗口实时监视混凝土的入仓情况，保证最大限度地浇满仓，防止泵送压力过大而"爆仓"。钢模台车侧面进料口随混凝土上升逐层关闭，浇筑时左右两侧需同步均衡上升，混凝土上升速度一

般控制在 50cm/h，浇筑时，两侧墙混凝土面高差不应超过 0.5m。

混凝土振捣以附着式振捣器振捣为主，局部采用软轴振捣棒辅助，振捣棒的直径为 50mm，振捣应防止出现漏振。在混凝土浇筑过程中，由专人负责模板的变形观测和模板漏浆观察，及时发现台车模板上浮及侧移情况，堵头模板漏浆情况，及时止损。

8.6.3　泵送混凝土施工工艺

泵送混凝土主要采用混凝土搅拌车运输，以保证混凝土质量。安装混凝土泵导管前，清除管内污物及水泥砂浆，并用水冲洗。安装后检查各连接处，防止接头处漏浆。在浇筑之前，先在泵导管内采用水泥砂浆润管。泵送混凝土最大骨料粒径不大于导管管径的 1/3，不应使超径骨料进入混凝土泵。为了保持混凝土泵工作的连续性，应经常使泵转动，以免导管堵塞。如间歇时间过久，须将存留在导管内的混凝土排出，并加以清洗。浇筑作业完成后，及时用水将导管冲洗干净，以备下一次使用。

8.7　缺陷处理

8.7.1　概述

工程施工中，采取以下综合措施，尽可能防止产生混凝土缺陷：加强员工质量意识与业务素质培训；对不同部位采用不同的模板，从资源配置上保证外观质量；针对不同部位制定相应的质量保证措施，将混凝土缺陷消除在施工过程中；成立专业修补队伍，对表面缺陷及时进行修补。

8.7.2　混凝土缺陷分类及程序

混凝土缺陷包括蜂窝、麻面，错台、挂帘，表面缺损、孔洞、气泡、裂缝等，应进行修补和处理。查明缺陷部位、类型、程度、规模，进行素描并制定修补措施，报监理人批准后进行修补与验收。

8.7.3　表面缺陷检查与处理

混凝土表面缺陷检查以目视为主，察看表面缺陷的部位、类型等。在拆模 24h 内经监理现场检查，在查清原因后一周内处理完成。

混凝土表面缺陷处理分为有模板表面缺陷处理、无模板表面缺陷处理及其他表面缺陷处理三种。

有模板混凝土浇筑的成型偏差满足《水电水利工程模板施工规范》（DL/T 5110—2013）第 7 章的有关规定。对混凝土表面蜂窝凹陷或其他的混凝土缺陷进行修补，直到符合质量标准为止，并做好详细记录。修补前须用钢丝刷或加压水冲刷清除缺陷部分，或凿去薄弱的混凝土表面，用水冲洗干净，采用比原混凝土强度等级高一级的砂浆、混凝土或其他填料填补缺陷处并抹平，修整部位加强保护，确保修补材料牢固黏结，色泽一致，无明显痕迹。

无模板混凝土结构表面的平整度偏差要求每 2m 范围内不大于 1cm。混凝土表面修整应根据无模板混凝土表面结构特性和不平整度的要求，采用整平板修整、木模刀修整、钢质修平刀修整等不同施工方法和工艺进行表面修整，并达到允许平整度偏差要求。

出现蜂窝、麻面、孔洞及气泡等混凝土缺陷的处理：在高速过流面，缺陷深度小于 3mm，应打磨成不大于 1∶30 斜坡，磨平后表面再涂一层环氧基液；缺陷深度大于等于 5mm 以及麻面、气泡集中区，凿除深度大于 5mm 时，采用预缩砂浆或环氧砂浆进行修补；在低速水流过流面及非过流面，缺陷深度小于 6mm，磨成 1∶20 斜坡，打磨或凿除缺陷后采用环氧胶泥或环氧砂浆修补；缺陷深度大于等于 6mm，用预缩砂浆或环氧砂浆修补。

出现如错台、挂帘等混凝土缺陷的处理：在高速过流面，采用凿除及砂轮打磨，使其与周边混凝土平顺衔接，其顺水流向坡度不陡于 1∶30，垂直水流向坡度不陡于 1∶10；在低速过流面，采用凿除及砂轮打磨，使其与周边混凝土平顺衔接，顺接坡度不小于 1∶20。孔洞在混凝土拆模后及时修补，以便修补材料与混凝土有较好的黏结性并保持颜色的一致。

8.8　进度分析及施工周期

8.8.1　TBM 掘进段仰拱

相应掘进段完成隧洞开挖后，进行仰拱混凝土施工。依托工程的第一个输水工程第四部分引水隧洞的各段仰拱混凝土衬砌作业设两个工作面，起始点均从相应段的中点开始，采用分别向隧洞的上下游方向相背而行的方式进行衬砌。采用有轨运输，混凝土泵送入仓浇筑方式。内燃机平均速度按 10km/h 考虑，平均运输距离 2.5km，单趟运输的计划时间为 15min，往返时间为 30min，卸料时间约 10min，故 6m³（单罐混凝土搅拌车的容量）混凝土的浇筑耗时 45min。其单仓浇筑循环时间和各仰拱段施工周期分别见表 8.8-1 和表 8.8-2。从表 8.8-2 可以看出，依托工程的第一个输水工程第四部分引水隧洞的仰拱混凝土施工的单段最长时间为 320 天，整个仰拱混凝土施工历时 679 天。

表 8.8-1　　　　　　　　TBM 掘进段仰拱衬砌作业单次循环各工序用时表

测量放线	原轨道拆除	堵头模板和钢筋 止水安装、仓面清理	混凝土浇筑	备仓段和浇筑段 同时施工
1h	3h	4h	4h	
混凝土施工一个循环为 12h				

表 8.8-2　　　　　　　　TBM 掘进各仰拱段施工周期一览表

施工部位	混凝土长度 /m	施工仓数 /仓	开工时间	完工时间	施工周期 /d
TBM1-1	8880	740	2015 年 7 月 6 日	2016 年 5 月 21 日	320
TBM1-2	6480	540	2016 年 6 月 27 日	2017 年 3 月 4 日	250

施工部位	混凝土长度/m	施工仓数/仓	开工时间	完工时间	施工周期/d
TBM2-1	7260	605	2015年4月26日	2016年1月10日	259
TBM2-2	8244	687	2016年5月19日	2017年1月16日	242
合计	30864	2572	2015年4月26日	2017年3月4日	679

8.8.2 TBM掘进段边顶拱

仰拱混凝土完成后进行边顶拱混凝土施工。边顶拱台车使用前，均在相应的TBM组装或检修洞室内组装。TBM2-1段和TBM2-2段的边顶拱的两台台车，由相应混凝土施工段的两端起始，采用相向而行的方式进行衬砌作业。TBM1-1段采用1台台车，由隧洞的下游端起始向上游端依次进行衬砌作业。TBM1-2段采用两台台车，由相应混凝土施工段的下游端起始至隧洞上游端随厢跳仓浇筑。隧洞台车完成混凝土浇筑任务，拆除相应的拌和站，进行扩大洞室的混凝土施工和支洞封堵混凝土施工。其单仓浇筑循环时间和各段边顶拱施工周期分别见表8.8-3和表8.8-4。从表8.8-4可以看出，依托工程的第一个输水工程第四部分引水隧洞的边顶拱混凝土施工的单段最长时间为622天，整个边顶拱混凝土施工历时806天。各边顶拱台车各月衬砌强度见表8.8-5，其中TBM1-2段边顶拱BZBJ7.3/7.7-12第1台车在混凝土施工过程中创造单月26仓的好成绩。本工程的TBM开挖长度30.8km，衬砌长度为13km，非衬砌长度为17.8km，衬砌率仅为42.2%，台车空行转移距离长且频繁，边顶拱台车的平均单个台车月浇筑强度达到了8仓，体现了综合管理水平。

表8.8-3　　　　　　边顶拱混凝土衬砌作业单次循环各工序用时表

台车行走、就位	封堵模板及预埋件安装	浇筑	等强	脱模
6h	12h	12h	24h	4h
混凝土施工一个循环为34h				

表8.8-4　　　　　　　TBM掘进段边顶拱施工周期一览表

施工部位	钢模台车数量/台	衬砌段长度/m	施工仓数/仓	开工时间	完工时间	施工周期/d
TBM1-1	2	1296	108	2016年8月16日	2018年4月30日	622
TBM1-2	2	2160	180	2017年3月9日	2018年1月31日	328
TBM2-1	1	3996	333	2016年4月5日	2017年9月14日	527
TBM2-2	2	3600	300	2017年3月7日	2018年6月19日	469
合计	7	11052	921	2016年4月5日	2018年6月19日	806

表 8.8-5 各边顶拱台车各月衬砌强度

施工部位	钢模台车数量/台	各段边顶拱施工工程量		2016 年各月浇筑仓数/仓	2017 年各月浇筑仓数/仓	2018 年各月浇筑仓数/仓
TBM1-1	1	1296	108	24	76	8
TBM1-2	2	2160	180	0	157	23
TBM2-1	2	3996	333	153	180	0
TBM2-2	2	3600	300	0	202	98
合计	7	11052	921	177	615	129

8.8.3 过渡段

依托工程的第一个输水工程第四部分引水隧洞的 TBM1-1 和 TBM2-1 段过渡结构施工中,长度 1.5m 和 3m 过渡段均采用外挂变径台车过渡形式,过渡段外挂变径台车衬砌作业单次循环各工序用时见表 8.8-6;TBM1-2 和 TBM2-2 段过渡结构施工中,长度 1.5m 过渡段均采用自行式台车过渡形式,过渡段自行式变径台车衬砌作业单次循环各工序用时见表 8.8-7。各掘进段过渡段施工周期见表 8.8-8。从表 8.8-6 和表 8.8-7 中可以看出,自行式变径台车与外挂式变径台车相比,模板的拼装加固用时至少减少 32h,拆模时间至少减少 18h,衬砌作业循环的时间明显减少,人工费随之大幅度减少。因此,当变径段数量较多时,应采用自行式变径台车。

表 8.8-6 过渡段外挂变径台车衬砌作业单次循环各工序用时表

过渡形式	衬砌作业单次循环各工序用时/h							
	台车就位	1.5m 过渡段模板拼装	0.433m 过渡段模板拼装	验收	浇筑	等强	拆模	合计
7.7~8.5m	6	36	12	2	6	24	24	110
7.3~8.5m	6	48	12	2	6	24	36	136

考虑其他不确定因素,$L=1.5m$ 过渡段施工用时 5.5d,$L=3m$ 过渡段施工用时 6.5d

表 8.8-7 过渡段自行式变径台车衬砌作业单次循环各工序用时表

过渡形式	衬砌作业单次循环各工序用时/h							
	台车就位	台车加固	0.433m 过渡段模板拼装	验收	浇筑	等强	脱模	合计
7.7~8.5m	6	4	12	2	6	24	6	60

考虑其他不确定因素,7.7~8.5m 过渡段施工用时 2.5d

表 8.8-8 TBM 掘进段过渡段施工周期一览表

施工部位	施工仓数/个	开工时间	完工时间	施工周期/d
TBM1-1	31	2017 年 10 月 17 日	2018 年 5 月 6 日	201
TBM1-2	46	2018 年 1 月 21 日	2018 年 9 月 6 日	228
TBM2-1	20	2017 年 4 月 22 日	2018 年 1 月 11 日	264
TBM2-2	63	2017 年 11 月 26 日	2018 年 4 月 13 日	138

8.8.4 扩大洞室

依托工程的第一个输水工程第四部分引水隧洞的各支洞扩大洞室混凝土工程施工周期见表 8.8-9。

表 8.8-9　　　　　　　　各支洞扩大洞室混凝土工程施工周期

支洞序号	开始时间	结束时间	施工周期/d
1	2018 年 3 月 26 日	2018 年 9 月 23 日	181
2	2017 年 12 月 11 日	2018 年 9 月 27 日	290
3	2017 年 12 月 28 日	2018 年 9 月 18 日	264
4	2017 年 3 月 16 日	2018 年 9 月 12 日	545
合计	2017 年 3 月 16 日	2018 年 9 月 27 日	561

8.8.5 支洞封堵

依托工程的第一个输水工程第四部分引水隧洞的各支洞进洞口混凝土施工时间如下：

1 号支洞进洞口混凝土工程施工时段为 2018 年 10 月 15 日至 2018 年 10 月 31 日，历时 17 日历天；3 号支洞进洞口混凝土工程施工时段为 2018 年 10 月 25 日至 2018 年 11 月 10 日，历时 16 日历天；4 号支洞进洞口混凝土工程施工时段为 2018 年 10 月 20 日至 2018 年 11 月 15 日，历时 16 日历天。

8.9 资源配置

依托工程的第一个输水工程第四部分引水隧洞的混凝土施工资源配置主要包括人力资源配置和机械设备配置。

8.9.1 人力资源配置

混凝土施工包括扩大洞室、TBM 掘进段衬砌混凝土的施工，各分部工程均为两班作业制，并按最高峰期的施工强度进行人力资源配置，主要人力资源配置见表 8.9-1。

表 8.9-1　　　　　　　　混凝土施工人力资源配置表

工作层次	序号	工　种	单位	数量	备注
管理层	1	管理人员	人	15	
作业层	2	混凝土工	人	40	
	3	测量工	人	6	
	4	木工	人	30	
	5	钢筋工	人	30	
	6	电焊工	人	15	
	7	架子工	人	15	
	8	机械工	人	15	
	9	汽车司机	人	20	含吊车司机
	10	普工	人	50	
合计			人	236	

8.9.2 机械资源配置

混凝土施工的主要机械设备配置见表8.9-2。

表8.9-2 混凝土施工主要机械设备配置表

序号	名 称	规格型号	单位	数量	备 注
1	钢模台车	BZBJ7.3/7.7-12		7	扩大洞与TBM掘进段共用
2		GDBJ-ZX-7.7/8.5-1.5		1	第二阶段共用
3	无轨混凝土输送泵	HBT60		4	
4	内燃机车	NRQ27A		4	
5	轨行式平板车			2	
6	轨行式人员车			2	
7	有轨混凝土输送泵	HBT60t	台	3	
8	无轨混凝土罐车	6.0m³		4	
	有轨混凝土罐车			6	
9	电焊机	7.5kW		15	
10	钢筋切断机	φ40		2	1台作为备用
11	钢筋弯曲机	φ40		2	
12	污水泵	2″		10	
13	软轴式振捣器	φ50	台	30	

8.10 施工管理经验

本工程的隧洞的TBM开挖长度为30.8km,衬砌长度为13km,非衬砌长度为17.8km,衬砌率仅为42.2%,且衬砌段间断频繁,台车空行转移距离长次数多,在此条件下,边顶拱台车的平均单个台车月浇筑强度达到了8仓。2017年5月26日至2017年6月25日,TBM1-2段边顶拱混凝土施工过程中,该台车完成了单月浇筑26仓的施工任务,创造了国内同洞径边顶拱衬砌施工新纪录,体现了项目的综合管理水平。

8.10.1 优化方案合理

依托工程的第一个输水工程第四部分引水隧洞的主洞混凝土衬砌设置了洞内洞外两期拌和站,减少了混凝土运输距离和转运环节。在冬期施工期间,混凝土原材料利用洞内温度较高的有利条件进行升温,可保证混凝土全年施工,极大地降低了冬期施工费用;混凝土施工充分利用了TBM掘进期的轨道运输系统,提高了运输速度,减少了施工运输的危险因素。

依托工程的第一个输水工程第四部分引水隧洞的主洞混凝土衬砌内径有两种,直径分别为7.3m和7.7m。传统的设计方法为两种直径分别采用不同的台车施工。通过优化,在施工中，将传统的边顶拱标准段钢模台车优化为可变径钢模台车，同时满足了两种断面的混凝土浇筑需要，减少了台车数量和台车的移动距离；过渡段混凝土衬砌采用了自行式过渡段台车，模板就位速度快，过渡段混凝土表面成型好。

上述优化，为衬砌施工安全高效作业打下了良好的基础。

8.10.2 管理机制得当

8.10.2.1 组织架构先进

边顶拱衬砌混凝土施工，按照"管理有效，监控有力，运作规范"的原则组建管理团队，形成以企业内部在岗员工为工作骨架，以社会劳务用工为补充，经营上履行内部核算机制的先进的生产组织模式。

8.10.2.2 岗位职责明确，人员配置合理

管理团队设置了专职队长、技术、质量、安全等岗位。各岗主要人员均由具有相应资格的企业正式职工担任，班组作业人员从社会选聘，要求具备相应经验和技能，明确分工以及各岗位职责。

8.10.2.3 施工环节把控有利

施工安全、施工质量、施工进度由项目部职能部门总体把控，现场管理依据管理层、作业层一体的原则进行，管理层人员由项目部正式职工担任，并履行"一岗双责"，作业层包括施工人员和辅助人员两类，辅助人员（拌和站、抽排水等）由项目部临时聘用。

边顶拱衬砌施工过程中，采用12h两班工作制。成立以项目总工为组长的技术质量领导小组、成立以项目安全总监为组长的安全环保领导小组，项目部各职能部门每周通过检查、巡查的形式进行管控，现场技术、质量以及安全人员跟班管控，发现问题及时处理，对于权限之内无法解决的问题第一时间汇报上一层。

8.10.2.4 全面考核，及时兑现

为了加快边顶拱衬砌进度并保证施工安全、质量，针对施工队、施工工区、职能部门分别制定奖惩考核办法，以调动施工队及项目部各职能部门人员的工作积极性，并增强质量、安全意识。制定了"月考核、月兑现"考核机制，考核采用现场打分机制。每月初，由工程技术部制订当月施工计划，并经考核小组审核后下发给各工区，对于施工队、施工工区以及项目部各部门的考核以此为基数，结合当月实际进度进行各方面的考核。

1. 设"流动红旗"奖励机制

各工区的评比标准根据每月的进度、成本完成情况确定；各部门评比标准根据每月工作计划及与工区的配合情况，由工区负责人及考核小组进行打分确定；对评比中工区及部门的第一名发放流动红旗及奖金。

施工进度考核以月为单位，考核结果在次月的第一个生产例会由经营管理部宣布，奖励当月兑现，施工过程全面履行了"月考核、月兑现"考核制度，极大地促进了混凝土衬砌的安全高效施工。

2. 施工质量考核

质量考核包括开仓前准备工作、浇筑过程控制以及成型外观三个方面，分别制定不同的考核打分表，由项目部质量技术部人员和工区质量人员现场打分，每部位每月现场打分不少于3次，月末计算出此部位的质量综合分数，与基数相比，对施工队、施工工区以及项目部各部门进行奖惩。施工质量考核以月为单位，考核结果在次月的第一个生产例会由技术质量部宣布，奖励当月兑现。

3. 安全文明施工考核

安全文明施工考核的对象是边顶拱衬砌施工队，考核内容为工作面环境卫生、材料码放、施工用电、施工人员习惯性违章等。以月为单位，每月4次（考核周期内如存在最后一次检查，考核天数不足一周的按一周计）的方式进行检查考核，考核采用百分制形式。对每月检查考核的结果进行综合汇总，综合评分80分以上到100分，按合同单价内文明施工费用的100%结算；综合评分80分以下60分以上，按合同单价内文明施工费用的70%予以结算；综合评分60分以下，扣除本月安全文明施工费用。次月5日前，项目部安全文明施工考核领导小组工作办公室就上月文明施工考核意见稿报领导小组讨论并确认，10日前将会签完毕的考核结果报送项目部经营管理部进行兑现。

第9章

TBM 掘进理论与技术

在依托工程施工实践中，开展了"敞开式 TBM 高效安全施工关键技术研究及应用"科研活动，该科研项目被列为 2013 年度中国电建科研项目，并荣获中国电力建设集团有限公司 2018 年科技成果特等奖。科研活动结合工程实践，围绕 TBM 设备制造、组装、步进和掘进各环节，系统性地进行了研究，形成了 TBM 洞内组装新技术、步进新技术、20in 盘形滚刀应用技术等成果。对工程的岩石物理力学性能进行了试验，研究得出了可掘性指数 FPI 与地质参数相关性规律，掘进参数预测及围岩分类方法，掘进速度与掘进参数相关性规律和最佳掘进参数匹配方法，解决了依托工程的 TBM 安全、快速、高效掘进的技术难题，缩短了工期，提高了效益，成果丰硕。

经过工程实践，提出了系列关键施工技术方案，在 TBM 设计中融入了相应的配套设备方案，在施工中现场测试并获得了大量数据，进行了数据分析处理，提出了理论模型和方法。

现场获取了 TBM 掘进数据，并进行了 TBM 掘进贯入度、掘进速度与地质参数和掘进推力、刀盘转速等参数的相关性分析。发现了刀盘转速与贯入度、掘进速度之间的非线性关系，提出了包含岩石抗压强度和节理系数的可掘性指数 FPI 的多元回归方程，以及掘进性能贯入度 P 的多元回归方程，建立了可掘性指数 FPI 的围岩分类方法、掘进性能预测方法，形成了最佳能耗指数和最佳掘进速度的 TBM 掘进参数匹配方法。

在依托工程施工中，我国首次成功运用 TBM 大直径 20 英寸盘形滚刀。经研究，提出了刀具检测维修技术规程，为 TBM 安全高效掘进提供了技术保障；在国际上首次公开发表了 20 英寸刀具磨耗数据，并给出了刀具磨耗与岩石抗压强度、围岩类别的相关性规律，为 TBM 刀具选型、刀具消耗成本预测提供了理论依据。

在所承担的依托工程项目，我国首次在 TBM 设计制造中采用了含储存夹层的 TBM 新型顶护盾，利用该顶护盾实施了钢筋排连续封闭支护的新技术，为 TBM 掘进穿越断层破碎带提供了安全快速的技术方法，降低了安全事故风险。现场应用表明，该技术在断层破碎带施工比传统施工技术进尺速度提高了约 5 倍。该设计技术方案可成为此后敞开式 TBM 的标准设计。

首次提出并实现了 TBM 车间与现场协调的组装、步进始发新模式和新技术，研究提出了大直径分块刀盘洞内拼装焊接技术方法，实现了洞室大直径刀盘拼装焊接技术的国产化，应用了"摩擦差原理的平面滑行式 TBM 步进装置及步进"新方法，现场实际应用结果表明，TBM 步进循环 1.8m 只需 10min，最快步进速度 220m/d，达到国际领先水平。

创新与研究，确保了依托工程的超长隧洞TBM安全、高效、快速掘进贯通，创造了大直径敞开式TBM平均月进尺662m、掘进作业利用率48%的掘进纪录，代表TBM综合掘进性能的这两个关键指标达到了国际领先水平，获得了较好的经济效益。

通过依托工程所在项目和本单位参加的其他TBM工程项目的实践和研究，取得了丰硕的研究成果，锻炼培养了TBM专业人才队伍，推动了我国TBM设计和施工领域的科技进步，取得了较大的经济和社会效益。

9.1　岩石物理力学性能试验研究

全断面岩石掘进机在掘进过程中掘进性能和掘进参数的选择、地质参数有着密切的关系。岩石试验主要是为掘进机的掘进性能研究提供数据基础。岩石试验主要研究岩石的单轴抗压强度和磨蚀性，准确的试验数据，对后续的理论研究是非常必要的。

9.1.1　岩石的单轴抗压强度试验

9.1.1.1　试样的采集

试样的采集应和掘进过程中性能测试段对应，在岩石完整、无节理裂隙处用取芯钻机采样，采样直径为50mm。为了满足试样制作要求，采样长度不小于150mm，如图9.1-1所示。

　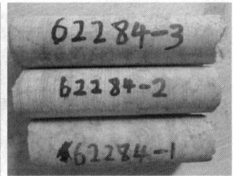

（a）现场采样　　　　　　　　　　（b）岩芯试样

图9.1-1　现场采样和试样

9.1.1.2　试样制作

使用锯石机对岩芯加工，试样规格尺寸为$\phi 50 \times (100 \sim 125)$（mm），保证试样满足试验要求，共制作试样样品25个。

9.1.1.3　抗压强度试验

试验仪器为TAW-2000微机控制电液伺服岩石三轴试验机，采用美国MTS三轴主机结构，轴压为2000kN，刚度大于10GN/m，孔隙水压为60MPa，围压为100MPa，温度为－50～200℃，最小采样时间间隔为1ms。

试验前应先调整球形座，将试件置于试验机承压板中心，使试件两端面接触均匀。

加荷时以0.5～1.0MPa/s的速度加载直至破坏，记录破坏荷载及加载过程中出现的现象。

试验结束后，应记录试验的破坏状态。采用引申计测量试件的轴向和径向变形，力传感器动态测量轴向力，由于部分样品脆性破坏的特性，试验采用轴向变形闭环伺服控制的方式加载，变形速率为0.03mm/min。单轴压缩变形试验试件状态为天然状态。共成功完成20个试样的单轴抗压强度试验，5个试样试验失败。试验前试样的制作、试验过程中试样的安装、加载过程的控制都影响试验的成败。

9.1.1.4　试验结果

试验结果汇总见表9.1-1。整个过程中的应力-应变曲线，如图9.1-2所示。

表9.1-1　　　　　　　　　　　试验结果汇总表

样品号	高度/mm	直径/mm	天然密度/(g/cm³)	单轴抗压强度/MPa	弹性模量/GPa
60756-1	91.09	42.90	2.70	175.885	25.0021
60756-2	90.53	42.91	2.73	136.193	20.1823
60756-3	90.39	42.75	2.77	143.869	21.8880
60822-1	90.60	42.99	2.64	111.058	22.1418
60822-2	91.82	42.99	2.62	101.972	16.8725
60822-3	90.49	42.96	2.64	78.077	18.6451
61310-1	90.97	42.95	2.63	97.516	18.9342
61310-2	90.48	42.59	2.64	111.238	18.9626
61310-3	91.01	42.54	2.64	92.402	19.5396
61595-1	92.16	42.54	2.66	146.392	20.6924
61957-1	91.32	42.72	2.63	155.755	24.6874
61957-2	90.34	42.58	2.68	121.458	21.8040
61957-3	90.40	42.49	2.68	131.728	21.2174
62158-1	90.54	42.80	2.61	135.820	23.3463
62158-2	91.02	42.71	2.64	108.227	18.2000
62158-4	90.00	42.85	2.63	110.841	19.0243
62284-1	90.81	42.87	2.63	160.013	27.3484
62284-2	90.26	42.77	2.66	102.869	19.9471
62284-3	91.55	42.86	2.62	128.590	22.1540
62638-3	89.83	43.24	2.61	125.717	24.5668

9.1.2　岩石的磨蚀性试验

试验设备选用ATA-IGGⅠ岩石磨蚀伺服试验仪，如图9.1-3所示。设备可测试

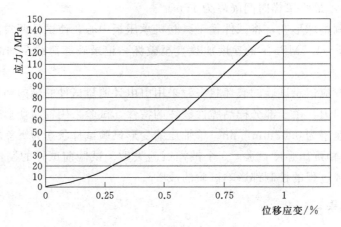

图 9.1－2　应力-应变曲线

TBM 岩石 CERCHAR 磨蚀值；试验过程伺服控制，可分析磨蚀全过程"岩-机"相互作用；实时获得钢针水平位移值、力值，钢针磨蚀值，岩石凹痕深度。通过计算针尖的磨损量确定岩石的磨蚀值 CAI，岩石的磨蚀值是研究 TBM 地质适应性的重要参数，岩石的磨蚀性试验为后续章节 TBM 掘进性能和地质参数之间的关系研究提供必需的地质参数。

图 9.1－3　ATA－IGG I 岩石磨蚀伺服试验仪

9.1.2.1　试验原理

岩石磨蚀性试验原理为：用一根洛氏硬度为定值椎角为 90°的圆锥钢针，在 70N 载荷的作用下，缓慢地移动一定距离（根据试验要求为 1cm）。磨蚀值 CAI 为已磨损的钢针平面宽度的 10 倍，如图 9.1－4（a）、（b）所示。

9.1.2.2　磨蚀性试验

钢针使用前，使用电子显微观测仪（×180）检查钢针针尖是否完好，针尖锥角是否为 90°，钢针确认正常后，并截取试验前钢针针尖典型显微图像；不正常则更换新的钢针。

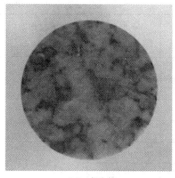
（a）试验前

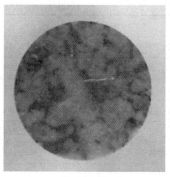
（b）试验后

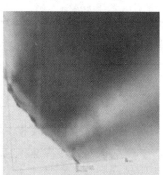
（c）磨蚀后钢针

图 9.1-4　试样和钢针

启动试验机电源，打开计算机试验控制软件，连接试验机伺服控制器（EDC），使试验机伺服步进电机以 10mm/min 的位移速度空转 10mm 并归位，同时打开测量系统，检查伺服控制器与伺服电机是否正常运行，检查位移、力和时间测量是否正常；所有部件正常后进行下一步试验，若不正常则停机检修。

安装试件，测试面水平，加持面固定，旋紧虎钳，固定样品。安装测试钢针，在钢针夹持固定后，缓缓旋下主机荷重，使针尖垂直压在测试面表面。在控制软件上新建试验项目，开始试验。以 10mm/min 的位移速度，使钢针在试样表面位移 10mm。

缓缓旋离主机荷重，钢针针尖脱离试样表面，打开钢针夹持器，取下钢针。

测试时应将试验后的钢针放在电子显微观测仪（×180）载物台上，调整钢针位置和观测仪焦距，用测量软件测量钢针针尖直径，如图 9.1-4（c）所示；将钢针沿轴向旋转 120°，再次测量钢针针尖直径；将钢针沿轴向再次旋转 120°，第三次测量钢针针尖直径。记录 3 次钢针针尖直径测量值，并保存测量时钢针针尖图像。

9.1.2.3　试验结果

岩石磨蚀性测试结果见表 9.1-2。

表 9.1-2　　　　　　　　　　　　　岩石磨蚀性测试结果

取芯位置	试验编号	测量值/μm			平均值/μm	磨蚀指数/0.1mm
		测角 0°	测角 120°	测角 240°		
62638-1	1-1	842.888	802.961	808.974	818.274	7.622
	1-2	695.893	681.758	740.672	706.107	
62284-1	2-1	558.602	683.287	647.580	629.823	5.983
	2-2	548.212	567.094	584.868	566.725	
61957-2	3-1	587.717	550.638	583.972	574.109	6.540
	3-2	657.812	773.742	770.102	733.885	
61595-3	4-1	804.807	931.707	1024.060	920.192	8.838
	4-2	887.878	815.198	839.196	847.424	

续表

取芯位置	试验编号	测量值/μm			平均值 /μm	磨蚀指数 /0.1mm
		测角0°	测角120°	测角240°		
60756－1	5－1	919.102	834.132	863.774	872.336	8.537
	5－2	805.071	793.678	906.179	834.976	
62284－2	6－1	487.083	869.101	722.264	692.816	6.641
	6－2	652.380	567.094	686.874	635.449	
61595－2	7－1	1005.811	988.881	968.153	987.615	9.404
	7－2	890.093	852.434	937.192	893.240	
62284－3	8－1	877.118	929.756	919.102	908.658	6.819
	8－2	520.733	370.995	473.739	455.156	
60822－1	9－1	850.272	1062.141	836.611	916.341	8.569
	9－2	638.508	970.684	783.183	797.458	
62158－1	10－1	9.732	559.499	475.743	513.296	5.575
	10－2	11.827	581.704	590.828	623.793	
60756－2	11－1	12.806	516.988	727.908	675.428	5.839
	11－2	10.402	538.402	495.891	548.634	

9.2　TBM 掘进性能预测及围岩分类方法研究

　　TBM 对地质条件相对比较敏感。在传统的 TBM 掘进作业中，经常会发生对地质参数判断不准确的现象，从而加剧了对设备的损害，甚至影响到工程的成败。因此，在 TBM 施工前期做好地质的勘探、围岩等级评价等工作是非常必要的。

　　传统的隧道围岩分类方法是以岩石的完整性分类的，这种分类方法适合于钻爆法隧道施工。TBM 施工与钻爆法施工的破岩机理完全不同，传统的岩石分类方法不能完全适用于 TBM 施工。目前，国际上还没有一个合适的岩石分类标准适合于全断面岩石掘进机的施工特点，开展全断面岩石掘进机施工的合理的岩石分类方法，对工期的估计、施工成本的预算和机器设计参数选定的研究十分必要。依托所承担的项目工程，研究围岩数据和 TBM 掘进过程中相关的机器掘进参数，提出全断面岩石掘进机施工的围岩分类方法具有非常重要的意义。

　　新的全断面岩石掘进机（TBM）掘进的性能预测和围岩分类方法，主要考虑的是岩石的可掘进性。已有研究表明，岩石的可掘进性可以用刀盘推力和贯入度的比值（可掘性指数 FPI）来表示，研究不同围岩条件下各围岩参数和 FPI 之间的关系，确定对 FPI 影响较大的关键地质参数，研究 FPI 和各关键地质参数之间的关系，从而根据不同的 FPI 值提出全断面岩石掘进机掘进的围岩分类方法。

　　新的 TBM 掘进的围岩分类方法研究，需要大量的准确数据作为分析研究的基础。通过施工现场数千米掘进试验，在掘进过程中对掘进参数进行多次比对试验。虽然均在巨斑状花岗岩条件下掘进，但试验表明，地质参数的变化很大，即单轴抗压强度跨越较大，岩石的完整性变化多样。试验数据为新的 TBM 掘进围岩分类方法研究提供了丰富多样的试验样本，具有代表性和充分的可信度。

根据掘进情况对各掘进里程进行地质情况判断，选择典型地质段进行数据采集。数据采集内容包括两部分：一部分为 TBM 在典型地质段的掘进参数，包括贯入度、掘进速度、推力，TBM 掘进参数的采集可以在 TBM 数据采集系统中复制；另一部分为典型地质段的地质参数，包括岩石单轴抗压强度、岩石完整系数、岩石的耐磨系数、脆性指标等。岩石单轴抗压强度、岩石磨蚀值 CAI 的采集通过岩石取芯，在岩石力学试验室做试验获取，岩石完整系数要在现场进行体积节理数统计分析获得，也可以采用物探测试计算的方法获得。

9.2.1　可掘性指数 FPI 与地质参数相关性分析

TBM 在掘进过程中，不同的操作人员有不同的操作习惯，不同的操作人员在相同的地质条件下操作参数也是不同的。对硬岩且节理不发育、贯入度较小的地质情况来说常采用较大推力、高转速；对软弱围岩贯入度较大的情况，可以小推力、高转速，也可以较大推力、低转速，所对应的贯入度和掘进速度也是不同的。同样的围岩条件下由于操作人员的操作习惯不同，会产生不同的贯入度和掘进速度，因此同一台 TBM、同一类似地质情况会表现出不同的掘进性能。显然掘进性能的两个重要因素贯入度和掘进速度与地质情况之间的关系存在着很多主观因素，单一地根据贯入度或掘进速度对围岩进行分类是不科学的。而 FPI 为单把刀推力和对应推力下的贯入度的比值，能很好地体现出单位贯入度所需推力的大小，客观地反映出岩石的可掘进性能。

9.2.1.1　FPI 与单轴抗压强度的关系

王石春研究分析我国秦岭隧道指出，TBM 破岩效率的高低很大程度上取决于隧道围岩的工程地质条件，其中最重要的是岩石单轴抗压强度。因此可以应用比较容易测定的抗压强度来研究岩石强度和 FPI 之间的关系。

依托工程项目的隧道岩石单轴抗压强度（通过岩石单轴抗压强度试验获得，单轴抗压强度汇总见表 9.1−1）和 FPI 的关系，应用 Excel 对掘进参数（纯刀盘推进力、贯入度）进行统计，计算 FPI 值，绘制岩石单轴抗压强度和可掘性指数 FPI 的 X−Y 散点图，并对散点图进行趋势拟合，如图 9.2−1 所示，拟合关系式为 $y = 5.631\mathrm{e}^{0.0151x}$，相关系数 $R^2 = 0.935$。

可掘性指数 FPI 和岩石单轴抗压强度存在很好的相关性，说明岩石的单轴抗压强度对可掘性指数有很大影响，岩石的单轴抗压强度是影响 TBM 破岩效率的一个关键因素。

9.2.1.2　FPI 与岩石完整系数的关系

很多 TBM 研究工作者对岩石完整系数和 TBM 掘进性能之间的关系做了研究，不

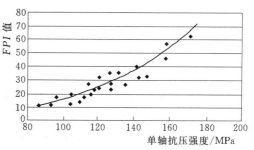

图 9.2−1　单轴抗压强度与 FPI 的关系

管是通过软件进行仿真分析,还是通过现场实践,岩石的完整系数对 TBM 贯入度和掘进速度有很大的影响。一般情况下岩石的完整系数越大,TBM 掘进时为获得较大的贯入度,操作人员通常会选择较大的推力,反之岩石的完整系数小时,在较小推力下就可以获得较大的贯入度。当岩石的完整系数 K_v 值小于 0.35 时,岩石基本处于破碎状态,不利于 TBM 掘进。岩石完整系数 K_v 对刀盘推力和贯入度的影响间接影响可掘性指数 FPI。通过对岩芯取样处围岩节理裂隙进行数量统计,计算出取样岩芯处的岩石完整系数,选取同一岩性且单轴抗压强度相同的采样点绘制岩石完整系数和可掘性指数 FPI 的 X-Y 散点图,并对散点图进行趋势拟合,如图 9.2-2 所示。拟合关系式为 $y=2.0892\mathrm{e}^{3.959x}$,相关系数 $R^2=0.7883$。

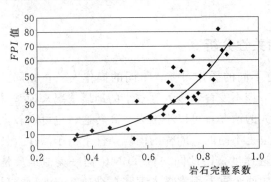

图 9.2-2　岩石完整系数与 FPI 的关系

依托工程项目的岩石完整系数 K_v 和可掘性指数 FPI 的拟合关系式为 $y=2.0892\mathrm{e}^{3.959x}$,相关系数 $R^2=0.7883$。岩石的完整系数和可掘性指数之间存在良好的指数关系,其相关系数值较接近 1,故两者相关性良好,试验值和以往理论值基本符合,岩石的可掘性指数 FPI 在很大程度上受到岩石完整系数 K_v 的影响。

9.2.1.3　FPI 与岩石脆性指数的关系

岩石的脆性指数是岩石的一个重要参数,在刀具的破岩过程中,刀具挤压岩石时岩石破碎区域的大小和岩石的脆性呈现明显的线性关系:岩石的脆性指数越大,岩石在刀具挤压作用下越容易产生微小裂纹;岩石脆性指数越小,岩石在挤压作用下产生微小裂隙越困难。根据岩石物理力学性能试验计算岩石的脆性指数,岩石脆性指标与可掘性指数 FPI 的关系如图 9.2-3 所示。

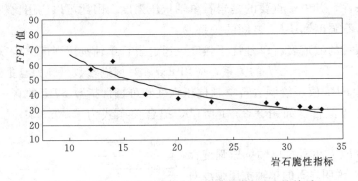

图 9.2-3　岩石脆性指标与可掘性指数 FPI 的关系

岩石的脆性指标和可掘性指数 FPI 的拟合关系式为 $y=-22.989\ln x+104.14$,相关系数 $R^2=0.8379$。图中可以看出,岩石脆性指标和可掘性指数呈对数关系。岩石的脆性指数越小,可掘性指数越大;岩石脆性指数越大,可掘性指数越低。表明理论上岩石越脆越有利于 TBM 掘进。

9.2.1.4　FPI 与岩石磨蚀值 CAI 的关系

岩石磨蚀值也是影响 TBM 掘进的重要地质因素，岩石中石英等研磨材料的含量和颗粒大小是影响岩石磨蚀性的重要因素。岩石磨蚀值 CAI 和可掘性指数 FPI 的关系如图 9.2-4 所示。依托工程项目的岩石磨蚀值 CAI 和可掘性指数 FPI 的拟合关系式为 $y=15.303e^{0.226x}$，相关系数 $R^2=0.6523$。

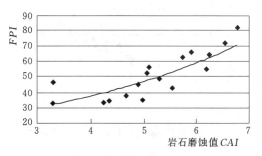

图 9.2-4　岩石磨蚀值 CAI 与可掘性指数 FPI 的关系

各地质参数和可掘性指数的拟合关系和相关系数值见表 9.2-1。通过单因素回归分析可掘性指数 FPI 和岩石的单轴抗压强度相关性最好，可掘性指数 FPI 和岩石脆性指数的相关性较好，可掘性指数 FPI 和岩石完整系数、可掘性指数和岩石磨蚀值 CAI 的相关系数也都大于 0.6，也具有很好的相关性。以上是通过单因素回归分析得出的结果，可以看出可掘性指数和单轴抗压强度、岩石完整系数、脆性指数、岩石磨蚀值 CAI 都存在较好的相关性。在对可掘性指数 FPI 和各地质参数进行多元回归分析时，为了排除多元回归分析中各因素之间存在的共线问题对多元回归分析结果的影响，先对各因素间的关系进行研究，排除各因素间的共线问题。

表 9.2-1　　　　　　　　地质参数与可掘性指数的拟合关系和相关系数值

项　　目	拟　合　关　系	相关系数 R^2
FPI 与单轴抗压强度	$y=5.631e^{0.0151x}$	0.935
FPI 与岩石完整系数	$y=2.0892e^{3.959x}$	0.7883
FPI 与岩石脆性指数	$y=-22.989\ln x+104.14$	0.8379
FPI 与岩石磨蚀值 CAI	$y=15.303e^{0.226x}$	0.6523

9.2.2　主要地质参数之间的相关性分析

根据已有的地质研究资料表明，岩石的各地质参数之间并不是相互独立的，有些地质参数间存在着相关性。有资料研究显示岩石的磨蚀值 CAI 和岩石的单轴抗压强度存在明显的相关性，岩石的脆性和岩石的单轴抗压强度与抗拉强度比值存在相关性。这些地质因素之间的相关性关系，对可掘性指数和各地质因素之间的多元回归分析结果会产生很大的影响。为了排除各地质参数之间的共线问题，需要研究各地质参数之间的关系。

9.2.2.1　岩石单轴抗压强度与岩石完整系数的关系

岩石的单轴抗压强度与岩石完整系数 Kv 的拟合关系式为 $y=0.0033x+0.3881$，相关系数 $R^2=0.3316$，如图 9.2-5 所示。

9.2.2.2　岩石单轴抗压强度与脆性指数的关系

岩石单轴抗压强度与脆性指数的拟合关系为 $y=0.0472x^2-3.161x+169.59$，相关

系数 $R^2 = 0.1061$，如图 9.2-6 所示。

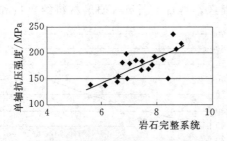

图 9.2-5　单轴抗压强度与岩石完整系数的关系　　图 9.2-6　单轴抗压强度与脆性指数的关系

9.2.2.3　岩石单轴抗压强度与岩石磨蚀值 *CAI* 的关系

岩石单轴抗压强度与岩石磨蚀值 *CAI* 的拟合关系为 $y = 19.032x + 39.563$，相关系数 $R^2 = 0.6853$，如图 9.2-7 所示。

9.2.2.4　岩石完整系数与岩石脆性指数的关系

岩石完整系数 Kv 与岩石脆性指数的拟合关系为 $y = 35.114e^{0.5887x}$，相关系数 $R^2 = 0.1035$，如图 9.2-8 所示。

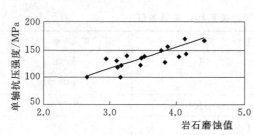 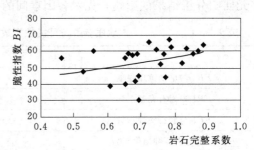

图 9.2-7　岩石单轴抗压强度与岩石磨蚀值 *CAI* 的关系　　图 9.2-8　岩石完整系数与脆性指数的关系

9.2.2.5　岩石完整系数与岩石磨蚀值 *CAI* 的关系

岩石完整系数 Kv 与岩石磨蚀值 *CAI* 的拟合关系为 $y = 83.915x^2 - 126.4x + 52.298$，相关系数 $R^2 = 0.2861$，如图 9.2-9 所示。

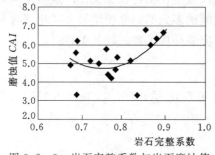

图 9.2-9　岩石完整系数与岩石磨蚀值
CAI 的关系

9.2.2.6　岩石脆性指数与磨蚀值 *CAI* 的关系

岩石脆性指数与岩石磨蚀值 *CAI* 的拟合关系为 $y = 0.0026x^2 - 0.2877x + 13.056$，相关系数 $R^2 = 0.0202$，如图 9.2-10 所示。

9.2.2.7　可掘性指数 *FPI* 关键影响地质因素

综上分析，各地质参数之间的拟合关系和相关系数值汇总见表 9.2-2。单轴抗压强度和岩石磨蚀

值 CAI 之间存在共线问题，其他地质参数间的相关关系并不明显，单轴抗压强度和可掘进性指数 FPI 之间的相关系数 $R^2=0.9053$，岩石的磨蚀值 CAI 和可掘性指数 FPI 间的相关系数 $R^2=0.6523$。这样，取相关系数较大者作为多元回归分析的因子。依托工程项目岩石的脆性指数为 $5\sim8$，跨越范围较小，对岩石的可掘性指数影响不大，可以认为依托工程是在同样脆性的岩石条件下进行开挖。因此，最终选取岩石的单轴抗压强度和岩石的完整性系数作为多元回归分析的因变量，计算分析围岩的可掘性指标 FPI。

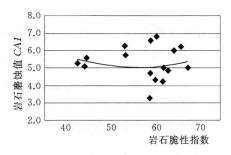

图 9.2-10　岩石脆性指数与岩石磨蚀值 CAI 的关系

表 9.2-2　　　各地质参数之间的拟合关系和相关系数值

项　　目	拟　合　关　系	相关系数 R^2
单轴抗压强度与岩石完整系数 Kv	$y=0.0033x+0.3881$	0.3316
单轴抗压强度与岩石脆性指数	$y=0.0472x^2-3.165x+169.59$	0.1061
单轴抗压强度与岩石磨蚀值 CAI	$y=19.032x+39.563$	0.6853
岩石完整系数 Kv 与岩石脆性指数	$y=35.114e^{0.5887x}$	0.1035
岩石完整系数 Kv 与岩石磨蚀值	$y=83.915x^2-126.4x+52.298$	0.2861
岩石脆性指数与岩石磨蚀值	$y=0.0026x^2-0.2877x+13.056$	0.0202

9.2.3　可掘性指数 FPI 与地质参数多元回归方程

多元回归分析的自变量因子为岩石的单轴抗压强度 UCS 和岩石完整系数 Kv，因变量为可掘性指数 FPI，采用 SPSS 软件进行非线性回归分析，假设数学模型为 $FPI=\exp(a_1\times UCS+a_2\times Kv+a_3)$，其中 a_1、a_2、a_3 为未知量，通过迭代方法进行计算。初始值 $a_1=0.01$，$a_2=0.03$，$a_3=2.1$，约束条件设置为 $a_1\geqslant0$，$a_2\geqslant0$，$a_3\geqslant0$，在 16 次迭代分析后得到分析结果汇总，见表 9.2-3。

表 9.2-3　　　　　　迭 代 分 析 结 果

参数估计值				
参数	估计	标准差	95% 置信区间	
			下限	上限
a_1	0.010	0.001	0.007	0.012
a_2	1.091	0.399	0.272	1.910
a_3	1.653	0.213	1.215	2.090

注　$R^2=1-$ 残差平方和/已更正的平方和 $=0.9210$。

从表 9.2-3 中可以看出 a_1、a_2、a_3 的估计值分别为 0.010、1.091、1.653，可掘性指数 FPI 和岩石单轴抗压强度 UCS、岩石完整系数 Kv 的关系表达式为：

$$FPI = \exp(0.01 \times UCS + 1.091 \times Kv + 1.653)$$

相关系数 $R^2 = 0.9210$，说明岩石的单轴抗压强度 UCS 和岩石的完整系数 Kv 能够解释可掘性指数 92.1% 的变异，建立的数学模型比较符合。

9.2.4　TBM 掘进性能预测和围岩分类方法

9.2.4.1　依托工程掘进洞段 *FPI* 指数分布分析

在实际 TBM 施工过程中，岩石可掘性指数 *FPI* 值不同。在依托工程中，TBM 在巨斑状花岗岩条件下掘进指数分布变化如图 9.2 - 11 所示。

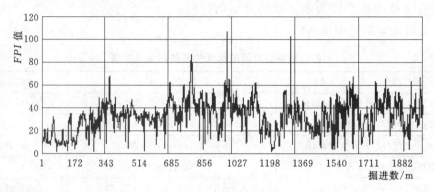

图 9.2 - 11　*FPI* 分布图

在依托工程项目中，TBM 在巨斑状花岗岩条件下 *FPI* 的频数分布如图 9.2 - 12 所示。

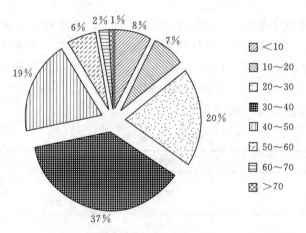

图 9.2 - 12　巨斑状花岗岩 *FPI* 的频数分布

从图中可以看出巨斑状花岗岩的不同 *FPI* 值范围的百分比，其中可掘性指数 *FPI* 值为 20～50 的岩石占比为 76%，可掘性指数 *FPI* 值为 10～50 的岩石占比为 24%。不同的可掘性指数值对应着不同的地质参数，可掘性指数 *FPI* 值小于 10 时，地质条件恶劣，岩石完整性特别差，完全处于岩层破碎带，需要立钢拱架并应用钢筋排支护技术施工，对工期影响较大。可掘性指数 FPI 值为 10～20 时，岩石完整系数比断层破碎带有明显变化，岩石较完整，岩石裂隙较多且裂隙间风化严重，岩石不稳定，在 TBM 掘进过程中，塌方现象严重，需要打锚杆挂网片并完全喷射混凝土。可掘性指数 FPI 值为 20～30 时，岩石完整性良好，岩石较软，在 TBM 掘进过程中会少量出现掉块现象，在岩石不稳定处打锚杆并喷射混凝土。可掘性指数 FPI 值为 30～40 时，岩石较硬，岩石完整性良好，节理发育，裂隙间轻度风化或不风化，很少出现岩块掉落现象。可掘性指数 FPI 值为 40～50 时，岩石硬度较高，节理不发育，岩石完整性良好，裂隙较少，裂隙间密实，裂隙间不风化。可掘性指数 FPI 值为 50～60 时，岩石的硬度增加，岩石完整，节理少，裂隙数量明显减少。可掘性指数 FPI 值大于 60 时，岩石硬度明显增加，岩石非常完整，不存在裂隙。

不同的可掘进性指数值对应着不同的掘进操作参数，汇总见表 9.2－4。参数中的掘进速度为纯掘进速度，转速、扭矩、推力为平均值，其中的推力值包括护盾与洞壁之间的摩擦力和后配套拖拉力。

表 9.2－4　　　　　　　　　　可掘进性指数值和掘进操作参数

FPI	掘进速度 /(m/s)	转速 /(r/min)	扭矩 /(kN·m)	推力 /kN	贯入度均值 /mm	贯入度范围 /mm
<10	3.7	4.3	1710	8562	13.1	>14
10～20	3.4	5.4	2299	12004	10.0	12～14
20～30	3.2	6.0	2543	14915	8.1	8.5～12
30～40	2.9	6.9	2656	17007	7.1	6.5～8.5
40～50	2.5	6.5	2399	18109	6.0	5.5～6.5
50～60	2.1	6.0	2142	18615	5.1	4.5～5.5
>60	1.5	5.0	2002	19300	4.2	<4.5

9.2.4.2　TBM 贯入度与 FPI 指数的回归方程

根据现场采集数据，进行多元回归分析，得出实际掘进过程中贯入度和可掘性指数 FPI 的拟合关系为 $y = 0.0018x^2 - 0.2818x + 14.724$，相关系数 $R^2 = 0.9511$。贯入度值和可掘性指数 FPI 之间相关性很高，可掘性指数能很好地表示 TBM 掘进时的难易程度，如图 9.2－13 所示。这样，已知抗压强度和完整性系数就可得到可掘性指数，进而可根据上述拟合关系式计算出贯入度，乘以刀盘转速后就获得 TBM 掘进速度。

9.2.4.3　TBM 刀盘推力与 FPI 指数的回归方程

在依托工程中，TBM 在巨斑状花岗岩条件下，实际掘进过程中刀盘推力与可掘性指数 FPI 的拟合关系为 $y = 5161.7x^{0.3229}$，相关系数 $R^2 = 0.8901$，如图 9.2－14 所示。

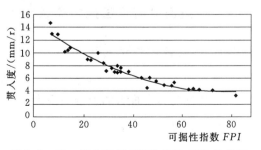

图 9.2－13　贯入度与可掘性指数 FPI 的关系

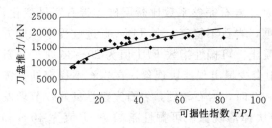

图 9.2-14 刀盘推力与破岩指数 *FPI* 的关系

9.2.4.4 *FPI* 指数的围岩分类

根据不同的 *FPI* 值对应实际掘进过程中岩石的变化和支护措施的不同并结合不同的 *FPI* 值掘进性能的表现，把依托工程的中的巨斑状花岗岩分为 3 类，汇总见表 9.2-5。值得指出的是，本研究所依托工程的围岩条件总体较好，虽然不同围岩掘进速度和贯入度差距较大，但 TBM 掘进通过没有太大风险，考虑到其他工程软弱大变形、松散含水、极强岩爆等严重不良地质情况，应该属于比本书"三类"更差的围岩，对 TBM 掘进的适应性将构成严重挑战和重大风险，对上述"三类"围岩可进一步细化。

表 9.2-5 TBM 施工的围岩分类

类别	*FPI*	推力/kN	贯入度/mm	地质情况支护措施	备 注
一类	30～50	16000～18000	5.5～8.5	岩石硬度适宜，节理较发育，稳定性好；不需要支护	非常适合 TBM 掘进
二类	20～30	13000～16000	8.5～12	岩石硬度低，节理不发育，稳定性较好；局部支护	适合 TBM 掘进
	50～60	18000～19000	4.5～5.5	岩石较硬，节理不发育，稳定性较好；局部支护	
三类	<20	<13000	>12	岩石破碎；需要强支护	适应性较差
	>60	>19000	<4.5	岩石极硬，节理极不发育	

9.3 TBM 掘进速度与掘进参数相关性规律研究

依托工程围岩类别主要为Ⅱ类、Ⅲ类围岩，根据工程地质情况和现场施工特点，进行 TBM 掘进不同地质段数据采集。在 TBM 的掘进过程中，每个掘进循环记录若干组数据，包括刀盘推力、刀盘转速、刀盘扭矩、贯入度、掘进速度，5 个参数的值为各参数稳定情况下同一时刻的数值，保证各参数之间数值相互对应。在各掘进参数测试点进行岩石采样，通过试验获得岩石的单轴抗压强度、磨蚀性、岩石完整系数、脆性指数等地质参数。

9.3.1 掘进速度与刀盘推力关系

9.3.1.1 刀盘转速为 5r/min

刀盘转速为 5r/min 时，掘进速度与刀盘推力的关系如图 9.3-1 所示。

掘进速度与刀盘推力的拟合关系为 $y = 0.0002x - 2.79$，相关系数 $R^2 = 0.6187$。

9.3.1.2 刀盘转速为 6r/min

刀盘转速为 6r/min 时，掘进速度与刀盘推力的关系如图 9.3-2 所示。

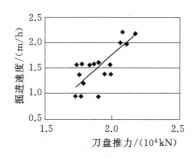

图 9.3-1　刀盘转速为 5r/min 时
掘进速度与刀盘推力的关系

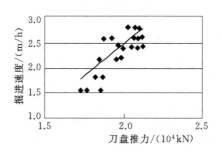

图 9.3-2　刀盘转速为 6r/min 时
掘进速度与刀盘推力的关系

掘进速度与刀盘推力的拟合关系为 $y = 0.0003x - 2.6335$，相关系数 $R^2 = 0.5647$。

9.3.1.3　刀盘转速为 7r/min

刀盘转速为 7r/min 时，掘进速度与刀盘推力的关系如图 9.3-3 所示。

掘进速度与刀盘推力的拟合关系为 $y = 0.0002x - 1.4304$，相关系数 $R^2 = 0.6264$。

各刀盘转速下掘进速度与刀盘推力之间的拟合关系汇总见表 9.3-1。从统计数据可以看出，刀盘转速为 6r/min 时，刀盘推力对掘进速度影响最为明显。

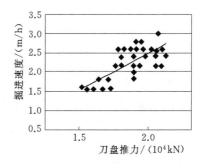

图 9.3-3　刀盘转速为 7r/min 时
掘进速度与刀盘推力的关系

表 9.3-1　　　　　　　　　　掘进速度和刀盘推力

刀盘转速/(r/min)	拟合关系式	相关系数 R^2	刀盘转速/(r/min)	拟合关系式	相关系数 R^2
5	$y = 0.0002x - 2.79$	0.6187	7	$y = 0.0002x - 1.4304$	0.6264
6	$y = 0.0003x - 2.6335$	0.5647			

9.3.2　掘进速度与刀盘扭矩关系

9.3.2.1　刀盘转速为 5r/min

刀盘转速为 5r/min 时，掘进速度与刀盘扭矩的关系如图 9.3-4 所示。

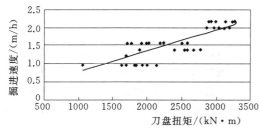

图 9.3-4　刀盘转速为 5r/min 时掘进
速度与刀盘扭矩的关系

掘进速度与刀盘扭矩的拟合关系式为 $y = 0.0006x + 0.1888$，相关系数 $R^2 = 0.6531$。

9.3.2.2　刀盘转速为 6r/min

刀盘转速为 6r/min 时，掘进速度与刀盘扭矩的关系如图 9.3-5 所示。

掘进速度与刀盘扭矩的拟合关系式为

$y=0.0006x+0.5414$，相关系数 $R^2=0.6944$。

9.3.2.3　刀盘转速为 7r/min

刀盘转速为 7r/min 时，掘进速度与刀盘扭矩的关系如图 9.3-6 所示。

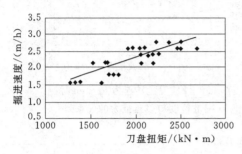 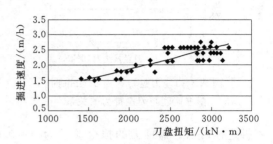

图 9.3-5　刀盘转速为 6r/min 时掘进　　　　图 9.3-6　刀盘转速为 7r/min 时掘进
速度与刀盘扭矩的关系　　　　　　　　　　速度与刀盘扭矩的关系

掘进速度与刀盘扭矩的拟合关系式为 $y=0.0007x+0.5125$，相关系数 $R^2=0.7361$。

各刀盘转速下掘进速度与刀盘扭矩之间的拟合关系汇总见表 9.3-2。从表中可以看出，随着刀盘转速的增加，掘进速度和刀盘扭矩之间的影响系数值基本不变，刀盘扭矩和掘进速度之间的相关系数值较接近 1，刀盘扭矩和掘进速度之间的相关性良好。主要是由于刀盘扭矩与贯入度的相关性明显，在刀盘转速一定时，掘进速度和贯入度值成显著的线性关系，故掘进速度和刀盘扭矩呈现很好的相关性。

表 9.3-2　　　　　　　　　　　掘进速度与刀盘扭矩

刀盘转速/(r/min)	拟合关系式	相关系数 R^2	刀盘转速/(r/min)	拟合关系式	相关系数 R^2
5	$y=0.0006x+0.1888$	0.6531	7	$y=0.0007x+0.5125$	0.7361
6	$y=0.0006x+0.5414$	0.6944			

9.3.3　掘进速度与刀盘转速关系

掘进速度与刀盘转速相关关系研究数据不仅要在相同的地质条件下采集，而且要确保刀盘推力恒定不变，采集多组数据，对相同条件下所得数据进行处理，求出各转速下掘进速度的平均值，再进行关系拟合。结果如图 9.3-7 所示。

掘进速度与刀盘转速之间的拟合关系式为 $y=-0.0718x^2+1.0827x-1.7617$，相关系数 $R^2=0.702$。

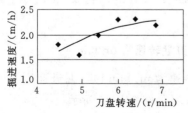

图 9.3-7　掘进速度与刀盘转速的关系

从图中同样可以看出当刀盘转速为 6r/min 左右时，掘进速度达到最大值。可见，随着刀盘转速增加，贯入度和掘进速度呈现增加趋势，但当达到一定转速后，掘进速度达到顶点，开始有下降趋势。因此，刀盘转速对贯入度和掘进速度影响的这一非线性规律，给掘进参数匹配提供了理论指导，即虽然掘进速度等于贯入度与刀盘转速乘积，但上述非线性关系的存在，在实际掘进中应该找到这个最佳刀盘转速值，以此来指导 TBM 掘进参数的选择。

9.4 最佳掘进参数匹配方法研究

TBM 在掘进过程中操作人员要根据不同的地质条件对掘进参数进行调整，操作人员可以选择的掘进参数主要有刀盘转速和刀盘推力。刀盘转速和刀盘推力之间的匹配关系，关系到掘进速度的快慢和掘进过程中能耗的多少。研究刀盘转速和刀盘推力之间的最佳参数匹配，寻找最优结果，能够指导操作人员合理地操作机器，同时对降低工程成本、缩短施工工期有重要意义。能量法的最佳掘进参数匹配，提出能耗指数的概念，分别研究在不同刀盘转速下能耗最少、掘进速度最快时的最佳刀盘推力匹配范围。

9.4.1 定义能耗指数

TBM 在掘进过程中，驱动电机通过变速器驱动大齿圈带动刀盘旋转。在这一过程中，驱动电机将电能大部分转化为刀盘破岩时所需要的能量，另一小部分转化为传动系统摩擦产生的热能。刀盘破岩时消耗的能量可以根据刀盘旋转时的刀盘扭矩 T 和刀盘转速 r 计算求得，单位立方米能耗定义为 E_m，则有公式：

$$E_m = \frac{1000 \times P \times t}{A \times P_n \times r \times t}$$
$$= \frac{T}{A \times P_n \times 9.55}$$
$$= \frac{T}{K \times P_n}$$

其中
$$K = A \times 9.55 = 541.6$$
$$P = \frac{T \times r}{9550}$$
$$A = \frac{\pi \times d^2}{4}$$

式中：E_m 为单位立方米能耗，kW·h；P 为破岩功率，kW；T 为刀盘扭矩，N·m；R 为刀盘转速，r/min；P_n 为贯入度值，mm/r；t 为掘进时间，min；A 为隧洞横断面面积，m²；d 为隧洞直径，m。

单位体积岩石能耗和刀盘扭矩、贯入度、隧道截面积有关。一般对某一工程来说，隧道的截面积是不变的，也就是系数 K 值在同一工程是一个常量。不同的岩石在掘进过程中刀盘扭矩和贯入度值是不同的，因此定义刀盘扭矩和对应的贯入度的比值为能耗指数 TPI。

9.4.2 能耗最低时的掘进参数匹配

试验数据的采集需要记录刀盘转速、刀盘推力、贯入度值、掘进速度四个掘进参数。试验所需数据在 TBM 操作室通过数据采集器进行记录。选取各典型地质段，固定刀盘转速值分别为 4.5r/min、5r/min、6r/min、7r/min，在固定刀盘转速情况下刀盘推力从小逐渐增大，刀盘推力每次增大 500kN，增大刀盘推力的间隔时间为 1min。在测试过程中要时刻观察主驱动电机电流和皮带机驱动的电机电流情况，防止因出渣量过大出现过载情况。

在 TBM 的设计过程中，刀盘驱动特性是一个重要指标，刀盘的扭矩特性关系到TBM 在掘进过程中掘进参数的选择，TBM 参数的选择必须在刀盘扭矩允许的范围内，并且需要有足够的安全系数。TBM 刀盘驱动特性分为两个阶段，即恒扭矩阶段和恒功率阶段，如图 9.4-1 所示。图中刀盘转速在 0~4.7r/min 时为恒扭矩阶段，恒定扭矩为 6712kN·m；刀盘转速大于 4.7r/min 时为恒定功率阶段，刀盘最大转速为 7.98r/min。

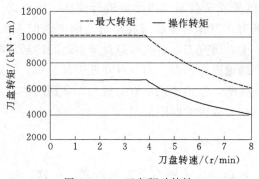

图 9.4-1　刀盘驱动特性

研究能耗最低时的掘进参数匹配，在固定刀盘转速值分别为 4.5r/min、5r/min、6r/min、7r/min 条件下，调整刀盘推力，研究特定刀盘转速下刀盘推力和能耗指数之间的关系，得到固定刀盘转速下能耗最少时的刀盘推力值。

9.4.2.1　刀盘转速为 4.5r/min 时的能耗指数分布

刀盘转速为 4.5r/min 时采样点数为 20 个，能耗指数 TPI 最小值为 410，最大值为 540，平均值为 470。采样点 6~14 的 TPI 值小，对应采样点处的能耗少，如图 9.4-2 所示。

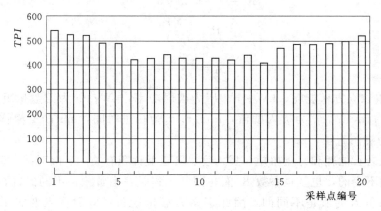

图 9.4-2　TPI 值分布

9.4.2.2　刀盘转速为 4.5r/min 时刀盘推力与能耗指数关系

刀盘转速为 4.5r/min 时，刀盘转速较低，刀盘振动受刀盘推力的影响较小，刀盘推力（刀盘推力＝推进系统推力－摩擦力－后配套托动力）选择较大值，如图 9.4-3 所示。

刀盘推力从 19500kN 逐渐增大，能耗指数则逐渐减小；当刀盘推力值增加到

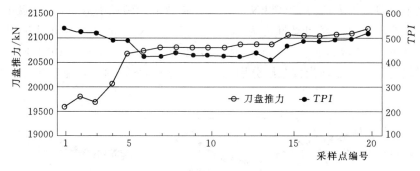

图 9.4-3 刀盘推力与 TPI 的关系

20500kN 时，能耗指数值突然变小，刀盘推力值继续增大，能耗指数值基本处于稳定状态；当刀盘推力增大到 21000kN，能耗指数值逐渐变大，刀盘推力继续增大，能耗指数值也增大。刀盘转速为 4.5r/min 时，刀盘推力和能耗指数之间的关系见表 9.4-1。

表 9.4-1 刀盘推力和能耗指数

采样点	TPI	刀盘推力/kN	采样点	TPI	刀盘推力/kN
1~5	488~540	19500~20500	15~20	470~520	21000~21300
6~14	410~445	20500~21000			

9.4.2.3 刀盘转速为 5r/min 时的能耗指数分布

刀盘转速为 5r/min 时，刀盘推力范围较大，采样点数为 40 个，TPI 最小值为 382，最大值为 549，平均值为 455。14~19、28~31 采样点 TPI 值小，对应采样点处的能耗少，如图 9.4-4 所示。

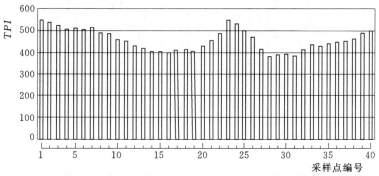

图 9.4-4 刀盘转速为 5r/min 时 TPI 值分布

9.4.2.4 刀盘转速为 5r/min 时刀盘推力与能耗指数的关系

刀盘推力从 17800kN 逐渐增大，能耗指数值随着刀盘推力的增大逐渐减小；当刀盘推力值增大到 19000kN 时，能耗指数值达到最小值。刀盘推力增大，能耗指数值也逐渐增大，如图 9.4-5 所示。

当刀盘推力达到 19700kN 时，能耗指数值达到最大值 547，刀盘推力继续增大，能耗指数值又减小，刀盘推力值为 20408kN 时，能耗指数值达到最小值 383，刀盘推力继续增大，能耗指数逐渐增大。当刀盘推力为 18500～19500kN、20000～20500kN 时，能耗指数稳定在最小值，刀盘转速为 5r/min 时，刀盘推力值为 18500～19500kN、20000～20500kN 时能耗最低，能耗指数范围分别为 403～430、383～412，能耗指数均值分别为 409、391。

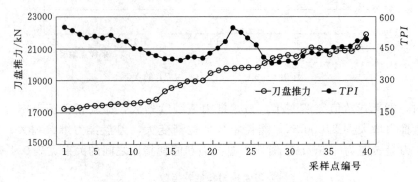

图 9.4 - 5　刀盘推力与 TPI 的关系

9.4.2.5　刀盘转速为 6r/min 时的能耗指数分布

刀盘转速为 6r/min 时采样点数为 40 个，TPI 最小值为 364，最大值为 508，平均值为 433。能耗指数分布整体呈 U 形，如图 9.4 - 6 所示。

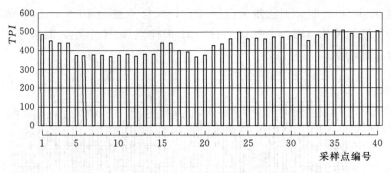

图 9.4 - 6　TPI 值分布

9.4.2.6　刀盘转速为 6r/min 时刀盘推力和能耗指数的关系

刀盘推力值从 17000kN 逐渐增大，能耗指数随着刀盘推力的增大而减小，刀盘推力增大到 18500kN 时，能耗指数趋于稳定状态，如图 9.4 - 7 所示。

刀盘推力继续增大，直到刀盘推力达到 19500kN 时，能耗指数值开始增大，刀盘推力继续增加，能耗指数逐渐随着刀盘推力的增大而增大。刀盘推力为 18500～19500kN 时，能耗指数范围为 364～394，能耗指数均值为 376。

9.4.2.7　刀盘转速为 7r/min 时的能耗指数分布

刀盘转速为 7r/min 时采样点数为 40 个，采样点 1～25 能耗指数较平稳，采样点

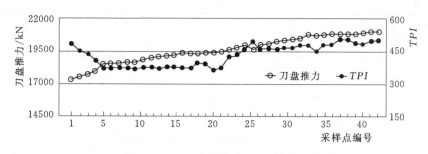

图 9.4-7　刀盘推力和 TPI 的关系

26～40 能耗指数值出现波动，如图 9.4-8 所示。

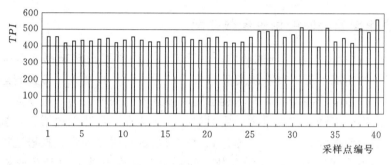

图 9.4-8　TPI 值分布

9.4.2.8　刀盘转速为 7r/min 时刀盘推力和能耗指数关系

刀盘推力在 17000～20000kN 范围内变化时，能耗指数值维持在 440 基本不变，当刀盘推力大于 20000kN 时，能耗指数值出现明显波动，如图 9.4-9 所示。

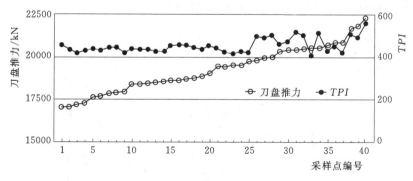

图 9.4-9　刀盘推力和 TPI 的关系

刀盘转速为 7r/min、刀盘推力值大于 20000kN 时，刀盘振动明显，刀盘的振动影响刀盘扭矩值和贯入度值，此时的能耗指数值不能准确地反映相应的岩石能耗。

根据以上的能耗分布图和对应的掘进参数可以得到最节省能量的参数匹配汇总，见表 9.4-2。

表 9.4-2 能 耗 参 数 表

刀盘转速/(r/min)	刀盘推力/kN	能耗指数	能耗均值
4.5	20500~21000	410~445	434
5	18500~19500	403~430	409
	20000~20500	383~412	391
6	18500~19500	364~394	376
7	17000~20000	420~490	442

以上的掘进参数匹配值是刀盘转速和刀盘推力之间的参数匹配，即在刀盘转速固定时，在对应的刀盘推力下最节省能量。此外，在刀盘转速为6r/min、刀盘推力为18500~19500kN 的掘进参数情况下掘进最省能量。

9.4.3 掘进速度最大时的掘进参数匹配

TBM 在掘进过程中，在相同的地质条件下刀盘推力和刀盘转速都会对掘进速度有影响。刀盘转速小的情况下贯入度会随着刀盘推力的增大而一直增大，刀盘转速较大的情况下，刀盘推力在一定范围内增大，贯入度会随着刀盘推力的增大而一直增大，刀盘推力超过某一值，贯入度会下降。刀盘推力一定时，刀盘转速在一定范围内增大，掘进速度会随着刀盘转速的增大而增大，当刀盘转速过高时，刀盘振动明显加强，掘进速度会下降，刀盘转速和刀盘推力之间有最佳的匹配参数，并不是刀盘推力越大刀盘转速越高掘进速度越快。

9.4.3.1 刀盘转速为 4.5r/min 时的掘进速度与刀盘推力的关系

刀盘转速为 4.5r/min 时，掘进速度值随着刀盘推力的增大呈现增大的趋势；随着刀盘推力的增加，掘进速度值增加趋势较平缓，掘进速度值不存在波动现象。刀盘推力达到最大值时，掘进速度为 2.2m/h，如图 9.4-10 所示。

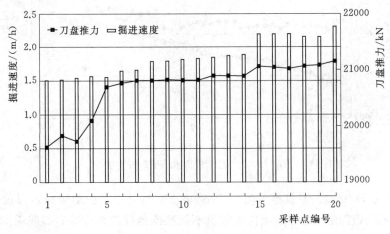

图 9.4-10 掘进速度与刀盘推力的关系

9.4.3.2 刀盘转速为 5r/min 时的掘进速度与刀盘推力的关系

刀盘转速为 5r/min 时，掘进速度值随着刀盘推力的增大呈现增大的趋势，掘进速度值增加趋势较平稳，当刀盘推力值增加到 17500～18500kN 时，掘进速度变化趋势较明显。在刀盘推力为最大额定值时，掘进速度达到最大值 2.4m/h，如图 9.4-11 所示。

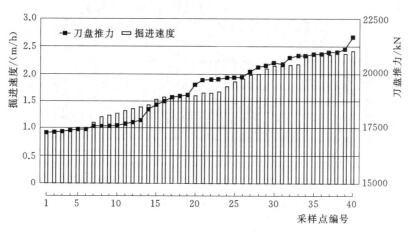

图 9.4-11　掘进速度与刀盘推力的关系

9.4.3.3 刀盘转速为 6r/min 时的掘进速度与刀盘推力关系

刀盘转速为 6r/min，刀盘推力为 17500～18500kN 时，掘进速度值随着刀盘推力的增大缓慢增加，掘进速度值约为 1.5m/h；当刀盘推力超过 18500kN 时，掘进速度值突然增加到 2.2m/h，此后随着刀盘推力的继续增加，掘进速度值呈现平稳趋势，当刀盘推力值达到 19600kN 时，掘进速度值维持在 2.6m/h 不变，如图 9.4-12 所示。

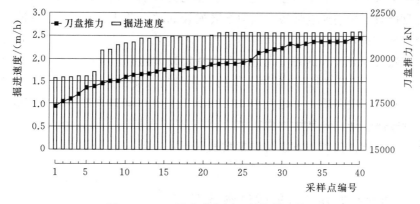

图 9.4-12　掘进速度与刀盘推力的关系

9.4.3.4 刀盘转速为 7r/min 时的掘进速度与刀盘推力关系

刀盘转速为 7r/min 时，当刀盘推力较小时，掘进速度值随着刀盘推力的增大呈现缓慢增加趋势，当刀盘推力超过 18000kN 时，掘进速度值随着刀盘推力的增大呈现明显的增加趋势，刀盘推力值达到 20300kN 时，掘进速度值达到最大值 2.8m/h，之后刀盘推力值继续增加，掘进速度值明显减小。刀盘转速为 7r/min 时，刀盘推力值在 19500～20500kN 范围内，掘进速度最快，如图 9.4－13 所示。

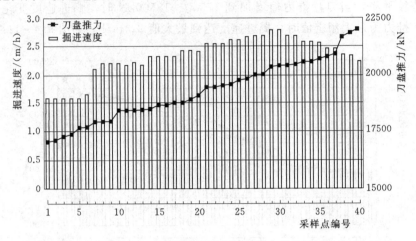

图 9.4－13 掘进速度与刀盘推力的关系

根据以上的掘进速度分布图和对应的掘进参数可以得到掘进速度最快的参数匹配，见表 9.4－3。

表 9.4－3   掘进速度参数匹配汇总表

刀盘转速/(r/min)	刀盘推力/kN	掘进速度/(m/h)	刀盘转速/(r/min)	刀盘推力/kN	掘进速度/(m/h)
4.5	>21000	2.2	6	19500～21000	2.6
5	>21000	2.4	7	19500～20500	2.8

以上的掘进参数匹配值是刀盘转速与刀盘推力之间的参数匹配，在刀盘转速固定时，在对应的刀盘推力下掘进速度最快。当刀盘转速较低时，刀盘振动小，刀盘推力是影响贯入度的关键因素，贯入度值随着刀盘推力值的增大而增大，掘进速度也随着刀盘推力的增大而增大，在低转速时较大的刀盘推进力可以获得较大的掘进速度。刀盘转速为 6r/min，当刀盘推力大于 19500kN 时，刀盘推力值的变化对贯入度值影响不明显，掘进速度值变化较小，此种情况下刀盘推力值略大于 19500kN 是最佳的掘进参数选择。刀盘转速为 7r/min 时，刀盘转速较高，刀盘推力大于 20500kN 时刀盘振动剧烈，刀盘的振动影响滚刀的破岩过程，贯入度值受到刀盘振动的影响呈现下降趋势，掘进速度也随着刀盘推力的增加而减小。

9.4.4 掘进速度和能耗指数的掘进参数匹配

根据以上研究，最大掘进速度和最省能量掘进参数汇总见表 9.4－4。根据此表，可选择最佳的刀盘推力和刀盘转速匹配。

上述方法可以依据前期 TBM 掘进数据，获得不同围岩条件下快速掘进的掘进参数匹配，为后续 TBM 掘进提供参考依据。

表 9.4-4 掘 进 参 数 汇 总

刀盘转速 /(r/min)	最省能量参数匹配		掘进速度最快参数匹配	
	刀盘推力/kN	能耗均值	刀盘推力/kN	掘进速度/(m/h)
4.5	20500~21000	434	>21000	2.2
5	20000~20500	391	>21000	2.4
6	18500~19500	376	19500~21000	2.6
7	17000~20000	442	19500~20500	2.8

9.5 20in 盘形滚刀应用技术研究

随着我国水利、水电、铁路、公路、石油燃气输送管道等基础建设项目的大规模展开，越来越多深埋长大隧道需要采用 TBM 进行施工，而盘形滚刀是 TBM 破岩的核心关键部件，开发更高性能的盘形滚刀和探索 TBM 刀具磨耗规律，一直是 TBM 领域不断研究的重要项目。然而，由于各工程 TBM 直径和围岩条件不同，各厂家刀具性能也存在较大差距，已有试验室模拟和理论刀具寿命预测模型与实际 TBM 掘进刀具消耗存在很大差异，缺乏大量实际不同围岩工程刀具磨耗数据的积累。

目前，高性能 TBM 盘形滚刀的研发方向之一就是增大滚刀直径，采用更大直径的盘形滚刀。其主要目的为增大滚刀刀圈的允许极限磨损量，提高刀圈的磨损寿命，减少换刀次数，从而提高 TBM 的掘进作业利用率和掘进进度。

20 世纪八九十年代普遍采用 17in（432mm）盘形滚刀，21 世纪初在辽宁大伙房水库输水工程 TBM 施工中我国首次采用 19in（483mm）盘形滚刀，取得很好的应用效果。最近几年，国外 20in（508mm）大直径盘形滚刀问世，迄今仅有几例 TBM 工程应用，但还没有其使用效果和磨耗数据的公开报道。本研究以依托工程首次使用 20in 滚刀为背景，以 TBM 现场实际掘进采集记录的大量刀具磨耗数据为依据，研究不同围岩条件下 20in 大直径盘形滚刀的磨损和损耗规律，验证大直径 20in 滚刀的使用效果，这对今后 TBM 工程的刀具选型、布置以及寿命和成本预测具有重要参考价值。

研究技术路线：在现场进行岩芯的取样并做单轴抗压强度试验和 CERCHAR 磨蚀性试验；现场采集记录刀具磨损数据，对各滚刀累计磨损量、换刀次数做统计分析，分析刀具备件的损耗情况以及刀具的失效形式及原因；研究刀具磨损与掘进参数和地质参数的关系。通过分析 20in 滚刀的磨耗情况得到滚刀的磨损规律，并得出刀具磨损与地质参数以及掘进参数之间的关系，提出合理应用技术。

9.5.1 围岩力学性能试验

9.5.1.1 岩石单轴抗压强度试验

1. 试样的获取

在工程施工现场进行岩石取芯，每隔一定的里程选取一组试样。每组试样一般为 3 根，分别在同一桩号的不同位置，岩石较完整、无节理、无裂隙处选取。取样过程如图

9.5-1 所示。

2. 试样的制备

试样制作为圆柱体，直径为 40～50mm，高度为 90～125mm，表面平整。试样是在钻石机、锯石机、磨石机、车床等设备上完成的。

3. 试验过程

岩石单轴抗压强度试验采用 TAW-2000 微机控制电液伺服岩石三轴试验机来进行，如图 9.5-2 所示。该试验机具有轴压、围岩、孔隙水压和温度独立闭环控制系统，试验采用微机控制，可实时显示试验全过程。

图 9.5-1 岩石现场取芯

图 9.5-2 TAW-2000 微机控制电液
伺服岩石三轴试验机

测试环境条件设置为温度 25℃，湿度 60%，最大轴向试验力为 2000kN，最大围压为 100MPa，最大孔隙水压为 60MPa，试验力测量精度和孔隙水流量精度为 ±1%，围压测量精度和孔隙水压测量精度为 ±2%。

4. 试验结果

岩石单轴抗压强度试验结果见表 9.5-1。

表 9.5-1　　　　　　　　　岩石单轴抗压强度试验结果

样品号	岩性	状态	天然质量/g	高度/mm	直径/mm	天然密度/(g/cm³)	弹性模量/GPa	单轴抗压强度/MPa	平均单轴抗压强度/MPa
75327-1	巨斑状花岗岩	天然	331.51	90.26	42.32	2.61	20.8606	100.434	102.0640
75327-2	巨斑状花岗岩	天然	329.50	90.64	42.25	2.59	27.0757	130.693	
75327-3	巨斑状花岗岩	天然	338.00	90.33	42.65	2.62	16.3953	75.066	
75530-2	巨斑状花岗岩	天然	333.01	90.36	42.53	2.59	22.1963	133.054	114.399
75530-3	巨斑状花岗岩	天然	336.37	90.12	42.54	2.63	21.6867	95.744	
73540-2	巨斑状花岗岩	天然	338.34	90.39	42.43	2.65	18.5143	103.613	103.613
75467-2	巨斑状花岗岩	天然	364.48	92.02	42.77	2.76	16.7142	108.139	108.139
75504-1	巨斑状花岗岩	天然	345.05	90.29	42.84	2.65	17.2104	83.073	83.073
75510-1	巨斑状花岗岩	天然	330.04	88.50	42.47	2.63	20.0060	80.305	80.305
75610-1	巨斑状花岗岩	天然	350.71	90.93	42.45	2.72	17.9158	97.435	100.4670
75610-3	巨斑状花岗岩	天然	356.74	91.67	42.42	2.75	16.6817	103.498	

由试验结果可以看出，采集到的巨斑状花岗岩单轴抗压强度为 80～140MPa，较适合掘进，但是也可以看出，每一组的试样中，有些同一桩号下，岩石单轴抗压强度的差异也很大，甚至可以相差 60～70MPa，这可能是由于选取的试样自身存在裂纹裂隙或者是试验过程中存在一些误差所致。因此在分析研究中，根据掘进参数等进行判断，找出相对准确的单轴抗压强度或者取平均值来进行分析。

9.5.1.2 岩石 CERCHAR 磨蚀性试验

1. 试验仪器

岩石 CERCHAR 磨蚀性试验使用的是 ATA－IGG I 岩石磨蚀伺服试验仪，如图 9.5-3 所示。该仪器是目前国内首台、世界先进的岩石 CERCHAR 磨蚀试验仪，过程闭环伺服控制，水平位移速度 1～100mm/min。使用该仪器不但可以进行 CERCHAR 磨蚀试验，测试岩石的 CERCHAR 磨蚀值，还可以研究磨蚀全过程"岩—机"相互作用；采集试验数据的最小间隔为 1ms，能够实时获取钢针的水平位移值、力值、钢针磨蚀值以及岩石凹痕深度。

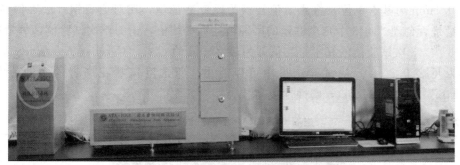

图 9.5-3 ATA－IGG I 岩石磨蚀伺服试验仪

2. 试样制备

磨蚀试验试样为圆柱体，表面平整，为了避免水对试样结构的影响，试样用锯石机切割，采用不加水金刚石切割工艺，测试面用磨石机磨平。

3. 试验过程

（1）钢针在使用前，使用电子显微观测仪检查针尖是否完好，针尖锥角是否为 90°，确认钢针正常之后，截取试验前钢针针尖典型显微图像。

（2）启动电源，打开试验控制软件，并连接试验机伺服控制器，让试验机伺服步进电机以 10mm/min 的速度空转 10mm 后归位，打开测量系统，检查伺服控制器与伺服电机是否正常运行，以及检查位移、力和时间测量是否正常。

（3）安装试件，测试面要水平，固定加持面，旋紧虎钳，固定试样。

（4）安装测试钢针，将钢针夹持固定后，缓缓旋下主机荷重，针尖垂直压在测试面上。

（5）新建试验项目，开始试验。以 10mm/min 的位移速度，使钢针在试样表面上位移 10mm。

（6）慢慢旋离主机荷重，使钢针针尖离开试样表面，打开钢针夹持器，取下钢针。

（7）命名试验项目并保存。

4. 试验结果

将试验后的钢针，放在电子显微观测仪载物台上，调整钢针位置和观测仪焦距，用测量软件测量钢针针尖直径；将钢针沿轴向旋转 120°，再次测量钢针针尖直径；将钢针沿轴向再次旋转 120°，第三次测量钢针针尖直径。记录 3 次钢针针尖直径测量值，并保存测量时钢针针尖图像。

以 0.1mm 为基本单位，将测量值转换为钢针磨蚀值，比对岩石钢针磨蚀值经验表，判断测量是否合理。将 3 个角度测量的磨蚀值计算平均值，记为单次试验值，每个样品表面试验 3 次，3 次试验值的算术平均值即为最终样品的 CAI（Cerchar Abrasivity Index）。试验结果见表 9.5 - 2。从试验结果中可以看出，所选巨斑状花岗岩的磨蚀值大致为 5（0.1mm）～9（0.1mm），磨蚀性较高。

表 9.5 - 2　　　　　　　　　　　　岩石 CERCHAR 磨蚀性试验结果

取芯位置	岩性	试验编号	测量值/μm			平均值	磨蚀指数/0.1mm
			测角 0°	测角 120°	测角 240°		
75610 - 3	巨斑状花岗岩	1 - 1	747.475	887.878	634.658	756.670	6.650
		1 - 2	600.058	562.927	556.967	573.318	
73540 - 2	巨斑状花岗岩	2 - 1	846.316	825.219	868.943	846.826	7.782
		2 - 2	664.247	692.201	772.054	709.500	
75540 - 1	巨斑状花岗岩	3 - 1	810.029	656.124	952.224	806.126	8.130
		3 - 2	879.333	806.811	773.742	819.962	
75467 - 3	巨斑状花岗岩	4 - 1	504.804	498.897	488.665	497.455	4.969
		4 - 2	469.994	470.943	548.212	496.383	
75327 - 1	巨斑状花岗岩	5 - 1	919.102	950.378	827.487	898.989	7.112
		5 - 2	525.532	548.212	496.576	523.440	
75610 - 2	巨斑状花岗岩	6 - 1	629.542	761.400	771.790	720.911	6.520
		6 - 2	532.600	573.212	643.466	583.093	
75510 - 1	巨斑状花岗岩	7 - 1	1005.811	929.545	964.250	966.535	9.092
		7 - 2	815.198	810.029	930.441	851.889	
75504 - 2	巨斑状花岗岩	8 - 1	11.002	538.929	559.183	580.280	5.611
		8 - 2	11.202	538.085	559.183	590.828	

9.5.2　TBM 大直径滚刀磨耗规律

9.5.2.1　刀盘上滚刀布置及滚刀结构

1. 刀盘上滚刀布置

刀盘主要由刀盘主体、盘形滚刀、耐磨板、铲斗齿、进人孔、喷水嘴等组成，刀盘主体由内部加强型重型钢板制成，用铲斗齿铲起岩石碎屑，每个铲斗从切削区铲起岩渣并将其运至机器皮带机系统，然后由皮带机将岩渣运出洞外。刀盘上总共安装 53 把可更换刀圈的盘形滚刀，包括中心刀、正刀和边刀，其中中心刀为 4 把双刃滚刀，用来保持最小的刀间距。正刀有 35 把，边刀有 10 把，均为单刃滚刀，正刀和边刀均采用 20 英寸刀圈；中心刀则采用 17 英寸刀圈。铲斗齿通过螺栓连接到刀盘铲斗上，共有 8 个区，96 个铲斗齿用于铲起掘进时所产生的石渣。刀盘表面布设有 8 个喷水嘴，用来减少掌子面的灰尘并降低刀盘温度。盘形滚刀采用背装式楔块锁定方式安装于刀盘上，滚刀安装顺序自刀盘中心从 1 号到 53 号放射状向外递增，如图 9.5-4 所示。

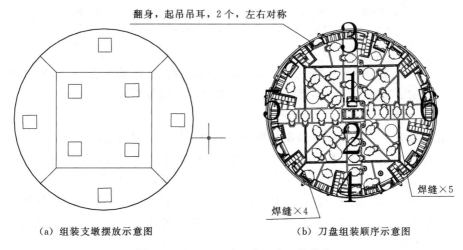

（a）组装支墩摆放示意图　　　　（b）刀盘组装顺序示意图

图 9.5-4　TBM 滚刀在刀盘上的分布

2. 滚刀结构

依托工程项目 TBM 的刀盘直径 8.53m，共装有 53 把盘形滚刀，其中 4 把中心刀为17 英寸双刃滚刀，滚刀直径 432mm，其余 45 把滚刀均为 20 英寸单刃滚刀，滚刀直径为508mm，各滚刀在刀盘上的分布见上图。滚刀主要是由刀圈、刀体、刀轴、轴承、浮动密封、挡圈、端盖和螺母等组成。正刀和边刀有一个刀圈、一个刀体、一对轴承、两组密封、两个端盖，而中心刀有两个刀圈、两个刀体、两对轴承、四组密封和三个端盖组成，如图 9.5-5 所示。

9.5.2.2　滚刀失效形式及原因分析

在依托工程中，统计 TBM 刀具损坏形式及失效原因，将盘形滚刀的失效形式主要分

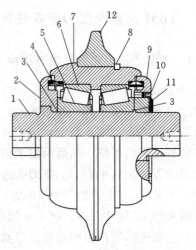

（a）正刀（或边刀）　　　　　　（b）正刀（边刀）结构剖面图

图 9.5-5　正刀（边刀）结构图

1—刀轴；2—下端盖；3—密封圈；4—浮动密封；5—轴承；6—轴承杯；

7—刀体；8—挡圈；9—上端盖；10—磁性油塞；11—螺母；12—刀圈

为正常磨损和非正常磨损两大类。非正常磨损包括刀圈偏磨、轴承损坏、密封损坏、刀圈断裂、刀圈崩刃、刀圈卷刃、刀具漏油、挡圈断裂或脱落等形式。

1. 主要失效形式

（1）正常磨损。刀具的正常磨损是指刀具磨损至极限位置无法继续使用，必须进行更换的刀具磨损。由于 TBM 滚刀连续滚动破岩，刀圈随之磨损，直径也会越来越小，滚刀刀尖逐渐变宽，当刀圈磨损到极限尺寸时，就不能继续使用必须更换新刀。正常磨损的滚刀换下来之后，刀圈不能继续使用，其余各部件均可正常使用。刀具正常磨损在刀具破岩过程中是无法避免的，是滚刀失效的最主要形式，属于正常损坏，因此要设法延长刀圈的寿命，降低 TBM 施工成本。

（2）刀圈偏磨。刀圈偏磨是刀具非正常磨损中较常见的一种，偏磨的最主要原因是轴承损坏，使得刀圈无法正常转动，导致刀圈外圆某一部分磨成平面。偏磨分为一边偏磨和多边偏磨两种，如图 9.5-6 所示。轴承损坏一般分为两种：第一种是由于受到冲击或疲劳损坏，另一种是因密封损坏无法润滑导致的轴承损坏。在 TBM 掘进中一旦出现滚刀偏磨，将会使得与之相邻刀具因受到未被切割断的岩脊的摩擦而产生过载，从而导致相邻刀具同样失效，若未及时发现，依次向外扩展，最终甚至会导致整盘刀具整体失效，将严重影响到施工进度和成本。

一般情况下，边刀的偏磨大部分是由于轴承损坏，而面刀的偏磨则由密封损坏引起的较多，主要原因是浮动密封的 O 形圈损坏，还有一部分是因为轴承的疲劳损坏。另外，当相邻两把刀的磨损量相差较大时，也易发生偏磨，所以，控制相邻滚刀的磨损量差也能减少滚刀的偏磨。

（a）一边偏磨　　　　　　　　　　　　（b）多边偏磨

图 9.5-6　滚刀偏磨实例图

（3）轴承损坏。轴承损坏主要是轴承受到过大的作用力而引起的，如图 9.5-7 所示。轴承损坏的其他原因包括：因使用时间过长引起的轴承疲劳损坏；因浮动密封损坏使得岩渣等杂物进入刀具内部引起轴承磨损。由滚刀的失效形式分析可看出，轴承损坏在刀具损坏中占的比例较大，所以必须对这点引起重视。

（4）密封损坏。TBM 刀具的浮动密封包括两部分：金属环和橡胶圈。失效原因主要包括两方面：润滑油里有金属粉末，因轴承损坏而产生的金属粉末进入密封面；橡胶圈硬化失去弹性。浮动密封损坏如图 9.5-8 所示。

图 9.5-7　轴承损坏　　　　　　　　　　图 9.5-8　浮动密封损坏

（5）刀圈断裂。刀圈断裂是由于掘进过程中有大的岩块掉落，或者掌子面围岩变化较大时，或者铲斗齿等其他部件掉落而卡在滚刀刀刃和岩面之间，都将导致刀圈断裂。另外，滚刀的刀圈在安装之前都要在烤箱内加热到一定温度再套在刀体上，刀圈与刀体之间是过盈配合，若过盈量太大也会造成刀圈断裂，如图 9.5-9 所示。一般刀圈断裂的情况不多。

（6）刀圈崩刃和卷刃。刀圈崩刃指的是刀圈上有大片掉落，主要是在特殊地质条件下掘进时刀刃受到强冲击所致。当隧道围岩强度比较大时，刀圈与围岩之间就需要较大的接触力，此时表面就容易出现崩刃，如图9.5-10所示。若刀圈材料较硬或者较脆，在TBM掘进过程中，刀圈表面也容易崩刃。崩刃的原因主要是硬度高，而卷刃的原因是硬度低。当隧道围岩强度较大时，TBM所需的推进力也相应增大，使得刀具受力较大，引起刀具的卷刃，或者当刀圈材料较软而韧性不够造成的刀圈卷刃，如图9.5-11所示。在刀具失效情况中，刀具崩刃或卷刃所占的比例为1‰左右，占刀具失效的比例较小。这在一定程度上说明依托工程刀具供应厂家的刀具综合性能比较好。

图9.5-9　刀圈断裂

图9.5-10　刀圈崩刃

图9.5-11　刀圈卷刃

（7）挡圈断裂或脱落。挡圈也叫开口环，在安装刀具时若挡圈焊接不牢靠，掘进过程中就很容易断裂或脱落；当前方掌子面岩石条件不太好时，会有大石块掉落，挡圈也易在焊接接口处发生断裂，如图9.5-12所示。挡圈的损坏很容易引发刀圈松动，当刀圈松动时就必须及时卸下并安装新刀圈，否则很可能会造成整刀的损坏甚至影响其他滚刀。在刀具维护检查时，需要对挡圈进行认真检查，一旦发现脱焊需及时进行焊接。

（8）刀具漏油。刀具漏油的原因总结起来有以下三个方面：①由于围岩情况发生较大变化，如遇到发育的断层破碎带，或者因为TBM司机的操作原因，一次性调向过多或推力过大，以及不合理地换刀导致密封失效；②刀盘喷水不良导致轴承和润滑油温度过高；③掌子面岩石情况较差，一些较大的石块掉落，卡在滚刀与掌子面之间，使刀具密封因冲击载荷而失效。

2. TBM滚刀失效原因统计分析

以依托工程的TBM4为例，掘进4210.70m后，刀具磨损损耗情况统计如图9.5-13

所示。由图可以看出在刀具失效情况中，刀具的正常磨损是主要原因，因此展开 TBM 刀具磨损情况统计分析对刀具寿命预测具有十分重要的价值。

图 9.5 - 12　挡圈断裂

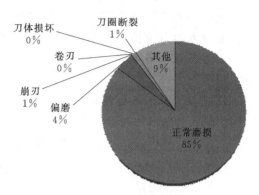

图 9.5 - 13　刀具磨损损耗情况统计图

依托工程的正常磨损换刀占比 85％，与其他工程相比，处于较高水平，说明刀具本身质量和使用维修技术水平较高。

9.5.2.3　滚刀磨耗数据采集及磨损规律分析

在 TBM 掘进过程中，必然伴随着刀具的磨损，并且安装在不同位置上的滚刀的磨损量也不同。本台 TBM 刀盘上，1～8 号刀位安装中心刀，每把的极限磨损量为 25mm；9～43 号刀位安装面刀，每把的极限磨损量为 35mm；44～53 号刀位安装边刀，其中 44～46 号的极限磨损量为 25mm，47～51 号的极限磨损量为 19mm，52～53 号边刀的极限磨损量为 12mm。

1. 刀盘各刀位换刀次数累计分析

在 TBM 现场，每天对刀盘进行检查，并填写记录表，其中包括各个刀位上刀的磨损量、更换情况、更换原因等，然后将刀具记录表整理为电子版进行统计分析。依托工程的 TBM4 掘进 4167m，刀盘各刀位换刀次数的统计分析，如图 9.5 - 14 所示。

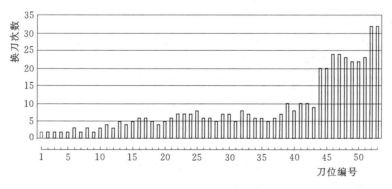

图 9.5 - 14　掘进 4167m 刀盘各刀位累计换刀次数

从图中可以看出，刀盘各刀位的换刀次数不是均匀的，总体趋势为：从刀盘中心依次向外，换刀次数随着刀位号的增大而逐渐增加。掘进 4167m，中心刀累计换刀 18把，面刀累计换刀 215 把，边刀累计换刀 242 把。由此得出，中心刀平均每个刀位换刀2.25 把，面刀平均每个刀位换刀 6.14 把，边刀平均每个刀位换刀 24.2 把。在掘进过程中，边刀换刀的频率最高，磨损最严重，面刀次之，中心刀磨损较少，可见，距离刀盘中心越远的刀位换刀次数越多。这主要是因为在掘进中，刀盘每转一圈，不同刀位上的滚刀运行轨迹不同，越远离刀盘中心的滚刀运行轨迹越长，磨损越大，所以换刀次数也会越多。

2. 刀盘各刀位累计磨损量分析

根据每天整理记录的刀具表，对依托工程的 TBM 掘进 4167m 中，刀盘各刀位滚刀的磨损量进行统计分析，如图 9.5 - 15 所示。

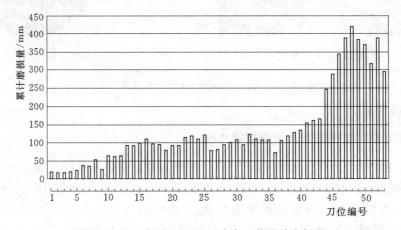

图 9.5 - 15　掘进 4167m 刀盘各刀位累计磨损量

由图 9.5 - 15 可见，刀盘各个刀位上滚刀累计磨损量的大致趋势为：距离刀盘中心越远的刀位，其上的滚刀磨损量也随之越大。在掘进的 4167m 中，中心刀累计磨损230mm，面刀累计磨损 3599mm，边刀累计磨损 3442mm。由此得出，平均每把中心刀磨损量为 28.75mm，平均每把面刀磨损量为 102.83mm，平均每把边刀磨损量为 344.2mm。

根据总掘进长度和各刀位刀具的换刀次数，可以得出各刀位每把刀在极限磨损范围内（中心刀 25mm，面刀 35mm，44～46 号边刀 25mm，47～51 号边刀 19mm，52～53号边刀 12mm）的平均掘进长度，如图 9.5 - 16 所示。

综合以上图形可知，刀盘各刀位的累计磨损量和各刀位的累计换刀次数大致趋势是一致的，而与各刀位刀具的平均掘进长度趋势恰恰相反，这些都与刀具距刀盘中心的距离有关系。也可以根据这几个图分析预测各刀位刀具的寿命。

3. 刀盘上不同类型刀具磨损量分析

根据刀盘各刀位刀具的累计磨损量可以得出各个类型刀具平均每延米磨损量。

掘进 4167m 时，刀盘各个类型刀具平均每延米磨损量如图 9.5 - 17 所示。从图中可以看出，中心刀、面刀、边刀磨损量差距很大，中心刀每延米磨损量为 0.007mm，面刀每延米磨损量为 0.025mm，边刀每延米磨损量为 0.083mm，边刀磨损的最为厉害，远远

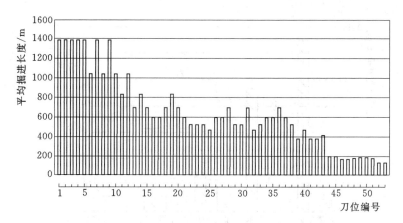

图 9.5-16　刀盘各刀位每把刀平均掘进长度

多于中心刀和面刀，面刀又比中心刀磨损量多。

根据各个类型刀具的换刀次数，可以得出刀盘各个类型刀具的平均掘进长度。

掘进 4167m 时，各类型刀具的平均掘进长度如图 9.5-18 所示，中心刀为 1302m，面刀为 634m，边刀为 169m。可见，每把中心刀的平均掘进长度远远多于面刀和边刀，中心刀的消耗比较少，面刀次之，边刀平均掘进长度最短，消耗最大。

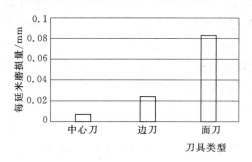

图 9.5-17　各类型刀具平均每延米磨损量

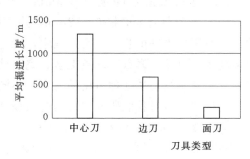

图 9.5-18　各类型刀具平均掘进长度

4. 不同围岩类别下刀具磨损量分析

刀盘上刀具的磨损量与围岩类别有很大的关系。比如在Ⅱ类、Ⅲ类围岩段，岩石比较坚硬、整体完整性比较好，岩石强度比较高，因此，对刀具的磨损也较大；而在Ⅳ类、Ⅴ类围岩洞段，虽然岩石比较软，但是围岩的稳定性较差，容易出现塌方、断层等不良地质情况，因而会增加刀具的非正常损坏。以下研究不同围岩类别洞段对刀具的磨损、损耗情况。

依托工程的所在区段，岩石岩性不变，都是巨斑状花岗岩，分别提取Ⅱ类、Ⅲ类、Ⅳ类、Ⅴ类围岩典型地质段对各个类型的滚刀磨损量进行统计分析。

提取的Ⅱ类围岩 576m，Ⅲa 类围岩 413m，Ⅲb 类围岩 324m，Ⅳ类围岩 30m，Ⅴ类围岩 23m。比较这五类围岩条件下，各类型刀具每延米的磨损量，并进行相关性分析，如图 9.5-19 所示。

图 9.5-19 中，Ⅱ类围岩条件下，中心刀每延米磨损量为 0.013mm，面刀每延米磨

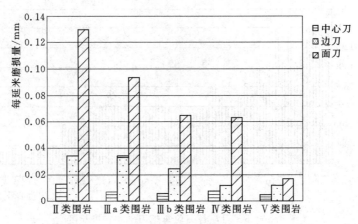

图 9.5 - 19 　 不同围岩类别下各类型刀具每延米磨损量

损 0.035mm，边刀每延米磨损 0.13mm；Ⅲa 类围岩条件下，中心刀每延米磨损量为 0.007mm，面刀每延米磨损 0.033mm，边刀每延米磨损 0.094mm；Ⅲb 类围岩条件下，中心刀每延米磨损量为 0.0066mm，面刀每延米磨损 0.025mm，边刀每延米磨损 0.065mm；Ⅳ类围岩条件下，中心刀每延米磨损量为 0.008mm，面刀每延米磨损 0.012mm，边刀每延米磨损 0.063mm；Ⅴ类围岩条件下，中心刀每延米磨损量为 0.005mm，面刀每延米磨损 0.012mm，边刀每延米磨损 0.017mm。由图可知，相同类型的滚刀，在围岩类别由Ⅱ～Ⅴ类过程中，无论中心刀、面刀还是边刀，每延米的磨损量都是由多变少，可见，岩石节理裂隙多、完整性较差的围岩是更容易掘进的，但是，也要考虑围岩支护及不良地质处理占用的时间。不同围岩类别对刀具磨损量影响是比较大的，且有一定的规律，这对我们研究刀具的磨损损耗具有重要的意义。

　　 5. 不同磨蚀指数下的刀具磨损量分析

　　 TBM 掘进不同里程，岩石的磨蚀指数是有所差异的，从而对刀具的磨损情况也会不同。选取Ⅲ类围岩下不同磨蚀指数的岩石进行研究，如图 9.5 - 20 所示。

　　 从图 9.5 - 20 可以看出，拟合方程为 $y = 0.0145x - 0.0367$，相关系数 $R^2 = 0.9291$。

　　 可见，刀具磨损情况与岩石的磨蚀性具有比较高的相关性，岩石磨蚀指数越高，刀具每延米磨损量也相应地越大。岩石磨蚀指数研究对刀具的磨损具有非常重要的意义。

9.5.2.4　 刀具零件消耗量分析

　　 现场每天对刀盘刀具进行检查记录，并制成电子文档。在掘进的 4211m 中，刀具各备件的消耗情况如图 9.5 - 21 所示。

　　 由图 9.5 - 21 可知，在刀具各零部件的消耗之中，20in 刀圈、挡圈、金属密封组件、轴承的消耗量是最大的，而它们所占刀具的成本也是最高的。20in 刀圈消耗

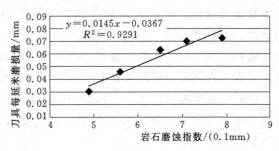

图 9.5 - 20 　 不同磨蚀指数下的刀具每延米磨损量

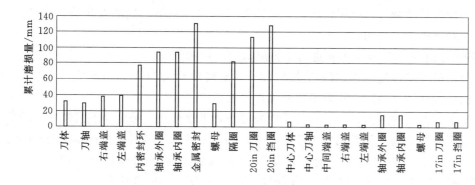

图 9.5 - 21　掘进 4211m 的刀具备件消耗情况

共 113 个，挡圈消耗 127 个，消耗 20in 刀具轴承 94 个，金属密封 130 个，这些是面刀和边刀里消耗最多的部件，在储备备件时应多储存一些。而 20in 刀体、刀轴、端盖、螺母等零件消耗的非常少，储备时可以适当地减少一些。中心刀的消耗中，刀圈、挡圈、刀体各消耗 8 个，轴承消耗 16 个，刀轴、端盖、螺母各消耗 4 个。可见，中心刀的消耗比较少。刀具各备件每千米的消耗数见表 9.5 - 3。

表 9.5 - 3　　　　　　　　　　　刀具各备件每千米消耗数

刀具备件名称	每千米消耗个数	刀具备件名称	每千米消耗个数
刀体	8	20in 挡圈	30
刀轴	7	中心刀体	2
右端盖	9	中心刀轴	1
左端盖	9	中间端盖	1
内密封环	18	中心刀右端盖	1
轴承外圈	22	中心刀左端盖	1
轴承内圈	22	中心刀轴承外圈	4
金属密封	31	中心刀轴承内圈	4
螺母	7	中心刀螺母	1
隔圈	19	17in 刀圈	2
20in 刀圈	27	17in 挡圈	2

9.5.3　刀具维修工艺规程及关键技术

　　刀具在 TBM 掘进过程中是直接破岩工具，消耗量大。因此，通过对刀具的维修、安装、拆卸等工艺规程的研究，旨在提高刀具零件的利用率，降低刀具消耗量，从而降低施工成本和减少换刀时间。

9.5.3.1　拆解或非拆解维修方法选择判别准则

　　对于更换下来的刀具，第一步要记录其刀具号和滚刀类型，判断其是完全失效还是非完全失效；第二步判断刀圈是正常磨损还是非正常磨损；第三步对其进行旋转测试，判断其是旋转均匀、波动，还是很难转动；第四步进行气压测试，判断刀体是否漏气。最后，综合各项结果决定刀具的维修方法。

　　TBM 在掘进 4315m 后刀具进行旋转测试的统计如图 9.5-22 所示。从图中可以看出从刀盘换下的刀具，旋转均匀的占比为 28%，旋转波动为 30%，很难或转不动为 42%。针对不同的旋转测试结果，采取不同的维修方法。

　　对于旋转均匀的刀具，一般是直接更换刀圈，继续使用，或更换润滑油和刀圈后继续使用。对于旋转波动、很难或转不动的刀具，则需要拆卸，然后根据具体情况判断是更换密封、轴承还是只更换密封。对于波动和很难或转不动的刀具，还需进行气压测试。TBM 在掘进 4315m 后对刀具进行气压测试的统计如图 9.5-23 所示。

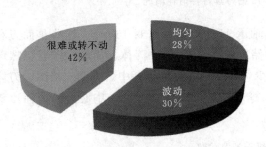

图 9.5-22　掘进 4315m 后刀具
旋转测试统计图

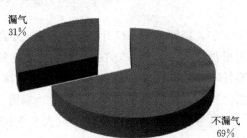

图 9.5-23　掘进 4315m 后拆卸刀具
气压测试统计

　　从统计图上可以看出，刀具不漏气占到 69%，漏气占 31%，对于不漏气的刀具，可以确定刀具密封较好，轴承没有损坏。而对于漏气的刀具，表明刀具密封性不好，存在漏油现象，一般情况下，轴承已经损坏，此时必须更换浮动密封和轴承。

　　TBM 在掘进 4315m 后，针对不同刀具旋转测试和气压测试所确定的刀具维修方式统计，如图 9.5-24 所示，图中 A 维修方法表示换油、换新刀圈、最终测试；C1 维修方法表示拆开、清理受损部分，（换新刀圈），换密封，最终测试；C2 维修方法表示：拆开、清理受损部分，（换新刀圈），换密封和轴承，最终测试。

　　从图 9.5-24 可以看出，刀具采用 C1 维修方法较多，更换密封、刀圈，占到 68%，这正是刀具浮动密封消耗量大的原因。而 A 方法仅更换刀圈，所占比例为 11%，说明刀具一般都需要拆开检查，这样就增加了刀具维修的时间。而采用 C2 维修方法，即更换密封、轴承、刀圈，也占一定比例。这说明刀具的非正常损坏，在刀具损坏中也占一定比例。必须充分分析刀具失效的形式及失效原因，尽量减少刀具的非正常损坏，这样就降低了刀具的维修成本，增加了刀具的寿命。

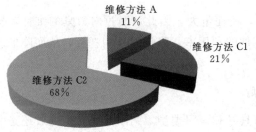

图 9.5-24　掘进 4315m 后刀具维修方法统计

9.5.3.2　刀具拆卸工艺规程

　　通过对引水隧洞现场刀具装拆的总结分析，得出刀具拆卸规程如下：

　　（1）首先对运进刀具库的刀具记录刀号。测试刀圈是否转动正常并测量其扭矩；进行气压测试，测试刀具是否漏气，若漏气则为漏油，一般轴承会损坏，刀圈偏磨，刀圈根本转不动。如果刀圈偏磨，则一般可判断刀具损坏形式为刀具漏油、密封损坏、轴承损坏，甚至损坏的轴承会磨损刀轴。

（2）刀具放油，如图 9.5-25 所示。

（3）切割刀圈，也可以拆卸完后再切割刀圈，如图 9.5-26 所示。

图 9.5-25　刀具放油

图 9.5-26　切割刀圈

（4）将刀具吊装到压力机工作台上，准备拆卸。

（5）首先卸掉大螺母，去掉浮动密封等；卸下吊环，将中心刀移至压力机工作台中间；卸下上端盖、浮动密封、刀轴，如图 9.5-27 所示。

（6）将刀圈连同刀体一起运至指定位置，准备切割刀圈，如图 9.5-28 所示。

图 9.5-27　卸下刀轴

图 9.5-28　卸开后的刀体

（7）拿出刀轴，去掉其上的 O 形圈。

（8）对拆下的零件准备用电刷清理油污并涂油、擦拭，如图 9.5-29 所示。

（9）分别擦拭端盖、螺母、刀轴等，并涂油准备再用在新刀上。

9.5.3.3　刀具装配工艺规程

1. **刀具安装程序**

通过对隧洞施工现场刀具安装过程总结分析，得出刀具安装程序如下：

（1）加热刀圈 30min 左右，在刀体内装上轴承杯。刀圈与刀体之间是过盈配合，将刀圈加热有助于装进刀体，如图 9.5 - 30 所示。

图 9.5 - 29　拆开刀具后的各零件

图 9.5 - 30　加热刀圈

（2）将加热的刀圈放入刀体内，并焊接卡环。焊接卡环时要加必要的防护措施，防止损坏刀圈，如图 9.5 - 31 所示。

（3）在刀轴与下端盖接触处放置 O 形圈，如图 9.5 - 32 所示。

图 9.5 - 31　焊接卡环

图 9.5 - 32　安装 O 形圈

（4）安装下端盖，此时下端盖安装必须与刀轴接触良好、充分，密封要好，如图 9.5 - 33 所示。

图 9.5 - 33　安装端盖

（5）将加热后的轴承体安装在下端盖处，因为轴承与轴是过盈配合，轴承体加热要充分，这样容易安装，如图 9.5 - 34 所示。

（6）在下端盖和刀体一端安装浮动密封，并通过刀轴接触。此时要注意安装时防止碎屑进入密封面，影响刀具寿命。

（7）装入刀体，如图 9.5 - 35 所示。

（8）上端盖和刀体内都装上浮动密封，然后通过刀轴相接触，如图 9.5 - 36、图 9.5 - 37 所示。

（9）拧紧螺母，对刀具进行气压测试，测

试刀具的密封性，如图 9.5 - 38 所示。

（10）若经测试不漏气，拧紧磁性油塞、螺母，并对刀具注油，如图 9.5 - 39 所示。

图 9.5 - 34　安装轴承

图 9.5 - 35　安装刀体

图 9.5 - 36　安装另一个轴承

图 9.5 - 37　安装端盖

图 9.5 - 38　气压测试

图 9.5 - 39　刀具注油

图 9.5-40　旋转刀具

图 9.5-41　扭矩测试

（11）注好油后旋转圈，使油液在刀具内混合均匀，如图 9.5-40 所示。

（12）通过反复调整螺母，调节刀圈的旋转扭矩到规定的范围，如图 9.5-41 所示。

（13）测试、装配完成后，放置到规定位置，备用。

2. 刀具装配过程中几个必须把握的关键技术

（1）装配过程中的轴承密封测试与控制。刀具在安装过程中，密封很重要。如果刀具安装时密封不好，则容易出现刀具漏油，岩屑、铁屑等进入刀具内部造成轴承损坏，此时必须更换刀具，将影响掘进速度。刀具的密封主要有两处：端盖与刀轴处通过 O 形圈密封，端盖与刀体通过浮动密封进行密封。另外在刀具结合处加密封油脂等防止外部细小颗粒进入刀具内部。因此在装配好刀具后，需要对其进行气压测试，以确定其密封性能。

（2）装配过程中刀圈过盈配合及加热控制。刀具的安装精度对刀具的使用寿命有很大影响。装配刀具时主要配合有：刀圈与刀体的过盈配合，轴承体与刀轴的过盈配合，浮动密封处的紧密接触，以及刀体与刀轴处的安装精度等。因此在装配刀圈时，需要先对其进行加热，使得刀圈有一定的膨胀量，方便装入刀体。当刀圈冷却后，就会与刀体产生过盈配合。另外刀具的装配一定要满足设计精度要求，以保证刀具正常使用。

（3）装配过程中轴承预紧和刀具转矩的调整控制。主要是因为刀具冲击振动的工作环境决定了刀具需选用预紧轴承，即装配时消除轴承内部游隙，并产生一定预紧变形。轴承预紧程度是通过测试刀具自由转动所需旋转扭矩来衡量的。刀圈的旋转扭矩对刀具的破岩效率及刀具的磨损有一定的影响。一般情况下，在硬岩时应调整较大的扭矩，而软岩时应相应调小扭矩，这样更加有利于刀具破岩。因此根据不同的地质条件，适度调节刀具扭矩，对刀具破岩和降低刀圈磨损十分有利。在具体调节刀具扭矩时，需要刀具装配人员具有较好的装配经验，通过适度调节螺母预紧度来调节刀具扭矩。

9.6　TBM 洞内组装新技术

TBM 洞内组装与步进新技术包括 TBM 组装工艺流程、组装洞室设计与施工、步进和始发新技术、刀盘拼装技术、步进滑板技术。

长大隧道多数埋深较大，常采用多台 TBM 分段进行施工。因此，大多数 TBM 为洞内组装形式。受洞内组装场地及空间限制，对组装进度影响较大，需合理安排 TBM 组装顺序和工法，采用快速步进方法等，是 TBM 洞内组装的关键问题。通过依托的工程项目实践，针对敞开式 TBM 洞内组装与步进进行了研究，形成相应的新技术。

与传统的"车间整体组装"模式不同，研究了"与工地组装协调的车间部分组装调试"新模式的 TBM 工地组装技术，即 TBM 主机及后配套主要部件在车间组装调试，部分组装调试后发往现场进行组装，根据其车间发货特点的时间和顺序，按 TBM 结构对其组装划分阶段，以适应"车间部分组装调试"模式。该技术方法特点为：①组装工序衔接紧密。TBM 设备在工厂进行车间组装、调试，部分构配件组装调试后，根据工地组装顺序陆续发货，形成边车间拆卸边洞内组装的施工状态，从而保证了组装期间各工序的紧密衔接。②刀盘焊接国产化。将"焊前预热、小热输入、多层多道焊工艺焊接"应用于刀盘焊接，焊接质量满足检测要求，从而打破了以往必须采用国外焊接技术的垄断性。③步进速度快。本工法采用"摩擦差原理的平面底板滑行式 TBM 装置"及步进技术方法，1.8m 循环步进只需 10min，每天可实现 150m 左右的步进速度。本工法适用于敞开式、大直径 TBM 的洞内组装。

9.6.1 TBM 洞内组装工艺流程

TBM 整机长度为 155m，TBM 组装洞室长度只有 80m，受组装洞室空间限制，以及根据工厂组装、调试及发货计划，TBM 组装分五个阶段进行，第一阶段为后配套组装，第二阶段为主机组装，第三阶段为连接桥架组装，第四阶段进行整机及液压、电气管路等的连接，第五阶段进行整机调试。TBM 组装工艺流程如图 9.6 - 1 所示。

9.6.2 组装洞室设计与施工

9.6.2.1 组装洞室设计

TBM 洞内组装扩大洞室布置在其掘进施工段始发端，并布置有施工支洞，利用该支洞进行其开挖、出渣等施工，包括组装洞室、通过洞、出发洞及施工服务区。组装扩大洞室布置如图 9.6 - 2 所示。

9.6.2.2 组装洞室开挖施工

开挖采取分层、分段、光面爆破法施工，其中组装洞室为 TBM 的组装场地，断面结构复杂，施工周期长，由支洞进入扩大洞施工后，形成支洞上、下游两个工作面施工，以缩短扩大洞室施工工期，为组装洞室混凝土施工及桥式起重机安装做准备。

9.6.2.3 桥式起重机行走轨道设计施工

组装洞室为 TBM 主机及后配套提供组装场地及空间，其组件的吊装主要使用组装洞室内桥式起重机完成，桥式起重机行走轨道安装在边墙混凝土或岩壁吊车梁上。根据洞室地质、围岩情况，在围岩类别为Ⅱ类或完整性较好的Ⅲ类围岩，多采用岩壁吊车梁形式，通过岩壁上的锚杆承受吊车梁的拉力及压力，其施工工期短；在洞室围岩

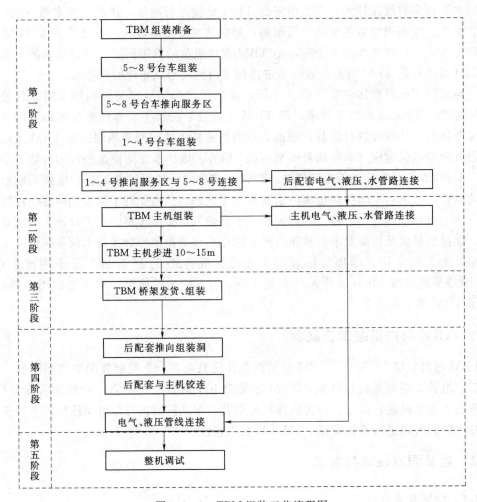

图 9.6-1 TBM组装工艺流程图

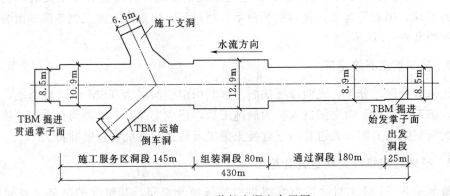

图 9.6-2 组装扩大洞室布置图

完整性差、不宜开挖成吊车梁岩壁时采用边墙混凝土形式，其衬砌施工工期长，多采用分层、分段法进行浇筑。

9.6.2.4　组装场地硬化及导向槽设计施工

TBM 组装扩大洞室内铺设 30cm 厚 C30 混凝土，在铺底混凝土施工时，同时进行预留 TBM 步进导向槽，位步进装置的底板导向轮提供左右导向和限位。导向板底部两个导向辊柱外径为 29cm，高 24cm，根据其结构尺寸，确定导向槽尺寸为深 25cm，宽 30cm。

9.6.2.5　桥式起重机选择与安装

根据 TBM 最大重量部件刀盘重量为 167t，考虑 1.1～1.2 倍的安全系数，选用 2×200t＋20t 桥式起重机进行 TBM 大件的安装，同时配备 1 台 20 桥式起重机用于安装小型部件，两台桥式起重机可同时进行安装作业。

桥式起重机安装要求包括严格控制轨道实际中心线与安装基准线的重合度允许偏差、轨距允许偏差、两根轨道相对标高允许偏差等；静载试验最多重复 3 次后主梁无永久变形，静载试验后主梁上拱度不小于 30mm；以 110％的额定载荷进行动载试验，同时启动、起升、运行。反复运转，试验时间应大于 1h；每次试验后检查起重机无裂纹、连接松动、构件损坏等影响起重机性能和安全的缺陷。

9.6.3　构件摆放

TBM 部件进场顺序决定了其在洞内的摆放及组装顺序和便利性，同时 TBM 的组装顺序也制约着供货商的发货顺序及进度，洞内部件的摆放根据 TBM 组装顺序及发货顺序进行布置，主要考虑主机大件的摆放，其他主机组件体积较小，可随大件的安装运输进洞或摆放在相应大件旁（主机大件组装洞内摆放见图 4.2-1）。

9.6.4　后配套组装流程及技术方法

TBM 后配套由 8 节台车组成，台车上摆放有风、水、电动力供应系统、辅助作业工序设备、安全设施及生活设施，总长为 87m。TBM 后配套分两部分进行组装，进场台车组件堆放在靠服务区端的组装洞室内，台车的组装在靠通过洞端的组装洞室内进行。

后配套组装顺序为：5～8 号台车进场组装→销轴连接→推向支洞下游服务区→1～4 号台车进场组装→销轴连接→推向支洞下游服务区→1～8 号台车连接→电气、液压、管路系统。单节台车组装流程：下层平台与轮组预组装→起吊至钢轨上→支撑平台→校核平台高度、间距、水平度→上层平台立柱、角撑→下层平台附属设备、设施→上层平台→上层平台附属设备、设施。台车组装顺序和流程如图 9.6-3～图 9.6-6 所示。

第一步：行走轮组与下层右平台及下层左平台进行连接、紧固，如图 9.6-3 所示。

第二步：桥式起重机将下层左、右平台吊至组装区预先铺设完成的 43kg 钢轨上，使用枕木或千斤顶支撑平台，并调整平台高度、水平度，以及左、右两平台距离，如图 9.6-4 所示。

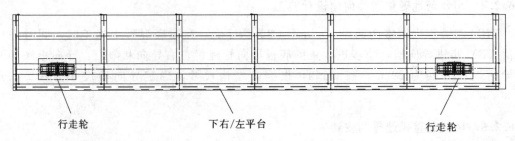

图 9.6－3 行走轮组与下层左（右）平台组装

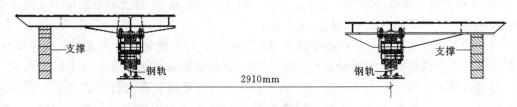

图 9.6－4 下层平台定位

第三步：下层平台组装及就位后，吊装上层平台支柱、角撑以及吊装下层平台附属设备、护栏等设施，如图 9.6－5 所示。

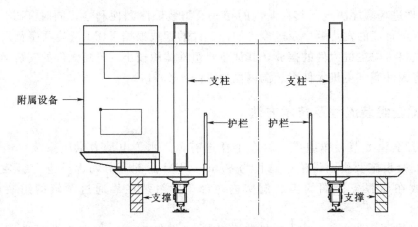

图 9.6－5 下层平台附属设备组装

第四步：上层平台分为左、中、右三块，预拼接完成后，使用桥式起重机将其整体吊装至已经与下层平台连接、紧固好的支柱上，最后吊装上层平台附属设备，如图 9.6－6 所示。

第五步：后配套第一阶段组装完成的 5～8 号采用销轴连接后推向支洞下游服务区，在 1～4 号台车组装完成后推向支洞下游服务区并与 5～8 号台车采用销轴连接成整体，同时对台车上的风筒、水、气管路进行连接。

第六步：后配套机械结构组装完成后，在支洞下游服务区内开始组装 TBM 后开始进行后配套照明设施的安装，其次进行后配套内液压、电气等线路连接。

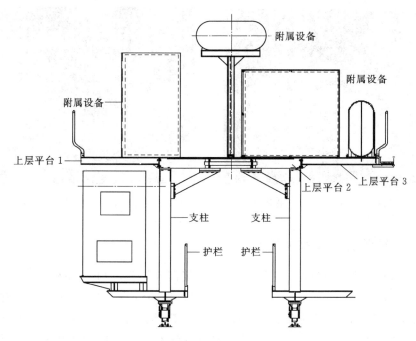

图 9.6-6　上层平台及附属设备组装

9.6.5　主机组装流程及技术方法

　　TBM 主机的安装，首先应以主机的大构件拼装为主，如图 9.6-7 所示，然后根据先主机部件后辅机部件、先主要结构件后零碎构件、先零件后部件、先内部后外部、先下层后上层的安装顺序进行组装，最后再考虑走台、盖（踏）板、扶梯、护栏、传感器元件、控制元件以及信号线路、强电线路、液（气、水）压管路的布设，如图 9.6-8 所示。

图 9.6-7　TBM3 洞内机头架安装

图 9.6-8　TBM3 主梁及支撑系统安装

　　在主梁前段、后段及后支撑分别完成与前一部件连接后，须对其各自的后端进行临时支撑，支撑可采用型钢或钢管等材料组合支撑。刀盘中心块与 4 个边块的拼装、焊接可随主机部分同时进行，如图 9.6-9 所示。在不发生冲突的前提下，可以根据现场条件灵活调整主机附件的安装，穿插进行，以提高安装效率，节约安装时间，如图 9.6-10 所示。

图 9.6－9　TBM3 刀盘吊装　　　　　图 9.6－10　TBM4 组装洞室及洞内安装

9.6.6　桥架组装流程及技术方法

　　1 号、2 号桥架共长 43m，根据刀盘及机头架摆放位置，TBM 主机组装完成后，80m 长组装洞室剩余空间长度为 37m，不能满足 2 号桥架的组装，因此，在刀盘吊装完成后将辅助泵站与导向板上的步进油缸连接，将 TBM 主机部分通过洞段方向步进 10～20m 后再进行 1 号、2 号桥架的组装。1 号、2 号桥架钢构框架组装完成后，其附属设备可与主机上的附属设备采用 1×20t 桥式起重机及 20t＋2×100t 桥式起重机同时进行组装。

9.6.7　整机连接技术方法

9.6.7.1　螺栓标准等级及拧紧力矩标准

　　螺栓标准等级及拧紧力矩标准见表 9.6－1。

表 9.6－1　　　　　　　　　　　　　螺栓标准等级及拧紧力矩标准

螺栓规格（粗牙公制螺纹）	强度等级 8.8			强度等级 10.9			强度等级 12.9		
	夹持荷载/N	扭矩		夹持荷载/N	扭矩		夹持荷载/N	扭矩	
		lb·ft（磅·英尺）	N·m		lb·ft（磅·英尺）	N·m		lb·ft（磅·英尺）	N·m
M6	9280	6.4	8.6	13360	9.2	12.4	15600	10.7	14.5
M8	16960	16	21	24320	22	30	28400	26	35
M10	26960	31	42	38480	44	60	45040	51	70
M12	39120	54	73	56000	77	104	65440	90	122
M14	53360	85	116	76400	122	166	89600	143	194
M16	72800	133	181	104000	190	258	121600	222	302
M18	92000	189	257	127200	262	355	148800	306	415
M20	117600	269	365	162400	371	503	190400	435	590
M24	169600	465	631	234400	643	872	273600	751	1018
M30	269600	925	1254	372800	1279	1734	435200	1493	2024

螺栓规格 （粗牙公 制螺纹）	强度等级 8.8			强度等级 10.9			强度等级 12.9		
	夹持 荷载 /N	扭矩		夹持 荷载 /N	扭矩		夹持 荷载 /N	扭矩	
		lb・ft （磅・英尺）	N・m		lb・ft （磅・英尺）	N・m		lb・ft （磅・英尺）	N・m
M36	392000	1613	2187	542400	2232	3027	633600	2608	3535
M39	468800	2090	2834	648000	2889	3917	757600	3378	4580
M42	根据实际螺钉长度确定								

注　1. 夹持荷载为保证荷载的 80%。

　　2. 因摩擦消耗的扭矩系数为 0.155，可用少许的润滑油润滑，该值适用于螺纹孔和螺钉。

　　3. 在无专用润滑油条件下不能采用上述值。

　　4. 允许的偏差为 ±5%。

9.6.7.2　焊接质量控制技术标准

TBM 上所有构件的焊接必须符合最新版本美国焊接学会（AWS）结构焊接规程（D1.1/D1.1M）。

9.6.7.3　钢丝绳拉力计算

整机连接指 TBM 主机、桥架与后配套的铰连接，即将 TBM 后配套由支洞下游服务区整体推向组装洞室与 2 号桥架尾部铰接，以及包括主机与后配套相对应的液压、电气等管线路的对接。后配套推进前，首先在主机及后配套之间铺设后配套行走钢轨，并加固。后配套的推进可采用卷扬机或采用地锚滑轮配合桥式起重机进行牵引行走，无论采取何种推进方式，钢丝绳的规格应能满足后配套行走所需拉力需求。TBM 后配套重量为 430t，则钢丝绳所能承受的最小拉力 F：

$$F = \mu mg$$

式中：F 为后配套行走所需牵引力，N；m 为后配套质量，kg；g 为重力加速度，取 9.8N/kg；μ 为摩擦因数，取 0.05。

经计算，后配套行走所需最小牵引力，即钢丝绳所需满足的最小拉力为：

$$F = 0.05 \times 430000\text{kg} \times 9.8\text{N/kg}$$
$$= 210.7\text{(kN)}$$

9.6.8　整机调试主要内容及方法

TBM 集开挖、支护等系统于一身，其调试需分阶段、分结构功能进行，主要包括支撑系统、推进系统、供电系统、液压系统、主驱动系统、润滑系统、控制系统、支护系统、供水系统、输送及运输系统、吊运系统、导向系统等。调试过程中详细记录各个系统的性能参数，对不符合要求的结构部位查找原因并采取纠偏措施，以保证整机性能达到设计要求，在各个系统调试完成后，最后对 TBM 进行整机空载运行，测试整机性能。

9.6.9　组装效果

本 TBM 洞内组装技术，充分合理地利用了组装扩大洞室的有限空间条件，根据

TBM 结构型式灵活调整 TBM 组装阶段及顺序，分结构、分专业组装，在有限洞内空间条件下，TBM 组装全面展开，既平行作业，又交叉作业，提高了 TBM 的组装进度，同时避免了 TBM 组装洞室超长、超宽设计、施工，经济效益明显。

TBM "车间部分组装调试模式" 与扩大洞室开挖平行进行，工厂发货与洞内组装相衔接，TBM 工厂发货后直接进洞组装，避免了大件洞外堆放造成场地占用征地费用及二次洞内倒运费用，同时 TBM 在工厂进行初装、调试后，减少了施工现场零散部件的拼装及调试时间，加快了 TBM 现场组装进度，经济效益明显。

TBM 洞内组装受气候条件影响小，对周围环境无噪声污染，干扰因素少，有利于文明施工及组织管理，形成了较好的环境效益及社会效益。

9.7　大直径 TBM 分块刀盘拼装焊接新技术

刀盘作为岩石掘进机的重要部件之一，具有承受、传递推力和扭矩的功能，其工作性能直接影响到掘进机的作业效率和寿命。刀盘是安装刀具的机座，是岩石掘进机开挖岩石的直接执行机构。一方面刀盘接受来自推进液压缸的巨大推力与 10 个主驱动电机和传动系统传来的强大转矩，并将力传递到滚刀上，实现破岩；另一方面又将作用在刀盘上的所有力，传到刀盘轴承上。刀盘作为岩石掘进机施工中开挖岩石的重要部件，受力非常复杂，磨损、变形及开裂现象在施工中时有发生，以开裂最为频繁和突出。通常，在掘进机施工进行一定距离后都要对其进行裂纹修复，以保证后续正常掘进。

研究的大直径 TBM 分块刀盘拼装焊接技术以依托工程的 8530mm 大直径刀盘地下组装洞室现场组焊为实例。结合多年施工经验，从主客观角度全面分析刀盘掘进过程开裂原因，针对依托的岩石掘进机刀盘，重点对焊接过程进行全面控制，防止了掘进过程中刀盘开裂，通过合理设计焊接工艺，有效解决了刀盘开裂问题。

9.7.1　刀盘总体拼装焊接工艺流程

刀盘总重 175t，外径 8530mm，刀盘主体结构为钢板焊接的钢构件，考虑到运输原因，将刀盘主体结构分块制作，需要在现场地下洞室进行安装调整组成整圆，然后焊接。刀盘共包括 6 个部分，分别为刀盘主体结构、安装刀具的刀座、铲斗和铲齿、用于降尘和刀具冷却喷嘴和旋转接头、进人孔、耐磨设计。刀盘主体结构的边块和中心块在厂内预拼装时采用螺栓连接固定，在现场拼装时采用焊接固定。边块和中心块连接处制作有焊接坡口。耐磨设计是为了保护刀盘主体结构和刀具，包括有刀盘前面的耐磨保护板、耐磨块、刀盘周围耐磨保护条和耐磨保护柱。

依托工程的刀盘主体结构共分成 5 块制作，分为 1 个中心块和 4 个边块，其中中心块为 4800mm×4800mm 正方形形状，每条边的方向分别布置有一个进人孔，即共有 4 个进人孔。进人孔直径为 500mm。边块为弓形。中心块和边块拼装完成后，形成一个直径为 8530mm 的钢构圆盘。

刀盘组装施工流程为组焊场地布置及设备材料准备→刀盘中心块吊装、清扫→边块清扫→按照编号分瓣组装→刀盘焊接保温棚搭设→刀盘掌子面焊缝焊接、着色探伤→保温棚拆除、刀盘翻身→搭设保温棚→刀盘背面焊缝焊接、着色探伤→保温棚拆除→刀盘吊装→清理、喷漆。

9.7.2　保温棚搭设

刀盘焊接作业现场的温度不低于5℃，空气相对湿度不大于80%；焊条、焊剂等焊接材料的储存必须保持干燥，相对湿度不得大于60%；施工现场的平均照明功率不小于15W/m²，但洞内环境满足不了上述要求，故需搭设刀盘焊接保温棚，棚内四周各点的温差不大于3℃。

9.7.3　刀盘焊接

焊前应预热，目的是减小温差，降低焊接应力，防止出现裂纹，并有助于改善接头性能。采用氧气乙炔火焰进行预热，预热范围是接缝及周围100~150mm，并借助测温枪进行监测，预热温度150~200℃。必须注意，定位焊也需预热，预热温度150~200℃。

采用小热输入的多层多道焊工艺焊接，焊枪直线运动、不允许横向摆动，控制每一道焊缝的尺寸，每道焊缝厚度小于等于5mm，减少每道焊缝的热输入量，减小焊接热应力。刀盘焊缝焊道、层数和次序如图9.7-1所示。

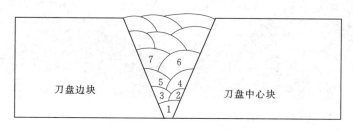

图 9.7-1　刀盘焊缝焊道、层数和次序示意图

操作中还要求控制"着弧点"，尽量偏向 Q345B（刀盘中心块）侧，以减少刀盘边块上的碳及合金耐磨材料的过多熔化进入焊缝而产生的不利影响。焊接刀盘正面和周边时，刀盘正面向上水平放置，由于刀盘焊缝对称分布，将一条焊缝分成2段，采用对称分段退焊法由2个焊工同时呈180°分别对刀盘焊缝施焊。

采用手工电弧［焊条，EASYARCTM-7018（J506Fe）/φ4.0×400mm］对焊缝进行打底焊，分段焊接，每焊完一道，用风铲将焊缝表面的药皮清除掉，避免产生夹渣，减少焊接应力。焊接完成后需要锤顶（整平），再被其他焊缝覆盖需进行检查和验收。具体焊接参数见表9.7-1。

表 9.7-1　　　　　　　　　刀盘焊接参数表

焊接层道	焊接电流/A	电弧电压/V	气体流量/(L/min)	送丝速度/(cm/min)	备注
打底	180~200	28~30	—	—	手工焊
过渡层	280~320	30~34	25	43	
盖面层	240~280	26~30	25	43	

打底焊完成后，用火焰烤枪对焊缝及周围 100～150mm 进行加热，最小预热温度为 110℃，再采用 CO_2 保护焊（药芯焊丝，$\phi1.6mm$，PRIMACORE™MW-71）进行焊缝的填充及盖面焊。每焊完一道，清除焊缝表面的药皮，消除应力。CO_2 保护焊引弧前先按遥控盒上的点动开关或焊枪上的控制开关将焊丝送出枪嘴，保持伸出长度 10～15mm。

焊接时，采用"预热＋小热输入＋后热处理"的工艺来解决冷、热裂纹问题；多层多道焊工艺焊接时，要求焊枪直线运动、不允许横向摆动，控制每道焊缝的尺寸，每道焊缝厚度小于 5mm，减少每道焊缝的热输入量，减少焊接热应力。为了降低热影响区粗晶化所造成的不利影响，采用小的焊接热输入。多层多道焊时，由于后一道焊缝是对前一道焊缝和热影响区进行加热，相似于正火作用，可改善组织、细化晶粒。焊缝的塑性和韧性得到改善。

在焊前、焊接过程中，以及焊接结束时，焊接部位的温度与焊件预热温度基本保持一致，并将实测预热温度做好记录。刀盘边块正面对接缝焊接如图 9.7-2 所示，刀盘背面中心块与边块对接缝焊接如图 9.7-3 所示。

图 9.7-2　刀盘边块正面对接缝焊接　　　　图 9.7-3　刀盘背面中心块与边块对接缝焊接

焊接完毕后及时用氧乙炔对焊缝及周围 100～150mm 进行加热，加热温度 200～250℃，保温在 30min 以上后，立即用保温棉盖上进行保温缓冷。

焊后对焊缝表面进行着色探伤，要求达到《焊缝磁粉检验方法和缺陷磁痕的分级》（JB/T 6061—1992）Ⅱ级标准。

9.7.4　刀盘翻身吊装技术

刀盘焊接完成后总重 175t，吊装采用 2×100t 双钩桥式起重机吊装。

刀盘翻身时，首先在掌子面上分瓣刀盘边块上 4 个对称均布的吊耳安装 $\phi43$ 钢丝绳和 50t 卡环，每个 100t 钩上挂 2 套，起吊刀盘离开支墩的高度为 100～200mm，反复三次检查桥式起重机起升机构的制动抱闸可靠情况，确定制动系统安全无误后方可进行吊装。吊起后，撤出组装支墩，在刀盘下摆放道木，落钩，摘掉钢丝绳与卡环。

桥机开至下游刀盘翻身及挂装吊耳侧，两个小车同时对正吊耳，落钩并调整桥机大车、小车位置，使 2 个 100t 钩分别对正吊耳，安装吊具。吊具为每个吊耳上 2 个 $\phi65$ 的 1m 长钢丝绳环和 1 个 85t 卡环，分别挂在所对应的大钩上。刀盘正面中心块与边块对接调整如图 9.7-4 所示，刀盘翻转如图 9.7-5 所示。

图 9.7 - 4　刀盘正面中心块与边块对接调整　　　　图 9.7 - 5　刀盘翻转

开始起吊，2 个钩同时 1 挡起升 300mm 后停止，静止 10min，无滑钩情况下，1 挡同时起升 2 个大钩，起升过程注意向上游缓慢跟进小车，使大钩不倾斜，始终保持与地面垂直。刀盘转至与地面 80°时，停止一下，待刀盘平稳后，继续 1 挡缓慢起升并跟进小车，要求起升与跟进必须同步，直至刀盘成功翻至 90°状态。

大车向上游缓慢走，1 挡同时缓慢跟进下降 2 个大钩，直至刀盘放置水平，摘钩。

9.7.5　刀盘拼装焊接质量控制技术

工程质量控制标准按《钢结构施工质量验收规范》（GB 50205—2001）、《建筑机械使用安全技术规程》（JGJ 33—2012）和《建筑钢结构焊接技术规范》（JGJ 81—2002）执行。

焊缝包角应按照正确的焊接方法进行围焊，不允许短头焊接，焊工要严格执行焊接工艺，保证焊缝的焊脚尺寸和焊缝成型质量，及时清理焊渣、飞溅，不允许在母材上打火。

焊接过程中，如果焊缝存在裂纹，未焊透、未熔合等严重缺陷时，要及时与质检及技术沟通，研究产生原因，及时确定处理方案，焊工或班组不得私自处理。

焊缝尺寸要求为焊缝余高＋1.5～2mm，焊缝错边小于 1mm。

9.7.6　刀盘拼装效果

采用该技术施工的 TBM 刀盘现场洞内焊接，拼装焊接精度好，刀盘尺寸、焊缝质量、螺栓扭矩都可控制在规范要求范围内，并且优于同类型刀盘组装焊接质量，刀盘总体质量满足设计及规范要求，受到业内专家及业主、监理单位的一致好评。此方案的成功应用，比采取常规施工方案施工工期提前了 15 天，压缩组装整体工期为 20～25 天，为 TBM 掘进机提前试掘进奠定了坚实的基础；在机械使用、劳动力配置、材料使用上降低了成本，提高了使用效率，为企业创造了可观的效益，具有较高的推广使用意义。本工法与同类地下工程的工法相比，由于工程的地面部分小，场地易于布置、工程进度快、干扰因素少、有利于文明施工、各种资源能较好地利用，能确保周围既有设施完好无损，未影响到工程总工期，形成了较好的经济效益。

施工全过程处于安全、稳定、快速、优质的可控状态，整体组装、焊接及安装合格率达到 100％，解决了 TBM 掘进机在遇到硬质围岩时以往因担忧刀盘开裂而干扰影响的矛盾，掘进机平均施工进度超过 600m/月。工程质量优良率达 95％以上，无安全生产事故发生，得到了各方的好评。TBM3、TBM4、TBM5 实际掘进里程达到了 13～16km，未出现任何现场刀盘焊接问题，保证了隧洞顺利贯通，首次实现了 TBM 大直径分块刀盘洞内拼装焊接工艺方法的国产化。为我国以后 TBM 刀盘组装、焊接提供了宝贵经验和借鉴。

9.8 步进装置新技术

TBM 步进装置是 TBM 到达掌子面的必不可少的装置，步进装置的选择是否合理、步进方法是否可行，对步进所耗费的时间有很大影响。步进机构根据前进方式分为换步式步进机构和滑行式步进装置，根据结构形式又可分为滚轮式步进装置、弧形滑板式步进装置、平面滑板式步进装置。不同的步进装置有其不同的特点：滚轮式步进装置结构复杂，成本高，需要提前铺设轨道，对导轨的铺设有较高的要求；弧形滑板式步进装置结构简单，成本低，需要提前铺设轨道，对基础的断面形状及浇筑质量要求严格，基础受力较大；依托工程采用平面滑行式步进装置，该步进装置结构简单，安装方便，成本低，不需要提前铺设轨道，但地面基础要求较高，在工程实际应用中得到了满意的步进效果。

9.8.1 步进装置结构

采用的步进装置为平面滑板式步进装置，如图 9.8-1 所示。图中所示为平面滑板式步进装置的三维图形，由四部分组成，分别是举升机构、拖拉板、拉杆、鞍架支撑架。

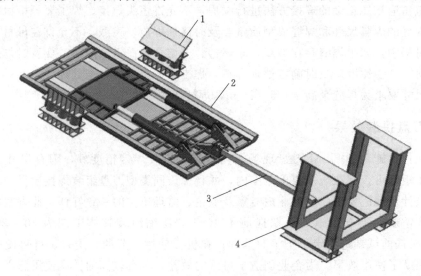

图 9.8-1 步进装置结构示意图
1—举升机构；2—拖拉板；3—拉杆；4—鞍架支撑架

举升机构有两个，由提升液压缸、支撑液压缸、导向杆、上托板、下托板组成，如图 9.8-2 所示。机头架支撑在机头架的两侧，机头架支撑上托板形状为圆弧形，与侧护盾相切，步进时要焊接在侧护盾上。机头架支撑的主要作用是支起和放下 TBM 主机的前端，当支撑液压缸伸长时，底护盾离开滑板，TBM主机前端的重量靠两个机头架支撑，当支撑液压缸复位时，TBM主机前端的重量由滑板支撑。机头架支撑机构的提升油缸的作用是提升下托板离开地面。导向杆的作用是引导上托板在液压缸的作用力下，只能在竖直方向上运动，限制其他方向的运动。

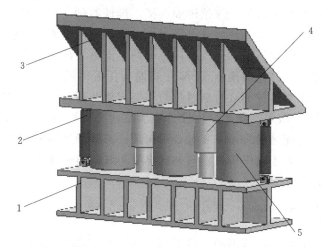

图 9.8-2　举升结构示意图

1—下托板；2—提升液压缸；3—上托板；4—导向杆；5—支撑液压缸

　　拖拉板由三部分组成，分别为托板、滑板、推拉液压缸，如图9.8-3所示。托板纵向两侧结构为加高的空壳结构，横向上焊接足够厚度的加强筋，这种设计主要是为了增加托板在纵向和横向的刚度，保持滑道的相对位置；托板的尾部安装有三个销轴连接支座；托板的背面前后各有一个导向轮，导向轮在基础的导向槽内滑动。此外，托板和滑板接触

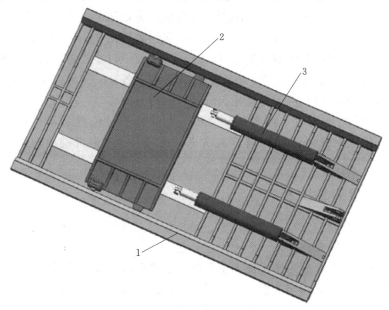

图 9.8-3　拖拉板示意图

1—托板；2—滑板；3—推拉液压缸

位置由平面滑道焊接在托板上，滑道厚度为 1cm，滑道为滑板和托板的主要接触面，也是主要承载面，滑板和滑道之间的摩擦系数较小。滑板上安装导向轮和导向块，引导滑板在托板的滑道上滑动，在滑板上与滑道接触位置分别有两个润滑油孔，步进时润滑油孔与润滑泵站连接。推拉液压缸的两端分别与托板和机头架用销轴连接。

拉杆两端分别与托板和鞍架支撑架销轴连接，拉杆的长度是个关键参数，它影响到步进时每个行程不步进距离，为了使步进行程为最大值，拉杆应该为推拉油缸完全收缩并且鞍架推到靠近机头架极限位置时的托板链接座和鞍架支撑架链接座之间的距离。拉杆的作用有两个：一是当推拉油缸向前推进 TBM 主机时为托板提供部分支反力，因此要求拉杆要有足够的强度；二是当推拉油缸收缩时拉动鞍架支架及其鞍架一起向前移动。鞍架支撑架由 H 型钢焊接而成，鞍架支撑架结构设计要满足两方面要求：一要能够支撑起鞍架及主梁，能够承受拉杆传递来的力，强度上必须保证；二要满足高度要求，鞍架支撑架在与鞍架连接后要保证主梁处于水平位置。鞍架支撑架与鞍架通过螺栓连接，为了增加抗震性能要求焊接法兰面接触面。

9.8.2　步进装置的工作原理

不同的步进装置其步进原理不同，但不同的步进装置都有共同特征，如都有动力源、支反力点、导向装置等。步进装置的动力源就好比汽车的发动机，为整套步进装置提供动力，属于内力。平面滑板式步进装置其动力源为液压站，液压站为 2 个推拉油缸、6 个举升油缸、4 个提升油缸、2 个后支撑油缸提供动力。靠两个拖拉液压缸提供推进力，推动 TBM 主机及其后配套设备向前步进，推拉油缸收缩时又可以向前拖动托板和鞍架，从而实现换步。支反力点好比汽车驱动轮轮胎和地面的接触点，为 TBM 主机提供向前移动的力，属于外力，平面滑板式步进装置的支反力点有两个，分别是托板与基础的接触面和鞍架支架与基础的接触面，托板与基础的接触面为步进装置提供主要的支反力，鞍架支架与基础的接触面处的支反力通过拉杆传递给托板，起到辅助的作用。为了保证 TBM 主机及其后配套设备准确地到达掌子面指定位置，在步进过程中对步进方向的控制很重要，平面滑板式步进装置的导向装置很简单，在托板的背面前后各有一个导向轮，导向轮在步进通过洞的底板导向槽内滚动，从而约束托板沿着导向槽方向移动，平面滑板式步进装置的滑板必须在托板的导轨上滑动，而滑板和 TBM 主机的相对位置是不变的，从而保证了TBM 主机沿着预先设计好的导向槽方向步进，保证 TBM 主机准确地到达掌子面指定位置。

9.8.3　步进装置安装技术

步进装置安装流程为安装步进拖拉板、安装鞍架支撑架、焊接机头架支撑、安装液压驱动站、焊接拉杆、铺轨、步进、拆除步进装置。

步进装置安装流程可分为步进前准备阶段、步进阶段、步进后拆除阶段。步进前准备阶段对步进的整个过程起到至关重要的作用，步进设备安装是否正确，人员素质等都是步进快慢的影响因素。步进拖拉板、鞍架支撑架要在机器组装阶段进行安装，步进拖拉板安装时要在托板背面的导向轮上涂抹润滑脂；鞍架支撑架在安装时要调整调节块的高度，保证鞍架支撑架安装后主梁处于水平位置；机头架支撑的安装位置是个关键因素，它直接影响步进过程中主机和滑板的相对位置，直接影响着步进是否能够顺利进行。机头架支撑在侧护盾上的焊接位置的选择要根据工程中基础的浇筑公差进行确定，原则就是一定保证上托板焊接完成后提升油缸完全收缩时在整个步进过程中下托板处于离地状态。为稳妥，取最大公差，即在焊接时提升油缸完全收缩时，下托板离地距离值为 2 倍的公差。机头架支撑在侧护盾上焊接时焊缝所受的剪切力约为 TBM 主机前端质量的 1/4，此处的焊缝强度一定要满足要求。拉杆的焊接一定要在最后一步进行，这样可以方便调节鞍架和主梁的相对位置，调整鞍架在最靠近机头架的位置，同时使推拉油缸处于完全收缩的状态，此种状态下焊接拉杆的长度才是最合适的值，从而可保证步进的单循环进尺最大，减少换步的次数，为步进节省时间。步进装置滑板及推进油缸如图 9.8 - 4 所示，步进装置举升机构如图 9.8 - 5 所示。

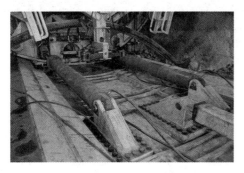 

图 9.8 - 4　步进装置滑板及推进油缸　　　　图 9.8 - 5　步进装置举升机构

步进前准备阶段的安装工作完成后，为了保证掘进机顺利地步进到掌子面，TBM 主机及其后配套设备在步进前要做好充足的准备工作，检查掘进机各台车间销轴连接处是否连接完好，去除除销轴连接外的其他刚性连接，台车滚轮、步进装置滑道、鞍架行走导轨加注润滑脂。其次连接步进液压动力站，并对各个液压油缸进行带压测试，准备就绪后步进。

9.8.4　步进程序

TBM 步进阶段的初始状态是推拉油缸、举升机构的举升油缸和提升油缸处于完全收缩状态，此时机头架支撑下托板离开地面，鞍架处在行走轨道最前端位置，TBM 主机后支腿处于完全收缩状态。步进整个流程的详细步骤为：

第一步，推拉液压缸接通工作高压回路，推拉液压缸伸长，推动 TBM 主机连同后配套系统向前移动，此时鞍架、托板处于静止状态。机头架支撑、滑板随着主机一起向前移动。

第二步，当推拉油缸完全伸长后，关闭高压油路。TBM 主机后支腿油缸和机头架支撑油缸接通高压油路，机头架支撑把 TBM 主机前端撑起，直到拖拉板和滑板之间可以自由滑动。后支腿把 TBM 主机后端撑起，直到鞍架支撑架离开地面。主机前后端在撑到合适的位置后，各个油缸都要锁死高压回路保压。

第三步，推拉液压缸接通复位回路，推拉液压缸收缩，带动拖拉板，拖拉板通过拉杆带动鞍架支撑架及其鞍架一起向前移动，直到推拉液压缸收缩到位。

第四步，推拉油缸收缩到位后，关闭复位回路。打开机头架支撑和后支腿的高压保压回路进行泄压，之后，后支腿油缸收缩，后支腿离开地面；机头架支撑的提升液压缸把下托板抬起离开地面。此时状态和步进开始时状态一致，整个步进循环完毕。

重复上面的循环，直到 TBM 主机到达掌子面步进过程结束。TBM 主机步进到达掌子面后，步进过程进入步进拆除阶段，拆除鞍架支撑架、推拉油缸、机头架支撑，托板和滑板留在原地不动，等试掘进后在拆除。步进过程中的滑板与刀盘如图 9.8 - 6 所示，步进导向槽及导向辊如图 9.8 - 7 所示。

图 9.8 - 6　滑板与刀盘

图 9.8 - 7　步进导向槽及导向辊

9.8.5　步进操作技术要点

在步进的过程中，应该时刻注意安全问题，时刻观察步进过程中机器各部位的变化，防止各种不安全问题发生，从而做到安全快速的步进。步进过程中应当注意以下事项。

9.8.5.1　连接检查

派专人在各台车上巡查，主要是各台车之间的连接处，在步进过程中是否发生相互干涉，连接销轴是否攒动，销轴的连接板是否发生变形。台车和台车之间的连接问题要时时刻刻关注，以防台车之间发生脱节，拉坏台车之间的液压和电气连接。

9.8.5.2　滑板受阻检查

步进过程中拖拉液压缸伸出阶段要时刻观察机头架支撑和地面的间距；撑靴和地面间的距离；滑板和托板之间的相对位置，滑板两侧是否有划痕出现；关注泵站压力表的压力变化。由于基础在浇筑过程中浇筑质量问题，TBM 主机的机头架支撑、后支腿和地面之间的距离在推进过程中会时刻发生变化，要时刻观察是否和地面发生接触，一旦接触应该马上停机，避免机器和地面发生较大摩擦损坏机器。若浇筑地面基础不平，在推进过程中很容易发生滑板被卡现象，所以在步进过程中要时刻观察滑板和托板之间的相互位置变化，防止滑板卡死。一般在发生以上两种状况时，液压泵站的压力表压力会突增，在步进过程中要时刻观察压力表压力的变化，发生压力突增情况要立即停机，查明原因处理后再步进。

步进过程中推拉液压缸收缩阶段，也要时刻观察液压泵站压力表压力的变化，压力过高可能是因为机头架支撑和后支腿没有把 TBM 主机完全撑起，造成滑板和托板之间、鞍架支架和地面之间摩擦力太大所致，因此在每个步进循环中，当后支腿和机头架支撑伸出后，都要检查底护盾和滑板、鞍架支架和地面之间的距离是否符合要求。

9.8.5.3 电缆与轨道检查

在步进过程中，要时刻注意保证主机连续步进的作业是否按时按质按量完成，如与 TBM 主机相连接的电源线长度是否有剩余；一号桥架下方的铺轨作业，已铺设的剩余轨道长度是否能够满足一个步进循环，铺设轨道间距是否合格，并时刻观察桥架和台车的行走轮是否出轨。

在步进过程的拆卸阶段，拆卸步进装置时要保证后支撑撑地，需要拆卸的所有的高压油路都处于泄压状态，以免拆卸过程中高压油迸溅伤人。机头架支撑和侧护盾焊接处要抛开焊缝，拆除机头架支撑后要把侧护盾上面焊接处打磨光滑，避免在掘进过程中产生过大的摩擦力。

9.8.6 步进效果

该步进装置的单循环所用时间为 9min，步进速度约 10m/h，整个步进距离约为 220m，理论上 24h 可以步进到掌子面，步进速度较快。该步进装置结构简单，成本低，推拉油缸和液压泵站均为 TBM 机器上的借用件，步进完毕后继续应用原来的设计位置，推拉油缸借用的后配套拖拉油缸，液压泵站借用的后配套吊机泵站，提高了设备的利用率同时也降低了步进装置的成本。步进装置性能现场测试结果见表 9.8-1。

表 9.8-1　　　　　　　　　　步进装置性能现场测试结果

步骤	1	2	3	4	总时间/s	行程/mm
动作	后支腿和机头架支撑抬起，鞍架支撑撑地	推拉液压缸伸出，推进主机	后支腿和机头架支撑撑地，鞍架支撑离地	推拉液压缸收缩，拉动拖拉板和鞍架前移	540	1800
时间/s	30	280	40	190		

9.8.7 步进中出现的问题及优化措施

由于地基浇筑存在误差，在步进过程中出现机头架支撑下托板托底现象，造成机头架支撑机构的损坏。在步进过程中要时刻观察机头架支撑下托板和基础之间的相对位置变化，遇到托底时，要对基础进行修整，避免下托板和地基接触损坏步进装置。因此，地板浇筑施工中需要严格质量控制，做到平整。

步进洞局部有欠挖现象，造成步进刀盘卡滞无法通过，需要局部处理，这主要是步进洞施工时质量控制问题。以后类似工程严格控制欠挖。另外，出现地板导向槽偏斜和压溃现象，也需要加强施工质量控制。

由于步进过程中托板会无规律地振动，并通过拉杆传递到鞍架支撑架，鞍架支撑架在承受机器重力的同时还要受振动的影响，造成鞍架支撑架结构破坏，鞍架支撑架局部发生疲劳损坏。在步进过程中对鞍架支撑架的结构进行了改进加强，提高鞍架支撑架的刚度。

　　根据投标施工组织设计，TBM 步进速度为 50m/d，采用本工法经测算 TBM 步进速度可达到 150m/d，项目部施工段共计 4 个扩大洞室，共计 1745m，采用施工组织设计方案完成 4 个扩大洞室步进共需 34.9 天，采用本工法步进共需 11.6 天，即节省了工期 23.3 天，通过项目部 TBM 成本测算，TBM 组装期间成本约为 175 万元/月，节省 20 天工期即节省成本 175/30×23.3＝136 万元。

　　在转场步进和检修中，最高步进速度达到了 220m/d。

9.9　技术应用

　　工程施工应用本书创新技术，在依托工程的百公里超特长隧道施工中，未发生安全事故、TBM 最高掘进作业利用率高达 48％、平均月进尺高达 662m，TBM 综合掘进指标达到国际领先水平；水电三局应用本书创新技术，获授权专利 30 项、省部级工法 7 项、编写专著 1 部；行业应用本书创新技术，主编 TBM 标准 5 部、参编 21 部；制造施工企业应用本书创新技术，在吉林引松、新疆等引水工程的 20 多台 TBM 国产化研制和施工中得到推广应用，引领了 TBM 制造与施工新方向，有力促进了我国 TBM 领域科技进步和水平提升！

参 考 文 献

［1］ 杜彦良，杜立杰. 全断面岩石隧道掘进机：系统原理与集成设计［M］. 武汉：华中科技大学出版社，2011.

［2］ 何发亮，谷明成，王石春. TBM 施工隧道围岩分级方法研究［J］. 岩石力学与工程学报，2002，21（9）：1350－1354.

［3］ 王华，吴光. TBM 施工隧道岩石耐磨性与力学强度相关性研究［J］. 水文地质工程地质，2010，37（5）：57－60.

［4］ 尚彦军，杨志法，等. TBM 施工遇险工程地质问题分析和失误的反思［J］. 岩石力学与工程学报，2007，26（12）：219－226.

［5］ 卢瑾，高捷，梅稚平. 岩石力学参数对 TBM 掘进速率影响的分析［J］. 水电能源科学，2010，28（7）：44－46.

［6］ R Ribacchi, et al. Influence of rock mass parameters on the performance of a TBM in a gneissic formation (Varzo Tunnel)［J］. Rock Mechanics and Rock Engineering，2005，38（2）：105－127.

［7］ Q M Gong, J Zhao. Influence of rock brittleness on TBM penetration rate in sigapore granite［J］. Tunnelling and Underground Space Technology，2007，22：317－324.

［8］ Q M Gong, J Zhao. Development of rock mass characteristics model for TBM penetration rate prediction［J］. International Journal of Rock Mechanics and Mining Sciences，2009，46：8－18.

［9］ J Hassanpour, J Rostami, J Zhao. A new hard rock TBM performance prediction model for project planning［J］. Tunnelling and Underground Space Technology，2011，26：595－603.

［10］ Pilip Dahl, et al. Classifications of properties influencing drillability of rocks based on NTNU/SINTEF method［J］. Tunneling and Underground Space Technology，2012，28：150－158.

［11］ S Yagiz, et al. Application of two nonlinear prediction tools to the estimation of tunnel boring machine performance［J］. Engineering applications of intelligence，2009，22：808－814.

［12］ M Sapigni, et al. TBM performance estimation using rock mass classifications［J］. International Journal of Rock Mechanics and Mining Sciences，2002，39：771－778.

［13］ Jafar Khademi Hamidi, et al. Performance prediction of hard rock TBM using rock mass rating（RMR）system［J］. Tunneling and Underground Space Technology，2010，25：333－345.

［14］ Pilip Dahl, et al. Development of a new direct test method for estimating cutter life based on Sievers'J miniature drill test［J］. Tunneling and Underground Space Technology，2007，22：106－116.

［15］ Reza Mikaeil, et al. Multifactorial fuzzy approach to the penetrability classification of TBM in hard rock conditions［J］. Tunneling and Underground Space Technology，2009，24：500－504.

［16］ Jafar Khademi Hamidi, et al. Application of fuzzy set theory to rock engineering classification system：An illustration of the rock mass excavability index［J］. Rock Mech and Rock Eng，2010，43：335－350.

［17］ 赵维刚，刘明月，杜彦良，等. 全断面岩石隧道掘进机刀具异常磨损的识别分析［J］. 中国机械工程，2007，18（2）：150－153.

［18］ 杜士斌. TBM 采用大直径滚刀掘进的优越性［J］. 水利水电技术，2006，37（10）：40－42.

［19］ 刘春. TBM 掘进机关键部件：盘形滚刀的研制［J］. 中国铁道科学，2003，24（4）：101－106.

［20］ 黄平华. 岩石掘进机（TBM）刀具消耗预测研究［J］. 隧道建设，2008，28（3）：373－375.

［21］ 荆增儒. 那邦水电站引水隧洞工程 TBM 刀具损耗规律研究 ［D］. 石家庄：石家庄铁道大学，2012.

［22］ Joe Roby, et al. The current state of disc cutter design and development directions ［C］// North American Tunneling Proceedings. 2008.

［23］ Harding D. Tunnel boring machine used for irrigation Andhra Pradesh，India ［C］//Proceedings of World Tunneling Conference，2010.

［24］ Doug Harding. Niagara tunnel project. RETC Priceedings，2007. M. Sapigni, et al. TBM performance estimation using rock mass classifications ［J］. International Journal of Rock Mechanics and Mining Sciences，2002（39）：771－778.

［25］ Jafar Khademi Hamidi, et al. Performance prediction of hard rock TBM using rock mass rating（RMR）system ［J］. Tunneling and Underground Space Technology，2010, 25：333－345.

［26］ J Hassanpour, J Rostami, J Zhao. A new hard rock TBM performance prediction model for project planning ［J］. Tunnelling and Underground Space Technology，2011，26：595－603.

［27］ 杜立杰，等. 基于现场数据的 TBM 可掘性和掘进性能预测方法 ［J］. 煤炭学报，2015（6）：1284－1289.

［28］ 赵维刚，等. 秦岭隧道 TBM 机石界面的界定分析 ［J］. 北方交通大学学报，1999，23（2）.

［29］ 贺飞，曾祥盛，齐志冲. 大直径硬岩掘进机（TBM）在吉林中部城市引松供水工程四标 TBM3 的应用 ［J］. 隧道建设，2016，36（8）：1016－1022.

［30］ 贺飞，卓兴建，等. 引红济石工程双护盾 TBM 技术改造 ［J］. 建筑机械，2012（7）：99－101.

［31］ 吴世勇，周济芳. 锦屏二级水电站长引水隧洞高地应力下敞开式硬岩隧道掘进机安全快速掘进技术研究 ［J］. 岩石力学与工程学报，2012，32（8）.

［32］ 张荣山. 全断面掘进机在天生桥二级水电站的应用 ［J］. 水资源开发与管理，2008，28（8）：16－20.

［33］ 杨宏欣，文镕. 新疆达坂隧洞 TBM 滚刀失效与围岩的对应关系 ［J］. 东北水利水电，2007，25（10）：36－37.

［34］ 陈馈，等. 高黎贡山隧道高适应性 TBM 设计探讨 ［J］. 隧道建设，2016，36（12）：1523－1530.

［35］ 齐三红，等. 引大济湟调水总干高埋深隧洞围岩工程地质分类 ［J］. 华北水利水电学报，2004，25（4）.

［36］ 徐双永，陈大军. 西秦岭隧道皮带机出渣 TBM 同步衬砌技术方案研究 ［J］. 隧道建设，2010，30（2）：115－119.

［37］ 刘志强. 竖井掘进机凿井技术 ［M］. 北京：煤炭工业出版社，2018.

［38］ 龚秋明. 掘进机隧道掘进概论 ［M］. 北京：科学出版社，2014.

［39］ 周烨，何志军，朱永全. 胡麻岭富水弱胶结砂岩隧道施工技术 ［M］. 北京：人民交通出版社股份有限公司，2018.

［40］ 文镕，李世新，范以田. 达坂岩石隧洞全断面掘进机（TBM）施工技术 ［M］. 北京：中国水利水电出版社，2013.

［41］ 陈馈，孙振川，李涛. TBM 设计与施工 ［M］. 北京：人民交通出版社股份有限公司，2018.